高职高专计算机任务驱动模式教材

网络操作系统

项目化教程

——Windows Server 2019（微课版）（第2版）

主　编／黄林国
副主编／刘辰基　应秋红　冯建锋　管启康　刘朝晖

清华大学出版社
北京

内容简介

本书基于“项目引导、任务驱动”的项目化专题教学方式编写而成，体现“基于工作过程”“教、学、做”一体化的教学理念。本书内容划分为15个工程项目，具体内容包括：Windows Server 2019的安装和基本设置、服务器虚拟化技术及应用、域和活动目录的管理、用户和组的管理、组策略的管理、文件系统和共享资源、磁盘管理、网络负载平衡和服务质量、打印服务器配置与管理、DNS服务器配置与管理、DHCP服务器配置与管理、Web服务器配置与管理、FTP服务器配置与管理、数字证书服务器配置与管理、NAT服务器和VPN服务器配置与管理。每个项目案例按照“项目导入”→“项目分析”→“相关知识点”→“项目实施”4部分展开。读者能够通过项目案例完成相关知识的学习和技能的训练，所有项目案例均来自企业工程实践，具有典型性、实用性、趣味性和可操作性。

本书既可作为职业本科院校和高职高专院校“Windows网络操作系统”课程的教学用书，也可作为成人高等院校、各类培训班、计算机从业人员和爱好者的参考用书。

图书在版编目（CIP）数据

网络操作系统项目化教程：Windows Server 2019：微课版/黄林国主编. —2版. —北京：清华大学出版社，2023.2（2024.10重印）
高职高专计算机任务驱动模式教材
ISBN 978-7-302-62742-5

Ⅰ.①网… Ⅱ.①黄… Ⅲ.①Windows操作系统－网络操作系统－高等职业教育－教材
Ⅳ.①TP316.86

中国国家版本馆CIP数据核字(2023)第022804号

责任编辑：张龙卿
封面设计：曾雅菲　徐巧英
责任校对：袁　芳
责任印制：沈　露

出版发行：清华大学出版社
　　网　　址：https://www.tup.com.cn，https://www.wqxuetang.com
　　地　　址：北京清华大学学研大厦A座　　**邮　　编**：100084
　　社 总 机：010-83470000　　**邮　　购**：010-62786544
　　投稿与读者服务：010-62776969，c-service@tup.tsinghua.edu.cn
　　质量反馈：010-62772015，zhiliang@tup.tsinghua.edu.cn
　　课件下载：https://www.tup.com.cn，010-83470410
印 装 者：三河市龙大印装有限公司
经　　销：全国新华书店
开　　本：185mm×260mm　　**印　　张**：19.5　　**字　　数**：448千字
版　　次：2019年1月第1版　　2023年3月第2版　　**印　　次**：2024年10月第3次印刷
定　　价：59.80元

产品编号：099752-01

前　言

习近平总书记在党的二十大报告中指出：教育、科技、人才是全面建设社会主义现代化国家的基础性、战略性支撑；必须坚持科技是第一生产力、人才是第一资源、创新是第一动力；深入实施科教兴国战略、人才强国战略、创新驱动发展战略，这三大战略共同服务于创新型国家的建设。

微软的 Windows 操作系统一直以操作简单、界面友好而受到用户的青睐，尤其是在中小型计算机中几乎是 Windows 一统天下。自从 Windows Server 2019 推出之后，因其强大的功能、较低的资源占用率、安全稳定的性能而深受广大用户的好评。Windows Server 2019 在 Windows Server 2016 的基础上进行了一次重大升级，不仅强化了原有的功能，而且大大增加了系统的扩展性，降低了资源占用率，从而使网络服务器的效率得到更大的提升。

本书根据职业本科和高职高专的人才培养目标，结合教学改革的要求，本着“工学结合，项目引导，任务驱动，教、学、做一体化”的原则，以项目为单元，以应用为主线，将理论知识融入实践项目中，是为职业本科和高职高专院校学生学习知识和提高技能量身定做的教材。

本书以 Windows Server 2019 网络服务器在企业网络管理中的应用为主线，结合编者多年来的教学及实践经验，以服务器配置与管理的典型项目为载体，从实用性出发，全面而系统地介绍了 Windows Server 2019 网络服务器配置与管理的技巧和技能。

本书具有以下特点。

1. 全面反映新时代教学改革成果

本书以《教育部关于职业院校专业人才培养方案制定与实施工作的指导意见》(教职成〔2019〕13 号)、教育部关于印发《职业院校教材管理办法》的通知(教材〔2019〕3 号)为指导，以课程建设为核心，全面反映新时代课程思政、产教融合、校企合作、创新创业教育、工作室教学、现代学徒制和教育信息化等方面的教学改革成果，以培养职业能力为主线，将探究学习、与人交流及合作、解决问题、创新能力的培养贯穿教材始终，充分适应不断创新与发展的工学结合、工学交替、教学做合一和项目教学、任务驱动、案例教学、现场教学和顶岗实习等"理实一体化"教学组织与实施形式。

2. 以"做"为中心的"教、学、做"合一教材

从实际应用出发,从工作过程出发,从项目出发,以服务器配置与管理为主线,采用"项目引导、任务驱动"的方式,以学到实用技能及提高职业能力为出发点,以做为中心,教和学都围绕做展开,在做中学,在学中做,在做中教,体现"教、学、做"合一理念,从而完成知识学习、技能训练和提高职业素养的教学目标。

3. 编写体例、形式和内容适合职业教育的特点

全书设有15个项目,每个项目再划分为若干任务。教学内容安排由易到难、由简单到复杂,层次递推,循序渐进。学生能够通过项目学习,完成相关知识的学习和技能的训练。

4. 作为新形态一体化教材,实现教学资源共建共享

发挥"互联网+教材"的优势,教材配备二维码学习资源,实现了"纸质教材+数字资源"的完美结合,体现"互联网+"新形态一体化教材理念。学生通过扫描书中二维码可观看相应资源,随扫随学,便于学生即时学习和个性化学习,有助于教师借此创新教学模式。

5. 作为校企"双元"合作开发教材,实现校企协同"双元"育人

本书紧跟产业发展趋势和行业人才需求,及时将产业发展的新技术、新工艺、新规范纳入教材内容,反映典型岗位(群)职业能力要求,并吸收行业企业技术人员、能工巧匠等深度参与本书的编写。本书在编写团队深入企业调研的基础上开发完成,许多项目案例都来源于企业真实业务。新华三技术有限公司的刘朝晖先生具有多年的计算机网络管理工作阅历和教学培训经验,为本书的编写提供了诸多宝贵意见,在此表示感谢。

本书中的所有实验、实训无须配备特殊的网络设备平台,均在计算机中使用WMware搭建虚拟环境,即在自己已有的系统中利用虚拟机再创建一个实训环境。

本书的参考学时为64学时,其中实训为32学时,各个项目的参考学时参见下面的学时分配表。

项 目	课 程 内 容	学时分配	
		讲授	实训
项目1	Windows Server 2019的安装和基本设置	2	2
项目2	服务器虚拟化技术及应用	2	2
项目3	域和活动目录的管理	4	4
项目4	用户和组的管理	2	2
项目5	组策略的管理	2	2
项目6	文件系统和共享资源	2	2

续表

项　目	课 程 内 容	学时分配	
		讲授	实训
项目 7	磁盘管理	2	2
项目 8	网络负载平衡和服务质量	2	2
项目 9	打印服务器配置与管理	2	2
项目 10	DNS 服务器配置与管理	2	2
项目 11	DHCP 服务器配置与管理	2	2
项目 12	Web 服务器配置与管理	2	2
项目 13	FTP 服务器配置与管理	2	2
项目 14	数字证书服务器配置与管理	2	2
项目 15	NAT 服务器和 VPN 服务器配置与管理	2	2
学时总计		32	32

本书由黄林国担任主编，刘辰基、应秋红、冯建锋、管启康和新华三技术有限公司的刘朝晖担任副主编，参加编写的还有黄颖欣欣、牟维文等。全书由黄林国统稿。

为了便于教学，本书提供的课程标准、微课视频、电子教案、PPT 课件、习题答案等教学资源，可以从清华人学出版社网站(http://www.tup.com.cn/)的下载区免费下载或联系编辑咨询。

由于编者水平有限，书中难免存在不妥之处，敬请广大读者批评、指正。

编　者

2023 年 1 月

目　录

项目 1 Windows Server 2019 的安装和基本设置

【学习目标】

(1) 了解 Windows Server 2019 各个版本的特点及相关特性。
(2) 熟悉 Windows Server 2019 的安装方式以及安装前的准备。
(3) 熟悉 Windows Server 2019 的安装过程。
(4) 掌握 Windows Server 2019 的基本工作环境配置方法。
(5) 掌握 VMware 的快照和克隆功能的使用方法。

1.1 项目导入

一天晚上,突然停电了,因某公司的 UPS 出现了故障,并导致 Windows Server 2016 服务器发生故障——服务器不能正常启动。经过认真检查,发现硬盘"0"磁道损坏,需要更换新的硬盘。另外,考虑到 Windows Server 2016 操作系统存在一些功能缺陷,难以满足当前工作的需要,建议在更换硬盘的同时升级服务器的操作系统。作为网络管理员,你该如何去做?

1.2 项目分析

服务器上常见的网络操作系统主要有 Windows Server 2019、UNIX、Linux 等,每种操作系统各有所长。

可以将操作系统更换为 Windows Server 2019,利用 Windows Server 2019 的新功能来弥补之前 Windows Server 2016 系统的功能缺陷。

在进行 Windows Server 2019 系统安装之前,应该规划系统的安装方式,由于硬盘已经被损坏,需要更换新的硬盘,因此,采用全新安装 Windows Server 2019 的方式。

1.3 相关知识点

1.3.1 网络操作系统概述

网络操作系统(NOS)是使网络中计算机能够方便且有效地共享网络资源,为网络用户提供所需各种服务的软件与协议的集合。通过网络操作系统屏蔽本地资源与网络资源的差异性,为用户提供各种基本网络服务功能,完成网络共享系统资源的管理,并提供网络系统的安全性服务。

计算机网络依据ISO(国际标准化组织)的OSI(开放系统互联)参考模型可以分成7个层次。首先,用户的数据按应用类别打包成应用层的协议数据,接着该协议数据包根据需要与协议组合成表示层的协议数据包;其次,数据包依次转换成会话层、传输层、网络层的协议数据包,再封装成数据链路层的帧,并在发送端最终形成物理层的比特(bit)流;最后,通过物理传输媒介进行传输,至此,整个网络数据的通信工作只完成了1/3。在目的地,与发送端相似的是,需将经过网络传输的比特流逆向解释成协议数据包,逐层向上传递并解释为各层对应原协议数据单元,最终还原成网络用户所需并能够为最终用户所理解的数据。而在这些数据抵达目的地之前,它们还需在网络中进行几上几下的解释和封装。

可想而知,一个网络用户若要处理如此复杂的细节问题,所谓的计算机网络也大概只能待在实验室里,根本不可能像现在这样无处不在。为了方便用户,使网络用户真正用得上网络,计算机需要一个能够提供直观、简单的环境,该环境屏蔽了所有通信处理细节,具有抽象功能,这就是网络操作系统。

网络操作系统的主要功能如下。

(1) 文件服务。文件服务是网络操作系统最重要、最基本的功能,它提供网络用户访问文件、目录的并发控制和安全保密措施。文件服务器以集中方式管理共享文件,网络工作站可以根据所规定的权限对文件进行读/写以及其他各种操作。文件服务器为网络用户的文件安全与保密提供了必需的控制方法。

(2) 打印服务。打印服务可以通过设置专门的打印服务器来对网络中共享的打印机和打印作业进行管理。通过打印服务功能,在局域网中可以安装一台或多台网络打印机,用户可以远程共享网络打印机。

(3) 数据库服务。数据库服务是现今最流行的网络服务之一。一般采用关系型数据库,可利用SQL命令对数据库进行查询等操作。

(4) 通信服务。局域网主要提供工作站与工作站之间、工作站与服务器之间的通信服务。

(5) 信息服务。局域网可以通过存储转发方式或对等方式提供电子邮件等服务。目前,信息服务已经逐步发展为文件、图像、视频与语音数据的传输服务。

(6) 分布式服务。分布式服务将网络中分布在不同地理位置的网络资源组织在一个全局性的、可复制的分布数据库中,网络中多个服务器都有该数据库的副本。用户在一个工作站上注册，便可与多个服务器连接。对于用户来说，网络系统中分布在不同位置的资源是透明的，这样就可以用简单的方法去访问一个大型互联局域网系统。

(7) 网络管理服务。网络操作系统提供了丰富的网络管理服务工具，可以提供网络性能分析、网络状态监控、存储管理等多种管理服务。

(8) Internet/Intranet 服务。为了适应 Internet 与 Intranet 的应用，网络操作系统一般都支持 TCP/IP，提供诸如 HTTP、FTP 等 Internet 服务。

1.3.2　Windows Server 2019 系统简介

基于微软 NT 技术构建的操作系统现在已经发展了 7 代：Windows NT Server、Windows 2000 Server、Windows Server 2003/2008/2012/2016/2019。2018 年 10 月正式发行的 Windows Server 2019 系统提供了多项新功能，主要围绕混合云、安全性、应用程序平台、超融合基础设施（HCI）四个关键主题实现了很多创新。

(1) Server Core 应用兼容性按需功能：Server Core 应用兼容性按需功能（FOD）包含带桌面体验的 Windows Server 的一部分二进制文件和组件，无须添加 Windows Server 桌面体验图形环境，因此显著提高了 Windows Server 核心安装选项的应用兼容性。

(2) Windows Defender 高级威胁防护（ATP）：ATP 的深度平台传感器和响应操作可暴露内存和内核级别的攻击，并可抑制恶意文件和终止恶意进程。

(3) 软件定义网络（SDN）的安全性：无论是在本地运行还是作为服务提供商在云中运行，SDN 提供的多种功能提高了客户运行工作负荷的安全。

(4) Windows 上的 Linux 容器：可以使用相同的 Docker 守护程序在同一容器主机上运行基于 Windows 和 Linux 的容器，这样不仅可以使用异构容器的主机环境，也具有一定的灵活性。

1.3.3　Windows Server 2019 的版本

纵观微软公司的 Windows 服务器操作系统的发展历程，Windows Server 2008/2012/2016 均提供了多个不同的版本。Windows Server 2019 也继承了这一点，提供了多个不同的版本。它们都各有不同的特性。Windows Server 2019 操作系统的版本主要有 3 个，分别是 Essentials、Standard 和 Datacenter。

(1) Windows Server 2019 Essentials（基础版）。面向中小型企业，用户个数限定在 25 以内，设备数量限定在 50 台以内。该版本简化了界面，预先配置了云服务连接，不支持虚拟化。

(2) Windows Server 2019 Standard（标准版）。提供完整的 Windows Server 功能，限制使用两台虚拟主机，支持 Nano 服务器（与 Server Core 类似，但更小、更安全，没有 GUI，不支持本地登录）的安装。

(3) Windows Server 2019 Datacenter（数据中心版）。提供完整的 Windows Server

功能,不限制虚拟主机的数量,还增加了一些新功能,如存储空间直通、存储副本,以及新的受防护的虚拟机和软件定义的数据中心场景所需的功能。

1.3.4 Windows Server 2019 的安装方式

Windows Server 2019 有多种安装方式,分别适用于不同的环境,选择合适的安装方式可以提高工作效率。除了全新安装外,还有升级安装、远程安装及服务器核心安装。

1. 全新安装

目前,大部分的计算机都支持从光盘启动,通过设置 BIOS 支持从 CD-ROM 或 DVD-ROM 启动,便可直接用 Windows Server 2019 安装光盘启动计算机,安装程序将自动运行。

2. 升级安装

如果计算机原来安装的是 Windows Server 2012 或 Windows Server 2016 等操作系统,则可以直接升级成 Windows Server 2019,此时不用卸载原来的 Windows 系统,只要在原来的系统基础上进行升级安装即可,而且升级后可以保留原来的配置。升级安装一般用于企业对现有生产系统的升级,通过升级可以大大减少对原系统的重新配置时间。

3. 远程安装

如果网络中已经配置了 Windows 部署服务,则通过网络远程安装也是一种不错的选择。但需要注意的是,采取这种安装方式必须确保计算机网卡具有 PXE(预启动执行环境)芯片,支持远程启动功能。否则,就需要使用 rbfg.exe 程序生成启动软盘来启动计算机进行远程安装。

在利用 PXE 功能启动计算机的过程中,根据提示信息按下引导键(一般是按 F12 键),会显示当前计算机所使用的网卡的版本等信息,并提示用户按下 F12 键,启动网络服务引导。

4. 服务器核心安装

服务器核心(Server Core)是从 Windows Server 2008 开始推出的功能,如图 1-1 所示。确切地说,Server Core 是微软公司革命性的功能部件,是不具备图形界面的纯命令行服务器操作系统,只安装了部分应用和功能,因此会更加安全和可靠,同时降低了管理的复杂度。

通过独立磁盘冗余陈列(redundant arrays of independent disks,RAID)卡实现磁盘冗余,是大多数服务器常用的存储方案,既能提高数据存储的安全性,又能提高网络传输速度。带有 RAID 卡的服务器在安装和重新安装操作系统之前,往往需要配置 RAID。不同品牌和型号服务器的配置方法略有不同,应注意查看服务器使用手册。对于品牌服务器而言,也可以使用随机提供的安装向导光盘引导服务器,这样将会自动加载 RAID 卡和其他设备的驱动程序，并提供相应的 RAID 配置界面。

【注意】 在安装 Windows Server 2019 时，必须在"您想将 Windows 安装在哪里"对话框中单击"加载驱动程序"超链接，打开如图 1-2 所示的"选择要安装的驱动程序"对话框，为该 RAID 卡安装驱动程序。另外，RAID 卡的设置应当在安装网络操作系统之前进行。如果重新设置 RAID，将删除所有硬盘中的全部内容。

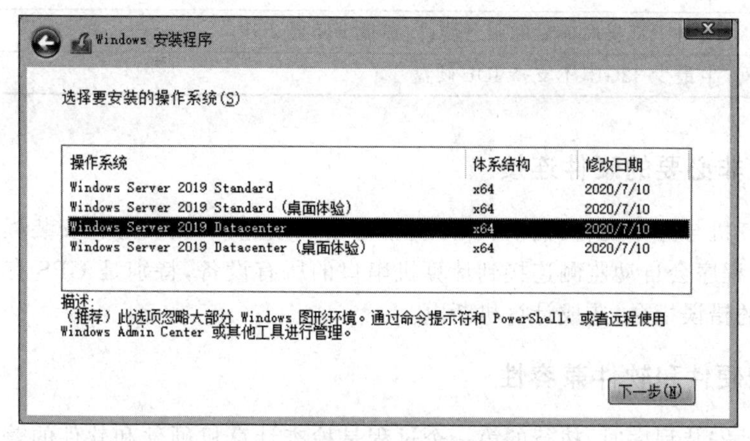

图 1-1　服务器核心版(非桌面体验版)

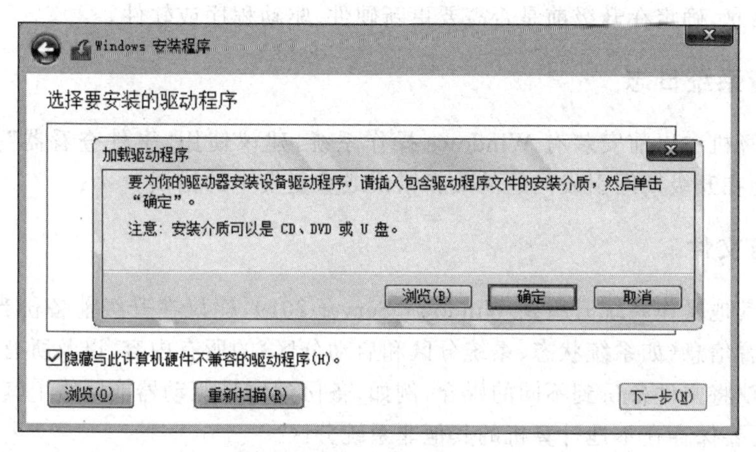

图 1-2　加载 RAID 驱动程序

1.3.5　Windows Server 2019 安装前的准备

在安装 Windows Server 2019 之前，应收集所有必要的信息，好的准备工作有助于安装过程的顺利进行。

1. 系统需求

安装 Windows Server 2019 的计算机必须符合一定的硬件要求。按照微软公司官方的建议配置，Windows Server 2019系统的硬件需求如表1-1所示。

表1-1　Windows Server 2019系统的硬件需求

硬　件	需　求
处理器	最少1.4GHz的64位处理器，支持NX或DEP，支持CMPXCHG16B、LAHF/SAFH和PrefetchW，支持二级地址转换（EPT或NPT）
内存	对于带桌面体验的服务器，内存最少需要2GB
可用磁盘空间	最少32GB，不支持IDE硬盘

2. 切断非必要的硬件连接

如果计算机与打印机、扫描仪、UPS等非必要外设连接，则在运行安装程序之前要将其断开，安装程序会自动监测连接到计算机串口的所有设备，特别是UPS有可能会接收到自动关闭的错误指令，造成计算机断电。

3. 检查硬件和软件兼容性

升级启动安装程序时，执行的第一个过程是检查计算机硬件和软件的兼容性。安装程序在继续执行前将显示报告，使用该报告以及Relnotes.htm（位于安装光盘的\docs文件夹）中的信息，确定在升级前是否需要更新硬件、驱动程序或软件。

4. 检查系统日志

如果计算机中以前安装有Windows操作系统，建议使用“事件查看器”查看系统日志，寻找可能在升级期间引发问题的最新错误或重复发生的错误。

5. 备份文件

如果从其他操作系统升级到Windows Server 2019，建议在升级前备份当前的文件，包括含有配置信息（如系统状态、系统分区和启动分区）的所有内容，以及所有的用户和相关数据。建议将文件备份到不同的媒介，例如，备份到磁带驱动器或网络上其他计算机的硬盘，尽量不要保存在本地计算机的其他非系统分区。

6. 断开网络连接

网络中可能会有病毒在传播，因此，如果不是通过网络安装操作系统，在安装之前就应拔下网线，以免新安装的系统感染上病毒。

7. 规划分区

Windows Server 2019要求必须安装在NTFS格式的分区上，全新安装时直接按照默认设置格式化磁盘即可。如果是升级安装，则应预先将分区格式化成NTFS格式，并且如果系统分区的剩余空间不足32GB，则无法正常升级。建议将Windows Server 2019目标分区至少设置为60GB或更大。

1.4　项 目 实 施

1.4.1　任务 1：安装 Windows Server 2019 操作系统

在 VMware 虚拟机上全新安装 Windows Server 2019 操作系统，需要事先准备好 Windows Server 2019 的安装光盘或镜像文件。

任务 1：安装 Windows Server 2019 操作系统

步骤 1：打开 VMware 软件，选择“创建新的虚拟机”，出现“新建虚拟机向导”对话框，选中“典型(推荐)”单选按钮，如图 1-3 所示。

步骤 2：单击“下一步”按钮，出现“安装客户机操作系统”界面，选中“安装程序光盘映像文件(iso)”单选按钮，单击“浏览”按钮，选择 iso 文件所在路径，如图 1-4 所示。

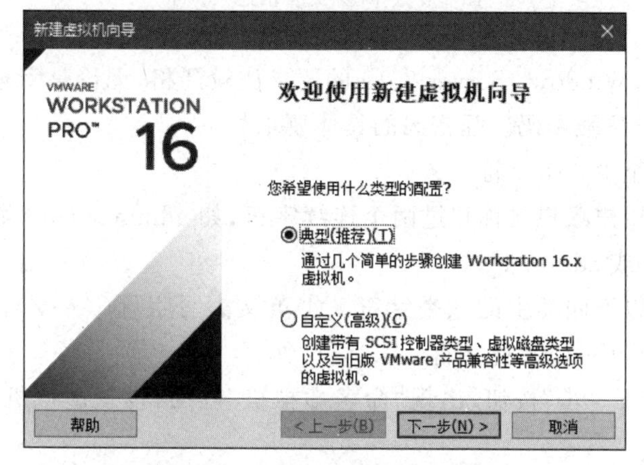

图 1-3　“新建虚拟机向导”对话框

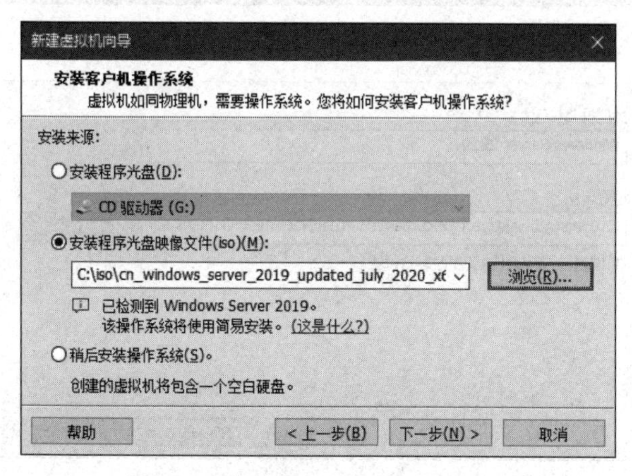

图 1-4　“安装客户机操作系统”界面

步骤3：单击“下一步”按钮，出现“简易安装信息”界面，选择 Windows Server 2019 Datacenter 版本，输入 Windows 产品密钥、全名、密码等信息，如图 1-5 所示。

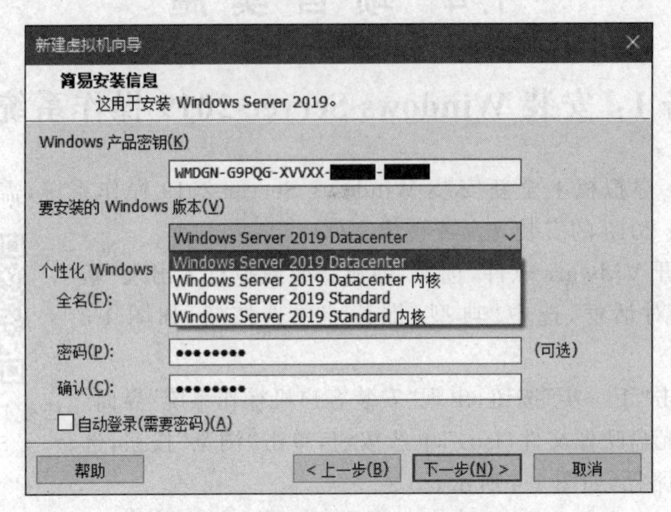

图 1-5 “简易安装信息”界面

对于账户密码，Windows Server 2019 的要求比较严格，无论是管理员账户还是普通账户，都要求必须设置强密码。强密码的具体要求如下。

(1) 密码长度至少 8 个字符。

(2) 不能包含用户账户名称超过两个连续字符，如 administrator 账户的密码中不能包含 administrator 或 admin 等。

(3) 至少包含以下四类中的三类字符。①英文大写字母(A～Z)；②英文小写字母(a～z)；③数字(0～9)；④特殊字符(#、&、!、@、%等)。

步骤4：单击“下一步”按钮，出现“命名虚拟机”界面，设置虚拟机的名称和位置，如图 1-6 所示。

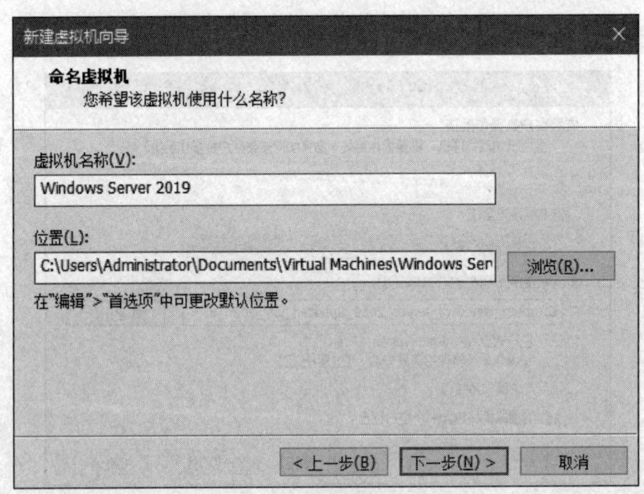

图 1-6 “命名虚拟机”界面

步骤 5：单击“下一步”按钮，出现“指定磁盘容量”界面，设置硬盘容量(默认为60GB)，如图 1-7 所示。

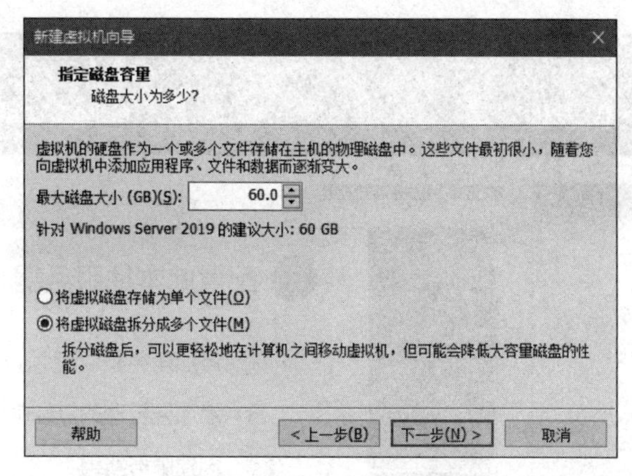

图 1-7　“指定磁盘容量”界面

步骤 6：单击“下一步”按钮，出现“已准备好创建虚拟机”界面，如图 1-8 所示，单击“自定义硬件”按钮，可修改虚拟机的硬件配置。

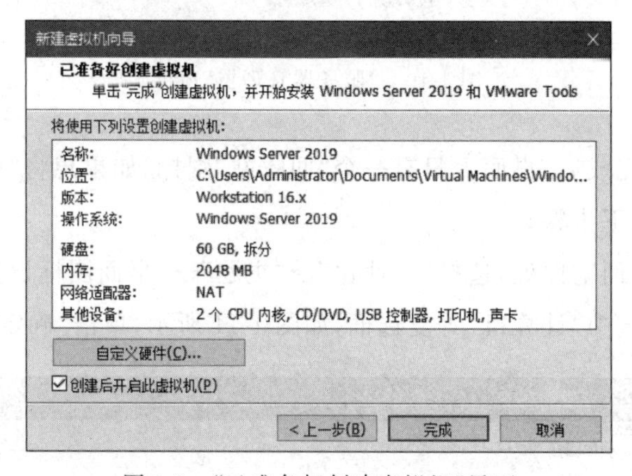

图 1-8　“已准备好创建虚拟机”界面

步骤 7：单击“完成”按钮，进入虚拟机的安装，如图 1-9 所示。

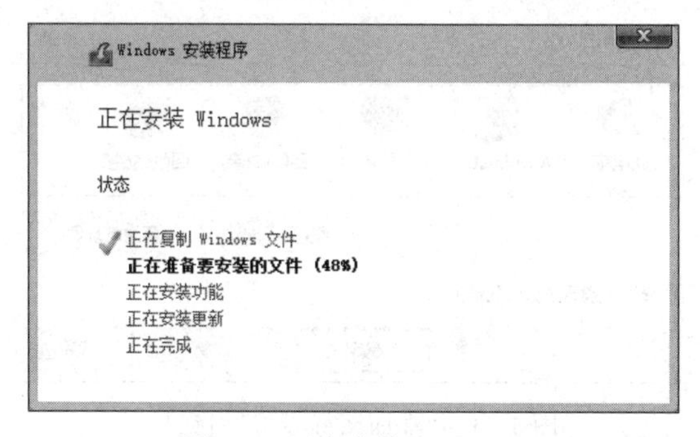

图 1-9　正在安装 Windows

步骤 8：安装完成后，自动打开“服务器管理器”窗口，如图 1-10 所示，此时可以对服务器进行各种设置。

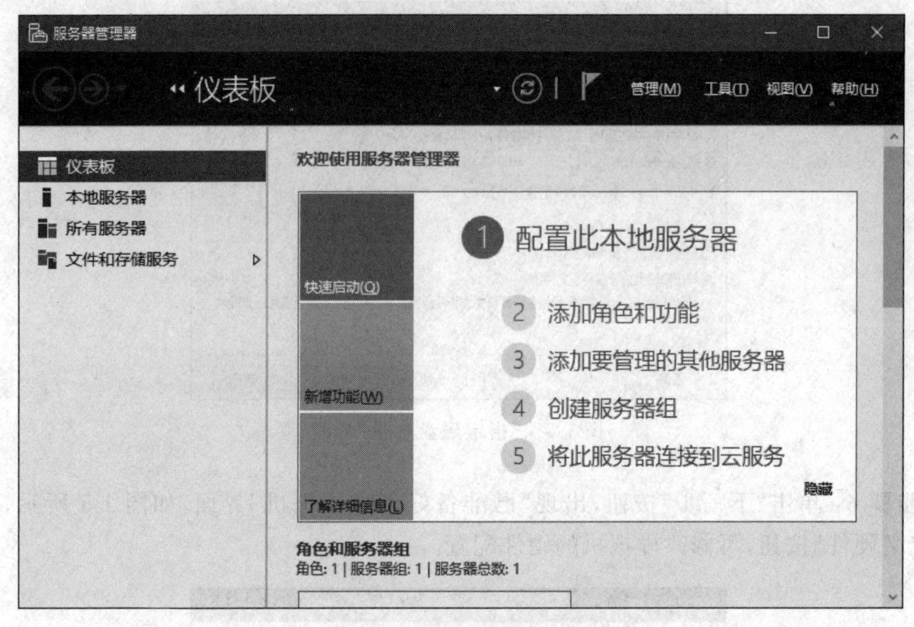

图 1-10 “服务器管理器”窗口

操作系统安装完成后，桌面上只有一个“回收站”图标，如果想将“此电脑”等图标显示在桌面上，可执行以下步骤。

步骤 9：右击桌面空白处，选择“个性化”→“主题”→“桌面图标设置”选项，打开“桌面图标设置”对话框，选中“计算机”等复选框，如图 1-11 所示，单击“确定”按钮。

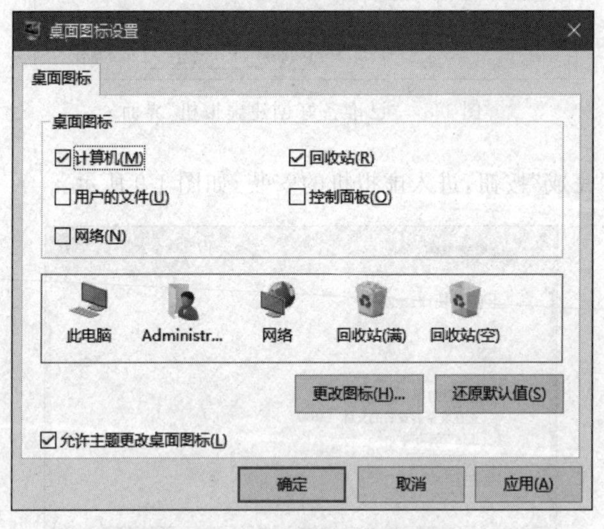

图 1-11 “桌面图标设置”对话框

1.4.2 任务 2：配置 Windows Server 2019 的基本工作环境

1. 更改计算机名

Windows Server 2019 系统在安装过程中不需要设置计算机名，而是使用系统随机配置的计算机名。但系统配置的计算机名不仅冗长，而且不便于记忆。因此，为了更好地标识和识别服务器，应将其更改为易记或有一定意义的名称。

任务 2：配置 Windows Server 2019 的基本工作环境

步骤 1：右击桌面上的“此电脑”图标，在弹出的快捷菜单中选择“属性”命令，在打开的“系统”窗口中单击“更改设置”超链接，打开“系统属性”对话框，再单击“更改”按钮，打开“计算机名/域更改”对话框，如图 1-12 所示。

步骤 2：在“计算机名”文本框中输入新的计算机名称，如 WIN2019，工作组默认为 WORKGROUP，单击“确定”按钮。重新启动计算机后，计算机名称更改生效。

2. 配置网络

配置网络是提供各种网络服务的前提。Windows Server 2019 安装完成后，默认为自动获取 IP 地址，自动从网络中的 DHCP 服务器获得 IP 地址。不过，由于 Windows Server 2019 用来为网络提供服务，所以通常需要设置静态 IP 地址。

步骤 1：在桌面右下角任务托盘区域选择“网络”→“网络和 Internet 设置”→“更改适配器选项”，打开“网络连接”窗口，右击 Ethernet0 网卡，在弹出的快捷菜单中选择“属性”命令，打开“Ethernet0 属性”对话框，如图 1-13 所示。

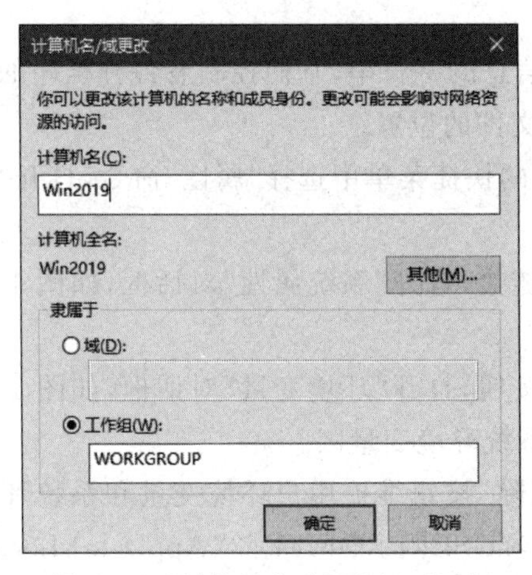

图 1-12 “计算机名/域更改”对话框

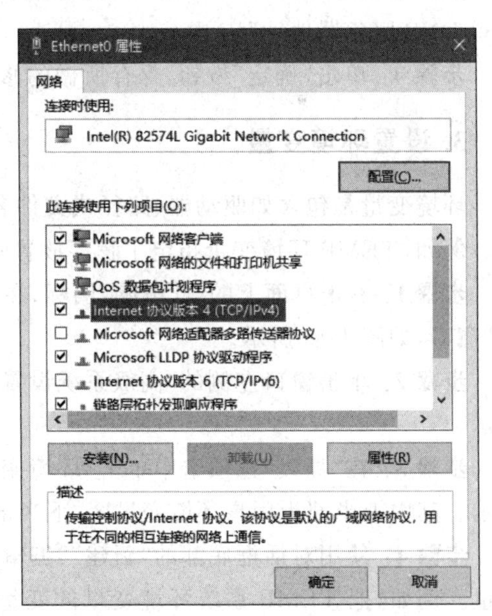

图 1-13 “Ethernet0 属性”对话框

步骤 2：选择“Internet 协议版本 4(TCP/IPv4)”选项后，单击“属性”按钮，打开“Internet 协议版本 4(TCP/IPv4) 属性”对话框，如图 1-14 所示。

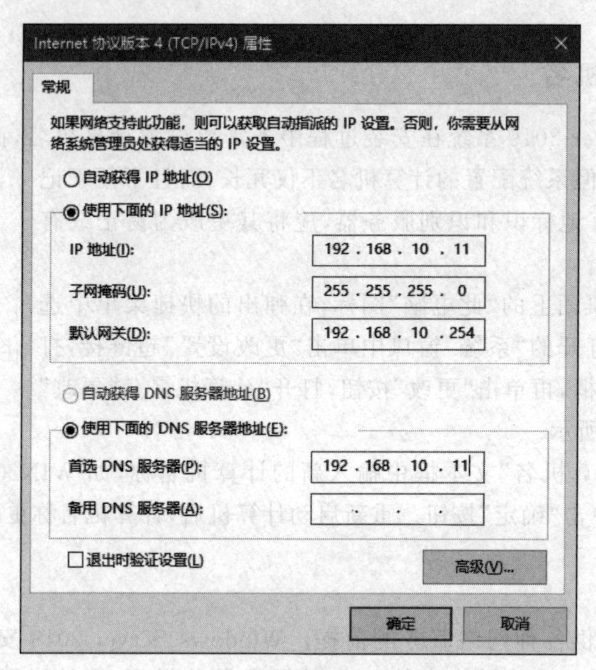

图 1-14　手工设置 IP 地址

步骤 3：选中“使用下面的 IP 地址”和“使用下面的 DNS 服务器地址”单选按钮，分别输入该服务器分配的 IP 地址、子网掩码、默认网关和 DNS 服务器等。

如果要通过 DHCP 服务器获取 IP 地址，则保留默认的“自动获得 IP 地址”和“自动获得 DNS 服务器地址”。

步骤 4：单击“确定”按钮，保存所做的修改。

3. 设置环境变量

环境变量是包含如驱动器、路径或文件名等信息的字符串，它们控制着各种程序的行为。例如，TEMP 环境变量指定了程序放置临时文件的位置。

步骤 1：右击桌面上的“此电脑”图标，在弹出的快捷菜单中选择“属性”命令，打开“系统”窗口，如图 1-15 所示。

步骤 2：单击窗口左侧的“高级系统设置”超链接，打开“系统属性”对话框，如图 1-16 所示。

步骤 3：在“高级”选项卡中单击“环境变量”按钮，打开“环境变量”对话框，如图 1-17 所示。其中上半部为用户环境变量区，下半部为系统环境变量区。

步骤 4：使用对话框底部的“新建”“编辑”“删除”按钮维护用户环境变量和系统环境变量。例如，把 TEMP 系统环境变量的变量值“%USERPROFILE%\AppData\Local\Temp”(C:\Users\Administrator\AppData\Local\Temp)改为“%SystemDrive%\

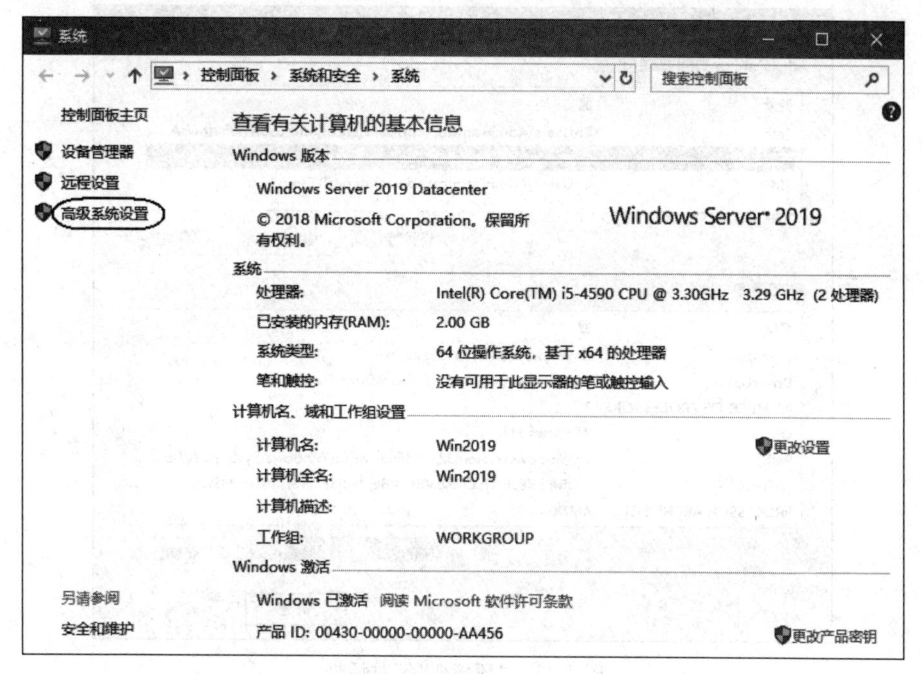

图 1-15　“系统”窗口

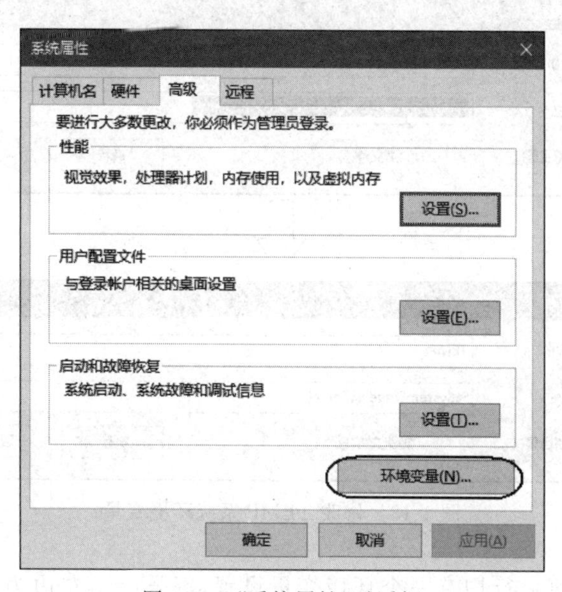

图 1-16　“系统属性”对话框

Temp”(C:\Temp)，如图 1-18 所示。

【说明】 用户可直接引用环境变量。使用环境变量时，必须在环境变量的前后加上%。例如，%USERNAME%表示要读取的用户账户名称，%SystemRoot%表示系统根文件夹(即存储 Windows 系统文件的文件夹)。

步骤 5：在命令行提示符窗口中，运行 set 命令可查看计算机内现有的环境变量，如

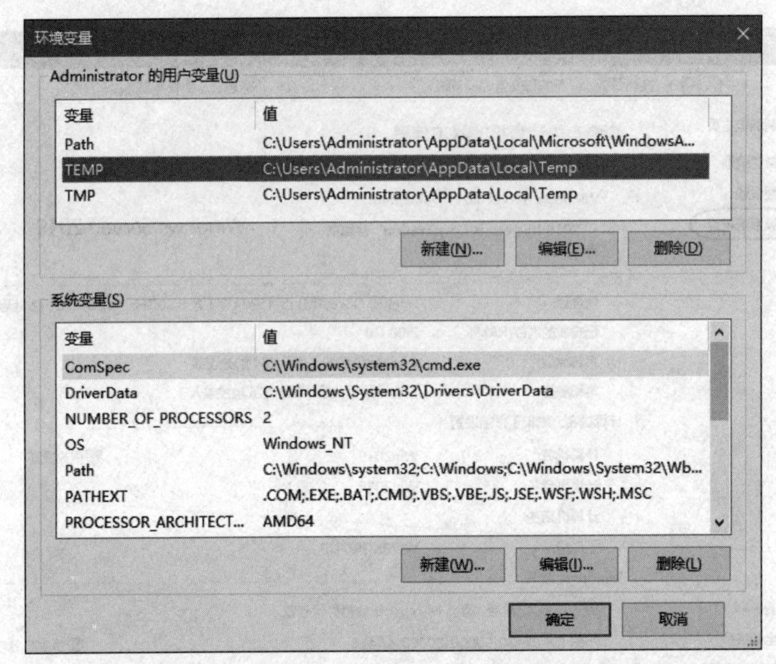

图 1-17 “环境变量”对话框

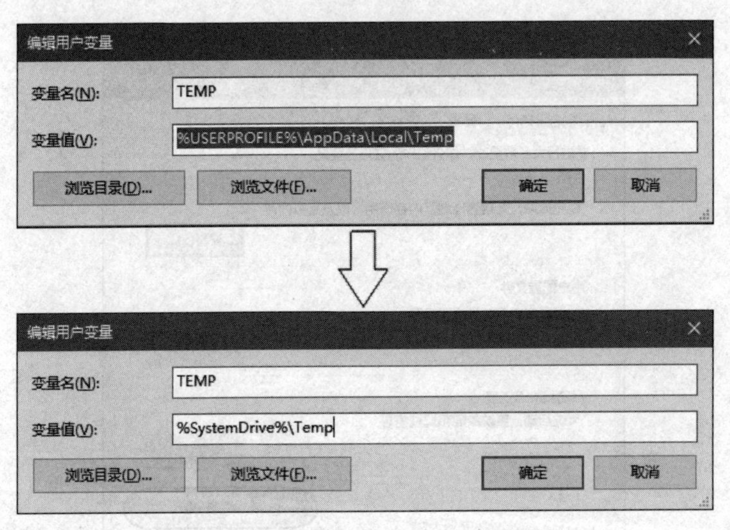

图 1-18 修改 TEMP 系统环境变量

图 1-19 所示。其中每一行均有一个环境变量设置,等号(=)左边为环境变量的名称,右边为环境变量的值。

4. IE 增强的安全设置

Windows Server 2019 通常扮演着非常重要的服务器角色,一般不要进行上网操作,避免因为浏览网页中了病毒或者木马。如果想浏览网页或者下载文件,可以发现打开 IE 浏览器的时候会提示 IE 增强的安全配置已启用。

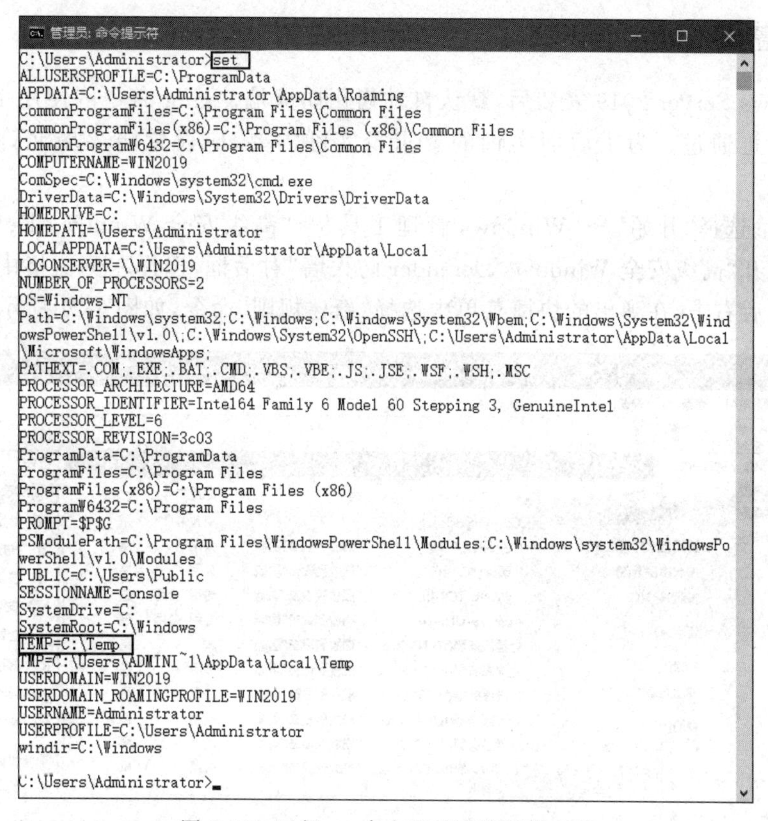

图 1-19 运行 set 命令查看当前环境变量

如果想要关闭 IE 增强的安全配置，在“服务器管理器”窗口的“本地服务器”界面中，单击“IE 增强的安全配置”区域右侧的“启用”，在弹出的对话框中选中“关闭”单选按钮，如图 1-20 所示，单击“确定”按钮。

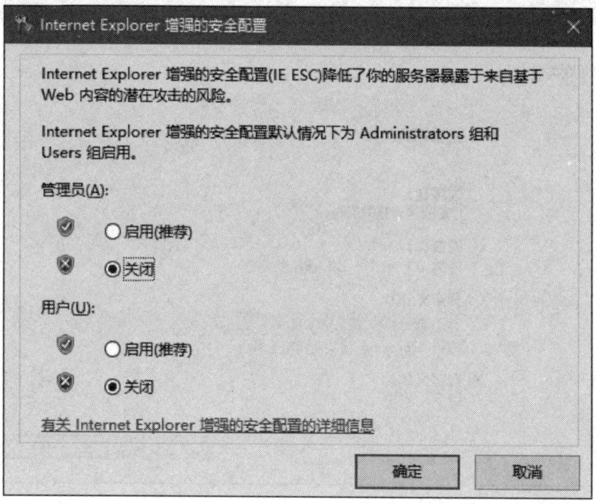

Internet Explorer 增强的安全配置

Internet Explorer 增强的安全配置(IE ESC)降低了你的服务器暴露于来自基于 Web 内容的潜在攻击的风险。

Internet Explorer 增强的安全配置默认情况下为 Administrators 组和 Users 组启用。

管理员(A):

启用(推荐)

关闭

用户(U):

启用(推荐)

关闭

有关 Internet Explorer 增强的安全配置的详细信息

确定 取消

图 1-20 IE 增强的安全配置

5. 配置 Windows 防火墙

Windows Server 2019 安装后，默认自动启用防火墙。ping 命令因使用 ICMP，默认被防火墙阻止通过。为了后面实训的要求及实际需要，应设置防火墙允许 ping 命令通过。

步骤 1：选择"开始"→"Windows 管理工具"→"高级安全 Windows Defender 防火墙"命令，打开"高级安全 Windows Defender 防火墙"对话框，选择左侧窗格中的"入站规则"选项，然后右击，在弹出的快捷菜单中选择"新建规则"命令，如图 1-21 所示。

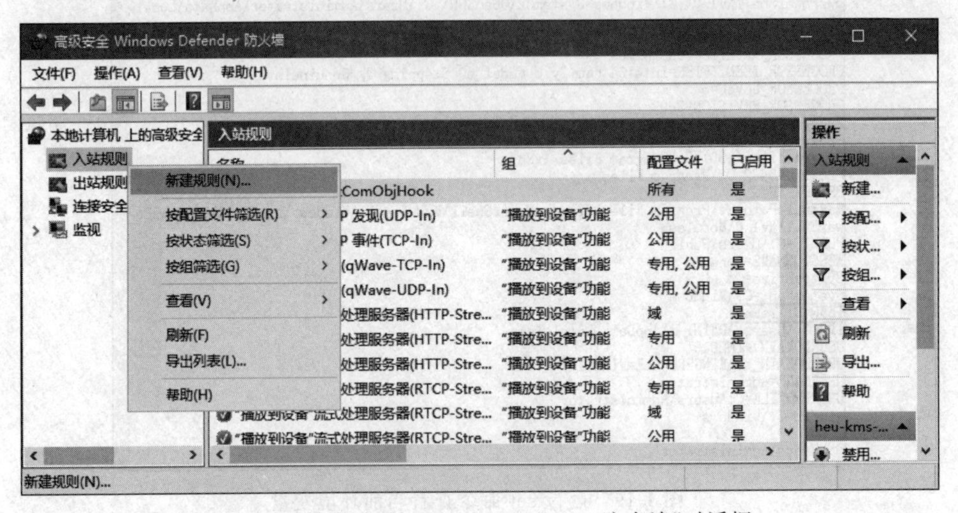

图 1-21 "高级安全 Windows Defender 防火墙"对话框

步骤 2：在打开的"新建入站规则向导"对话框中选中"自定义"单选按钮，如图 1-22 所示。

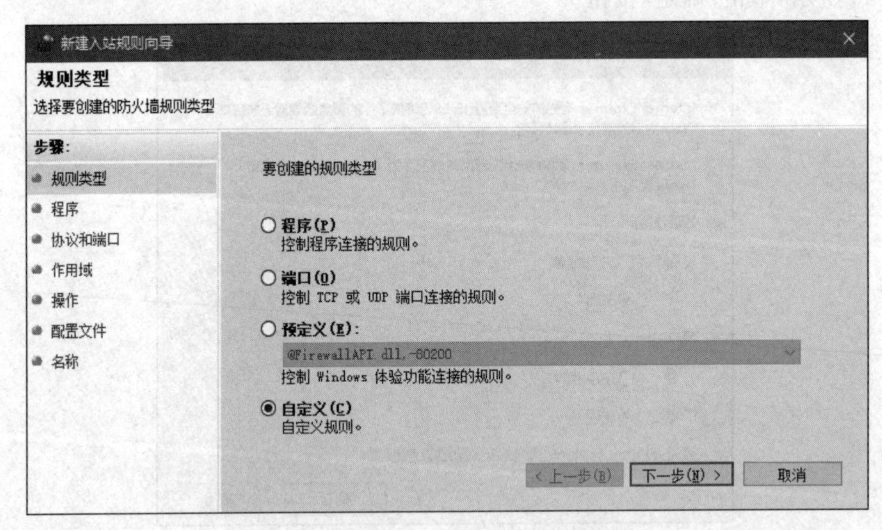

图 1-22 "新建入站规则向导"对话框

步骤 3：单击“下一步”按钮，出现“程序”界面，如图 1-23 所示，选中“所有程序”单选按钮。

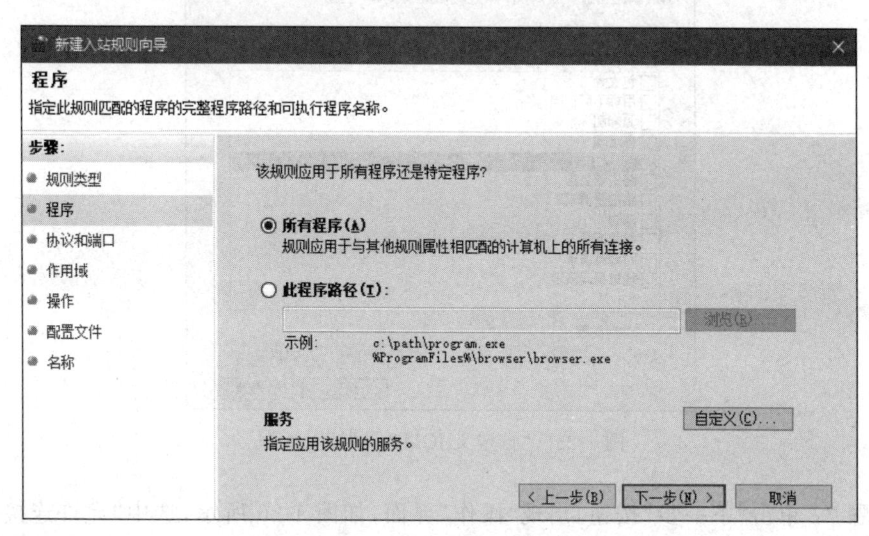

图 1-23　“程序”界面

步骤 4：单击“下一步”按钮，出现“协议和端口”界面，如图 1-24 所示，选择“协议类型”为 ICMPv4。

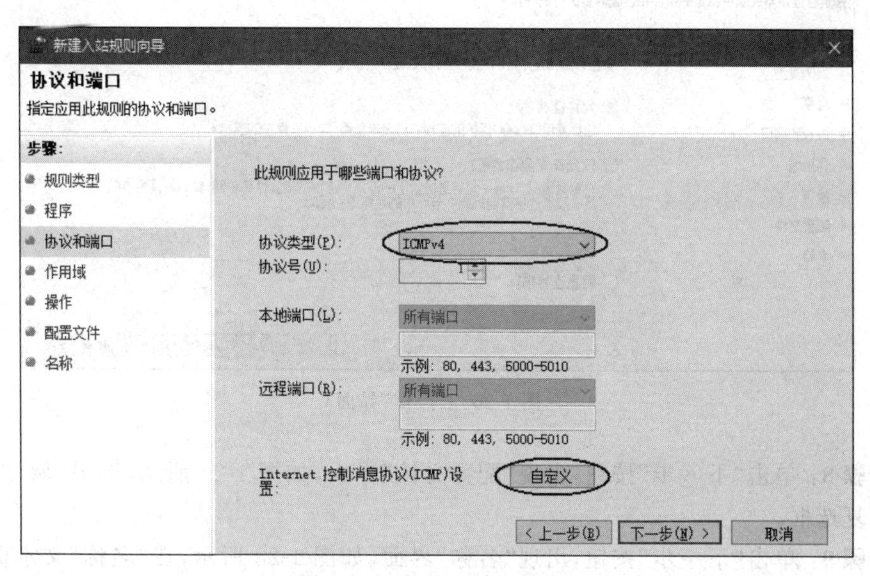

图 1-24　“协议和端口”界面

步骤 5：单击“自定义”按钮，打开“自定义 ICMP 设置”对话框，如图 1-25 所示，选中“特定 ICMP 类型”单选按钮，并在列表框中选中“回显请求”复选框，单击“确定”按钮，返回“协议和端口”界面。

步骤 6：单击“下一步”按钮，出现“作用域”界面，保持默认设置不变。

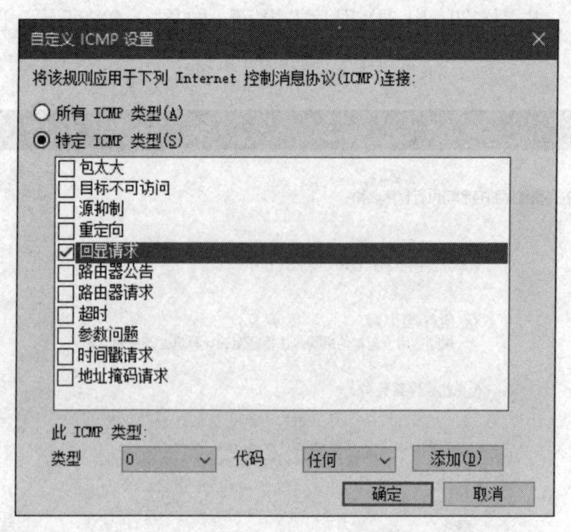

图 1-25 “自定义 ICMP 设置”对话框

步骤 7:单击“下一步”按钮,出现“操作”界面,如图 1-26 所示,选中“允许连接”单选按钮。

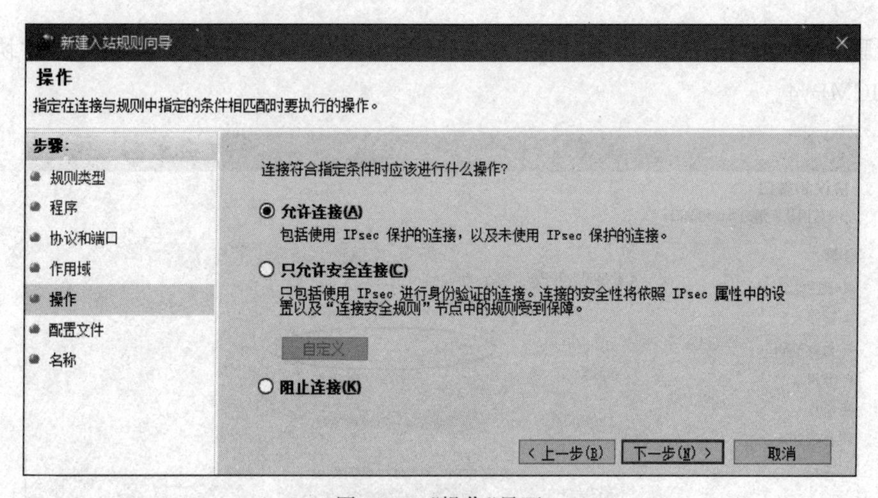

图 1-26 “操作”界面

步骤 8:单击“下一步”按钮,出现“配置文件”界面,如图 1-27 所示,选中“域”“专用”“公用”复选框。

步骤 9:单击“下一步”按钮,出现“名称”界面,如图 1-28 所示,在“名称”文本框中输入本规则的名称 ping OK,单击“完成”按钮,完成入站规则的创建。

步骤 10:在其他计算机上 ping 本计算机,测试是否 ping 成功。禁用“ping OK”入站规则,再次测试是否 ping 成功。

【说明】 要允许 ping 命令响应,也可在入站规则中启用“文件和打印机共享(回显请求-ICMPv4-In)”规则即可。

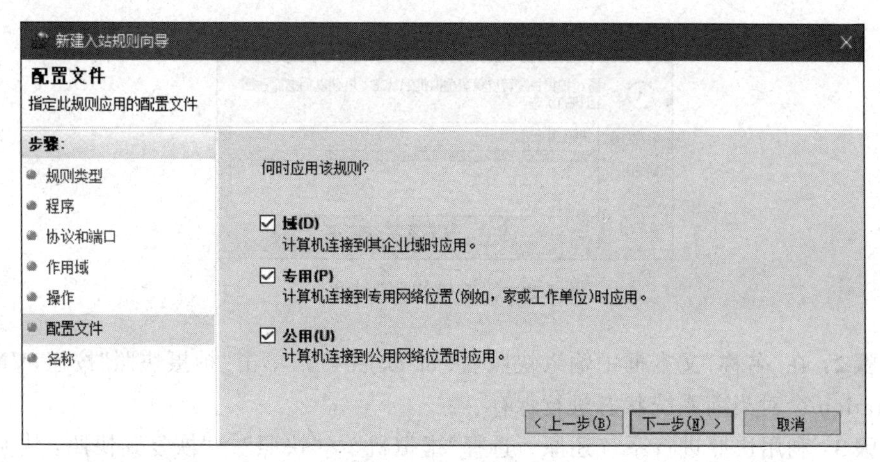

图 1-27　“配置文件”界面

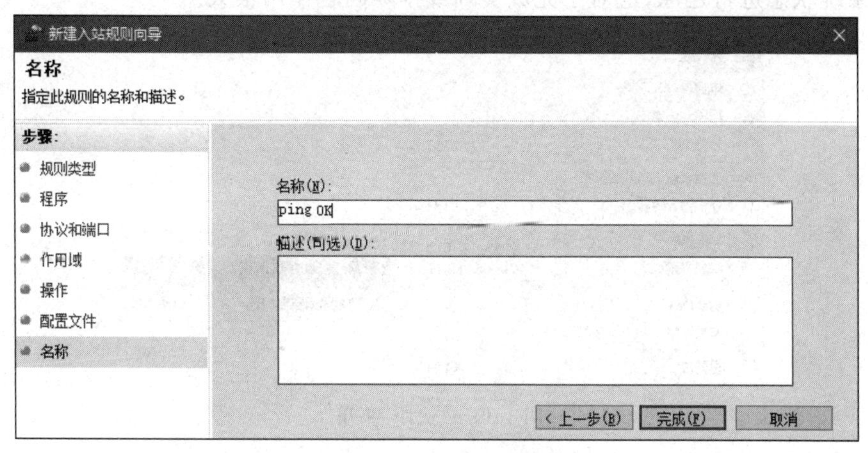

图 1-28　“名称”界面

1.4.3　任务 3：使用 VMware 的快照和克隆功能

快照(snapshot)指的是虚拟磁盘(VMDK)在某一特定时间点的副本。通过快照可以在系统发生问题后恢复到快照的时间点，从而有效地保护磁盘上的文件系统和虚拟机的内存数据。在 VMware 中进行实验，可以随时把系统恢复到某一次快照的过去状态中，这个过程对于在虚拟机中完成一些对系统有潜在危害的实验非常有用。

任务 3：使用 VMware 的快照和克隆功能

1. 拍摄和恢复快照

步骤 1：将前面安装完成的 Windows Server 2019 当作母盘，在 VMware 中选中 Windows Server 2019 虚拟机，选择“虚拟机”→“快照”→“拍摄快照”命令，打开“拍摄快照”对话框，如图 1-29 所示。

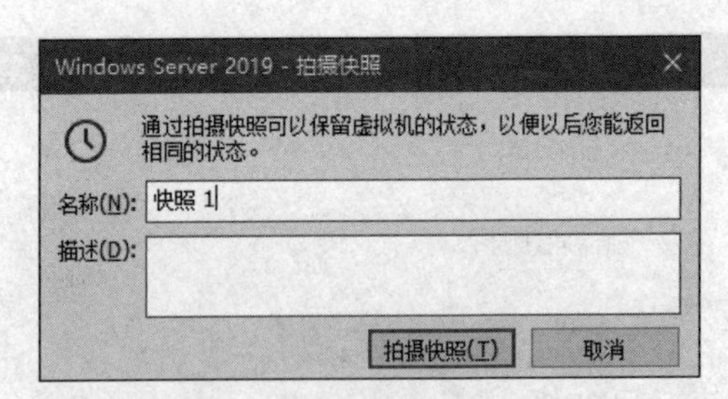

图 1-29 “拍摄快照”对话框

步骤 2：在“名称”文本框中输入快照名(如“快照 1”)，单击“拍摄快照”按钮，VMware Workstation 会对当前系统状态进行保存。

步骤 3：利用快照进行系统还原。选择“虚拟机”→“快照”→“恢复到快照：快照 1”命令，如图 1-30 所示，出现提示信息后，单击“是”按钮，VMware Workstation 就会将在该点保存的系统状态进行还原，这对于完成实训或排除问题作用很大。

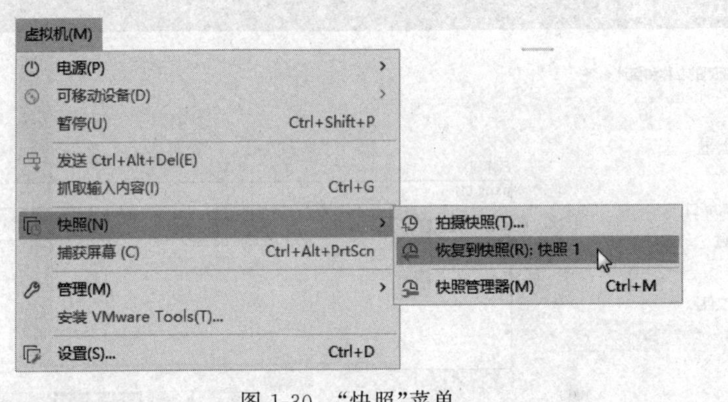

图 1-30 “快照”菜单

2. 克隆出多个系统

在以后的学习中，需要使用多个 Windows Server 2019 操作系统来完成实验，如果已经安装好了一个操作系统，就可以克隆出多个同样的系统，这样既可省去安装操作系统的过程。通过创建连接克隆，还可以节省磁盘空间，此时会发现新克隆出来的系统比新装的系统占用较少的空间。

可以以关闭的系统克隆出新系统，或者以关闭系统后做出的快照为基础克隆出新系统，但不能以运行着的系统做的快照来克隆系统。

步骤 1：关闭虚拟机中的操作系统。

步骤 2：选择“虚拟机”→“管理”→“克隆”命令，打开“克隆虚拟机向导”对话框。

步骤 3：单击“下一步”按钮，出现“克隆源”界面，选中“虚拟机中的当前状态”单选按钮，如图 1-31 所示。

步骤 4：单击“下一步”按钮，出现“克隆类型”界面，如图 1-32 所示，选中“创建链接克隆”单选按钮。

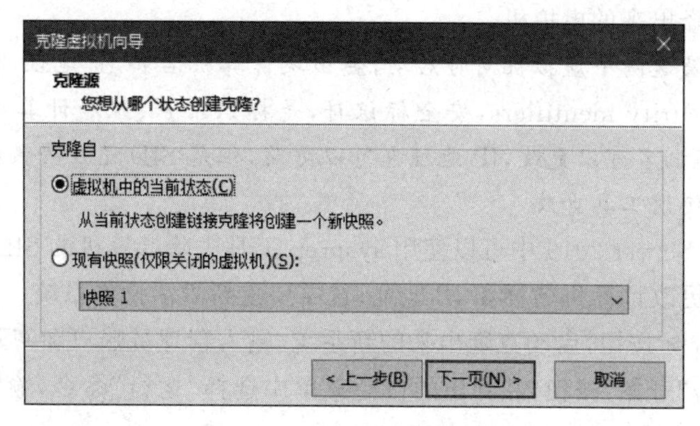

图 1-31　“克隆源”界面

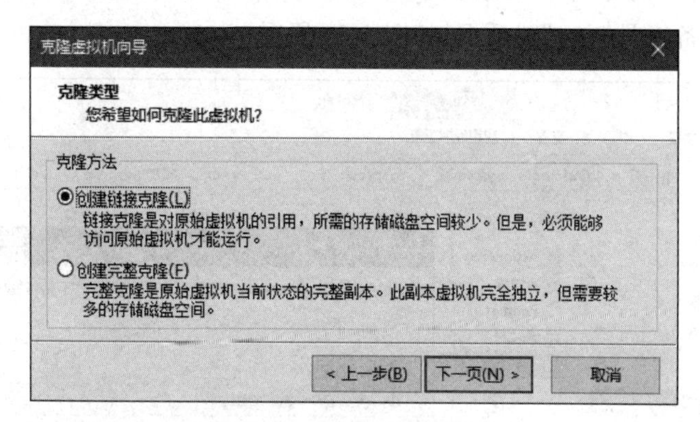

图 1-32　“克隆类型”界面

链接克隆是对原始虚拟机的引用，所需的存储磁盘空间较少。但是必须能够访问原始虚拟机才能运行。完整克隆是原始虚拟机当前状态的完整副本，此副本虚拟机完全独立，但需要较多的存储磁盘空间。

步骤 5：单击“下一步”按钮，出现“新虚拟机名称”界面，如图 1-33 所示，指定新虚拟机的名称和位置。

图 1-33　“新虚拟机名称”界面

步骤 6：先单击“完成”按钮，再单击“关闭”按钮，完成虚拟机的克隆。此时可在虚拟机库中看到已克隆出来的虚拟机。

【说明】 如果这两个虚拟机同时启动，会出现计算机名和IP地址冲突等问题，同时计算机的SID(security identifiers，安全标识符，是标识用户、组和计算机账户的唯一号码)也一样。计算机名可以更改，IP地址也可以更改，但是SID是在安装操作系统时产生的安全标志需要使用工具更改。

在Windows Server 2019中可以使用sysprep工具去除计算机的SID和计算机名称。重启计算机后可更改计算机名称和IP地址，且需要重新激活操作系统。

步骤7：单击▶按钮，启动克隆出来的新系统，输入管理员账户和密码登录。

步骤8：右击“开始”按钮，在弹出的快捷菜单中选择“运行”命令，输入sysprep，单击“确定”按钮。

步骤9：在打开的C:\Windows\System32\sysprep目录中双击运行sysprep.exe文件，打开“系统准备工具3.14”对话框，如图1-34所示。

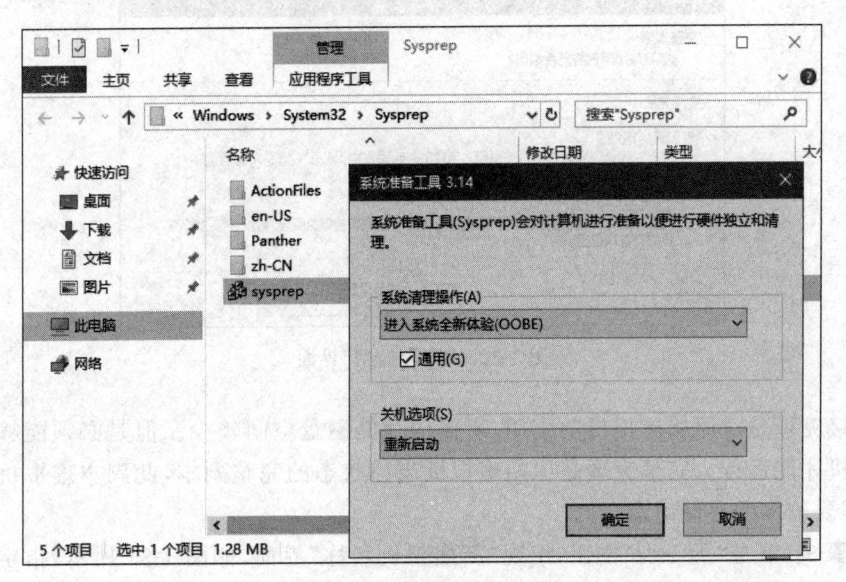

图1-34　系统准备工具

步骤10：选中“通用”复选框，单击“确定”按钮，系统会重整后重新启动。

步骤11：按照向导，重新设置密码后进入系统，可进一步更改计算机名称、IP地址等，且需要重新激活操作系统。

1.5　习　题

一、填空题

1. Windows Server 2019只能安装在________文件系统的分区中，否则安装过程中会出现错误提示而无法正常安装。

2. Windows Server 2019 管理员口令要求必须符合以下条件：①至少 6 个字符；②不包含用户账户名称超过两个连续字符；③包含大写字母(A～Z)、小写字母(a～z)、________、________4 组字符中的 3 组。

3. Windows Server 2019 有多种安装方式，分别适用于不同的环境，选择合适的安装方式可以提高工作效率。除了全新安装外，还有________安装、________安装及________安装。

4. 安装 Windows Server 2019 时，内存至少不低于________，硬盘的可用空间不低于________，并且只支持________位版本。

5. Windows Server 2019 操作系统的版本主要有 3 个，分别是________、________和________。

二、选择题

1. 在 Windows Server 2019 系统中，如果需要运行 DOS 命令，则在"运行"文本框中输入(　　)命令。

A. CMD　　B. MMC　　C. AUTOEXE　　D. TTY

2. Windows Server 2019 系统安装时生成的 Users、Windows 以及 Windows\System32 文件夹是不能随意更改的，因为它们是(　　)。

A. Windows 的桌面

B. Windows 正常运行时所必需的应用软件文件夹

C. Windows 正常运行时所必需的用户文件夹

D. Windows 正常运行时所必需的系统文件夹

3. 有一台服务器的操作系统是 Windows Server 2016，文件系统是 NTFS，现要求对该服务器进行 Windows Server 2019 的安装，保留原数据，但不保留操作系统，应使用下列(　　)种方法进行安装才能满足需求。

A. 进行全新安装并格式化磁盘

B. 对原操作系统进行升级安装，不格式化磁盘

C. 做成双引导，不格式化磁盘

D. 重新分区并进行全新安装

4. Windows Server 2019 防火墙中可以设置的网络位置不包括(　　)。

A. 内部网络　　B. 专用网络　　C. 公用网络　　D. 域网络

三、简答题

1. 简述 Windows Server 2019 系统的最低硬件配置要求。

2. Windows Server 2019 有哪几个版本？各个版本有何区别？

3. 在安装 Windows Server 2019 前有哪些注意事项？

项目2 服务器虚拟化技术及应用

【学习目标】

(1) 掌握服务器虚拟化技术相关的基础知识。

(2) 熟悉 VMware 虚拟机安装与使用技巧。

(3) 掌握 Windows Server 2019 环境下 Hyper-V 的安装与配置。

2.1 项目导入

某信息工程学院计划建设计算机专业的网络实训室,用于向教师和学生提供网络操作系统等课程的实训环境。

由于网络实训室建设资金有限,仅能配置 50 台惠普台式机和部分网络设备,很多网络实验环境无法提供,同时有的实验具有一定的破坏性,这使得网络实训室的管理非常麻烦。作为网络实训室的管理员,你该如何设计技术方案,来满足网络实训室的实验和管理需求?

2.2 项目分析

由于很多实验具有破坏性,因此有些网络实验做起来相对比较麻烦,同时也有一些实验需要多台计算机设备,但实验室却不能提供。可通过虚拟机软件,在一台物理机上虚拟出多台虚拟机(可安装不同版本的操作系统),就可以模拟一些网络实验环境。

在虚拟机上还可通过"快照"功能,保存虚拟机在某个时刻的运行状态。可以随时把系统恢复到某一次快照的过去状态中,这个过程对于在虚拟机中完成一些对系统有潜在危害的实验非常有用。

常用的虚拟机软件主要有 VirtualBox、VMware、Hyper-V 等。本项目主要介绍了 Windows Server 2019 中的 Hyper-V 的安装和配置方法。

2.3 相关知识点

2.3.1 虚拟机基础知识

虽然现在各种虚拟化技术的区分还没能做到泾渭分明，但随着时间的推移，五种主流的虚拟化技术逐步展露，分别为CPU虚拟化、网络虚拟化、服务器虚拟化、存储虚拟化和应用虚拟化。其中服务器虚拟化是最早细分出来的子领域，用户可以动态启用虚拟机（虚拟服务器），每个服务器实际上可以让操作系统误以为虚拟机就是实际硬件，以充分发挥物理服务器的计算潜能，迅速应对数据中心不断变化的软硬件需求。

所谓虚拟机，是指以软件模块的方式，在某种类型的计算机（或其他硬件平台）及操作系统（或相应的软件操作平台）的基础上，模拟出另外一种计算机（或其他硬件平台）及其操作系统（或相应的软件操作平台）的虚拟技术。换言之，虚拟机技术的核心在于"虚拟"两字。虚拟机提供的"计算机"和真正的计算机一样，也包括CPU、内存、硬盘、光驱、软驱、显卡、声卡、SCSI卡、USB接口、PCI接口、BIOS等。在虚拟机中既可以和真正的计算机一样安装操作系统、应用程序和软件，也可以对外提供服务。

Broadcom、Oracle、Microsoft等国际知名公司都有虚拟机软件产品：Broadcom收购的虚拟机VMware，包括Workstation、GSX Server、ESX Server；Oracle收购了VirtualBox，演变成完全开源的Oracle VM VirtualBox；Microsoft公司的虚拟机软件收购自Connectix公司，经过不断地升级，目前提供Hyper-V服务，能够让用户在不使用第三方虚拟化软件的情况下，直接在系统中创建虚拟主机操作系统，成为其最具有吸引力的特点之一。

虚拟机的主要功能有两个：一是用于生产；二是用于实验。

1. 虚拟机用于生产

所谓用于生产，主要包括以下两个方面。

（1）用虚拟机可以组成产品测试中心。通常的产品测试中心都需要大量的、具有不同环境和配置的计算机及网络环境，如有的测试需要Windows XP/7/10、Windows Server 2003/2008/2012/2016/2019等环境，而每个环境例如Windows XP，又需要Windows XP（无补丁）、Windows XP安装SP1补丁、Windows XP安装SP2补丁这样的多种环境。如果使用"真正"的计算机进行测试，则需要大量的计算机。而使用虚拟机可以降低和减少企业在这方面的投资而不影响测试的进行。

（2）用虚拟机可以"合并"服务器。许多企业会有多台服务器，但有可能每台服务器的负载比较轻或者服务器总的负载比较轻，这时就可以使用虚拟机的企业版，在一台服务器上安装多个虚拟机，其中的每台虚拟机都用于代替一台物理的服务器，从而为企业减少投资。

2. 虚拟机用于实验

所谓用于实验，就是指用虚拟机可以完成多项单机、网络和不具备真实实验条件、环境的实验。虚拟机可以做多种实验,主要包括以下三类。

(1) 一些“破坏性”的实验。例如,需要对硬盘进行重新分区、格式化,重新安装操作系统等操作。如果在真实的计算机上进行这些实验,可能会产生的问题是实验后系统不容易恢复,因为在实验过程中计算机上的数据被全部删除了。因此,这样的实验有必要专门占用一台计算机。

(2) 一些需要“联网”的实验。例如,做 Window Server 2019 联网实验时,需要至少3台计算机、1台交换机、3条网线。如果是个人做实验,则不容易找到这3台计算机;如果是学生上课做实验,以中国高校现有的条件(计算机和场地)则很难实现。而使用虚拟机,可以让学生在“人手一机”的情况下很“轻松”地组建出实验环境。

(3) 一些不具备条件的实验。例如,Windows 群集类实验,需要“共享”磁盘阵列柜,而一个最便宜的磁盘阵列柜也需要几万元,如果再加上群集主机,则一个实验环境大约需要10万元的投资。如果使用虚拟机,只需要一台配置比较高的计算机就可以了。另外,使用 VMware 虚拟机还可以实现一些对网络速度、网络状况有要求的实验。例如,需要在速度为64kbps的网络环境中做实验,这在以前是很难实现的,而使用 VMware 虚拟机则很容易实现从28.8kbps~100Mbps各种网络速度的实验环境。

2.3.2 VirtualBox 虚拟化技术简介

VirtualBox 是一款遵从 GPL 协议的开源虚拟机软件,最早是由 Innotek 公司开发的,然后由 Sun 公司出口的软件,该软件使用 Qt 语言编写。在 Sun 被 Oracle 公司收购后,该软件正式更名成 Oracle VM VirtualBox。该软件目前是 Oracle 公司 xVM 虚拟化平台技术的一部分。VirtualBox 软件的运行界面如图 2-1 所示。

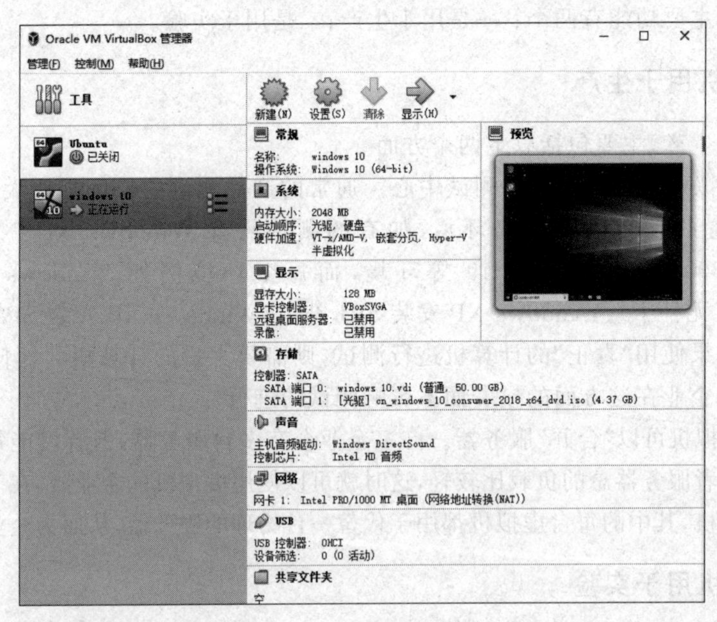

图 2-1 VirtualBox 软件界面

油散热器进油口或出油口密封不严造成的泄漏。机油泄漏后,机油的数量将会减少,而在机油散热器外部的冷却液有可能通过破碎的地方进入润滑系统油路中,造成机油变质,影响到汽车发动机关键部件的润滑效果,严重会造成发动机熄火和“烧瓦”,大大的降低汽车发动机的使用寿命。

2. 机油散热器的检修

(1) 机油散热器堵塞检修。机油散热器出现了堵塞现象,将机油散热器从汽车发动机上拆卸下来,在其进油口处加入足够的煤油,将机油散热器立起,然后观察散热器出口煤油流出的情况,如果煤油不能连续的流出,就表明出现了堵塞。堵塞不是很严重,可以采用加注高压机油的方法强迫里面的杂质排出机油散热器或者加入化学清洗剂的方法对机油散热器内部进行清洗疏通,如果堵塞很严重,就应考虑及时更换机油散热器以保证发动机的正常运行。

(2) 机油散热器中机油泄漏。水箱中有机油漂在冷却液上,或者在油底壳中的机油混入了冷却液,就应该考虑机油散热器中的机油是否出现了泄漏。进行检查时,要放干净发动机中的冷却液,然后打开发动机壳体上机油散热器的护盖,先观察进油口和出油口处有无机油外溢的情况。如果有,应将散热器按照操作规程重新进行安装;若无,这个时候应将散热器从发动机上取下,将出油口堵死,放入水中,在进油口通入压缩空气,看何处有气泡,找到后进行焊接,一般采用铜焊焊接。接下来再通入压缩空气进行检测,看是否修好,最后将修复的机油散热器按照操作规程重新装复。如果破损严重,应及时更换新的机油散热器。

5.3.3 曲轴箱强制通风装置的常见故障及检修

车用发动机的曲轴箱通风系统涉及缸盖、缸体、曲轴箱、进气系统、缸内燃烧,比较复杂,开发及使用过程中经常会出现各种故障,引起发动机工作不良。

1. 常见故障

(1) 曲轴箱压力异常。调节曲轴箱压力是曲轴箱强制通风系统的重要功能,通常曲轴箱压力处于设计范围内。异常情况下,曲轴箱压力会超出设计范围,这将导致油气分离效率变差,同时还会导致发动机曲轴后曲轴油封、凸轮轴油封失效,发动机漏油。

(2) 油气分离系统分离效率异常。油气分离效率变差会导致过量机油通过油气分离系统进入进气系统参与燃烧,车辆出现“烧机油”现象,车辆烧机油会导致燃烧室积炭增加、怠速不稳、油耗上升、尾气排放超标等不良后果,严重的会导致润滑不良,导致发动机报废。

(3) 呼吸管结冰。呼吸管结冰是另一个值得一提的故障模式,经售后调查,近几年在我国呼伦贝尔、黑河等北方地区,气温经常达到−40℃,甚至更低,车辆在长时间高速运行后,会出现机油标尺弹出,密封件漏油,检查呼吸管,发现其出口已被冰块堵塞。

2. 造成曲轴箱强制通风故障的原因

(1) 曲轴箱强制通风系统中的通风腔和呼吸管堵塞、呼吸管上的单向阀工作不良,使窜气无法及时排出,曲轴箱正压变大,则窜入燃烧室的机油增多,导致“烧机油”,需要疏通通风腔及呼吸管,更换单向阀。

VirtualBox 是一款功能强大、操作简单的免费开源虚拟机软件，支持 Windows、Linux、Mac、Android 等系统的主机，得到了不少虚拟机爱好者和技术人员的偏爱。

2.3.3 VMware 虚拟化技术简介

VMware 虚拟机是 VMware 公司(现已被 Broadcom 公司收购)开发的专业虚拟机软件，分为面向客户机的 VMware Workstation 及面向服务器的 VMware GSX Server、VMware ESX Server。

VMware 虚拟机拥有 VMware 公司自主研发的 Virtualization Layer(虚拟层)技术，它可以将真实计算机的物理硬件设备完全映射为虚拟的计算机设备，在硬件仿真度及稳定性方面做得非常出色。此外，VMware 虚拟机提供了独特的“快照”功能，可以在 VMware 虚拟机运行的时候随时使用“快照”功能将 VMware 虚拟机的运行状态保存下来，以便在任何时候迅速恢复 VMware 虚拟机的运行状态，这个功能非常类似于某些游戏软件提供的即时保存游戏进度的功能。通过软件提供的 VMware Tools 组件，可以在 VMware 虚拟机与真实的计算机之间实现鼠标箭头的切换、文件的拖动及复制粘贴等，操作非常方便。

VMware 虚拟机支持的操作系统种类十分丰富。VMware 虚拟机软件本身可以安装在 Windows 7/10 或 Linux 中，并支持在虚拟机中安装 Windows 全系列操作系统、多个版本的 Linux 操作系统、Netware 操作系统、Solaris 操作系统等。

2.3.4 Hyper-V 虚拟化技术简介

Hyper-V 是与 Windows Server 2008 同时发布的软件，已成为微软操作系统的一个重要角色，能提供可用来创建虚拟化服务器计算环境的工具和服务，它能够让用户在不使用 VMware、VirtualBox 等第三方虚拟化软件的情况下，直接在系统中创建虚拟操作系统。例如，主机操作系统是 Windows 10，而虚拟机系统运行的则是 Windows 7 或 Windows Server 2008，这对从事网络研究和开发的用户来说无疑是非常强大的功能。

Hyper-V 的架构如图 2-2 所示。Hyper-V 是一个底层的虚拟机程序，可以让多个操作系统共享一个硬件，它在操作系统和硬件之间添加了一个很薄的 Hypervisor 软件层，里面不包含底层硬件驱动。运行 Hyper-V 的物理计算机使用的操作系统和虚拟机使用的操作系统都运行在底层的 Hypervisor 之上，物理计算机使用的操作系统实际上相当于一个特殊的虚拟机操作系统，与真正的虚拟机操作系统平级。物理计算机和虚拟机都要通过 Hypervisor 层使用和管理硬件资源，因此 Hyper-V 创建的虚拟机不是传统意义上的虚拟机，但可以认为是一台与物理计算机平级的独立计算机。Hyper-V 直接接管虚拟机管理工作，把系统资源划分为多个分区，其中主操作系统所在的分区称为父级分区，虚拟机所在的分区称为子级分区，这样可以确保虚拟机的性能最大化，几乎可以接近物理机器的性能。

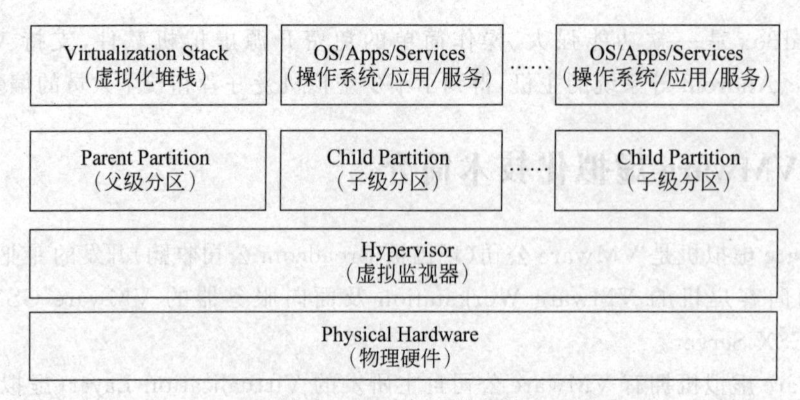

图 2-2　Hyper-V 的架构

与 VMware、VirtualBox 等第三方虚拟化软件相比,Hyper-V 虚拟化技术对计算机系统要求较高,一套完整的 Hyper-V 虚拟化技术方案需要硬件和软件两方面的支持。

1. 虚拟化技术的硬件要求

在 Windows 中使用 Hyper-V 虚拟化技术对于硬件系统方面的要求比较高,除了硬盘要有足够可用空间用于创建虚拟系统,以及内存足够大以便流畅运行系统之外,在 CPU 和主板等方面也有较高的要求。Hyper-V 虚拟化需要特定的 CPU,只有满足以下特征的 CPU 才可以支持 Hyper-V 虚拟化技术。

(1) 指令集能够支持 64 位技术。

(2) 硬件辅助虚拟化,需要具有虚拟化选项的特定 CPU,也就是包含 Intel VT 或者 AMD-V 功能的 CPU。

(3) 安全特征需要支持数据执行保护(DEP)。如果 CPU 支持,则系统会自动开启。

与 CPU 相比,Hyper-V 对主板要求不太高,只要确保主板支持硬件虚拟化即可。用户可以通过查阅主板说明书或者登录厂商的官方网站进行了解。一般来说,从 P35 芯片组开始,所有的主板都支持硬件虚拟化技术,因此只要主板型号不太陈旧,就应该支持 Hyper-V 技术。

运行 msinfo32.exe 程序,打开"系统信息"窗口,如图 2-3 所示。在窗口底部可看到 4 项 Hyper-V 信息,只有全部为"是",才能运行 Hyper-V 虚拟机。假如其中的第三项"固件中启用的虚拟化"值为"否",可能是因为未在主板 BIOS 设置中开启虚拟化技术,应手动开启。

2. 虚拟化技术的软件要求

虽然 Windows Server 2008 有多个版本,但是并不是每个版本的 Windows Server 2008 都支持 Hyper-V 技术,只有 64 位版本的 Windows Server 2008 标准版、企业版和数据中心版才能安装并使用 Hyper-V 服务。如果用户需要使用 Hyper-V,那么在安装操作系统时一定要选择正确的版本。

Windows Server 从 2012 版本开始只有 64 位的版本,包括 Windows Server 2016/

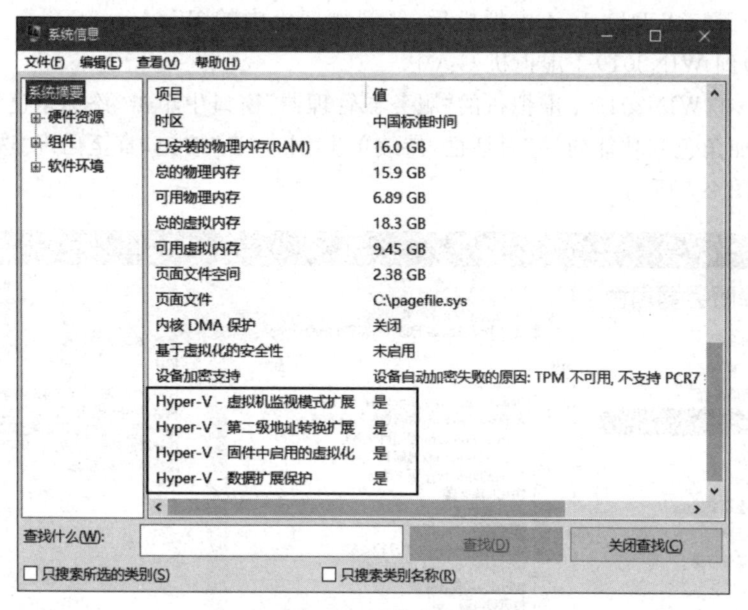

图 2-3　系统信息

2019，它们都有 Hyper-V 的功能，但要注意的是，标准版仅提供最多两个 Hyper-V 虚拟机的许可证，而数据中心版提供了无限制数量的基于 Hyper-V 虚拟机的许可证。

2.4　项目实施

下面说明如何安装与配置 Hyper-V 虚拟机。

1. 安装 Hyper-V 角色

步骤 1：在 VMware 中编辑 WIN2019-1 的虚拟机设置，设置内存大小为 4GB，开启处理器的“虚拟化 Intel VT-x/EPT 或 AMD-V/RVI”功能，如图 2-4 所示。

安装与配置 Hyper-V 虚拟机

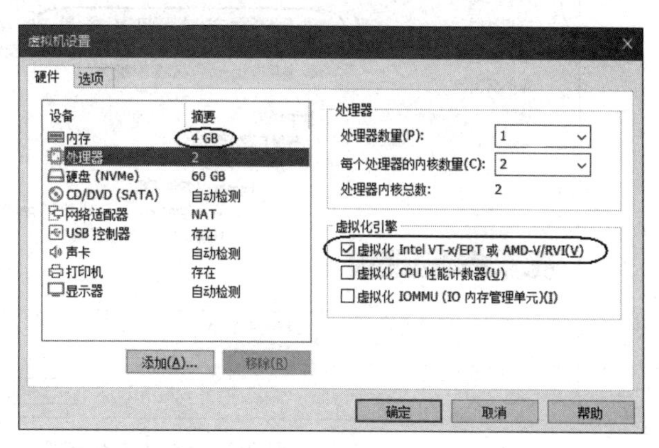

图 2-4　虚拟机设置

步骤2：开启WIN2019-1虚拟机后，复制物理机中的Windows Server 2019安装镜像文件(.iso)到WIN2019-1虚拟机C:\中。

步骤3：在WIN2019-1虚拟机的“服务器管理器”窗口中单击“添加角色和功能”超链接，打开“添加角色和功能向导”对话框，持续单击“下一步”按钮，直至出现“选择服务器角色”界面，如图2-5所示。

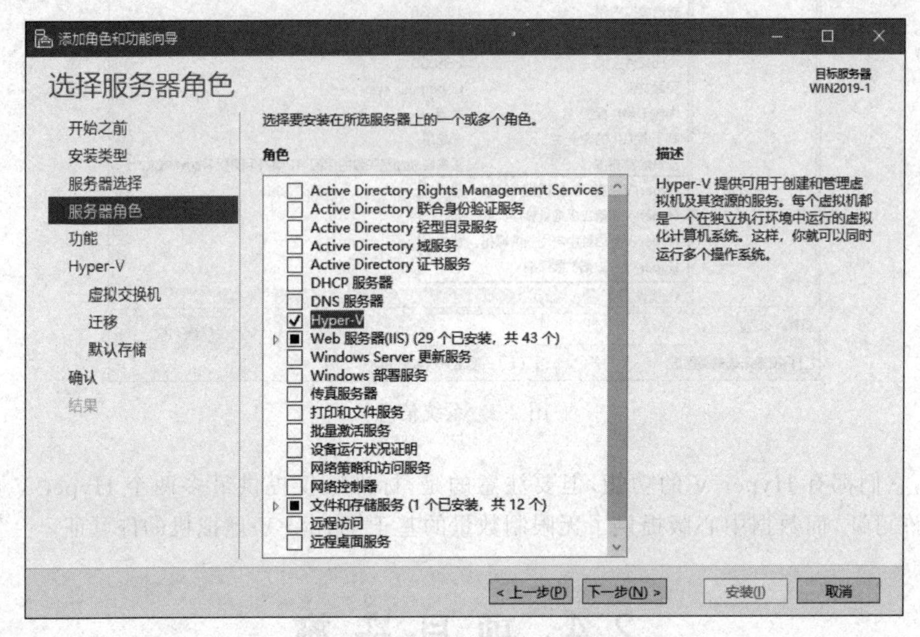

图2-5 “选择服务器角色”界面

步骤4：选中“Hyper-V”复选框，持续单击“下一步”按钮，直至出现“确认安装所选内容”界面，选中“如果需要，自动重新启动目标服务器”复选框，如图2-6所示。

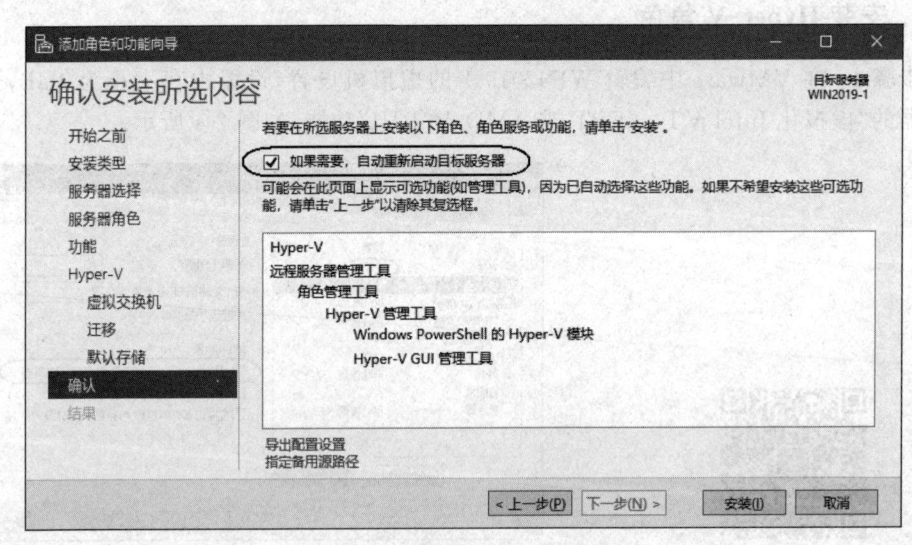

图2-6 “确认安装所选内容”界面

步骤 5：单击“安装”按钮，开始安装 Hyper-V 角色。安装完成后，自动重新启动计算机。

步骤 6：重新启动后，继续执行安装进程直至完成，最后出现“安装结果”界面，提示 Hyper-V 角色已经安装成功。单击“关闭”按钮，完成 Hyper-V 角色的安装。

2. Hyper-V 设置

安装好 Hyper-V 角色后，可以通过“Hyper-V 管理器”创建虚拟机。为了确保虚拟机能够顺利创建，建议用户先对 Hyper-V 进行相应的设置。

步骤 1：选择“开始”→“Windows 管理工具”→“Hyper-V 管理器”命令，打开“Hyper-V 管理器”窗口，如图 2-7 所示，在中部区域查看到并没有虚拟机存在。

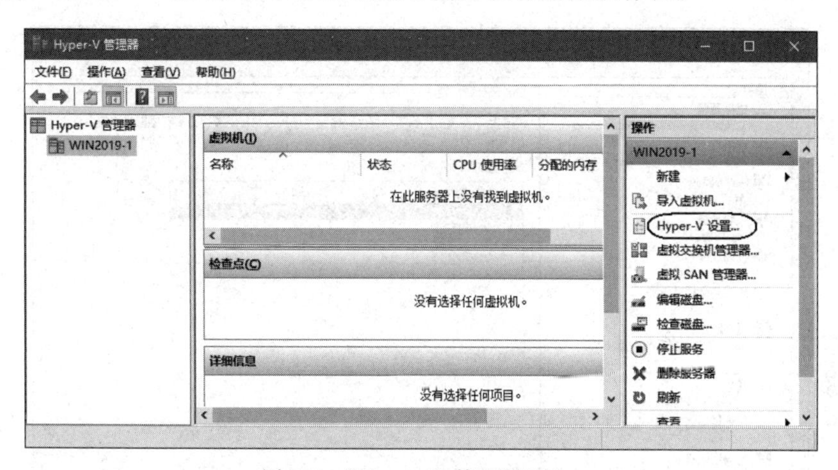

图 2-7　“Hyper-V 管理器”窗口

步骤 2：在左侧空格中选择服务器名(WIN2019-1)，在右侧窗格中单击“Hyper-V 设置”超链接，打开“Hyper-V 设置”窗口，如图 2-8 所示。

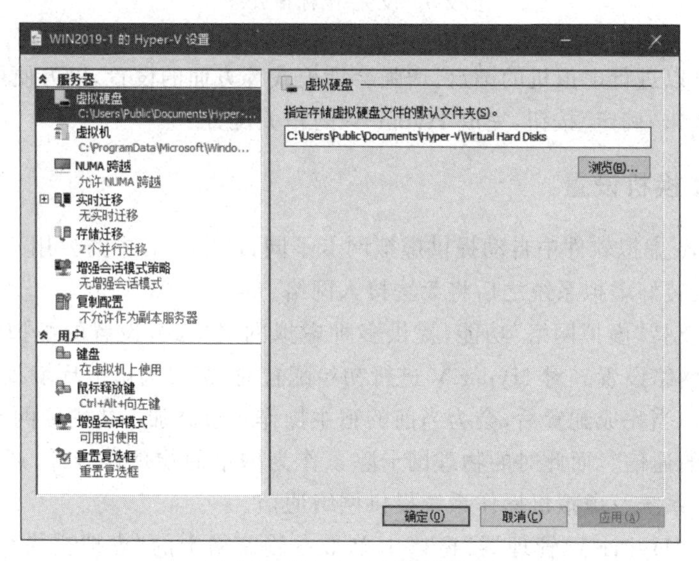

图 2-8　“Hyper-V 设置”窗口

在此设置窗口中可以设定服务器和用户的相关设置。例如,左侧窗格中的“虚拟硬盘”表示虚拟硬盘文件的存放路径,通常的默认路径为 C:\Users\Public\Documents\Hyper-V\Virtual Hard Disks,因此要确保该分区有较多的可用空间存放虚拟硬盘;左侧窗格中的“虚拟机”表示虚拟机配置文件的存放路径,通常的默认路径为 C:\ProgramData\Microsoft\Windows\Hyper-V。单击“浏览”按钮,可以更改默认存放路径。本例采用默认值。

步骤 3:在左侧窗格中选择“鼠标释放键”选项,在右侧释放键下拉列表中选择“Ctrl+Alt+向左键”,如图 2-9 所示,表示同时按 Ctrl+Alt+←组合键,就可以从 Hyper-V 的虚拟机系统中释放焦点(鼠标),转而使用宿主操作系统。

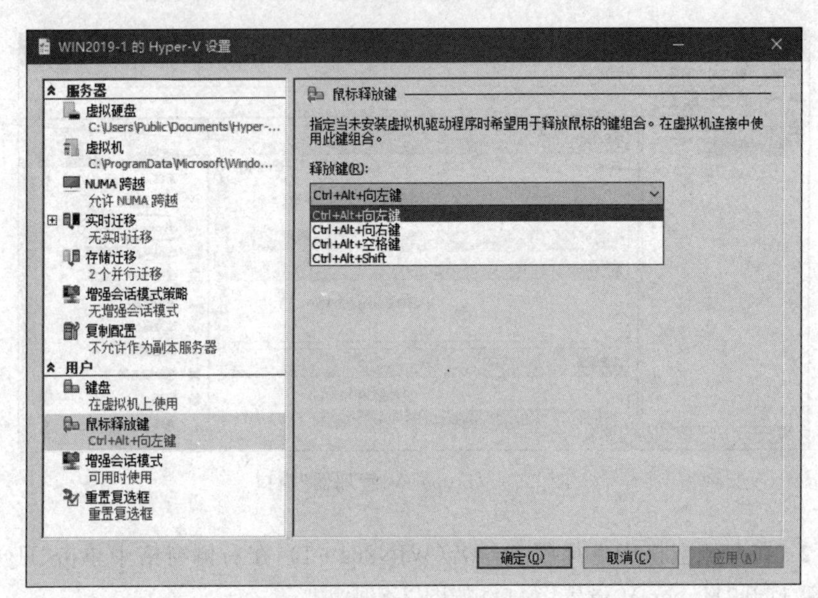

图 2-9 设置“鼠标释放键”

另外,还可以进行虚拟机的键盘、增强会话模式等方面的设置,以方便用户使用。

步骤 4:单击“确定”按钮,完成 Hyper-V 的相关设置。

3. 虚拟交换机设置

与 VMware 虚拟软件中自动提供虚拟网卡不同,Hyper-V 中需要用户手动设置虚拟交换机,否则安装好虚拟系统之后将无法接入网络。

Hyper-V 支持“虚拟网络”功能,提供多种虚拟网络模式,设置的虚拟网络将影响宿主操作系统的网络设置。对 Hyper-V 进行初始配置时,需要为虚拟环境提供一块用于通信的物理网卡。当完成配置后,会为当前的宿主操作系统添加一块虚拟网卡,用于宿主操作系统与网络的通信。而此时的物理网卡除了作为网络的物理连接外,还兼作虚拟交换机,为宿主操作系统及虚拟机操作系统提供网络通信。

步骤 1:在“Hyper-V 管理器”窗口中单击右侧窗格中的“虚拟交换机管理器”超链接,打开“WIN2019-1 的虚拟交换机管理器”窗口,如图 2-10 所示。

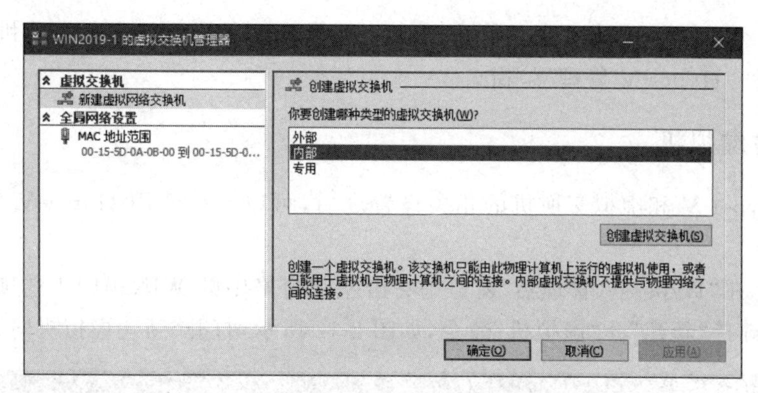

图 2-10　“WIN2019-1 的虚拟交换机管理器”窗口

【说明】 虚拟交换机类型有“外部”“内部”和“专用”3 种类型，分别适用于不同的虚拟网络，其功能分别如下。

(1) 外部：表示虚拟网卡和真实网卡之间采用桥接方式，虚拟系统的 IP 地址可以设置成与宿主系统在同一网段。虚拟系统相当于物理网络内的一台独立的计算机，网络内其他计算机可访问虚拟系统，虚拟系统也可访问网络内的其他计算机。

(2) 内部：可以实现宿主系统与虚拟系统的双向访问，但网络内其他计算机不能访问虚拟系统，而虚拟系统可以通过宿主系统经 NAT 协议访问网络内其他计算机。

(3) 专用：只能进行宿主系统上安装的虚拟系统之间的网络通信。虚拟系统既不能与宿主系统通信，也不能与网络上的其他计算机通信。

步骤 2：在右侧窗格中选择“内部”选项，单击“创建虚拟交换机”按钮，出现“新建虚拟交换机”界面，如图 2-11 所示。

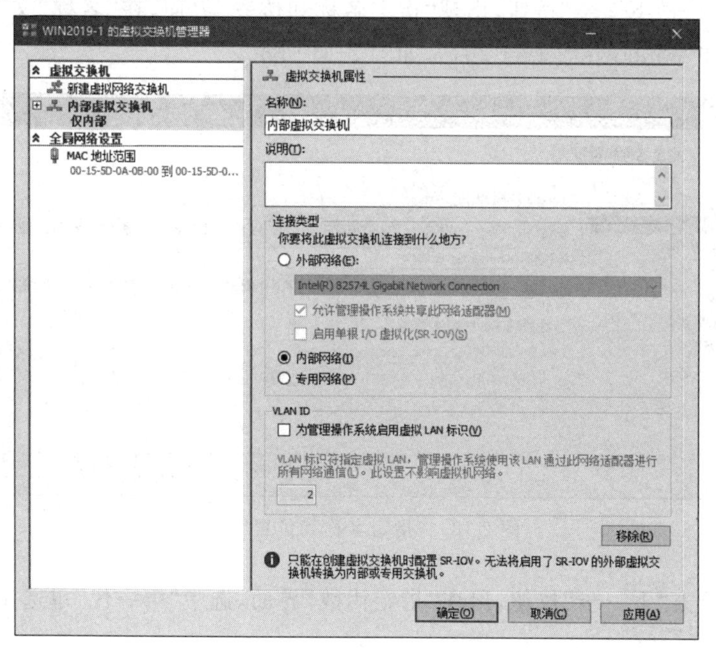

图 2-11　“新建虚拟交换机”界面

步骤3：在“名称”文本框中输入虚拟交换机的名称，如“内部虚拟交换机”，单击“确定”按钮，返回“Hyper-V 管理器”窗口。

4. 创建虚拟机

完成 Hyper-V 和虚拟交换机的相关设置之后，可以开始使用 Hyper-V 角色创建虚拟机。

步骤1：在“Hyper-V 管理器”窗口中右击左侧窗格中的 WIN2019-1 选项，在弹出的快捷菜单中选择“新建”→“虚拟机”命令，如图 2-12 所示，打开“新建虚拟机向导”对话框。

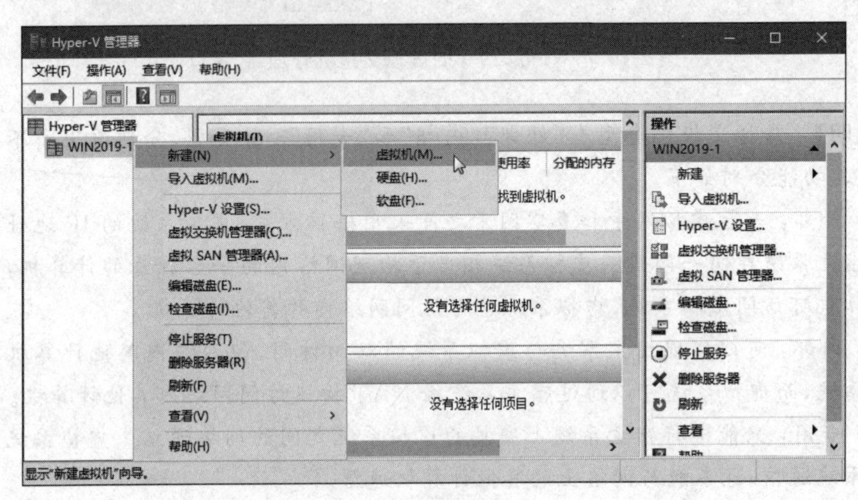

图 2-12　新建虚拟机

步骤2：单击“下一步”按钮，出现“指定名称和位置”界面，在“名称”文本框中输入虚拟机的名称，如 Windows Server 2019，如图 2-13 所示。

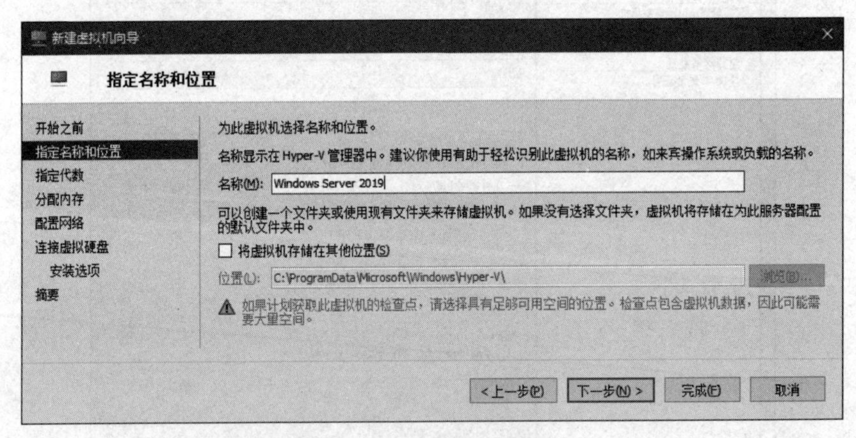

图 2-13　“指定名称和位置”界面

步骤3：单击“下一步”按钮，出现“指定代数”界面，选中“第一代”单选按钮，如图 2-14 所示。

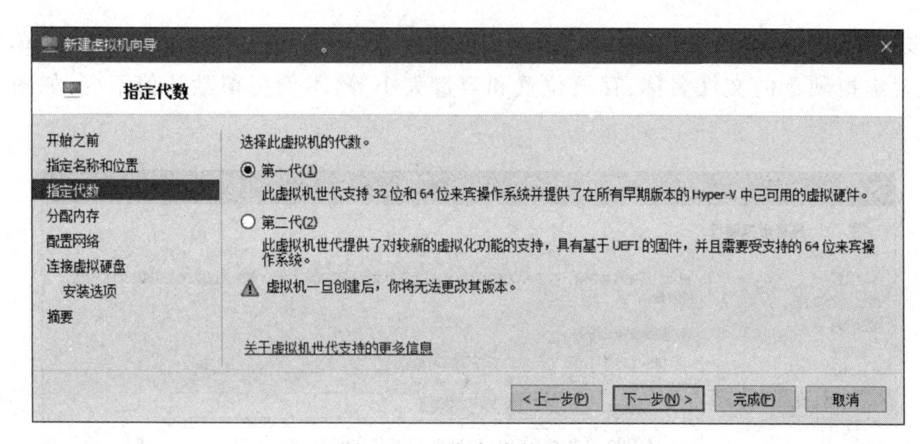

图 2-14　“指定代数”界面

步骤 4：单击“下一步”按钮，出现“分配内存”界面，在“启动内存”文本框中输入 2048，如图 2-15 所示。

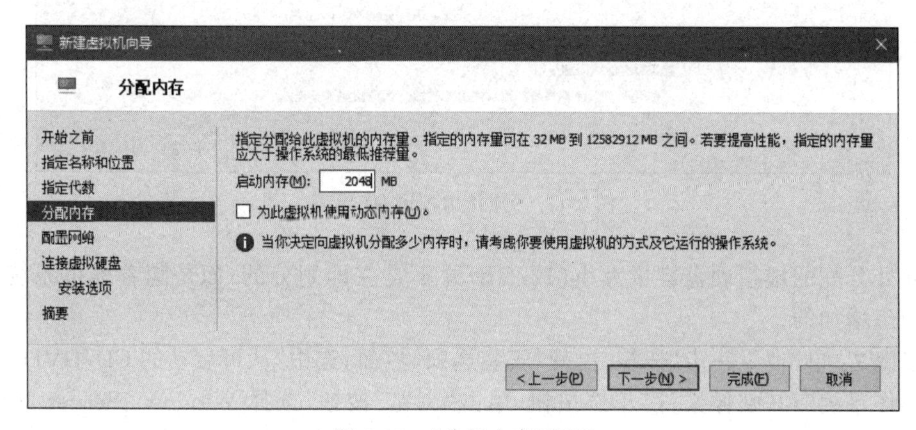

图 2-15　“分配内存”界面

步骤 5：单击“下一步”按钮，出现“配置网络”界面，在“连接”下拉列表框中选择刚创建的“内部虚拟交换机”选项，如图 2-16 所示。

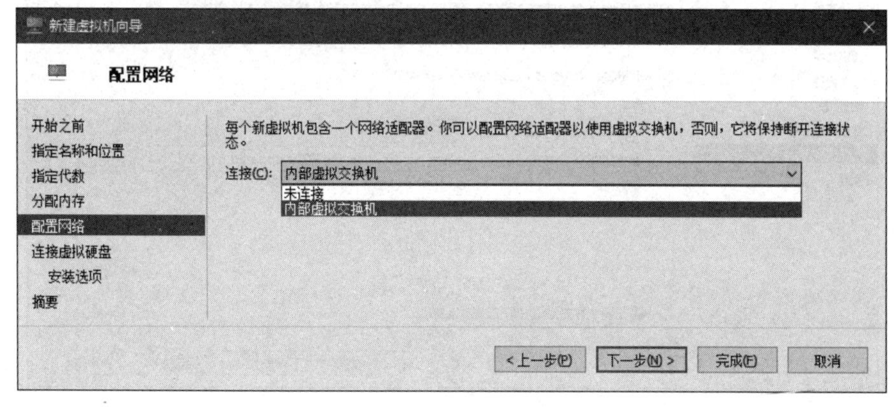

图 2-16　“配置网络”界面

步骤 6：单击“下一步”按钮，出现“连接虚拟硬盘”界面，选中“创建虚拟硬盘”单选按钮，设置虚拟硬盘的文件名称、存放位置和容量大小等，本例保留默认值不变，如图 2-17 所示。

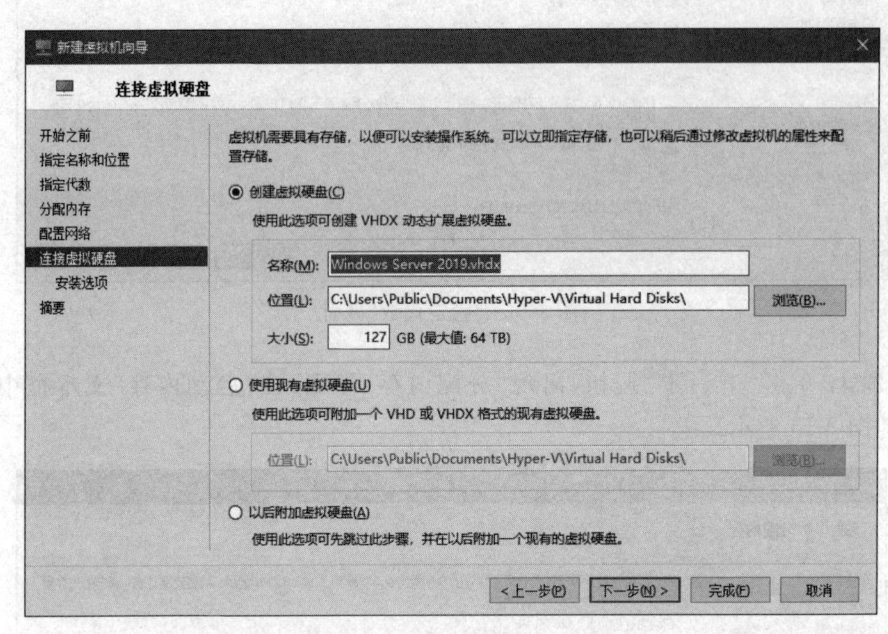

图 2-17 “连接虚拟硬盘”界面

此处分配的虚拟硬盘容量大小(127GB)并不是立即划分的，而是随着虚拟系统的使用而动态增加的。

步骤 7：单击“下一步”按钮，出现“安装选项”界面，选中“从可启动的 CD/DVD-ROM 安装操作系统”和“映像文件”单选按钮，单击“浏览”按钮，选择 Windows Server 2019 操作系统的安装映像文件(iso)，如图 2-18 所示。

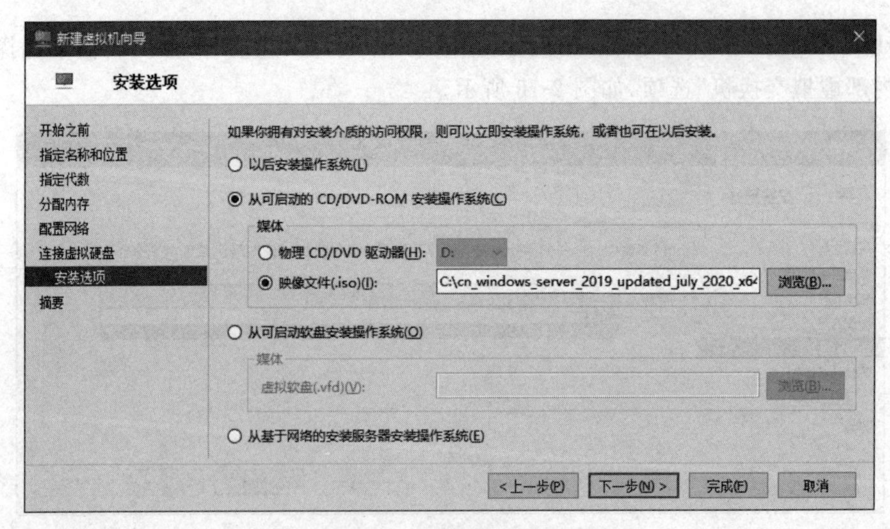

图 2-18 “安装选项”界面

步骤 8：单击“下一步”按钮，出现“正在完成新建虚拟机向导”界面，显示虚拟机安装的具体信息，单击“完成”按钮结束虚拟机的创建操作。

在虚拟机创建完成之后，还可以进一步设置虚拟操作系统。

步骤 9：右击窗口中部刚创建的 Windows Server 2019(虚拟机名)选项，在弹出的快捷菜单中选择“设置”命令，如图 2-19 所示。

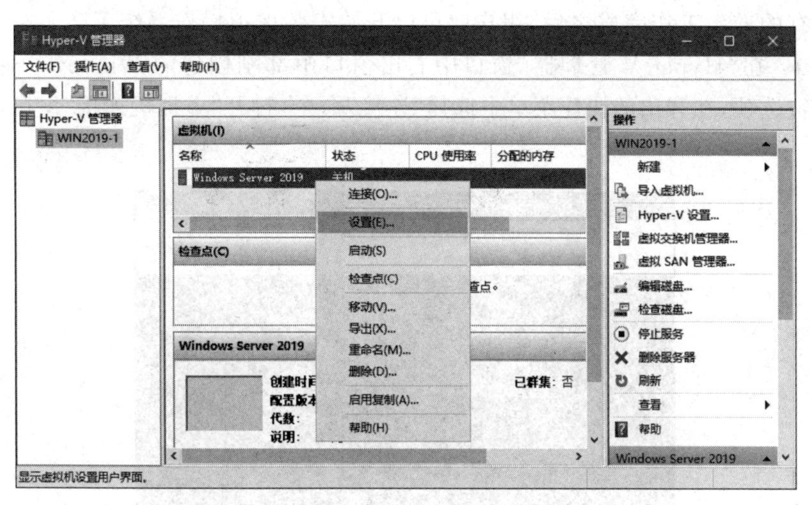

图 2-19 “Hyper-V 管理器”窗口

步骤 10，在打开的“Windows Server 2019 的设置”对话框中选中左侧窗格中的“处理器”选项，在右侧窗格中可以设置虚拟处理器的数量，如图 2-20 所示。虚拟机使用的内核

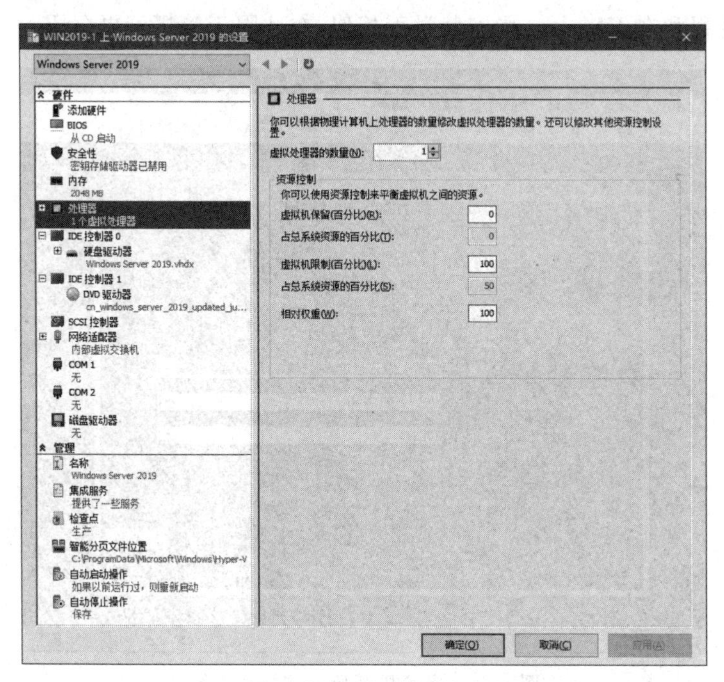

图 2-20 “处理器”界面

数量取决于物理计算机的内核数量。可以设置虚拟系统使用资源的限制,通常使用默认值即可。可以设置其他参数,如快照(检查点)文件的存放路径、自动启动虚拟机和关闭虚拟机等。与 VMWare 软件操作基本差不多,这些选项直接采用默认参数即可。

5. 安装虚拟机系统

在所有的准备工作完成之后,用户就可以开始安装虚拟操作系统了。

步骤 1:在"Hyper-V 管理器"窗口中右击窗口中部刚创建的 Windows Server 2019(虚拟机名)选项,在弹出的快捷菜单中选择"连接"命令,打开"虚拟机连接"窗口,如图 2-21 所示。

图 2-21 "虚拟机连接"窗口

步骤 2:单击"启动"按钮,启动虚拟机,虚拟机开始安装操作系统,如图 2-22 所示。后面的安装过程和在 VMware 中安装过程相似,在此限于篇幅不再介绍。

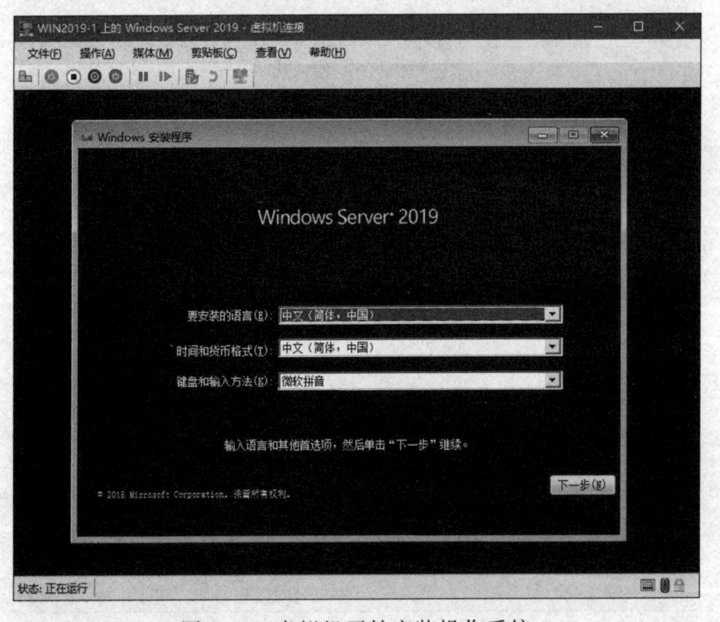

图 2-22 虚拟机开始安装操作系统

2.5　习　　题

一、填空题

1. VMware 安装程序会在宿主操作系统上安装两块虚拟网卡，分别为 VMware Network Adapter VMnet1 和________。

2. 在虚拟机中安装操作系统时，可以使用安装程序光盘来安装，也可以使用________来安装。

3. Hyper-V 对硬件要求比较高，主要集中在 CPU 方面，CPU 必须支持________、________和________。

4. Hyper-V 是一个底层的虚拟机程序，可以让多个操作系统共享一个硬件，它位于________和________之间，是一个很薄的软件层，里面不包含底层硬件驱动。

5. 在 Hyper-V 管理器中，虚拟交换机类型有外部、内部和________ 3 种类型，分别适用于不同的虚拟网络。

二、选择题

1. 为 VMware 指定虚拟机内存容量时，下列(　　)MB 值不能设置。

A. 512　　B. 360　　C. 400　　D. 357

2. 如果需要在虚拟机调整一下虚拟机的启动顺序，将虚拟机设置为优先从光驱启动，可以在 VMware 出现开机自检画面时按下键盘上的(　　)键，即可进入 VMware 的虚拟主板 BIOS 设置。

A. Delete　　B. F2　　C. F10　　D. Home

3. (　　)不是 Windows Server 2019 Hyper-V 服务支持的虚拟交换机类型。

A. 外部　　B. 桥接　　C. 内部　　D. 专用

4. 当应用快照时，当前的虚拟机配置会被(　　)覆盖。

A. 完全　　B. 部分　　C. 不　　D. 都不对

三、简答题

1. 虚拟机的主要功能是什么？分别适应于什么环境？

2. VMware 提供了哪几种不同的虚拟网络适配器类型？分别适用于什么环境？

3. 如何在 VMware 虚拟机中登录 Windows Server 2019？

4. VMwareTools 组件在虚拟机中有什么功能？

5. Windows Server 2019 Hyper-V 服务对硬件和软件各有什么要求？

项目3　域和活动目录的管理

【学习目标】

(1) 了解活动目录的概念及功能。
(2) 掌握域、域树、域林、组织单位的概念。
(3) 掌握域控制器的安装与设置。
(4) 掌握额外的域控制器的安装与设置。
(5) 掌握子域控制器的安装与设置。
(6) 掌握将服务器三种角色相互转换的方法。
(7) 掌握客户端登录域的方法。

3.1 项目导入

某上市公司的企业内部网原来一直采用“工作组”的网络资源管理模式。随着公司的快速发展,企业内部网的规模也在不断地扩大,覆盖了5栋办公大楼,涉及1000多个信息点,还拥有各类服务器30余台。

由于各种网络和硬件设备分布在不同的办公大楼和楼层,网络的资源和权限管理非常复杂,产生的问题也非常多,管理员经常疲于处理各类网络问题。那么,是否有办法减少管理员的工作量,实现用户账户、软件、网络的统一管理和控制呢?例如,能否实现用户在访问网络资源时,只需登录一次,即可访问不同服务器上的网络资源?

3.2 项目分析

在“工作组”模式下,公司的员工要访问每台服务器,则管理员需要在每台服务器上分别为每个员工建立一个账户(共 $M \times N$ 个,M 为服务器的数量,N 为员工的数量),用户则需要在每台服务器中(共 M 台)登录。

在“域”工作模式下,若服务器和用户的计算机都在同一个域中,用户在域中只需要拥有一个账户,用该账户登录后即取得一个身份,便可访问域中任一台服务器上的资源。每台存放资源的服务器并不需要为每位用户创建账户,而只需要把资源的访问权限分配给用户在域中的账户即可。因此用户只需要在域中拥有一个域账户，只需要在域中登录一次即可访问域中的资源。

将基于工作组的网络升级为基于域的网络，需要将一台或多台计算机升级为域控制器，并将其他所有计算机加入域成为成员服务器或域中的客户端。同时将原来的本地用户账户和组也升级为域用户和组进行管理。活动目录是域的核心，通过活动目录可以将网络中各种完全不同的对象以相同的方式组织到一起。活动目录不但更有利于网络管理员对网络的集中管理，方便用户查找对象，也使网络的安全性大大增强。

3.3 相关知识点

我们组建计算机网络，就是要实现资源的共享。随着网络规模的扩大及应用的需要，共享的资源就会逐渐增多，如何管理这些在不同机器上的网络资源呢？工作组和域就是在这样的环境中产生的两种不同的网络资源管理模式。

3.3.1 工作组概述

工作组(workgroup)就是将不同的计算机按功能分别列入不同的组中，以方便管理。在一个网络内，可能有成百上千台工作计算机，如果这些计算机不进行分组，都列在“网上邻居”内，可想而知会有多么凌乱。为了解决这一问题，Windows 引用了“工作组”这个概念。例如，公司会分为诸如行政部、市场部、技术部等几个部门，行政部的计算机全都列入行政部的工作组中，市场部的计算机都列入市场部的工作组。如果要访问别的部门的资源，在“网上邻居”里找到该部门的工作组名，双击就可以看到该部门的计算机了。

在安装和使用 Windows 系统的时候，工作组名一般使用默认值 WORKGROUP，也可以设置成其他名称。在同一工作组或不同工作组，在访问和使用时并没有什么分别。

退出某个工作组的方法也很简单，只要将工作组名称改变一下即可，不过这样在网上其他人照样可以访问你的共享资源，只不过换了一个工作组而已。工作组名并没有太多的实际意义，只是在“网上邻居”的列表中实现一个分组而已。也就是说，可以随时加入同一网络上的任何工作组，也可以随时离开一个工作组。“工作组”就像一个自由加入和退出的俱乐部一样，它本身的作用仅仅是提供一个“房间”，以方便网上计算机共享资源的浏览。

在 Windows 系统中要启用“网络发现和文件共享”功能，否则将无法找到网络中的任何“邻居”的主机，也不会被其他的“邻居”主机发现。启用该功能的方法是：依次选择桌面右下角的“网络”→“网络和 Internet 设置”→“网络和共享中心”→“更改高级共享设置”，在打开的“高级共享设置”对话框中选中“启用网络发现”和“启用文件和打印机共享”单选按钮，单击“保存修改”按钮，如图 3-1 所示。

当重新打开“高级共享设置”对话框时，如果发现显示仍然是“关闭网络发现”，需要在服务中启用以下 3 个服务：Function Discovery Resource Publication、SSDP Discovery、UPnP Device Host。

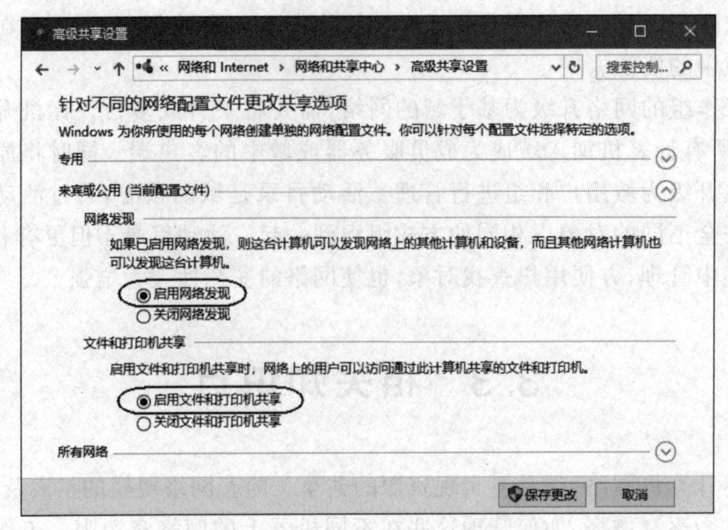

图 3-1 “高级共享设置”对话框

3.3.2 活动目录概述

活动目录(active directory,AD)是一种目录服务,它存储有关网络对象(如用户、组、计算机、共享资源、打印机和联系人等)的信息,并将结构化数据存储作为目录信息逻辑和分层组织的基础,以便管理员比较方便地查找并使用这些网络信息。

活动目录是在 Windows 2000 Server 就推出的新技术,它最大的突破就在于引入了全新的活动目录服务(active directory service),使 Windows 2000 Server 与 Internet 上的各项服务和协议的联系更加紧密。

活动目录并不是 Windows Server 中必须安装的组件,并且其运行时占用系统资源较多。设置活动目录主要是为了提供目录服务功能,使网络管理更简便,安全性更高。另外,活动目录的结构比较复杂,适用于用户或者网络资源较多的环境。

活动目录是指网络中用户以及各种资源在网络中的具体位置及调用和管理方式,就是把原来固定的资源存储层次关系与网络管理以及用户调用关联起来,从而提高了网络资源的使用效率。

3.3.3 活动目录的逻辑结构

活动目录结构是指网络中所有用户、计算机以及其他网络资源的层次关系,就像是一个大型仓库中分出若干个小的储藏间,每一个小储藏间分别用来存放不同的东西一样。通常情况下活动目录的结构可以分为逻辑结构和物理结构,了解这些也是用户理解和应用活动目录的重要的一步。

活动目录的逻辑结构非常灵活,它为活动目录提供了完全的树状层次结构视图,为用户和管理员查找、定位对象提供了极大的方便。活动目录的逻辑结构可以和公司的组织机构框图结合起来,通过对资源进行逻辑组织,使用户可以通过名称而不是通过物理位置来查找资源,并且使网络的物理结构对用户来说是透明的。

活动目录的逻辑结构,按自上而下的顺序,依次为域林→域树→域→组织单位,如图 3-2 所示。在实际应用中,则通常按自下而上的方法来设计活动目录的逻辑结构。

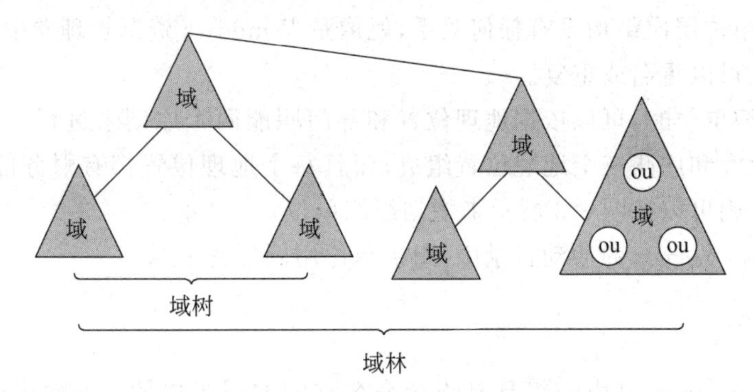

图 3-2 活动目录的逻辑结构

1. 域

域(domain)是在 Windows Server 网络环境中组建客户机/服务器(C/S)网络的实现方式。所谓域,是由网络管理员定义的一组计算机集合,实际上就是一个网络。在这个网络中,至少有一台称为域控制器的计算机,充当服务器角色。域控制器包含了由这个域的账户、密码,以及属于这个域的计算机等信息构成的数据库,即活动目录。管理员可以通过修改活动目录的配置来实现对网络的管理和控制,如管理员可以在活动目录中为每个用户创建域用户账号,使他们可登录域并访问域中的资源。同时,管理员也可以控制所有网络用户的行为,如控制用户能否登录,在什么时间登录,登录后能执行哪些操作等。而域中的客户计算机要访问域中的资源,则必须先加入域,并通过管理员为其创建的域用户账号登录域,才能访问域中的资源,同时,也必须接受管理员的控制和管理。构建域后,管理员可以对整个网络实施集中控制和管理。

域是 Windows Server 活动目录逻辑结构的核心单元,是活动目录对象的容器。在 Windows Server 的活动目录中,域用三角形来表示。

域定义了一个安全边界,域中所有的对象都保存在域中,都在这个安全的范围内接受统一的管理。同时每个域只保存属于本域的对象,所以域管理员只能管理本域。安全边界的作用就是保证域的管理者只能在该域内拥有必要的管理权限。如果要让一个域的管理员去管理其他域,除非管理者得到其他域的明确授权。

2. 组织单位

为了便于管理,往往将域再进一步划分成多个组织单位(organization unit,OU)。组织单位是一个容器,可包含用户、组、计算机、打印机等,甚至还可以包含其他的组织单位。组织单位不仅可以包含对象,而且可以进行策略设置和委派管理。

组织单位是活动目录中最小的管理单元。如果一个域中的对象数目非常多,可以用组织单位把一些具有相同管理要求的对象组织在一起,这样就可以实现分组管理了。而且作为域管理员,还可以指定某个用户去管理某个OU。管理权限可视情况而定,这样可以减轻管理员的工作负担。

由于组织单位层次结构局限于域的内部,所以一个域中的组织单位层次结构,与另一个域中的组织单位层次结构没有任何关系,就像是Windows资源管理器中位于不同目录下的文件一样,可以重名或重复。

在规划组织单位时,可以依据地理位置和部门职能两个原则来进行。如果一个公司的域由北京、上海和广州三个地理位置组成,而且每个地理位置都有财务部、技术部和市场部三个部门,则可以按图3-3所示来规划组织单位。

在Windows Server的活动目录中,组织单位用圆形来表示。

3. 域树

域树(domain tree)是由一组具有连续命名空间的域组成的。域树中的第一个域称为根域,同一域树中的其他域为子域,位于上层的域称为子域的父域。域树中的域虽有层次关系,但仅限于命名方式,并不代表父域对子域具有管辖权限。域树中各域都是独立的管理个体,父域和子域的管理员是平等的。

例如,某公司最初只有一个域名nos.com。后来由于公司发展了,新成立了一个windows部门。出于安全考虑,需要新创建一个域(域是安全的最小边界),可以把这个新域添加到现有的活动目录中。这个新域windows.nos.com就是现有域nos.com的子域,nos.com称为windows.nos.com的父域,它也是该域树的根域。随着公司的发展,还可以在nos.com下创建另一个子域linux.nos.com,这两个子域互为兄弟域,如图3-4所示。

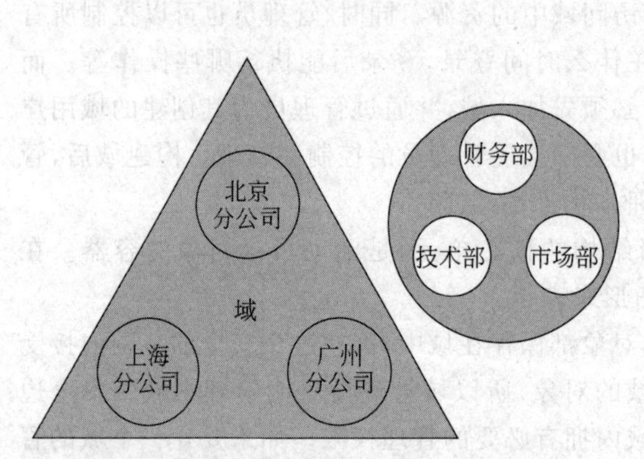

图3-3 活动目录的逻辑结构——组织单位

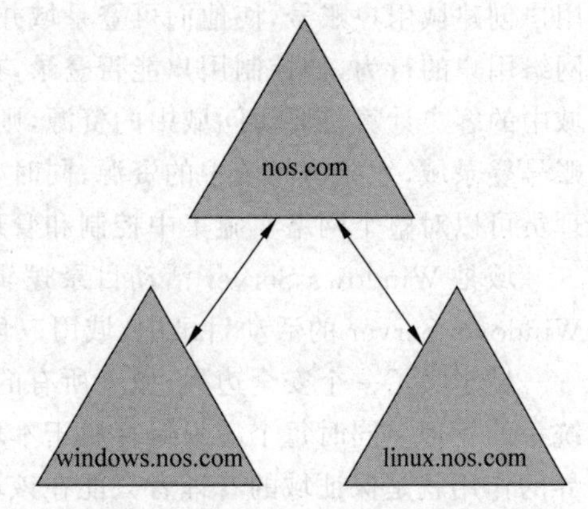

图3-4 活动目录的逻辑结构——域树

4. 域林

域林(forest)是由一棵或多棵域树通过信任关系形成的,每棵域树独享连续的命名空间。不同域树之间没有命名空间的连续性,如图3-5所示。域林的根域是域林中创建的第一个域,所有域树的根域与域林的根域建立可传递的信任关系。

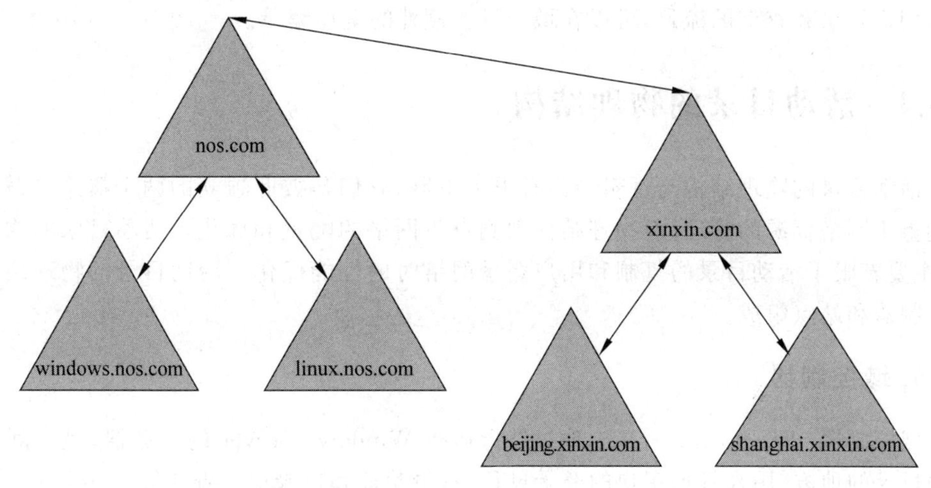

图 3-5 活动目录的逻辑结构——域林

5. 域信任关系

域信任关系是建立在两个域之间的关系，它使一个域中的账户由另一个域中的域控制器来验证。如图 3-6 所示，所有域信任关系都只能有两个域：信任域和被信任域。信任方向可以是单向的，也可以是双向、信任关系可传递，也可不传递。

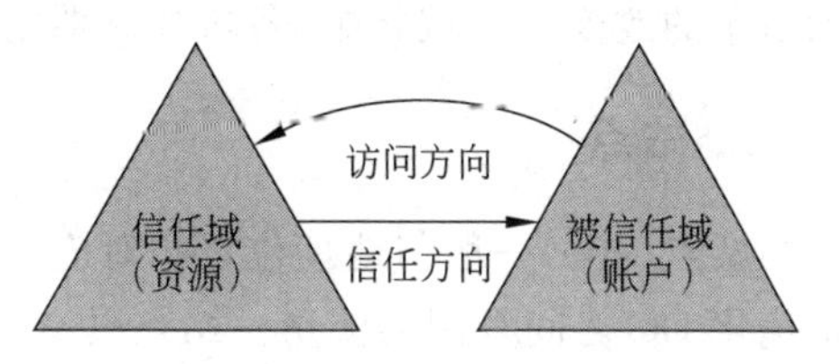

图 3-6 域信任关系

在域树中，父域和子域之间自动创建信任关系，该信任关系是双向的、可传递的，因此域树中的一个域隐含地信任域树中所有的域。

在域林中，域林的根域和所有域树的根域之间自动创建信任关系，因为这些信任关系是双向可传递的，所以可以在域林中的任何域之间进行用户和计算机的身份验证。

除默认的信任关系外，还可手动建立其他信任关系，如域林信任（域林之间的信任）、外部信任（域与域林外的域之间的信任）等信任关系。

6. 全局编录

一个域的活动目录只能存储该域的信息，相当于这个域的目录。而当一个域林中有多个域时，由于每个域都有一个活动目录，因此如果一个域的用户要在整个域林范围内查找一个对象，就需要搜索域林中的所有域，这时全局编录（global catalog，GC）就派上用场了。

全局编录相当于一个总目录。就像一套系列丛书有一个总目录一样，在全局编录中存储已有活动目录对象的子集。默认情况下，存储在全局编录中的对象属性是那些经常用到的内容，而非全部属性。整个域林会共享相同的全局编录信息。

全局编录存放在全局编录服务器上。全局编录服务器是一台域控制器，默认情况下，域中的第一台域控制器自动成为全局编录服务器。当域中的对象和用户非常多时，为了平衡用户登录和查询的流量,可以在域中设置额外的全局编录。

3.3.4 活动目录的物理结构

活动目录的物理结构与逻辑结构有很大不同,它们是彼此独立的两个概念。逻辑结构侧重于网络资源的管理,而物理结构则侧重于网络的配置和优化。活动目录的物理结构,主要着眼于活动目录的复制和用户登录网络时的性能优化。活动目录的物理结构由域控制器和站点组成。

1. 域控制器

域控制器(domain controller,DC)是指运行 Windows Server 的服务器,是实际存储活动目录的地方,用来管理用户的登录过程、身份验证和目录信息查找等。一个域中可以有一台或多台域控制器。域控制器管理活动目录的变化,并把这些变化复制到同一个域中的其他域控制器上,使各域控制器上的活动目录保持同步。

在 Windows Server 中,采用活动目录的多主机复制方案,即每台域控制器都维护着活动目录的可读写的副本,管理其变化和更新。在一个域中各域控制器之间相互复制活动目录的改变。在域林中,各域控制器之间也把某些信息自动复制给对方。

2. 站点

站点(site)一般与地理位置相对应,它由一个或几个物理子网组成。创建站点的目的是优化 DC 之间复制的流量。站点具有以下特点。

(1) 一个站点可以有一个或多个 IP 子网。

(2) 一个站点中可以有一个或多个域(如站点"北京"的局域网中有 nos.com 域和 xinxin.com 域)。

(3) 一个域可以属于多个站点(如一个公司的域 xinxin.com,这个公司在北京、上海和广州都有分公司,在这三个地方分别创建一个站点)。

利用站点可以控制域控制器进行的是同一站点内的复制,还是不同站点间的复制。利用站点链接可以有效地组织活动目录复制流,控制活动目录复制的时间和经过的链路。

【注意】 站点和域之间没有必然的联系。站点映射网络的物理拓扑结构,域映射网络的逻辑拓扑结构。活动目录允许一个站点可以有多个域,一个域也可以有多个站点,如图 3-7 所示。

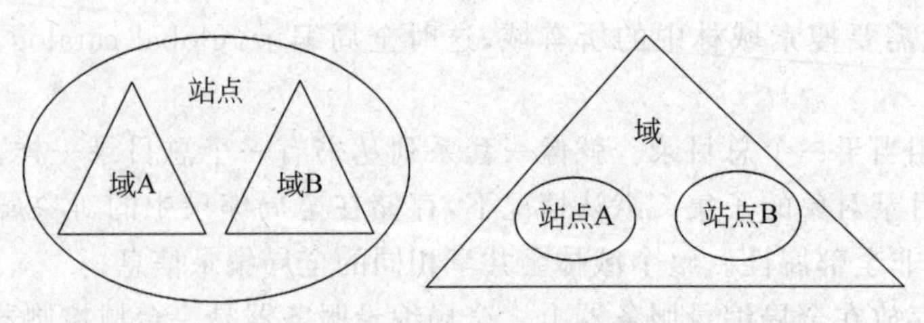

图 3-7 站点和域的关系

3.3.5 活动目录与 DNS 集成

活动目录与 DNS 集成并共享相同的名称空间结构,两者集成体现在以下 3 个方面。

(1) 活动目录和 DNS 有相同的层次结构。

(2) DNS 区域可存储在活动目录中。如果使用 Windows 服务器的 DNS 服务器,主区域文件可存储于活动目录中,可复制到其他域控制器。

(3) 活动目录将 DNS 作为定位服务使用。为了定位域控制器,活动目录的客户端需查询 DNS 服务器,活动目录需要 DNS 才能工作。如图 3-8 所示,DNS 将域控制器解析成 IP 地址。

DNS 不需要活动目录也能运行,而活动目录需要 DNS 才能正常运行。

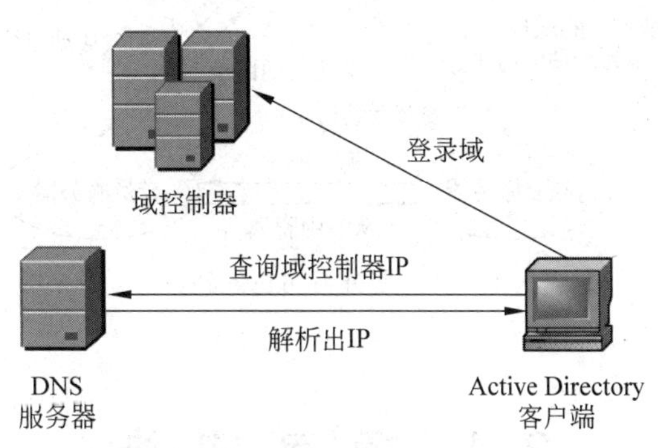

图 3-8 活动目录将 DNS 作为定位服务使用

3.3.6 域中计算机的分类

与工作组不同,域是一种集中式管理的网络,域中计算机的身份是不平等的,存在以下 4 种类型。

(1) 域控制器。域控制器是指运行 Windows Server 操作系统,并安装了活动目录的服务器。域控制器类似于网络"看门人",用于管理所有的网络访问,包括登录服务器,访问共享目录和资源。域控制器存储了所有的域范围内的账户和策略信息,包括安全策略、用户身份验证信息和账户信息。在网络中,可以有多台计算机配置为域控制器,以分担用户的登录和访问。多个域控制器可以一起工作,自动备份用户账户和活动目录数据,这样即使部分域控制器出现故障后,网络访问仍然不受影响,从而提高了网络的安全性和稳定性。

(2) 成员服务器。成员服务器是指运行 Windows Server 操作系统,又加入了域的服务器,但该服务器没有安装活动目录。成员服务器的主要目的就是提供网络资源。成员服务器的类型有文件服务器、应用服务器、数据库服务器、Web 服务器、证书服务器、远程访问服务器、打印服务器等。

(3) 独立服务器。独立服务器和域没有什么关系。如果服务器不加入域中也不安装活动目录,就称为独立服务器。独立服务器可以创建工作组,与网络上的其他计算机共享资源,但不能获得活动目录提供的任何服务。

(4) 域中的客户端。域中的计算机还可以是安装了 Windows XP/7/10 等操作系统的计算机,用户利用这些计算机和域中的账户就可以登录到域,成为域中的客户端。域用户账号通过域的安全验证后,即可访问网络中的各种资源。

服务器的角色是可以改变的,如图 3-9 所示。例如,域控制器在删除活动目录时,如果是域中唯一的域控制器,则使该域控制器成为独立服务器;如果不是域中唯一的域控制器,则将使该域控制器成为成员服务器。成员服务器从域中脱离就成了独立服务器。独立服务器安装活动目录后就转换为域控制器,独立服务器也可以加入某个域成为成员服务器。

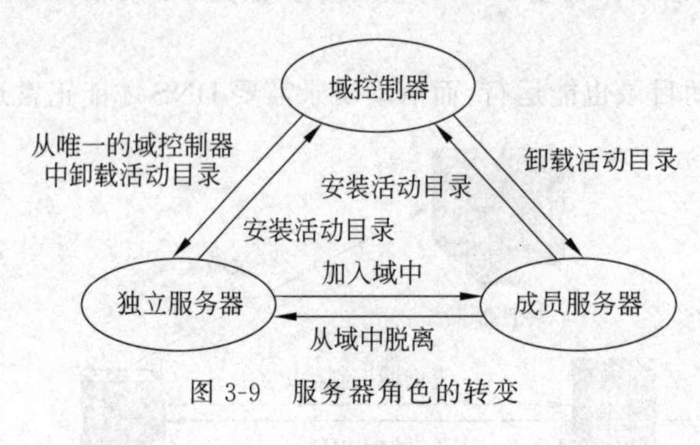

图 3-9 服务器角色的转变

3.4 项目实施

本项目所有任务涉及的网络拓扑图如图 3-10 所示,其中 WIN2019-1、WIN2019-2、WIN10-1 是三台虚拟机。WIN2019-1 是 nos.com 域中的第 1 台域控制器,也是 DNS 服务器,IP 地址为 192.168.10.11/24,首选 DNS 为 192.168.10.11;WIN2019-2 是 nos.com 域中的第 2 台域控制器(额外的域控制器),IP 地址为 192.168.10.12/24,首选 DNS 为 192.168.10.11;WIN10-1 是 nos.com 域中的成员客户机,IP 地址为 192.168.10.20/24,首选 DNS 为 192.168.10.11。

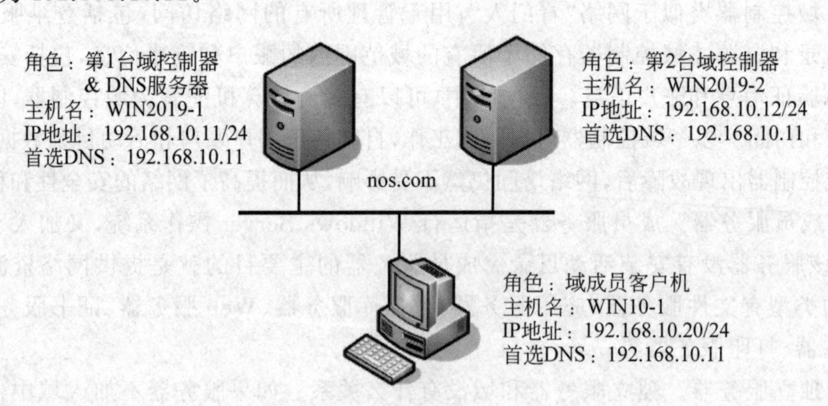

图 3-10 网络拓扑图

3.4.1　任务1：创建第一台域控制器

用户要将自己的服务器配置成域控制器，应该首先安装活动目录，以发挥活动目录的作用。而安装活动目录时，需要先安装 Active Directory 域服务（AD DS）。Active Directory 域服务的主要作用是存储目录数据并管理域之间的通信，包括用户登录处理、身份验证和目录搜索等。

1. 安装 Active Directory 域服务

步骤1：在 WIN2019-1 虚拟机上，确认首选 DNS 服务器指向了本机（本例为 192.168.10.11），如图 3-11 所示。

步骤2：选择"开始"→"服务器管理器"命令，打开"服务器管理器"窗口，单击"添加角色和功能"链接，打开"添加角色和功能向导"对话框。

任务1：创建第一台域控制器

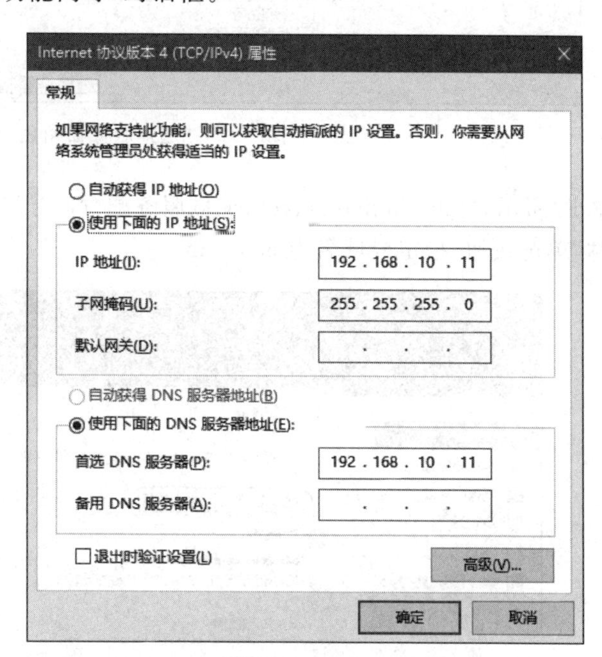

图 3-11　首选 DNS 服务器指向了本机

步骤3：持续单击"下一步"按钮，直至出现"选择服务器角色"界面，如图 3-12 所示，选中"Active Directory 域服务"复选框，在弹出的"添加 Active Directory 域服务所需的功能？"对话框中单击"添加功能"按钮。

步骤4：持续单击"下一步"按钮，直至出现"确认安装所选内容"界面，单击"安装"按钮即可开始安装。安装完成后，单击"关闭"按钮。

2. 安装活动目录

步骤1：在"服务器管理器"中选择"通知"→"将此服务器提升为域控制器"选项，如

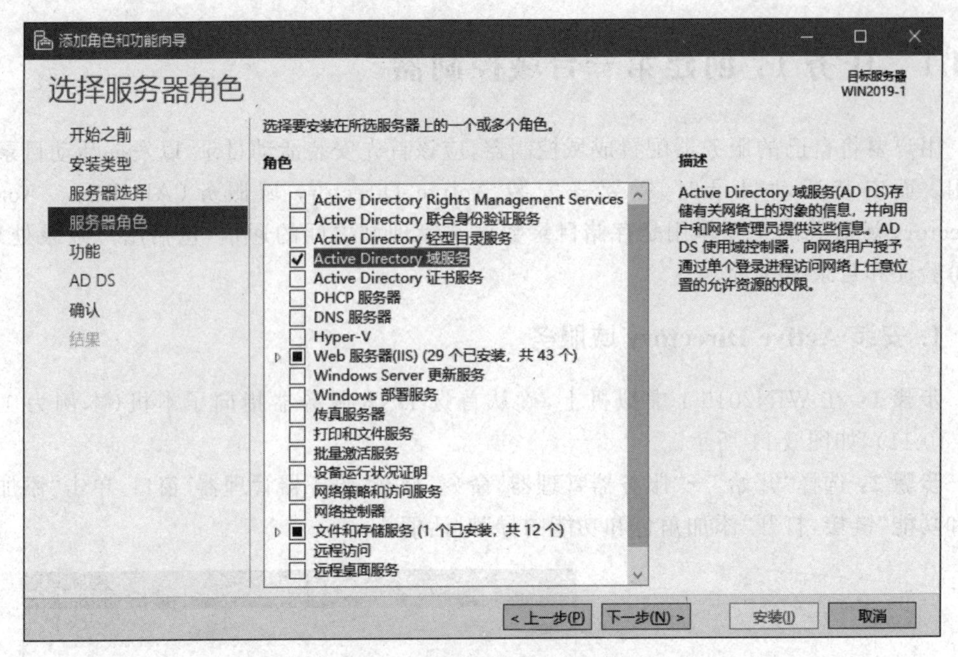

图 3-12 “选择服务器角色”界面

图 3-13 所示，打开“Active Directory 域服务配置向导”对话框，如图 3-14 所示，选中“添加新林”单选按钮，指定根域名为 nos.com。

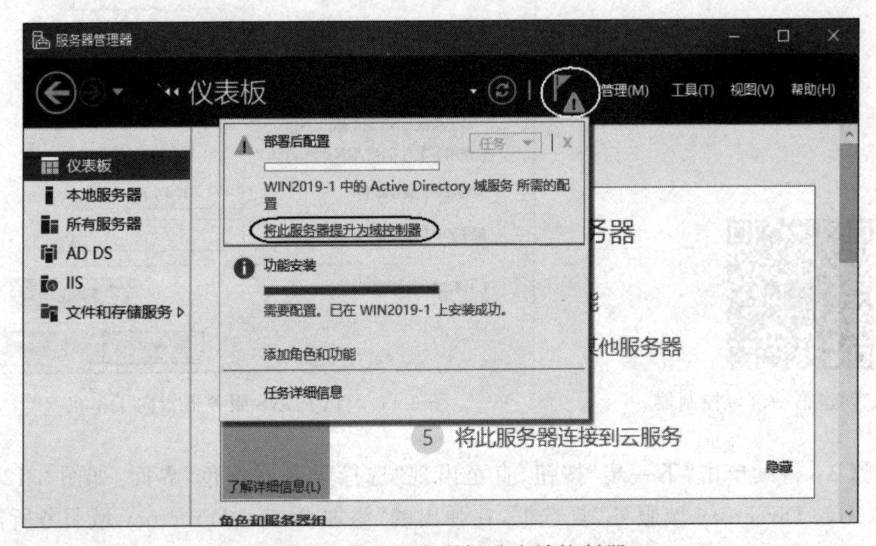

图 3-13 将此服务器提升为域控制器

步骤 2：单击“下一步”按钮，出现“域控制器选项”界面，如图 3-15 所示，输入目录服务还原模式(DSRM)密码(用复杂密码)。

步骤 3：单击“下一步”按钮，出现“DNS 选项”界面，如图 3-16 所示。如果域控制器要与现有的 DNS 基础结构集成，可以创建 DNS 委派。在此无须创建 DNS 委派。

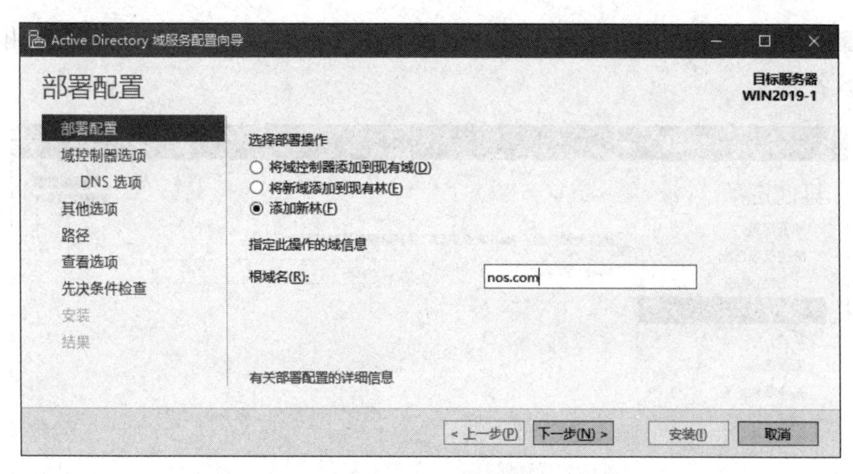

图 3-14　添加新林

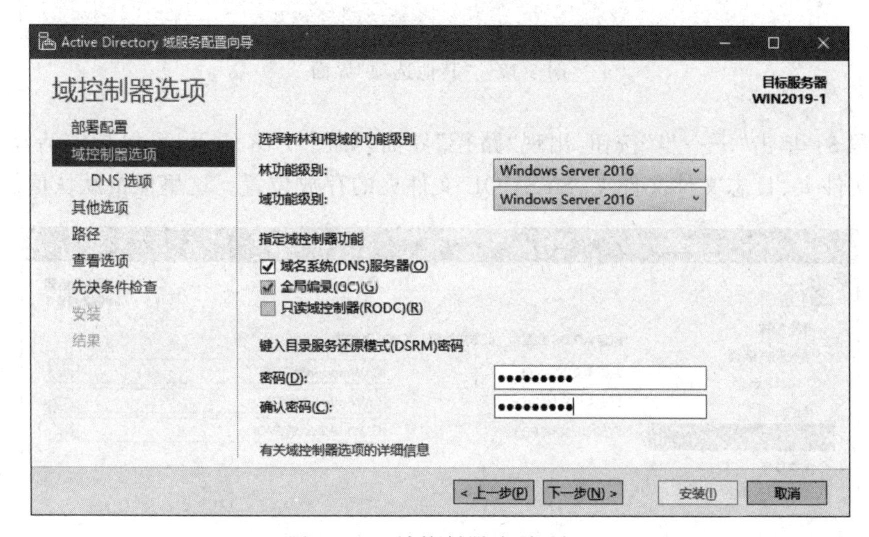

图 3-15　“域控制器选项”界面

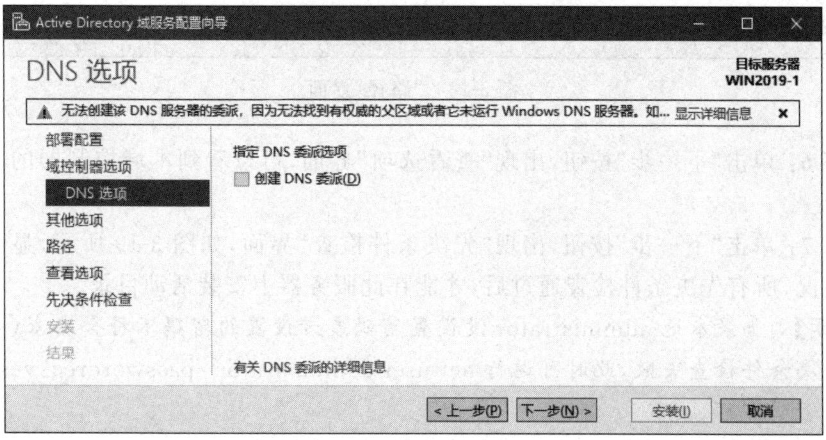

图 3-16　“DNS 选项”界面

步骤4：单击“下一步”按钮，出现“其他选项”界面，如图3-17所示，使用默认的NetBIOS名称。

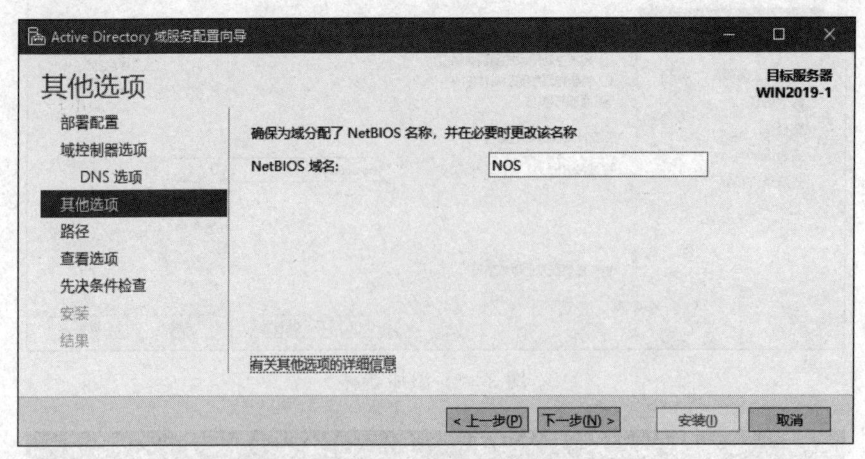

图3-17 “其他选项”界面

步骤5：单击“下一步”按钮，出现“路径”界面，如图3-18所示，可以指定活动目录的数据库文件夹、日志文件文件夹、SYSVOL文件夹的存放位置。这里保留默认值。

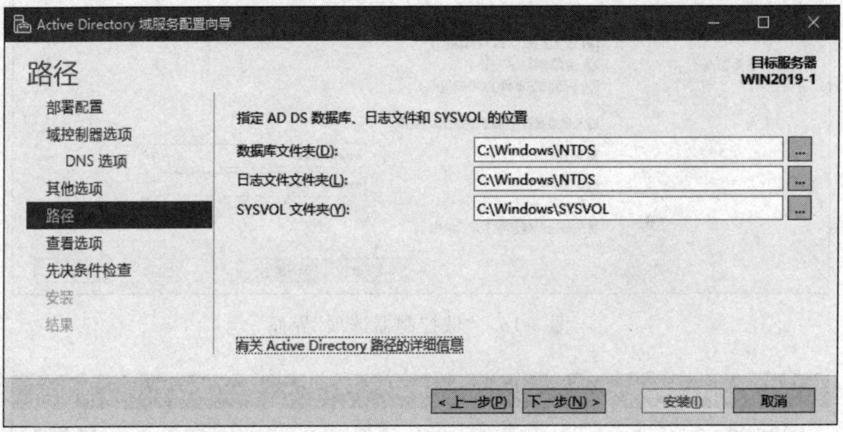

图3-18 “路径”界面

步骤6：单击“下一步”按钮，出现“查看选项”界面，可以看到本域控制器的有关配置信息。

步骤7：单击“下一步”按钮，出现“先决条件检查”界面，如图3-19所示，显示先决条件验证情况，所有先决条件检查通过后，才能在此服务器上安装活动目录。

【说明】 如果本地administrator没设置密码或者设置的密码不符合要求(强密码)，会显示先决条件检查失败，此时可运行net user administrator /passwordreq:yes命令后，再设置强密码即可。

步骤8：单击“安装”按钮，安装过程中会自动重新启动计算机。

步骤9：重启完毕，计算机已升级为域控制器。必须使用域用户账户登录，格式为“域名\用户账户”，如图 3-20 所示。单击左下角的“其他用户”按钮，可以更换登录用户。

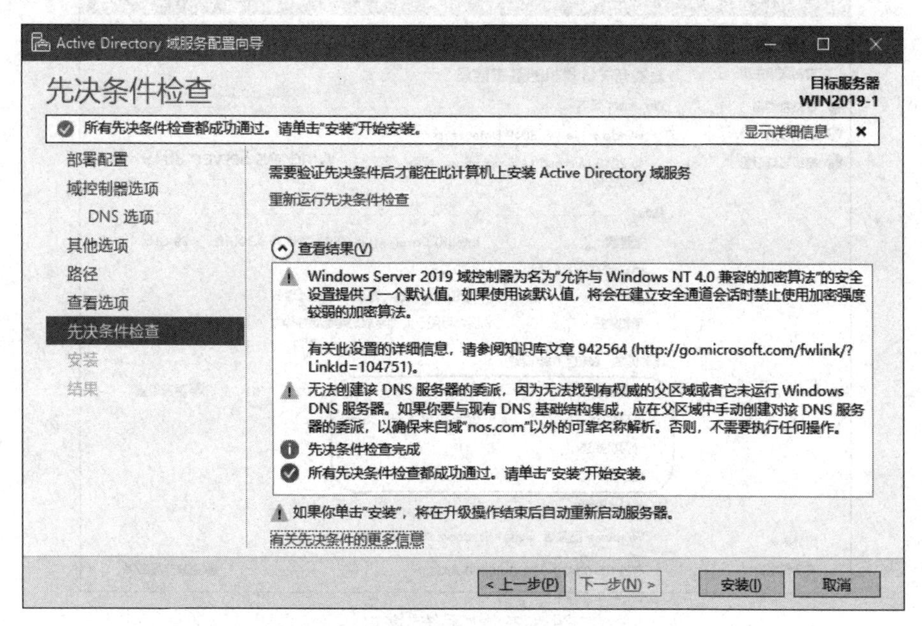

图 3-19　“先决条件检查”界面

图 3-20　登录界面

3. 验证域控制器的成功安装

活动目录安装完成后，在 WIN2019-1 计算机上可以从各方面进行验证。

(1) 查看计算机名。右击桌面上的“此电脑”图标，在弹出的快捷菜单中选择“属性”命令，打开“系统”窗口，如图 3-21 所示。可以看到“计算机全名”已变为 WIN2019-1.nos.com，并且已由工作组成员变成了域成员，而且是域控制器。

(2) 查看管理工具。活动目录安装完成后，会添加一系列的活动目录管理工具，包括“Active Directory 管理中心”“Active Directory 用户和计算机”“Active Directory 域和信任关系”“Active Directory 站点和服务”等。

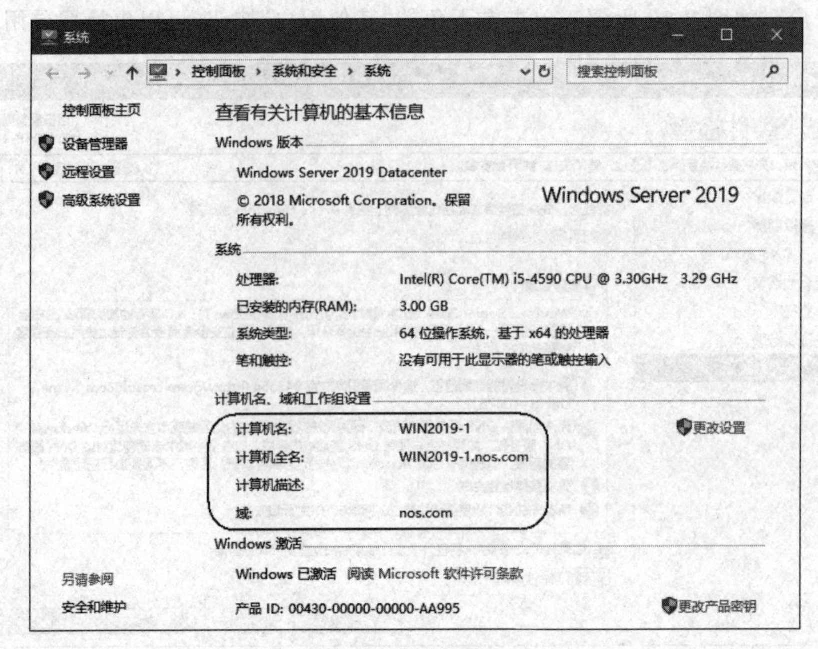

图 3-21 “系统”窗口

选择“开始”→“Windows 管理工具”选项,可以在“管理工具”级联菜单中看到这些管理工具的快捷方式,在“服务器管理器”的“工具”菜单中也会增加这些管理工具。

(3) 查看活动目录对象。打开“Active Directory 用户和计算机”管理工具,可以看到企业的域名 nos.com,该域名下有各种容器,如图 3-22 所示,其中包括一些内置的容器,常用的容器主要有以下几种。

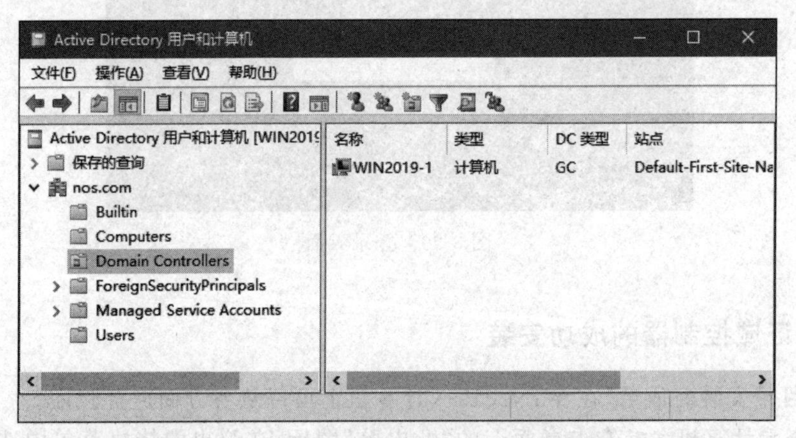

图 3-22 “Active Directory 用户和计算机”管理工具

- Builtin:存放活动目录域中的内置组账户。
- Computers:存放活动目录域中的计算机账户。
- Domain Controllers:存放域控制器的计算机账户。
- Users:存放活动目录域中的一部分用户和组账户。

4. 将客户端计算机加入域

下面将 WIN10-1 客户端加入 nos.com 域，成为 nos.com 域的域成员。

步骤 1：在 WIN10-1 计算机上，确认首选 DNS 服务器指向了域控制器(192.168.10.11)，如图 3-23 所示。

步骤 2：右击桌面上的“此电脑”图标，在弹出的快捷菜单中选择“属性”命令，打开“系统”窗口，再单击“更改设置”链接，打开“系统属性”对话框。

步骤 3：在“计算机名”选项卡中单击“更改”按钮，打开“计算机名/域更改”对话框，如图 3-24 所示。选中“域”单选按钮，并输入要加入的域的名字 nos.com。单击“确定”按钮，打开“Windows 安全中心”对话框，如图 3-25 所示。

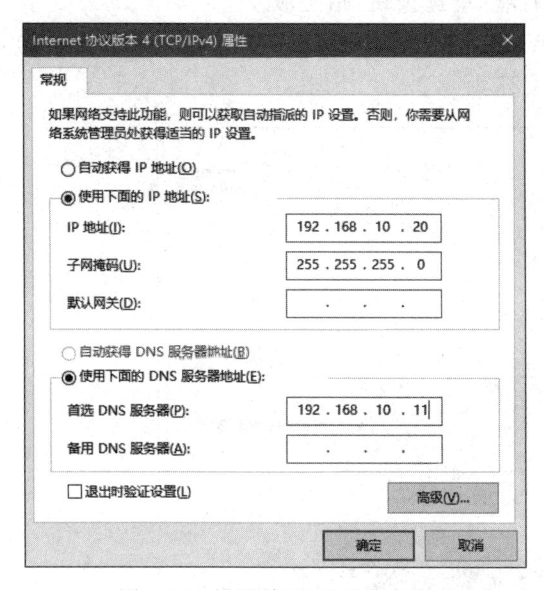

图 3-23 设置首选 DNS 服务器

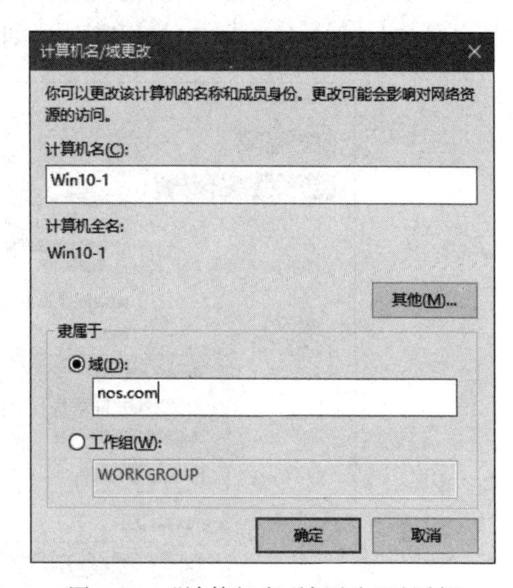

图 3-24 “计算机名/域更改”对话框

步骤 4：输入域管理员的账户名称和密码后，单击“确定”按钮，出现“欢迎加入 nos.com 域”的提示信息，如图 3-26 所示。单击“确定”按钮，重新启动计算机即可。

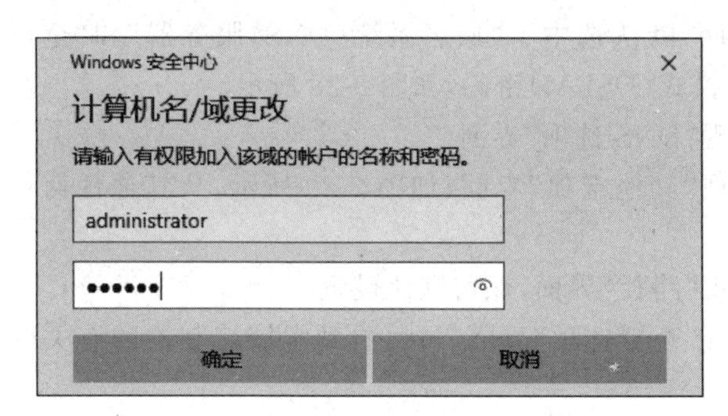

图 3-25 “Windows 安全中心”对话框

图 3-26 成功加入域

3.4.2 任务 2：安装额外的域控制器

下面以 WIN2019-2 服务器为例，说明安装额外的域控制器的过程。

任务 2：安装额外的域控制器

步骤 1：在 WIN2019-2 计算机上，确认首选 DNS 服务器指向了域控制器(192.168.10.11)，并能与 WIN2019-1 正常 ping 通。

步骤 2：安装 Active Directory 域服务。操作方法与安装第一台域控制器的完全相同。

步骤 3：在"服务器管理器"中选择"通知"→"将此服务器提升为域控制器"选项，如图 3-13 所示，打开"Active Directory 域服务配置向导"对话框，选中"将域控制器添加到现有域"单选按钮，指定域名为 nos.com，单击"更改"按钮，在打开的"Windows 安全中心"对话框中输入域管理员的账户名称(nos\administrator)和密码，如图 3-27 所示。

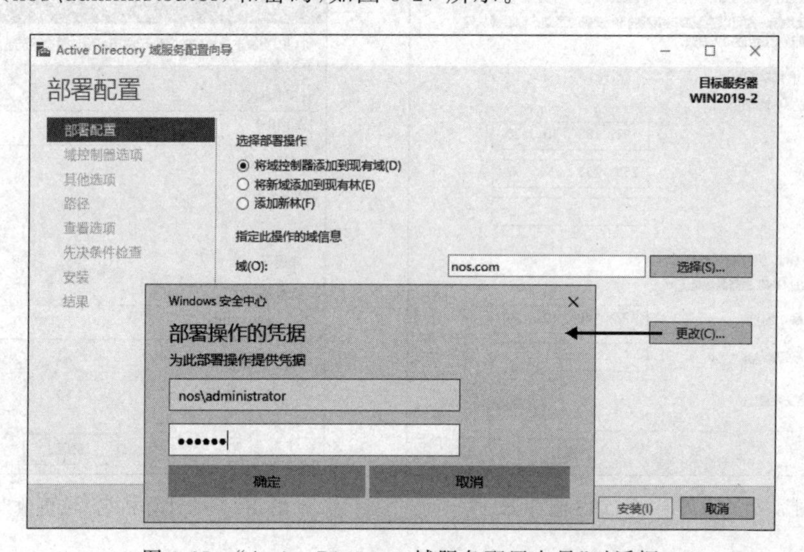

图 3-27 "Active Directory 域服务配置向导"对话框

步骤 4：单击"确定"按钮，返回"Active Directory 域服务配置向导"对话框，单击"下一步"按钮，出现"域控制器选项"界面，默认选中了"域名系统(DNS)服务器"和"全局编录(GC)"复选框，输入目录服务还原模式(DSRM)密码，如图 3-28 所示。

步骤 5：单击"下一步"按钮，出现"DNS 选项"界面。

步骤 6：单击"下一步"按钮，出现"其他选项"界面，如图 3-29 所示，从其他任何一台域控制器复制 AD DS 数据库。

步骤 7：单击"下一步"按钮，出现"路径"界面，保留默认设置。

步骤 8：单击"下一步"按钮，出现"查看选项"界面，可以看到本域控制器的有关配置信息。

步骤 9：单击"下一步"按钮，出现"先决条件检查"界面，显示先决条件验证情况，所有先决条件检查通过后，才能在此服务器上安装活动目录。

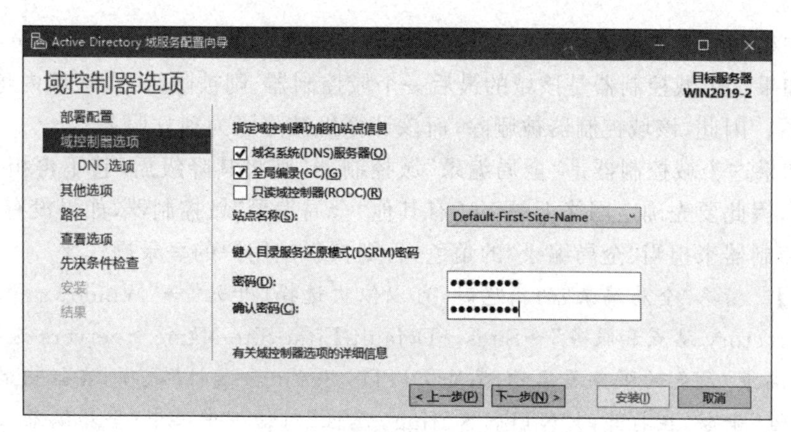

图 3-28　“域控制器选项”界面

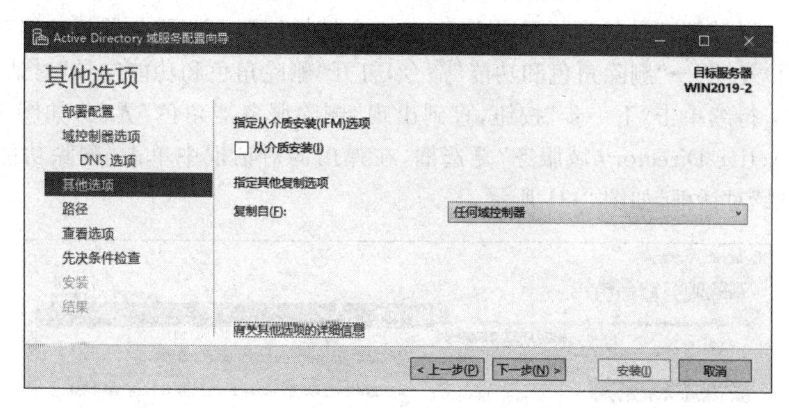

图 3-29　“其他选项”界面

步骤 10：单击“安装”按钮，安装过程中会自动重新启动计算机。重启完毕，计算机已升级为额外的域控制器，可以使用域管理员账户(nos\administrator)登录。

3.4.3　任务 3：转换服务器的角色

Windows Server 2019 服务器在域中可以有 3 种角色：域控制器、成员服务器和独立服务器。当一台 Windows Server 2019 成员服务器安装了活动目录后，服务器就成了域控制器。域控制器可以对用户的登录等进行验证。Windows Server 2019 成员服务器可以仅加入域中，而不安装活动目录，这时的服务器主要用于提供网络资源，这样的服务器称为成员服务器。严格来说，独立服务器和域没有什么关系。如果服务器不加入域中，也不安装活动目录，这样的服务器就称为独立服务器。

任务 3：转换服务器的角色

1. 域控制器降级为成员服务器

在域控制器上把活动目录删除，服务器就降级为成员服务器了。降级时要注意以下 3 点。

（1）如果该域内还有其他域控制器，则该域控制器会被降级为该域的成员服务器。

（2）如果这个域控制器是该域的最后一个域控制器，则被降级后，该域内将不存在任何域控制器。因此，该域控制器被删除，而该计算机被降级为独立服务器。

（3）如果这个域控制器是“全局编录”域控制器，则将其降级后，它不再担当“全局编录”的角色，因此要先确定网络上是否还有其他“全局编录”域控制器，如果没有，则要先指派一台域控制器来担当“全局编录”的角色，否则将影响用户的登录操作。

【说明】 指派“全局编录”的角色时，可以依次选择“开始”→“Windows 管理工具”→“Active Directory 站点和服务”→Sites→Default-First-Site-Name→Servers 选项，展开要担当“全局编录”角色的服务器名称，右击“NTDS Settings 属性”选项，在弹出的快捷菜单中选择“属性”命令，在打开的“NTDS Settings 属性”对话框中选中“全局编录”复选框。

下面以 WIN2019-2 域控制器降级为例来说明操作过程。

步骤 1：以域管理员的身份登录 WIN2019-2 域控制器，在“服务器管理器”窗口中，选择右上角的“管理”→“删除角色和功能”命令，打开“删除角色和功能向导”对话框。

步骤 2：持续单击“下一步”按钮，直到出现“删除服务器角色”界面，如图 3-30 所示。取消选中“Active Directory 域服务”复选框，在弹出的对话框中单击“删除功能”按钮，弹出“验证结果”对话框，如图 3-31 所示。

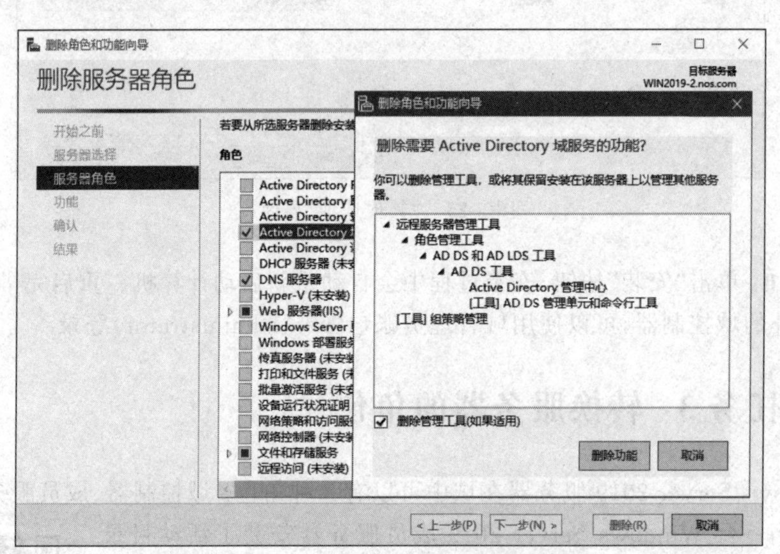

图 3-30 “删除服务器角色”界面

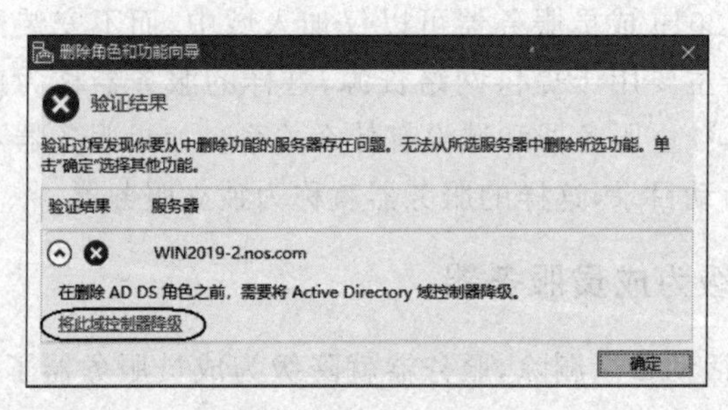

图 3-31 “验证结果”界面

步骤 3：单击“将此域控制器降级”链接，出现“凭据”界面，如图 3-32 所示。

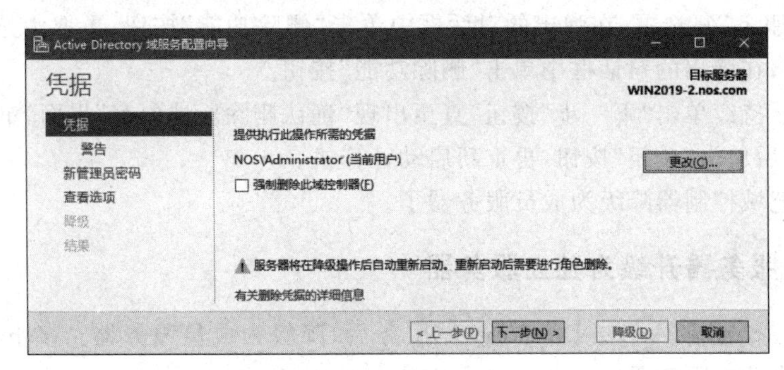

图 3-32　“凭据”界面

步骤 4：如果当前用户有权限删除此域控制器，则单击“下一步”按钮，否则单击“更改”按钮来输入新的账户和密码。

步骤 5：在出现的“警告”界面中选中“继续删除”复选框，如图 3-33 所示。

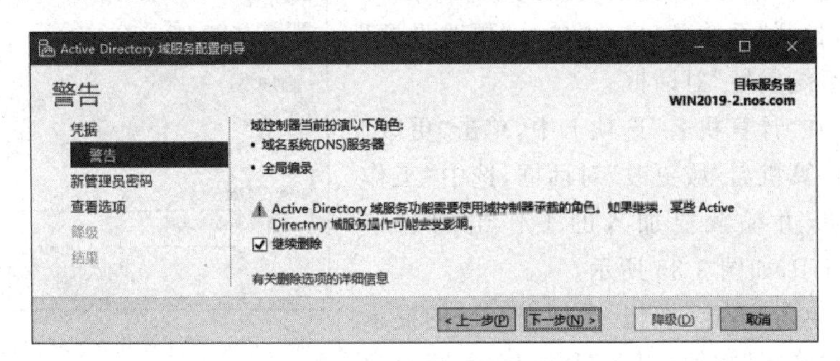

图 3-33　“警告”界面

步骤 6：单击“下一步”按钮，出现“新管理员密码”界面，为这台即将被降级为成员服务器的计算机设置本地 Administrator 的新密码，如图 3-34 所示。

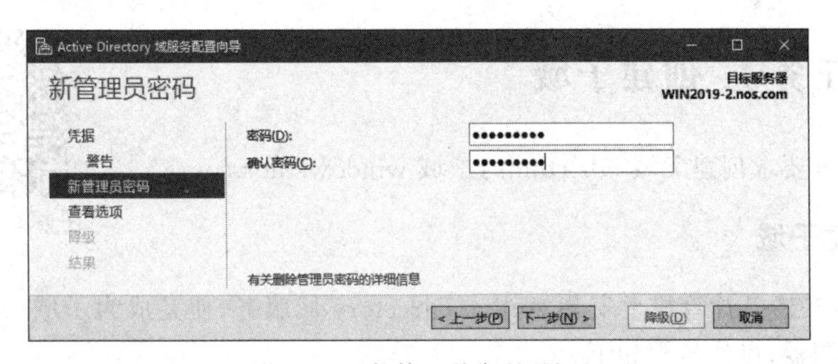

图 3-34　“新管理员密码”界面

步骤 7：单击“下一步”按钮，出现“查看选项”界面，单击“降级”按钮，完成后会自动重新启动计算机。

步骤 8：重新启动计算机后，以域管理员(不是本地管理员)登录。在“服务器管理器”中，选择“管理”→“删除角色和功能”命令，打开“删除角色和功能向导”对话框。

步骤 9：持续单击“下一步”按钮，直到出现“删除服务器角色”界面，取消选中“Active Directory 域服务”复选框，在弹出的对话框中单击“删除功能”按钮；再取消选中“DNS 服务器”复选框，在弹出的对话框中单击“删除功能”按钮。

步骤 10：持续单击“下一步”按钮，直至出现“确认删除所选内容”界面，单击“删除”按钮，删除功能后单击“关闭”按钮，再重新启动计算机。

这样就把域控制器降级为成员服务器了。

2. 成员服务器升级为独立服务器

WIN2019-2 删除 Active Directory 域服务后，降级为成员服务器。接下来将该成员服务器升级为独立服务器。

步骤 1：在 WIN2019-2 计算机上，以本地管理员(用户为 WIN2019-2\administrator，密码为图 3-34 中设置的密码)的身份登录。登录成功后，右击“此电脑”图标，在弹出的快捷菜单中选择“属性”命令，打开“系统”窗口，再单击“更改设置”链接，打开“系统属性”对话框。

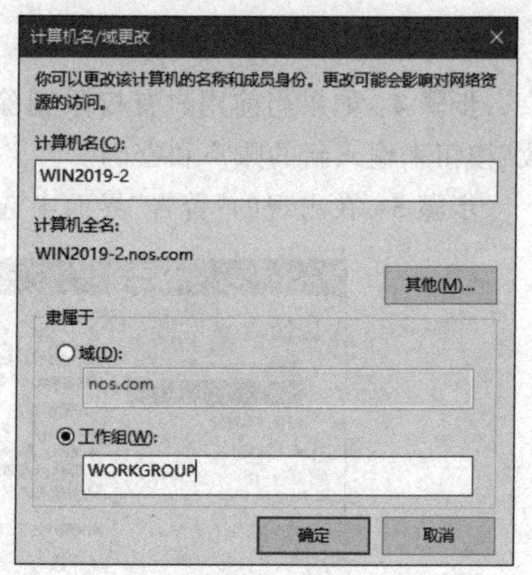

图 3-35 “计算机名/域更改”对话框

步骤 2：在“计算机名”选项卡中，单击“更改”按钮，打开“计算机名/域更改”对话框，选中“工作组”单选按钮，并输入要加入的工作组的名字 WORKGROUP，如图 3-35 所示。

步骤 3：单击“确定”按钮，出现离开域的提示信息，再单击“确定”按钮，打开“Windows 安全中心”对话框，输入域管理员账户和密码。

步骤 4：单击“确定”按钮，出现“欢迎加入 WORKGROUP 工作组”的提示信息，单击“确定”按钮，重新启动计算机即可。

3.4.4 任务 4：创建子域

任务 4：创建子域

本次任务要求创建父域 nos.com 的子域 windows.nos.com。

1. 创建子域

在 WIN2019-2 计算机上安装 Active Directory 域服务，使其成为子域 windows.nos.com 的域控制器，操作步骤如下。

步骤 1：在 WIN2019-2 计算机上以管理员账户登录，打开“Internet 协议版本 4(TCP/IP)属性”对话框，按图 3-36 所示配置该计算机的 IP 地址、子网掩码以及 DNS 服务器，其中 DNS 服务器一定要设置为自身的 IP 地址和父域的域控制器的 IP 地址。

步骤 2：添加“Active Directory 域服务”角色和功能的过程，请参见 3.4.1 小节中的相关内容，这里不再赘述。

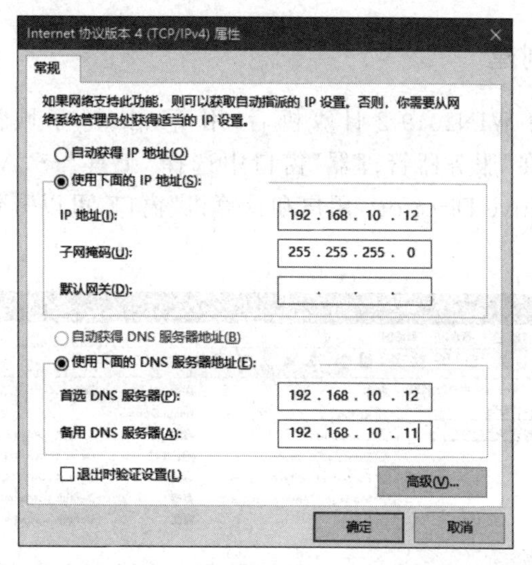

图 3-36　"Internet 协议版本 4(TCP/IP)属性"对话框

步骤 3：在"服务器管理器"中选择"通知"→"将此服务器提升为域控制器"选项，打开"Active Directory 域服务配置向导"对话框，选中"将新域添加到现有林"单选按钮，指定父域名为 nos.com，新域名为 windows。

步骤 4：单击"更改"按钮，在打开的"Windows 安全中心"对话框中输入域管理员的账户名称(nos\administrator)和密码，单击"确定"按钮，结果如图 3-37 所示。

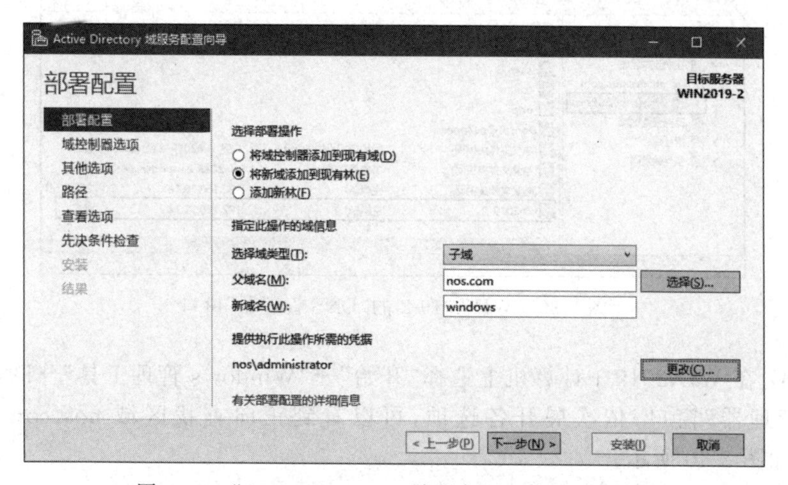

图 3-37　"Active Directory 域服务配置向导"对话框

步骤 5：单击"下一步"按钮，出现"域控制器选项"界面，输入目录服务还原模式(DSRM)密码。

步骤 6：持续单击"下一步"按钮，直至出现"先决条件检查"界面。如果顺利通过检查，单击"安装"按钮，否则要按提示先排除问题。安装完成后会自动重启计算机。

步骤 7：重启完毕，计算机已升级为 windows 子域的域控制器，可以使用子域管理员账户(windows\administrator)登录。

2. 验证子域的创建

步骤1：重新启动 WIN2019-2 计算机后，用 windows 子域管理员账户(windows\administrator)登录。在“服务器管理器”窗口中选择“工具”→“Active Directory 用户和计算机”命令，打开“Active Directory 用户和计算机”窗口，可以看到 windows.nos.com 子域，如图 3-38 所示。

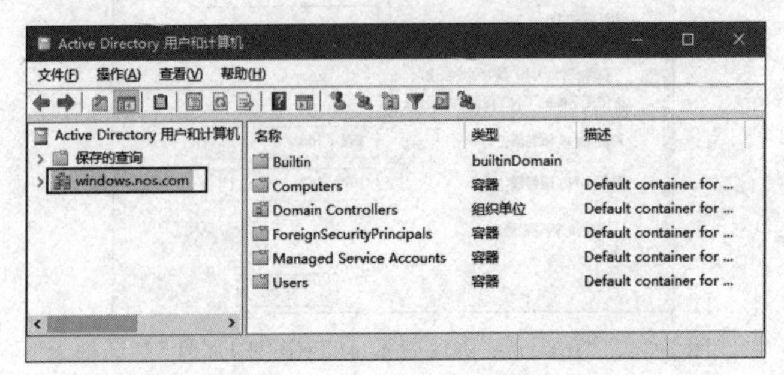

图 3-38 “Active Directory 用户和计算机”窗口

步骤2：选择“服务器管理器”→“工具”→DNS 命令，打开“DNS 管理器”窗口，依次展开各选项，可以看到正向查找区域 windows.nos.com，如图 3-39 所示。

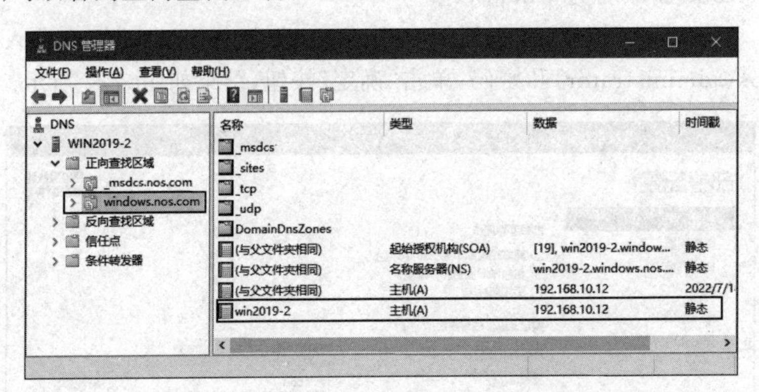

图 3-39 WIN2019-2 的“DNS 管理器”窗口

步骤3：在 WIN2019-1 计算机上选择“开始”→“Windows 管理工具”→DNS 命令，打开“DNS 管理器”窗口，依次展开各选项，可以看到正向查找区域 nos.com 的子区域 windows，如图 3-40 所示。

3. 验证父子域的信任关系

通过上述的任务创建了父域 nos.com 及其子域 windows.nos.com，而子域和父域的双向、可传递的信任关系是在安装域控制器时就自动建立的，同时由于域林中的信任关系是可传递的，因此同一域林中的所有域都显式或者隐式地相互信任。

步骤1：在 WIN2019-1 计算机上以域管理员账户登录，选择“开始”→“Windows 管理工具”→“Active Directory 域和信任关系”命令，打开“Active Directory 域和信任关系”窗口，可以对域之间的信任关系进行管理，如图 3-41 所示。

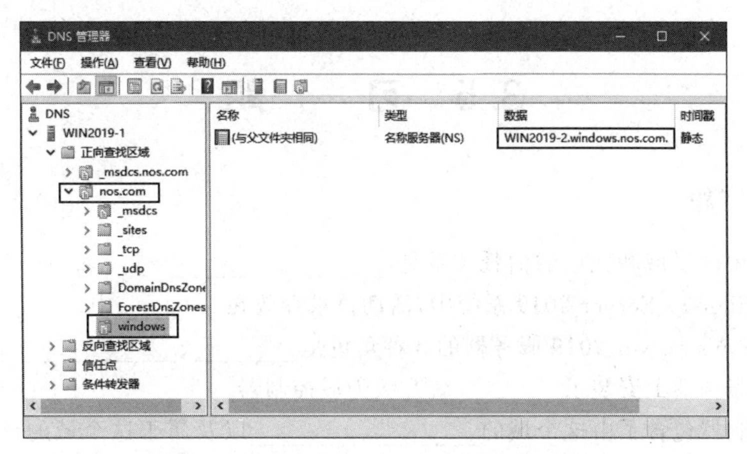

图 3-40　WIN2019-1 的“DNS 管理器”窗口

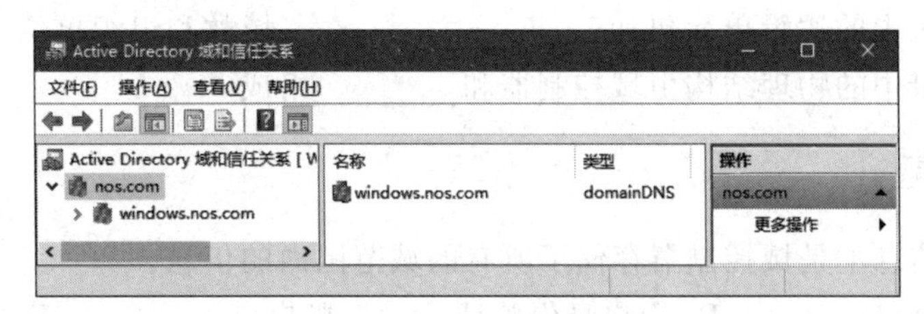

图 3-41　“Active Directory 域和信任关系”窗口

步骤 2：在左侧窗格中右击父域名 nos.com，在弹出的快捷菜单中选择“属性”命令，打开“nos.com 属性”对话框，在“信任”选项卡中可以看到父域名 nos.com 和子域名 windows.nos.com 的信任关系，如图 3-42 所示。

对话框的上部列出的是 nos.com 所信任的域，表明 nos.com 信任其子域 windows.nos.com；对话框的下部列出的是信任 nos.com 的域，表明其子域 windows.nos.com 信任其父域 nos.com。也就是说，nos.com 和 windows.nos.com 有双向信任关系。

步骤 3：在图 3-41 中右击子域名 windows.nos.com，在弹出的快捷菜单中选择“属性”命令，打开“windows.nos.com 属性”对话框，在“信任”选项卡中可以查看其信任关系，如图 3-43 所示。

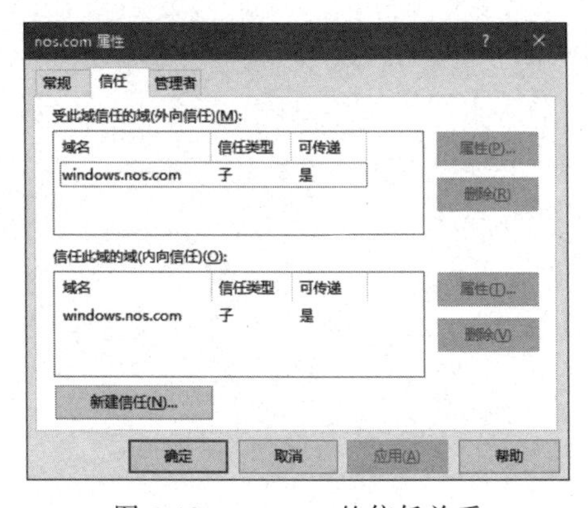

图 3-42　nos.com 的信任关系

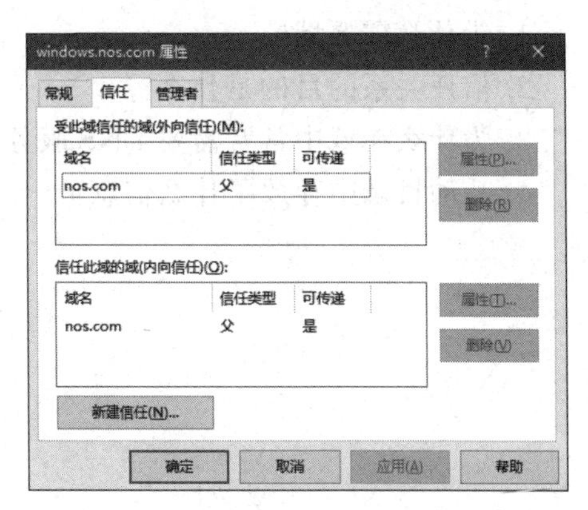

图 3-43　windows.nos.com 的信任关系

3.5 习　题

一、填空题

1. 域树中的子域和父域的信任关系是________、________。

2. 在 Windows Server 2019 系统中,活动目录存放在________中。

3. Windows Server 2019 服务器的 3 种角色是________、________、________。

4. 独立服务器上安装了________就升级为域控制器。

5. 域控制器包含了由这个域的________、________以及属于这个域的计算机等信息构成的数据库。同一个域中的域控制器的地位是________。

6. 活动目录中的逻辑单元包括________、________、域林和组织单位。

7. 活动目录中的物理结构由域控制器和________组成。

二、选择题

1. (　　)信息不是域控制器存储了所有的域范围内的信息。

A. 安全策略　　B. 用户身份验证　　C. 账户　　D. 工作站分区

2. 活动目录和(　　)的关系密不可分,可使用此服务器来登记域控制器的 IP 地址,进行各种资源的定位等。

A. DNS　　B. DHCP　　C. FTP　　D. HTTP

3. (　　)不属于活动目录的逻辑结构。

A. 域树　　B. 域林　　C. 域控制器　　D. 组织单位

4. 活动目录安装后,管理工具中没有增加(　　)选项。

A. Active Directory 用户和计算机　　B. Active Directory 域和信任关系

C. Active Directory 站点和服务　　D. Active Directory 管理

三、简答题

1. 为什么需要域?

2. 信任关系的目的是什么?

3. 为什么在域中常常需要 DNS 服务器?

4. 活动目录中存放了什么信息?

项目4　用户和组的管理

【学习目标】

(1) 理解用户和组的概念。

(2) 掌握用户账户和组账户的创建与管理。

(3) 理解内置的组。

(4) 掌握本地用户、组账户与域用户、域组账户的区别。

4.1　项目导入

某上市公司的企业内部网原来一直采用“工作组”的网络资源管理模式。随着公司的快速发展,企业内部网的规模也在不断地扩大,覆盖了5栋办公大楼,涉及1000多个信息点,还拥有各类服务器30余台。

在“工作组”的管理模式下,无法对计算机和用户进行集中管理,用户访问网络资源时也没有办法进行统一的身份验证。网络扩建后开始使用“域”模式来进行管理,作为网络管理员,该如何在域环境中实现对计算机和域用户的集中管理,以及实现集中的身份验证?

4.2　项目分析

Windows Server 2019系统是一个多用户、多任务的分时操作系统,任何一个要使用系统资源的用户,都必须首先向管理员申请一个账户,然后以这个账户进入系统。这一方面可以帮助管理员对使用系统的用户进行跟踪,控制他们对系统资源的访问;另一方面也可以利用组账户帮助管理员简化操作的复杂程度,降低管理的难度。

在“工作组”的管理模式下,需要使用“计算机管理”工具来管理本地用户和组;在“域”的管理模式下,则需要使用“Active Directory 用户和计算机”工具来管理整个域环境中的用户和组。

4.3 相关知识点

4.3.1 用户账户的概念

在计算机网络中,计算机的服务对象是用户,用户通过账户访问计算机资源,所以用户即是账户。所谓用户的管理也就是账户的管理。每个用户都需要有一个账户,以便登录到域访问网络资源或登录到某台计算机访问该机上的资源。组是用户账户的集合,管理员通常通过组来对用户的权限进行设置,从而简化了管理。

用户账户由一个账户名和一个密码来标识,二者都需要用户在登录时输入。账户名是用户的文本标签,密码则是用户的身份验证字符串,是在 Windows Server 2019 网络上的个人唯一标识。用户账户通过验证后登录到工作组或是域内的计算机上,通过授权访问相关的资源,它也可以作为某些应用程序的服务账户。

账户名的命名规则如下。

- 账户名必须唯一,且不区分大小写。
- 最多可以包含 20 个大小写字符和数字,输入时可超过 20 个字符,但只识别前 20 个字符。
- 不能使用系统保留字字符(* ; ? / \ [] : | = , + < > " @)。
- 可以是字符和数字的组合。
- 不能与组名相同。

为了维护计算机的安全,每个账户必须有密码,设立密码应遵循以下规则。

- 密码可以使用大小写字母、数字和其他合法的字符。
- 密码不包含全部或部分的用户账户名。
- 密码最多可由 128 个字符组成,推荐最小长度为 8 个字符。
- 使用不易猜出的字母或数字的组合,例如,不要使用自己的姓名、生日以及家庭成员的姓名、电话号码等。
- 必须为 Administrator 账户指定一个密码,防止未经授权就使用。

4.3.2 用户账户的类型

Windows Server 2019 服务器有两种工作模式,即工作组模式和域模式。工作组和域都是由一些计算机组成的,例如,可以把企业的每个部门组织成一个工作组或者一个域,这种组织关系和物理上计算机之间的连接没有关系,仅仅是逻辑意义上的。

工作组和域之间的区别可以归纳为以下 3 点。

(1) 创建方式不同。工作组可以由任何一个计算机的管理员来创建,用户在系统的"计算机名/域更改"对话框中输入新的组名,重新启动计算机后,就创建了一个新组。每台计算机都有权利创建一个组。而域只能由域控制器来创建,然后才允许其他计算机加入这个域。

(2) 安全机制不同。在域中有可以登录该域的账户,这些由域管理员来建立;在工作组中不存在工作组的账户,只有本机上的账户和密码。

(3) 登录方式不同。在工作组模式下,计算机启动后自动就在工作组中。登录域时要提交域用户名和密码,只到用户登录成功之后,才被赋予相应的权限。

Windows Server 2019 提供了两种模式、四种类型的用户账户。

1. 本地用户账户

本地用户账户对应于工作组模式网络,建立在非域控制器的 Windows Server 独立服务器、成员服务器以及 Windows 7/10 等客户端。本地账户只能在本地计算机上登录,无法访问域中其他计算机资源。

本地计算机上都有一个管理账户数据的数据库,称为安全账户管理器(security accounts managers,SAM)。SAM 数据库文件路径为 C:\Windows\System32\config\SAM。在 SAM 中,每个账户被赋予唯一的安全识别号(security identifier,SID)。用户要访问本地计算机,都需要经过该机 SAM 中的 SID 验证。本地的验证过程,都由创建本地账户的本地计算机完成,没有集中的网络管理。

新建一个用户账户时,它被自动分配一个 SID,在系统内部使用该 SID 来代表该用户,同时权限也是通过 SID 来记录的,而不是用户账户名称。用户账户被删除后,其 SID 仍然保留。如果再新建一个同名的用户账户,它将被分配一个新的 SID,拥有与删除前不一样的权限。

2. 域用户账户

域账户对应域模式网络,域账户和密码存储在域控制器上的 Active Directory 数据库中,域数据库的路径为域控制器中的 C:\Windows\NTDS\ntds.dit。因此,域账户和密码受域控制器集中管理。用户可以利用域账户和密码登录域,并访问域内资源。域账户建立在 Windows Server 2019 域控制器上。域账户一旦建立,会自动被复制到同域中的其他域控制器上,复制完成后,域中的所有域控制器都能在用户登录时提供身份验证功能。

3. 用户账户类型

Windows Server 2019 常用到四种类型的账户,不同类型账户的权限也不大相同。

- Administrator 账户。这属于系统自建账户,拥有最高的权限,很多对系统的高级管理操作都需要使用该账户。系统管理员的默认名字是 Administrator,可以更改系统管理员的名字,但不能删除该账户。该账户无法被禁止,永远不会到期,不受登录时间和只能使用指定计算机登录的限制。
- DefaultAccount 账户。在安装完 Windows 后,就会对计算机操作系统进行一些基本设置,如语言选项等。为预防开机自检阶段出现卡死等问题,微软专门设置了 DefaultAccount 账户。此账户默认情况下被禁用,一般不会影响用户的正常使用。

如果用户不喜欢,也可以删除此账户。

- Guest账户。该账户也称来宾账户,是为临时访问计算机的用户提供的。该账户自动生成,且不能被删除,可以更改名字。Guest只有很少的权限,默认情况下,该账户被禁止使用。例如,当希望网络中的用户都可以登录到自己的计算机,但又不愿意为每一个用户建立一个账户时,就可以启用Guest账户。
- 标准账户。用户自建账户默认情况下都属于标准账户,该账户允许用户使用计算机的大多数功能,但如果所做更改会影响计算机的其他用户或安全,则需要管理员的许可。可以根据实际需要创建多个标准账户。建议使用标准账户进行日常的操作,因为使用标准账户比使用管理员账户更安全。

4.3.3 组的概念

有了用户账户之后,为了简化网络的管理工作,Windows Server中提供了组的概念。组就是指具有相同或者相似特性的用户集合,可以把组看作一个班级,用户便是班级里的学生。当要给一批用户分配同一个权限时,就可以将这些用户都归到一个组中,只要给这个组分配此权限,组内的用户就都会拥有此权限。就好像给一个班级发了一个通知,班级内的所有学生都会收到这个通知一样。组是为了方便管理用户的权限而设计的。

组是指本地计算机或Active Directory中的对象,包括用户、联系人、计算机和其他组。在Windows Server 2019中,通过组来管理用户和计算机对共享资源的访问。如果赋予某个组访问某个资源的权限,这个组中的用户都会自动拥有该权限。

组一般用于以下3个方面。

(1) 管理用户和计算机对资源的访问,如网络中各项文件、目录和打印队列等。

(2) 筛选组策略。

(3) 创建电子邮件分配列表。

Windows Server 2019同样使用唯一安全标识符SID来跟踪组,权限的设置都是通过SID进行的,而不是利用组名。更改任何一个组的账户名,并没有更改该组的SID,这意味着在删除组之后又重新创建该组,不能期望所有权限和特权都与以前相同,新的组将有一个新的SID,旧组的所有权限和特权已经丢失。

在Windows Server 2019中,用组账户来表示组,用户只能通过用户账户登录计算机,不能通过组账户登录计算机。

4.3.4 组的类型和作用域

根据服务器的工作模式,组可分为本地组和域组。

1. 本地组

可以在Windows Server 2019独立服务器或成员服务器、Windows 10等非域控制器的计算机上创建本地组。本地组账户的信息被存储在本地安全账户数据库(SAM)内。

本地组只能在本地计算机中使用，它有两种类型：用户自建的本地组和系统内置的本地组。

可以在“计算机管理”工具的“本地用户和组”下的“组”文件夹中查看系统内置的本地组，如图 4-1 所示。

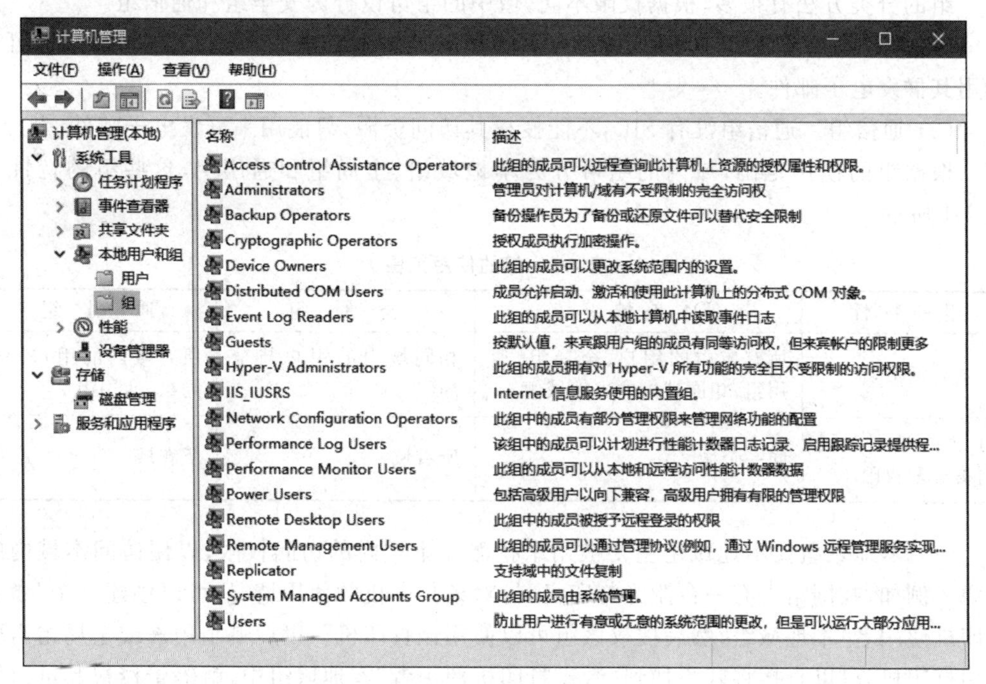

图 4-1　内置的本地组

常用的本地组包括以下几种(部分选项界面上无法全部显示出来)。

- Administrators：在系统内有最高权限，拥有赋予权限，添加系统组件，升级系统，配置系统参数，配置安全信息等权限。内置的系统管理员账户是 Administrators 组的成员。如果这台计算机加入域中，域管理员自动加入该组，并且有系统管理员的权限。
- Backup Operators：它是所有 Windows Server 2019 都有的组，可以忽略文件系统权限进行备份和恢复，可以登录系统和关闭系统，可以备份加密文件。
- Guests：内置的 Guest 账户是该组的成员。
- IIS_IUSRS：这是 Internet 信息服务(IIS)使用的内置组。
- Print Operators：成员可以管理在域控制器上安装的打印机。
- Remote Desktop Users：该组的成员可以通过网络远程登录。
- Users：一般用户所在的组，新建的用户都会自动加入该组，对系统有基本的权力，例如，运行程序，使用网络，不能关闭 Windows Server 2019，不能创建共享目录和本地打印机等。如果这台计算机加入域，则域用户自动被加入该域的 Users 组。

2. 域组

该组账户创建在 Windows Server 2019 的域控制器上,组账户的信息被存储在 Active Directory 数据库中,这些组能够被使用在整个域中的计算机上。

组的分类方法有很多,根据权限不同,域中的组可以分为安全组和通信组。

(1) 安全组。安全组有 SID,能够给其授予访问本地资源或网络资源的权限,也可以利用其群发电子邮件。

(2) 通信组。通信组没有 SID,不能授权其访问资源,只能用来群发电子邮件。

根据组的使用范围,域内的组可分为本地域组、全局组和通用组,这些组的特性如表 4-1 所示。

表 4-1　组的使用范围

组的特性	本地域组	全局组	通用组
可包含的成员	所有域内的用户、全局组、通用组,相同域内的本地域组	相同域内的用户与全局组	所有域内的用户、全局组、通用组
可以在哪一个域内被分配权限	同一个域	所有域	所有域

(1) 本地域组。本地域组主要被用来指派在本域内的访问权限,以便访问本域内的资源。例如,在网络上有一台激光打印机,针对该打印机的使用情况,可以创建一个"激光打印机使用者"本地域组,然后授权该组可以使用该打印机。以后哪个用户或全局组需要使用打印机,可以直接将其添加到"激光打印机使用者"本地域组中,就等于授权其可以使用打印机了。

① 只能访问本域内的资源,无法访问其他域内的资源。

② 组成员可以是任何一个域内的用户、通用组、全局组以及本域的本地域组,但不能是其他域内的本地域组。

(2) 全局组。全局组主要用来组织用户,即可以将多个即将被赋予相同权限的用户账户加入同一个全局组中。

① 可以访问任何一个域内的资源。

② 组成员只能是本域中的用户和全局组。

(3) 通用组。通用组可以指派所有域中的访问权限,以便访问所有域内的资源。可以访问任何一个域内的资源。组成员可以是整个域林(多个域)中任何一个域内的用户、通用组、全局组,但不能是任何一个域内的本地域组。

可以在"Active Directory 用户和计算机"窗口中查看系统内置的域组。内置域组按照授权的作用范围,可以分为内置的本地域组、内置的全局组和内置的通用组,还有一些特殊的内置组。

① 内置的本地域组。这些本地域组本身已被赋予了一些权利与权限,以便让其具备管理域的能力。只要将用户或组加入这些组,这些用户或组就会自动具备相同的权利与权限。下面是 Builtin 容器内常用的本地域组,如图 4-2 所示。

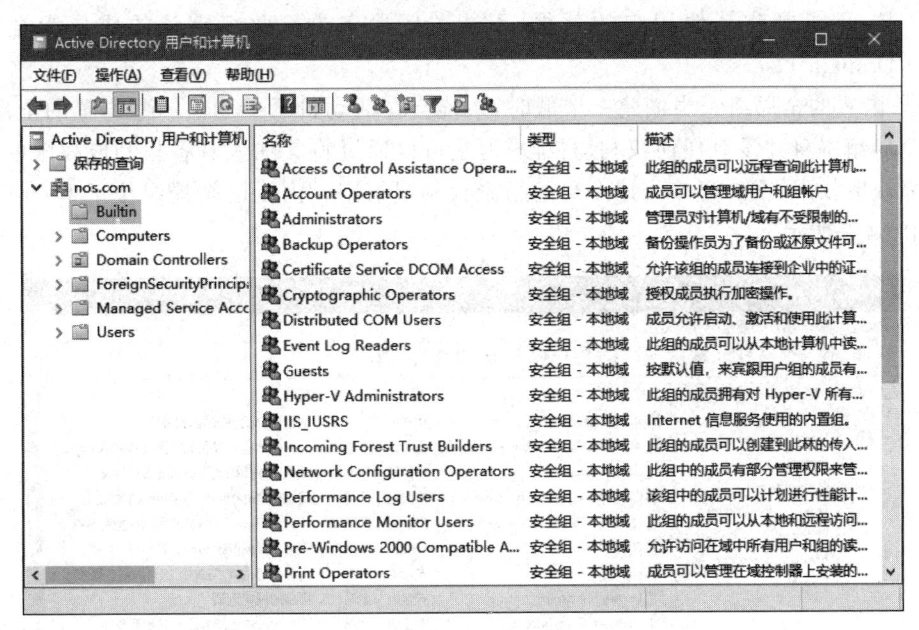

图 4-2　内置的本地域组

- Account Operators：其成员默认可以在容器或组织单位内（Builtin 容器与 Domain Controllers 组织单位除外）新建、删除、更改用户账户、组账户、计算机账户，但不能更改或删除 Administrators 组与 Domain Admins 组的成员。
- Administrators：其成员具有系统管理员的权限，对所有域控制器拥有最大控制权，可以执行整个活动目录的管理任务。内置的管理员账户 Administrator 就是此组的成员，而且无法将其从此组中删除。此组默认的成员包括 Administrator、全局组 Domain Admins、通用组 Enterprise Admins 等。
- Backup Operators：其成员可以通过 Windows Server Backup 工具来备份和还原域控制器内的文件，不管他们是否有权限访问这些文件，还可以关闭域控制器。
- Guests：该组是供没有用户账户，但是需要访问资源的用户使用的，该组中的成员无法永久地改变其桌面的工作环境。Guests 组默认的成员包括用户账户 Guest 和全局组 Domain Guests。
- Network Configuration Operators：其成员可在域控制器上执行常规网络设置工作，如更改 IP 地址，但不可以安装或删除驱动程序和服务，也不可以执行与网络服务器设置有关的工作，如不能设置 DNS 服务器、DHCP 服务器等。
- Print Operators：其成员可以创建、停止或管理在域控制器上的共享打印机，也可以关闭域控制器。
- Remote Desktop Users：其成员可以远程计算机通过远程桌面来登录。
- Server Operators：其成员可以备份与还原域控制器内的文件，锁定与解锁域控制器，将域控制器上的硬盘格式化，更改域控制器的系统时间，关闭域控制器等。
- Users：其成员仅拥有一些基本的权限，如运行程序，但是不能修改操作系统的设置,不能更改其他用户的数据,不能关闭服务器。此组默认的成员为全局组 Domain Users。

② 内置的全局组。当创建一个域时,系统会在活动目录中创建一些内置的全局组。这些全局组本身并没有任何权利与权限,但是可以通过将其加入具备权利或权限的本地域组来获取权限,或者直接为该全局组指派权利或权限。内置的全局组位于 Users 容器内,如图 4-3 所示。

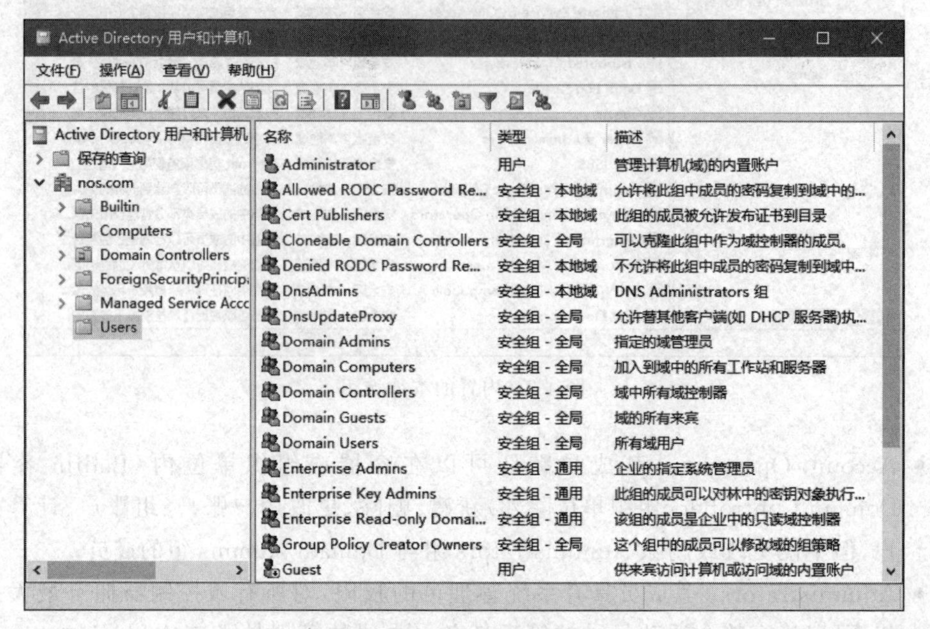

图 4-3 内置的全局组和通用组

- Domain Admins：域成员计算机会自动将此组加入其本地组 Administrators 内,因此 Domain Admins 组内的每一个成员,在域内的每一台计算机上都具备系统管理员的权限,该组默认的成员为域用户 Administrator。
- Domain Computers：所有加入该域的计算机都被自动加入此组内。
- Domain Controllers：域中所有域控制器都被自动加入此组内。
- Domain Users：域成员计算机会自动将此组加入其本地组 Users 内,此组默认的成员为域用户 Administrator,而以后新建的域用户账户都自动隶属于此组。
- Domain Guests：域成员计算机会自动将此组加入其本地组 Guests 内,此组默认的成员为用户账户 Guest。

③ 内置的通用组。与全局组的作用一样,内置的通用组的目的根据用户的职责合并用户。与全局组不同的是,在多域环境中它能够合并其他域中的域用户账户,例如可以把两个域中的经理账户添加到一个通用组中。在多域环境中,可以在任何域中为其授权。内置的通用组也位于容器内,如图 4-3 所示。

- Enterprise Admins：此组只存在于林根域,其成员有权管理林内的所有域。此组默认的成员为林根域内的用户 Administrator。

- Schema Admins：此组只存在于林根域，其成员具备管理架构的权力。此组默认的成员为林根域内的用户 Administrator。

④ 特殊组账户。除了上述介绍的组外，还有一些特殊组，而用户无法更改这些特殊组的成员。下面列出了几个经常使用的特殊组。

- Everyone：任何一位用户都属于这个组。若 Guest 账户被启用，则在分配权限给 Everyone 时需小心，因为若某位在计算机内没有账户的用户通过网络来登录这台计算机，他就会被自动允许利用 Guest 账户来连接，此时因为 Guest 也隶属于 Everyone 组，所以他将具备 Everyone 拥有的权限。
- Authenticated Users：任何利用有效用户账户来登录此计算机的用户都隶属于此组。
- Network：任何通过网络(不是通过本地登录)来登录此计算机的用户都隶属于此组。
- Interactive：任何在本地登录(按 Ctrl+Alt+Del 组合键登录)的用户都隶属于此组。
- Anonymous Logon：任何未利用有效的用户账户来登录的用户都隶属于此组。注意，Everyone 组默认不包含 Anonymous Logon 组。
- Dialup：任何利用拨号方式连接的用户都隶属于此组。

4.4 项目实施

4.4.1 任务 1：管理本地用户和本地组

1. 创建本地用户

本地用户是工作在本地计算机上的用户，只有系统管理员才能在本地创建本地用户。下面举例说明如何在 Windows 独立服务器上创建本地用户 user1 的操作方法。

任务 1：管理本地用户和本地组

步骤 1：在 WIN2019-1 独立服务器上选择“开始”→“Windows 管理工具”→“计算机管理”命令，打开“计算机管理”窗口，如图 4-4 所示。

步骤 2：展开左侧窗格中的“本地用户和组”→“用户”选项，右击“用户”选项，在弹出的快捷菜单中选择“新用户”命令，打开“新用户”对话框，如图 4-5 所示。

步骤 3：在“新用户”对话框中输入用户名、全名、描述和密码(口令)，取消选中“用户下次登录时须更改密码”复选框，单击“创建”按钮，这样就创建了一个普通用户。

如图 4-6 所示，Windows Server 2019 的密码安全策略默认要求用户的密码必须符合复杂性要求，因此输入的密码如果全是字符或全是数字，会出现错误提示对话框，必须输入类似于“a1!”或“p@ssw0rd”的密码，才能满足默认的密码安全策略要求。

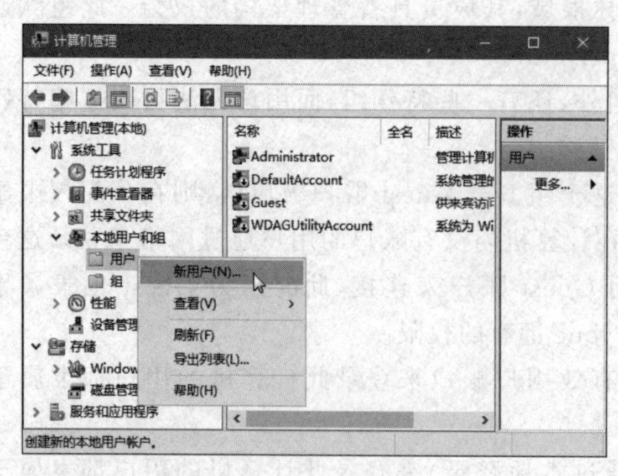

图 4-4 “计算机管理”窗口

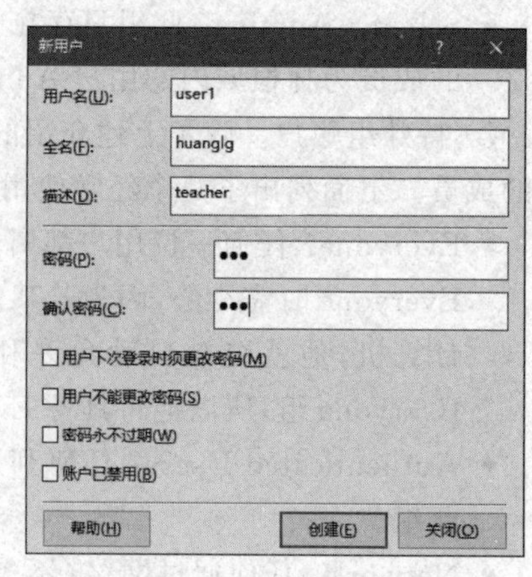

图 4-5 “新用户”对话框

步骤 4：也可以使用命令创建用户账户，在命令提示符下输入以下命令，可以创建和管理用户账户，如图 4-7 所示。

本地用户和组

在计算机 WIN2019-1 上创建用户 user1 时，出现了以下错误：

密码不满足密码策略的要求。检查最小密码长度、密码复杂性和密码历史的要求。

确定

图 4-6 密码复杂性提示

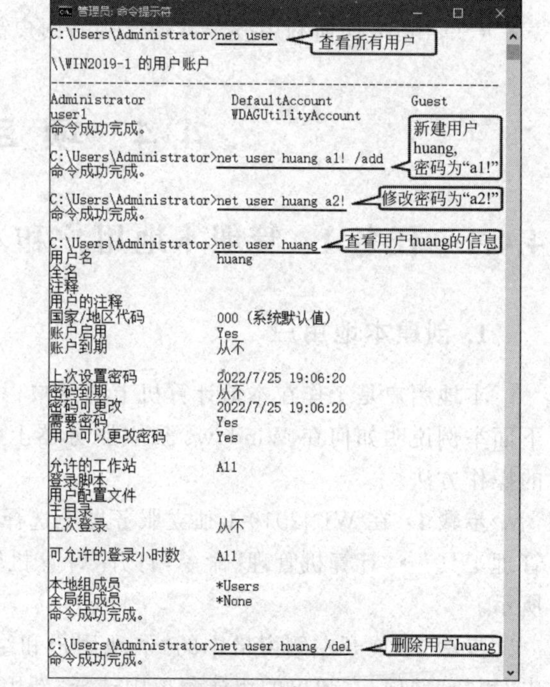

图 4-7 使用命令创建和管理用户账户

- 输入 net user 命令，查看服务器上的所有账户信息。
- 输入 net user huang a1! /add 命令，新建一个用户 huang，密码为“a1!”。
- 输入 net user huang a2! 命令，更改 huang 用户的密码为“a2!”。
- 输入 net user huang 命令，查看 huang 用户的详细信息。
- 输入 net user huang /del 命令，删除 huang 用户。

2. 创建和管理本地组

(1) 创建本地组。Windows Sever 2019 计算机在运行某些特殊功能或应用程序时，可能需要特定的权限。为这些任务创建一个组，并将相应的成员添加到组中是一个很好的解决方案。

下面以创建本地组 common 为例来说明创建本地组的方法。

步骤 1：在“计算机管理”窗口中展开左侧窗格中的“本地用户和组”→“组”选项，右击“组”选项，在弹出的快捷菜单中选择“新建组”命令，打开“新建组”对话框，如图 4-8 所示。

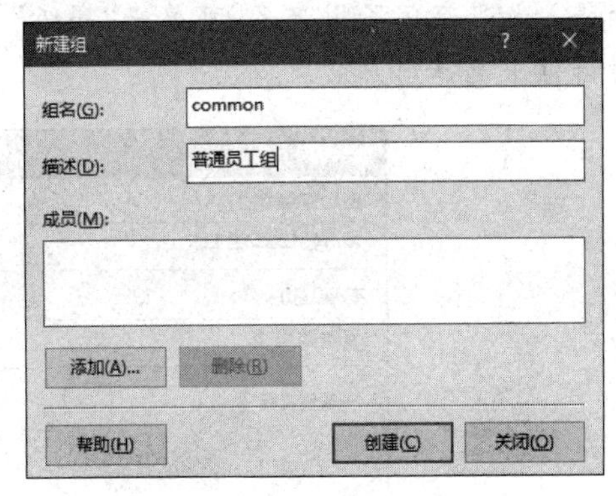

图 4-8　“新建组”对话框

步骤 2：输入组名和描述，单击“创建”按钮，再单击“关闭”按钮，即可完成本地组的创建。在图 4-8 中，通过单击“添加”按钮可添加组成员。

步骤 3：也可以在命令提示符下输入以下命令来创建本地组 common。

```
net localgroup common /add
```

(2) 为本地组添加成员。可以将对象添加到任何组中。在域中，这些对象可以是本地用户、域用户，甚至是其他本地组或域组。但是在工作组环境中，本地组的成员只能是本地用户或其他本地组。

下面举例说明如何将成员 user1 添加到本地组 common 中。

步骤 1：在“计算机管理”窗口中展开左侧窗格中的“本地用户和组”→“组”选项，在打开对话框的右侧窗格中，双击要添加成员的组 common，打开“common 属性”对话框。

步骤 2：单击“添加”按钮，打开“选择用户”对话框，如图 4-9 所示。

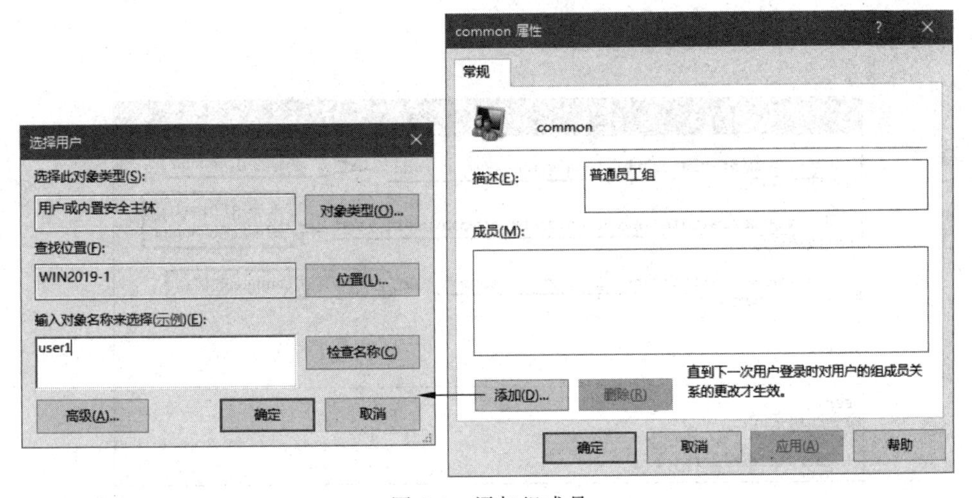

图 4-9　添加组成员

步骤3：在“输入对象名称来选择”文本框中输入用户名user1，单击“确定”按钮，返回“common属性”对话框，再单击“确定”按钮，即可完成组成员的添加。

【说明】 在图4-9中，如果要添加的组成员有多个，在组成员之间要使用分号(;)来分隔。如果忘记了用户名，可单击“高级”→“立即查找”按钮，在出现的如图4-10所示的对话框中选择用户名。

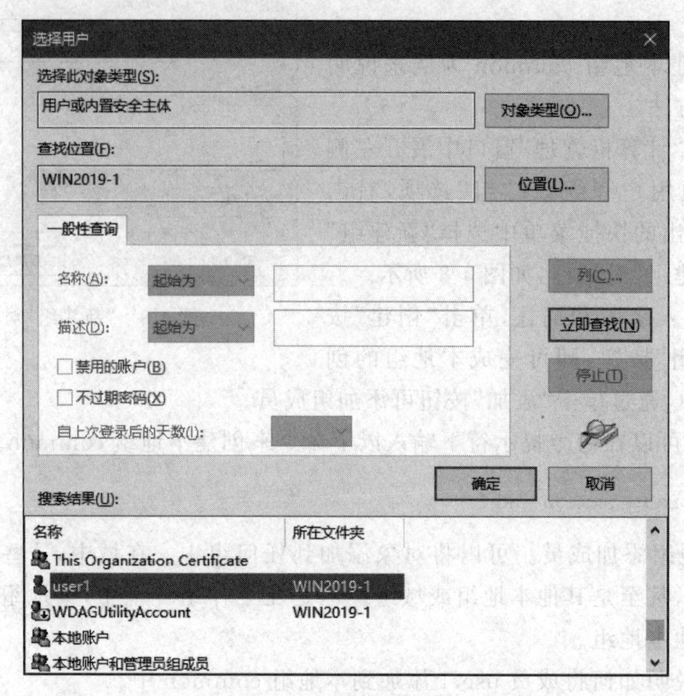

图4-10 选择用户名

步骤4：也可以在命令提示符下输入以下命令，在本地组common中添加成员user1，如图4-11所示。

```
net localgroup common user1 /add
```

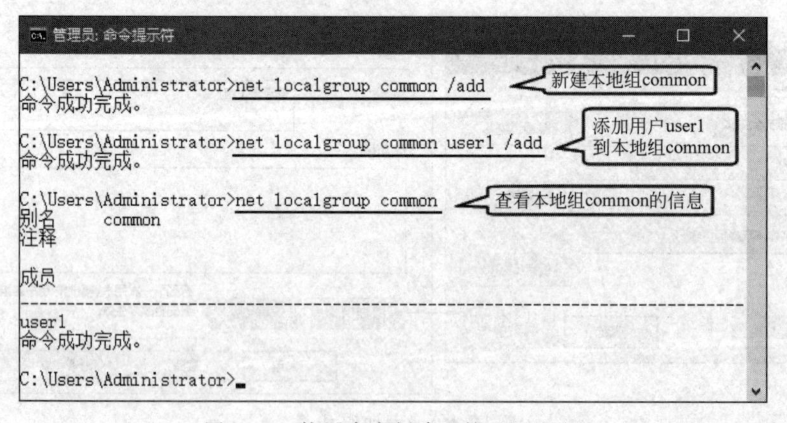

图4-11 使用命令创建和管理组账户

4.4.2　任务 2：管理域用户和域组

本任务涉及的网络拓扑图如图 4-12 所示，WIN2019-1、WIN2019-2 是两台虚拟机。WIN2019-1 是 nos.com 域中的域控制器，也是 DNS 服务器，IP 地址为 192.168.10.11/24，首选 DNS 为 192.168.10.11；WIN2019-2 是 nos.com 域中的成员服务器，IP 地址为 192.168.10.12/24，首选 DNS 为 192.168.10.11。

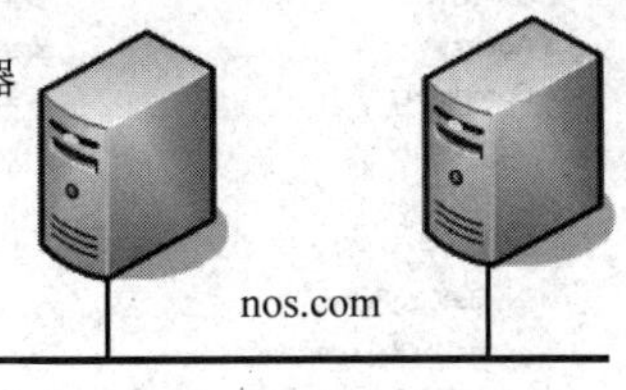

图 4-12　网络拓扑图

1. 创建域用户

域用户用来使用户能够登录到域或其他计算机中，从而获得对网络资源的访问权。经常访问网络的用户都应拥有网络唯一的用户账户。如果网络中有多个域控制器，可以在任何域控制器上创建新的用户，因为这些域控制器都是对等的。当在一个域控制器上创建新的用户时，这个域控制器会把信息复制到其他域控制器，从而确保该用户可以登录并访问任何一个域控制器。安装完活动目录，就已经添加了一些内置域用户，它们位于 Users 容器中，如 Administrator、Guest 等，这些内置域用户是在创建域的时候自动创建的。

任务 2：管理域用户和域组

下面在 WIN2019-1 域控制器上建立域用户 huanglinguo。

步骤 1：在 WIN2019-1 独立服务器上安装活动目录，使其成为 nos.com 的域控制器，安装方法不再赘述。然后设置 WIN2019-2 的 DNS 为 192.168.10.11，并把 WIN2019-2 加入 nos.com 域，使其成为域中的成员服务器。

步骤 2：选择"开始"→"Windows 管理工具"→"Active Directory 用户和计算机"命令，打开"Active Directory 用户和计算机"窗口，如图 4-13 所示。

步骤 3：展开左侧窗格中的 nos.com 域，右击 Users 容器，在弹出的快捷菜单中选择"新建"→"用户"命令，打开"新建对象 - 用户"对话框，如图 4-14 所示。

步骤 4：输入姓(黄)、名(林国)，系统可以自动填充完整的姓名(黄林国)；再输入用户登录名(huanglinguo@nos.com)。注意，用户登录名才是用户登录系统所需要输入的。

步骤 5：单击"下一步"按钮，出现"密码"界面，如图 4-15 所示。输入强密码。

系统默认选中了"用户下次登录时须更改密码"复选框，这意味着可以为每个新用户指定公司的标准密码，然后当用户第一次登录时，让他们创建自己的密码。用户的初始密码应当采用英文大小写、数字和其他特殊符号的组合。同时，密码与用户名既不能相同，

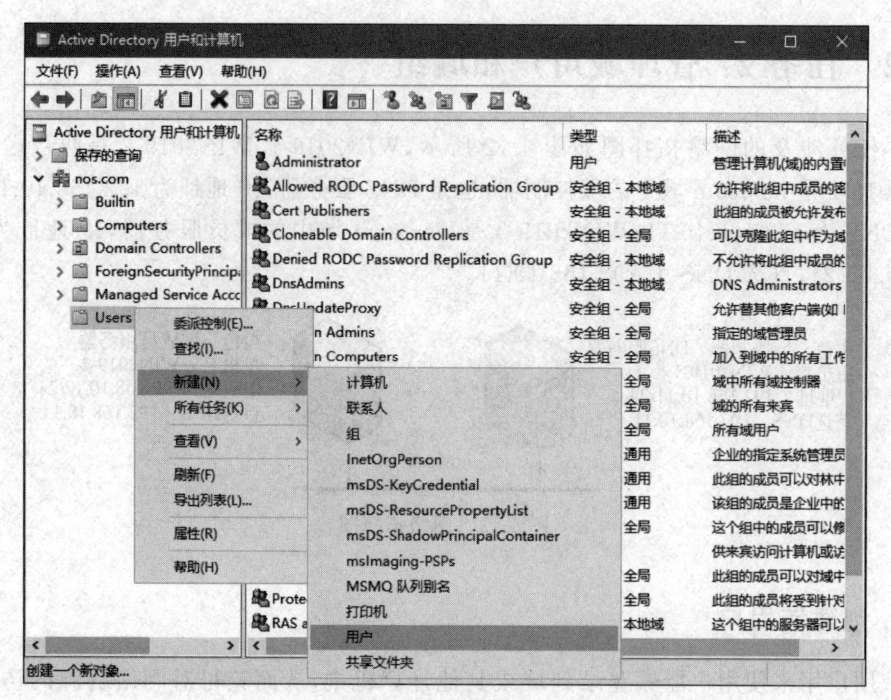

图 4-13 “Active Directory 用户和计算机”窗口

新建对象 - 用户

创建于: nos.com/Users

姓(L): 黄

名(F): 林国 英文缩写(I):

姓名(A): 黄林国

用户登录名(U): huanglinguo @nos.com

用户登录名(Windows 2000 以前版本)(W): NOS\ huanglinguo

< 上一步(B) 下一步(N) > 取消

图 4-14 “新建对象 - 用户”对话框

也不能相关,以保证用户账户的安全。

步骤 6:单击“下一步”按钮,出现“完成”界面,如图 4-16 所示。单击“完成”按钮,即可完成域用户的创建。

【说明】

(1) 在图 4-15 中,如果输入的密码是弱密码,会出现密码不满足密码策略的错误提示,这时需要重新设置密码。

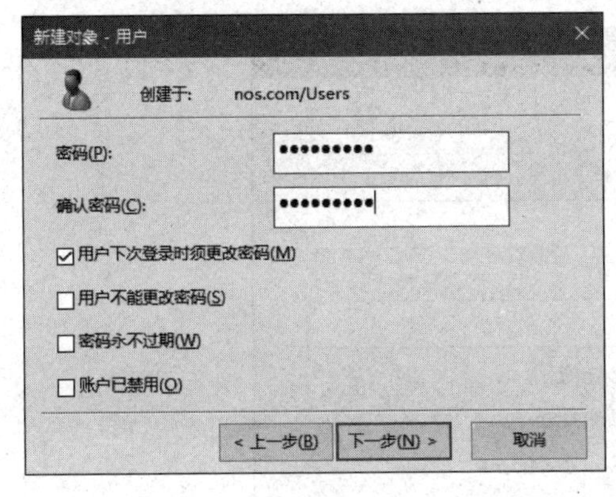

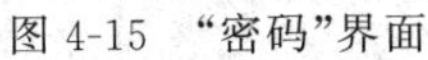
图 4-15　“密码”界面

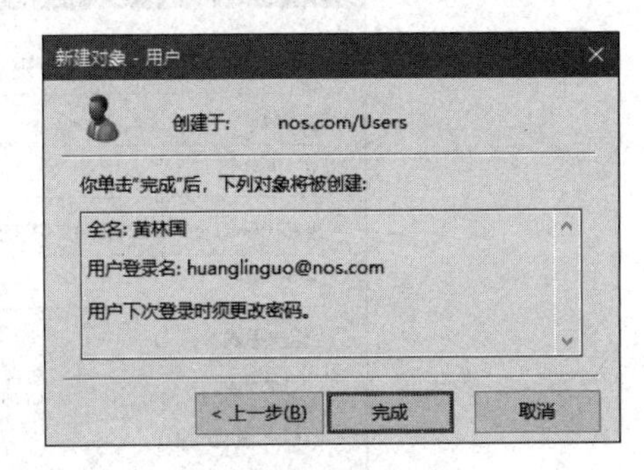

图 4-16　“完成”界面

(2) 域用户的图标用一个人头像表示，人头像背后没有计算机图标，从而与本地用户的图标有所区别。域用户提供了比本地用户更多的属性，如登录时间和登录到哪台计算机的限制等，如图 4-17 所示。

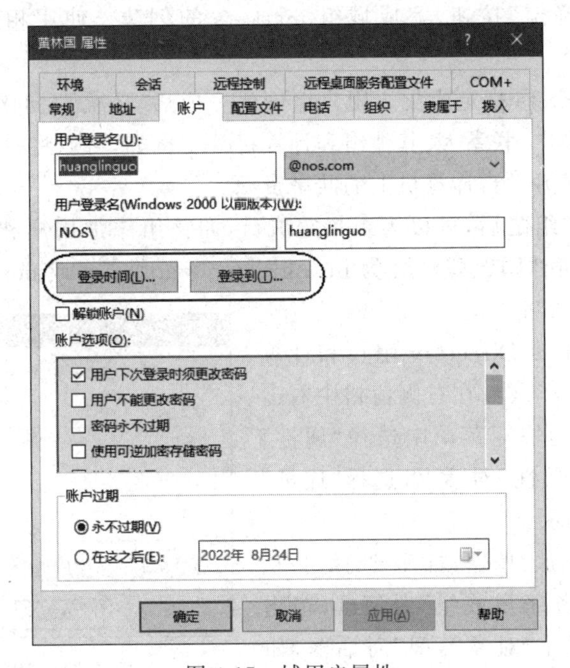

图 4-17　域用户属性

2. 创建和管理域组

(1) 创建域组 markets 和 common。

步骤 1：在“Active Directory 用户和计算机”窗口中，右击 Users 容器，在弹出的快捷菜单中选择“新建”→“组”命令，打开“新建对象 - 组”对话框，如图 4-18 所示。

步骤 2：在“组名”文本框中输入 markets，“组名(Windows 2000 以前版本)”可采用默认值，默认选中“全局”和“安全组”单选按钮。

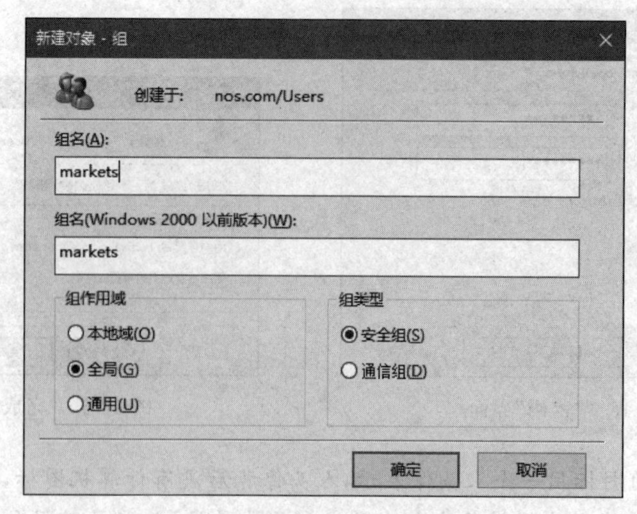

图 4-18 "新建对象 - 组"对话框

步骤 3：单击"确定"按钮，完成域组 markets 的创建。使用相同的方法创建域组 common。

（2）为域组 markets 指定成员。用户组创建完成后，还需要向该组添加组成员。组成员可以包括用户账户、联系人、其他组和计算机等。例如，可以将一台计算机加入某组，使该计算机有权访问另一台计算机上的共享资源。

当新建一个用户组之后，可以为组指定成员，向该组添加用户和计算机。下面向组 markets 添加用户"黄林国"（账户名为 huanglinguo@nos.com 或 nos\huanglinguo）和计算机账户"WIN2019-2"。

步骤 1：在"Active Directory 用户和计算机"窗口中选中 Users 容器，在右侧窗格中右击 markets 组，在弹出的快捷菜单中选择"属性"命令，打开"markets 属性"对话框，选择"成员"选项卡，如图 4-19 所示。

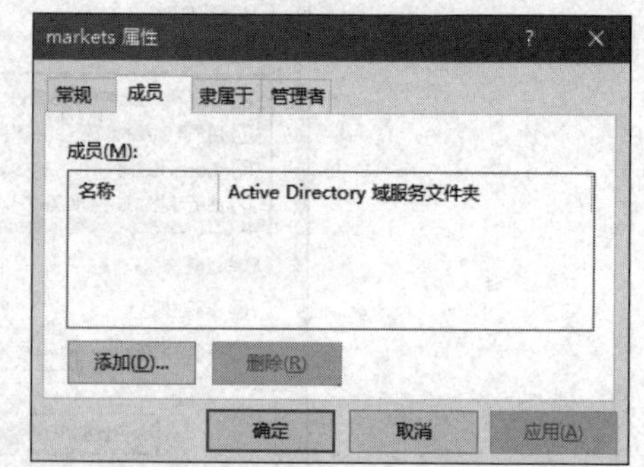

图 4-19 "成员"选项卡

步骤 2：单击"添加"按钮，打开"选择用户、联系人、计算机、服务账户或组"对话框，单击"对象类型"按钮，打开"对象类型"对话框，如图 4-20 所示。选中"计算机"和"用户"复选框，单击"确定"按钮返回。

步骤 3：单击"高级"按钮，打开"选择用户、联系人、计算机、服务账户或组"另一对话框，如图 4-21 所示，单击"立即查找"按钮，列出所有用户和计算机账户。按 Ctrl+鼠标左键组合键，选择计算机账户 WIN2019-2 和用户账户"黄林国"。

步骤 4：单击"确定"按钮，返回到原"选择用户、联系人、计算机、服务账户或组"对话框，所选择的计算机和用户账户将被添加到该组，并显示在"输入对象名称来选择(示例)"列表框中，如图 4-22 所示。

选择用户、联系人、计算机、服务账户或组
选择此对象类型(S):
用户、服务账户、组或其他对象
对象类型(O)...
查找位置(F):
nos.com
输入对象名称来选择
高级(A)...
对象类型
选择你想查找的对象类型。
对象类型(O):
其他对象
联系人
服务账户
计算机
组
用户
确定
取消

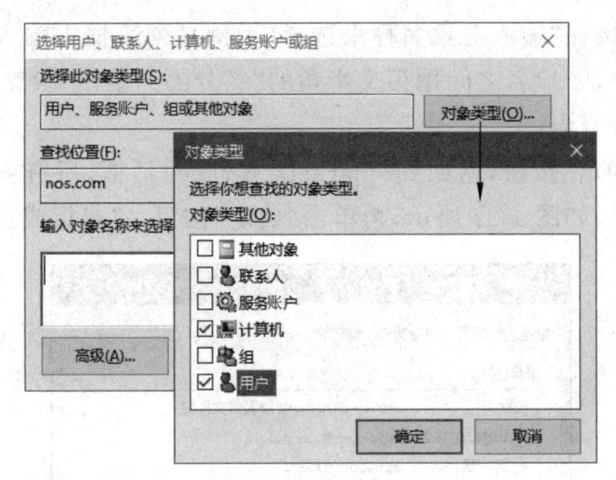

图 4-20　“对象类型”对话框

选择用户、联系人、计算机、服务账户或组
选择此对象类型(S):
用户或计算机
对象类型(O)...
查找位置(F):
nos.com
位置(L)...
一般性查询
名称(A):
起始为
描述(D):
起始为
列(C)...
立即查找(N)
停止(T)
禁用的账户(B)
不过期密码(X)
自上次登录后的天数(I):
确定
取消
搜索结果(U):
名称
电子邮件地址
所在文件夹
Administrator
nos.com/Users
Guest
nos.com/Users
WIN2019-1
nos.com/Domain Controllers
WIN2019-2
nos.com/Computers
黄林国
nos.com/Users

图 4-21　选择需添加到组的计算机和用户

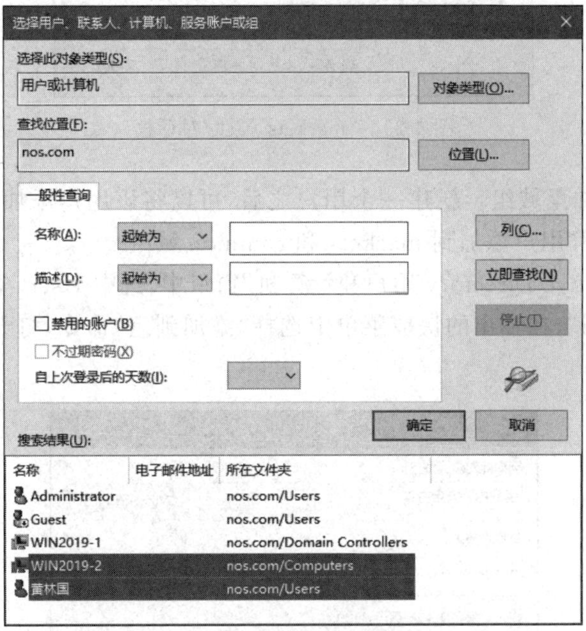

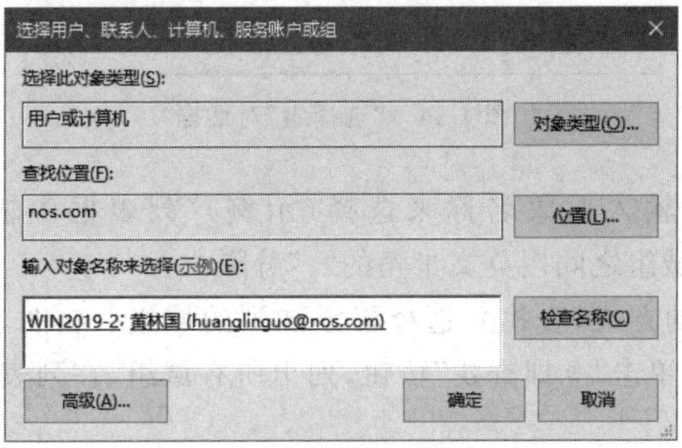

选择用户、联系人、计算机、服务账户或组
选择此对象类型(S):
用户或计算机
对象类型(O)...
查找位置(F):
nos.com
位置(L)...
输入对象名称来选择(示例)(E):
WIN2019-2; 黄林国 (huanglinguo@nos.com)
检查名称(C)
高级(A)...
确定
取消

图 4-22　将计算机和用户添加到组

当然，也可以直接在“输入对象名称来选择（示例）”列表框中输入要添加至该组的用户账户或计算机账户，账户名之间用英文半角的“;”分隔。单击“检查名称”按钮还可以检查输入的账户名是否有误。

步骤 5：单击“确定”按钮，返回到“markets 属性”对话框，所有被选择的计算机和用户账户被添加到该组，如图 4-23 所示，再单击“确定”按钮，完成组成员的添加。

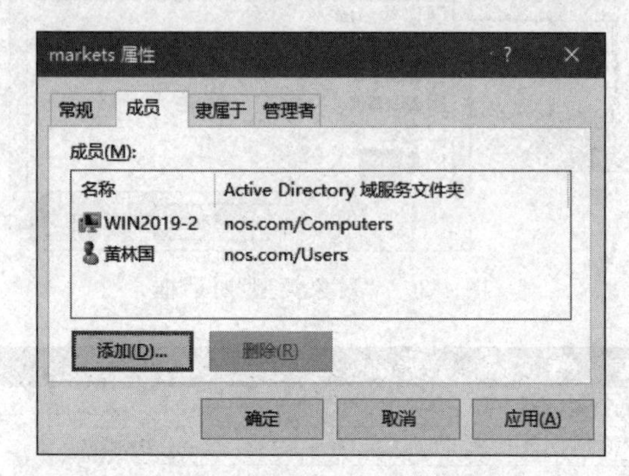

图 4-23 “markets 属性”对话框

（3）将用户添加至域组。新建一个用户之后，可以将该用户添加到某个或某几个域组。下面将“黄林国”用户添加到 markets 和 common 域组。

步骤 1：在“Active Directory 用户和计算机”窗口中，选中 Users 容器，在右侧窗格中右击用户名“黄林国”，在弹出的快捷菜单中选择“添加到组”命令，打开“选择组”对话框，如图 4-24 所示。

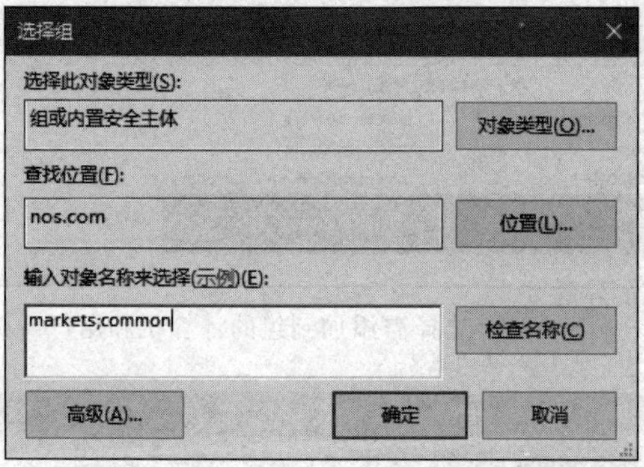

图 4-24 “选择组”对话框

步骤 2：直接在“输入对象名称来选择（示例）”列表框中输入要添加到的域组 markets 和 common，域组之间用英文半角的“;”分隔。

也可以采用浏览的方式，查找并选择要添加到的域组。在图 4-24 中单击“高级”按钮，在打开的对话框中单击“立即查找”按钮，列出所有域组，在列表中选择要将该用户添加到的域组。

步骤 3：单击“确定”按钮，用户被添加到所选择的域组中。

(4) 查看域组 markets 的属性。

步骤 1：在"Active Directory 用户和计算机"窗口中，选中 Users 容器，在右侧窗格中右击欲查看的域组 markets，在弹出的快捷菜单中选择"属性"命令，打开"markets 属性"对话框，选择"成员"选项卡，显示域组 markets 所拥有的所有计算机账户和用户账户。

步骤 2：在"Active Directory 用户和计算机"窗口中右击用户名"黄林国"，并在弹出的快捷菜单中选择"属性"命令，打开"黄林国 属性"对话框，选择"隶属于"选项卡，显示该用户属于的所有域组。

4.5　习　　题

一、填空题

1. 根据服务器的工作模式，组可分为________和________。
2. 工作组模式下，用户账户存储在________中；域模式下，用户账户存储在________中。
3. 根据组的作用范围，域内的组可分为________、________和________。

二、选择题

1. 在设置域账户属性时，(　　)项目不能被设置。
   A. 账户登录时间　　B. 账户的个人信息
   C. 账户的权限　　D. 指定账户登录域的计算机
2. (　　)账户名不是合法的账户名。
   A. abc_123　　B. windows book
   C. doctor *　　D. addeofHELP
3. (　　)组不是内置的本地域组。
   A. Account Operators　　B. Administrators
   C. Domain Admins　　D. Backup Operators
4. 在组织单位的容器中，不能放入下面的(　　)对象。
   A. 用户　　B. 组　　C. 计算机　　D. 域控制器

三、简答题

1. 简述工作组和域的区别。
2. 简述通用组、全局组和本地域组的区别。
3. 域用户账户和本地用户账户有什么区别？

项目5 组策略的管理

【学习目标】

(1) 了解组策略的作用。

(2) 了解组策略设置和应用顺序。

(3) 掌握使用组策略管理计算机和用户的方法。

(4) 掌握使用组策略为计算机和用户部署软件的方法。

5.1 项目导入

某企业内部网原来一直采用“工作组”的网络资源管理模式,随着公司的快速发展,企业内部网的规模也在不断地扩大,覆盖了5栋办公大楼,涉及1000多个信息点,还拥有各类服务器30余台。

公司网络扩建后,开始使用“域”模式来进行管理,以便对计算机和用户进行集中管理。作为网络管理员,该如何在域环境中既要保证网络的安全,又要提高网络的管理效率?例如,如何要求所有登录到域中计算机的用户密码长度至少是6位?如何设置IE主页为www.nos.com且用户不能更改?如何为销售部的用户或计算机自动部署软件?

5.2 项目分析

在Windows Server 2019的网络环境中,提高管理效率对于网络管理来说是至关重要的。组策略就是为了提高管理效率而在活动目录中采用的一种解决方案。管理员可以在站点、域和OU对象上设置组策略,管理其中的用户对象和计算机对象。可以将组策略应用在整个网络中,也可以仅将它应用在某个特定用户组或计算机组上,起到提高管理效率、保护网络安全的作用。

5.3　相关知识点

5.3.1　组策略概述

组策略(group policy,GP)是一种能够让系统管理员充分管理与控制用户工作环境的工具,通过它来确保用户拥有符合系统要求的工作环境,也通过它来限制用户,这样不仅可以让用户拥有适当的环境,也可以减轻系统管理员的管理负担。可以认为组策略是管理员为计算机和用户定义的,用来控制应用程序、系统设置和管理模板的一种机制,与控制面板、注册表一样,是修改 Windows 系统设置的工具。

在安装完 Windows 系统之后,在使用过程中,可能会对系统桌面、网络设置进行修改,一般情况下大部分用户通过"控制面板"修改,但有一些高级选项可能无法使用,因为通过控制面板能修改的高级选项配置较少。

有些用户使用修改注册表的方法进行设置。注册表是 Windows 系统中保存系统软件和应用软件配置的数据库,随着 Windows 系统功能越来越丰富,注册表里的配置项目也越来越多,很多选项配置都可以自定义设置,但这些配置分布于注册表的各个地方,如果是手工配置,比较容易出错,对于非专业出身的用户来说比较困难和繁杂。

而组策略则将系统重要的配置功能汇集成各种配置模块,供用户直接使用,从而达到方便管理计算机的目的。简单地说,组策略设置就是在修改注册表中的配置,当然组策略使用了更完善的管理组织方法,可以对各种对象中的设置进行管理和配置,远比手工修改注册表方便、灵活,功能也更加强大。

下面列出了组策略所提供的主要功能。

- 账户策略的设置:可以设置用户账户的密码长度、密码使用期限、账户锁定策略等。
- 本地策略的设置:审核策略的设置、用户权限的分配、安全性的设置等。
- 脚本的设置:登录与注销、启动与关机脚本的设置。
- 用户工作环境的设置:隐藏用户桌面上所有的图标,删除"开始"菜单中的"运行""搜索""关机"等选项,在"开始"菜单中添加"注销"选项,删除浏览器的部分选项,强制通过指定的代理服务器上网等。
- 软件的安装与删除:用户登录或计算机启动时,自动为用户安装应用软件,自动修复应用软件或自动删除应用软件。
- 限制软件的执行:通过各种不同的软件限制策略来限制域用户只能运行指定的软件。
- 文件夹的重定向:改变"桌面""下载"等系统文件夹的存储位置等。
- 限制访问可存储设备:限制将文件写入 U 盘,以免企业内机密商业、技术文件轻易被带离公司等。

- 其他的系统设置：让所有的计算机都自动信任指定的证书颁发机构(certificate authority,CA),限制安装设备驱动程序等。

右击“开始”按钮,选择“运行”命令,输入 gpedit.msc 命令,打开“本地组策略编辑器”窗口,如图 5-1 所示。本地组策略分为“计算机配置”与“用户配置”两部分。

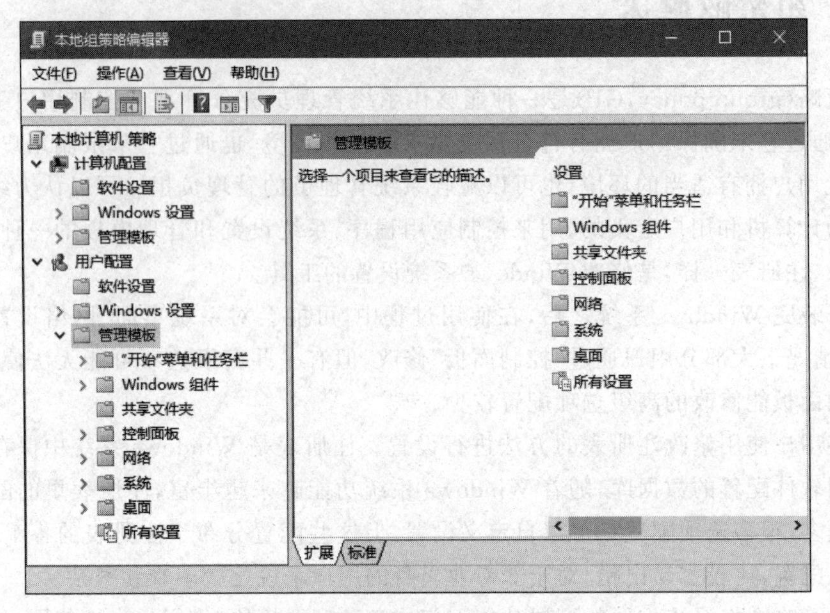

图 5-1 “本地组策略编辑器”窗口

- 计算机配置：当计算机开机时,系统会根据“计算机配置”的内容来设置计算机的环境,包括桌面外观、安全设置、应用程序分配、计算机启动和关机脚本运行等。
- 用户配置：当用户登录时,系统会根据“用户配置”的内容来设置计算机环境,包括应用程序配置、桌面配置、应用程序分配、计算机启动和关机脚本运行等。

可以通过以下两种方法来设置组策略。

- 本地计算机策略：可以用来设置单一计算机的策略,策略中的“计算机配置”内容只被应用到这一台计算机,而“用户配置”内容会被应用到在此计算机登录的所有用户,如图 5-1 所示。
- 域的组策略：在域内可以针对站点、域或组织单位来设置组策略,其中域组策略的设置会被应用到域内的所有计算机与用户,而组织单位的组策略会被应用到该组织单位内的所有计算机与用户。在域控制器中可以进行域的组策略管理,选择“开始”→“Windows 管理工具”→“组策略管理”命令,打开“组策略管理”窗口,如图 5-2 所示。

对于加入域的计算机来说,如果其本地计算机策略的设置与域或组织单位的组策略设置发生冲突,则以域或组织单位策略的设置优先,也就是此时本地计算机策略的设置值无效。

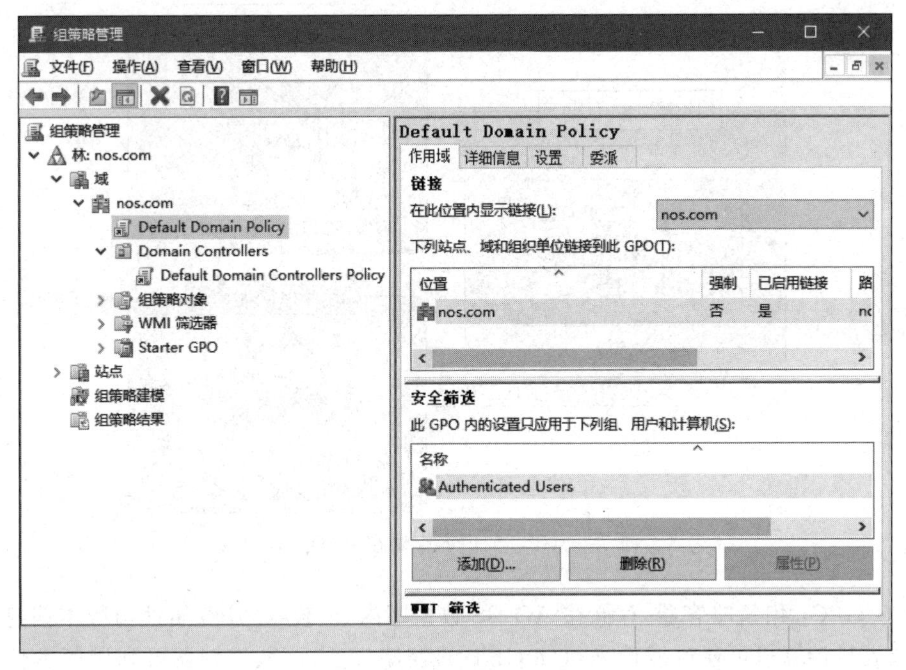

图 5-2　“组策略管理”窗口

5.3.2　组策略对象

组策略是通过组策略对象(group policy object，GPO)来执行的，只需要将 GPO 链接到指定的站点、域或组织单位，此 GPO 内的设置就会影响到该站点、域或组织单位内所有的用户和计算机。

1. 内置的 GPO

AD DS 域有两个内置的 GPO，如图 5-2 所示。

- Default Domain Policy：此 GPO 默认已被链接到域，因此其设置值会被应用到整个域内的所有用户和计算机。
- Default Domain Controller Policy：此 GPO 默认已经被链接到组织单位 Domain Controllers，因此其设置值会被应用到 Domain Controllers 内的所有用户和计算机(Domain Controllers 内默认只有域控制器的计算机账户)。

在熟悉组策略以前，不要随意更改 Default Domain Policy 或 Default Domain Controller Policy 这两个 GPO 的设置值，否则会影响系统的正常运行。

2. GPO 的内容

GPO 的内容分为组策略容器(group policy container，GPC)与组策略模板(group policy template，GPT)两部分，如图 5-3 所示，它们被分别存储在两个地方。

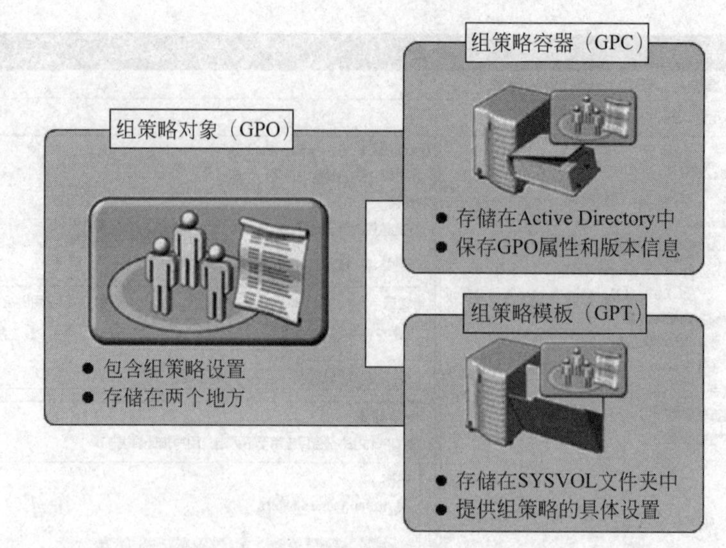

图 5-3　GPO 的内容存储在两个地方

(1) GPC：组策略容器，存储在 AD DS 数据库内，记载着 GPO 属性与版本信息等数据。域成员计算机可通过属性来得知 GPT 的存储位置，而域控制器可利用版本信息来判断其所拥有的 GPO 是否为最新版本，以便作为是否需要从其他域控制器复制最新 GPO 的依据。

在"Active Directory 用户和计算机"窗口中选择"查看"→"高级功能"命令，然后依次打开"域"→System→Policies，可以查看 GPC 的信息，如图 5-4 所示。右侧区域显示的是 Default Domain Policy 与 Default Domain Controller Policy GPO 这两个 GPO 的 GPC，图中数字分别是它们的全局唯一标识符(global unique identifier，GUID)。

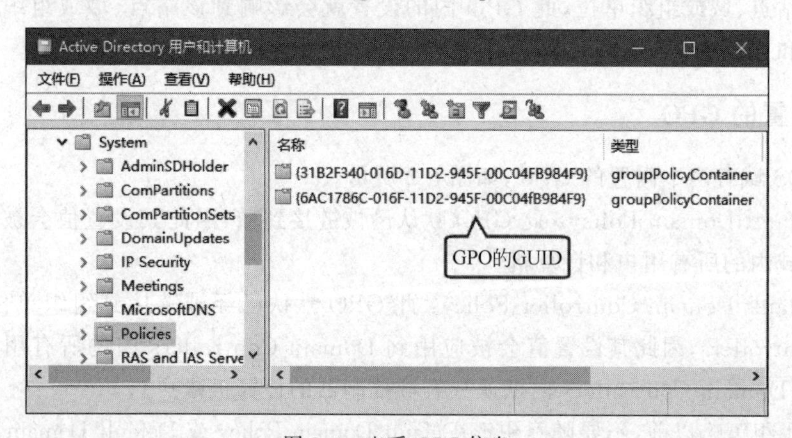

图 5-4　查看 GPC 信息

(2) GPT：组策略模板，用来存储 GPO 的设置值与相关文件。它是一个文件夹，而且被建立在域控制器的系统卷下\SYSVOL\sysvol\域名\Policies 文件夹内。系统会利用 GPO 的 GUID 当作 GPT 的文件夹名称，如图 5-5 所示。两个 GPT 文件夹分别是 Default Domain Policy 与 Default Domain Controller Policy 的 GPO 的 GPT。

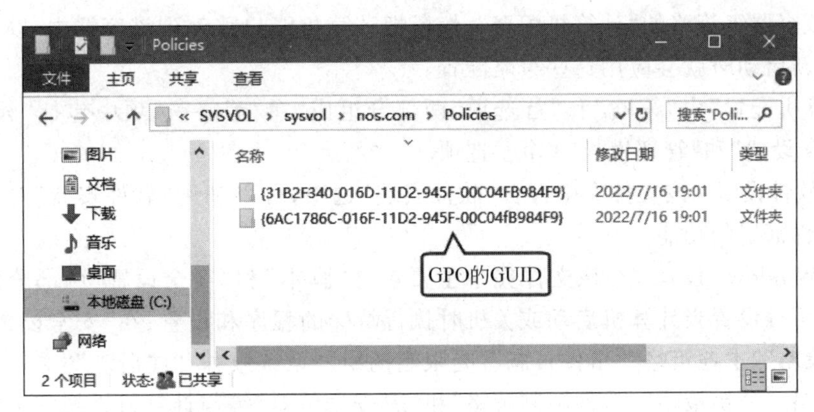

图 5-5　查看 GPT 信息

5.3.3　组策略设置

选择"开始"→"Windows 管理工具"→"组策略管理"命令(或运行 gpmc.msc 命令),可打开"组策略管理"窗口,展开"域"→nos.com 节点,右击 Default Domain Policy 组策略,选择"编辑"命令,打开"组策略管理编辑器"窗口,如图 5-6 所示。可以看到每个组策略都包括"计算机配置"和"用户配置"这两部分的设置。

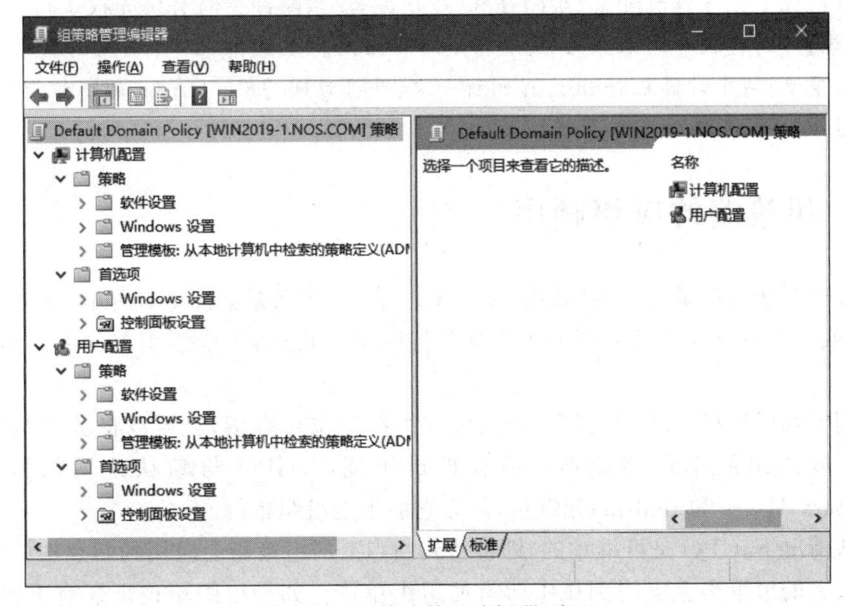

图 5-6　"组策略管理编辑器"窗口

1. 计算机配置

"计算机配置"策略只对该容器内的计算机对象生效。设置时首先可以建立相应的容器，配置该容器组策略的“计算机配置”，然后把计算机账户移动到该容器中，以后当这些计算机重新启动时就会应用这些策略配置。

“计算机配置”由“策略”和“首选项”两部分组成，在“策略”选项中包括“软件设置”“Windows 设置”和“管理模板”3 个子选项。

（1）软件设置：该文件夹中包含“软件安装”选项，可以利用“软件安装”对计算机账户实现软件部署的功能。

（2）Windows 设置：在该文件夹中主要包含“脚本”和“安全设置”两部分内容。在“脚本”中可以设置当计算机启动或关机时执行特殊的程序和设置；在“安全设置”中主要有“账户策略”“本地策略”“事件日志”“受限制的组”“系统服务”“注册表”“文件系统”“有线网络策略”“公钥策略”“软件限制策略”和“IP 安全策略”等与计算机系统安全内容相关的设置选项。

（3）管理模板：在“管理模板”中包含“Windows 组件”“控制面板”“网络”“系统”和“打印机”等选项。

2. 用户配置

“用户配置”策略是针对域用户的策略，如果将此策略应用于某个容器上，那么该容器内的任何用户在域中任何一台计算机上登录时都会受此策略的影响。“用户配置”也是由“策略”和“首选项”两部分组成。

一般情况下，“计算机配置”策略在和“用户配置”策略冲突时有优先权。

【注意】 新建或修改组策略后并不会立即生效。默认情况下，域控制器每 5min 刷新一次组策略；域中计算机每 90min 刷新一次，并将时间作 0～30min 的随机调整。可通过 gpupdate /force 命令强制刷新组策略。

5.3.4 组策略的应用顺序

组策略和活动目录的容器（站点、域和组织单位）的联系如图 5-7 所示，在将 GPO 和站点、域或组织单位链接以后，GPO 的设置将应用在站点、域或组织单位的用户和计算机上。

管理员既可以将 GPO 与多个站点、域或组织单位相链接，也可以将多个 GPO 与单个站点、域或组织单位相链接。但管理员不能将 GPO 与默认的活动目录容器（Computers、Users 和 Builtin）相链接，因为它们不是组织单位。

默认情况下，GPO 是可继承的，即链接到站点上的组策略会应用到站点中所有的域，链接到域上的组策略会应用到域中所有的组织单位。如果组织单位下还有下级组织单位，则链接到上级组织单位的组策略默认也应用在下级组织单位。

每个组策略都包含两部分，即“计算机配置”和“用户配置”。当在域及组织单位上定义了不同级别的 GPO 时，它们的应用原则如下。

（1）计算机启动时，根据计算机账户所在的组织单位，确定应用的组策略，应用组策略中的“计算机配置”部分。

(2) 域用户登录时，根据用户账户所在的组织单位，确定应用的组策略，应用组策略中的"用户配置"部分。

(3) 组策略中的"用户配置"部分，对域中计算机的本地账户无法应用。

(4) 计算机启动后，已经应用了组策略中的"计算机配置"部分，不管登录该计算机的是本地用户还是域用户，组策略对计算机的管理均已完成。

组策略的应用顺序为：本地组策略→站点组策略→域组策略→父 OU 组策略→子 OU 组策略，如图 5-8 所示。以后应用的组策略设置可以覆盖以前应用的组策略设置。

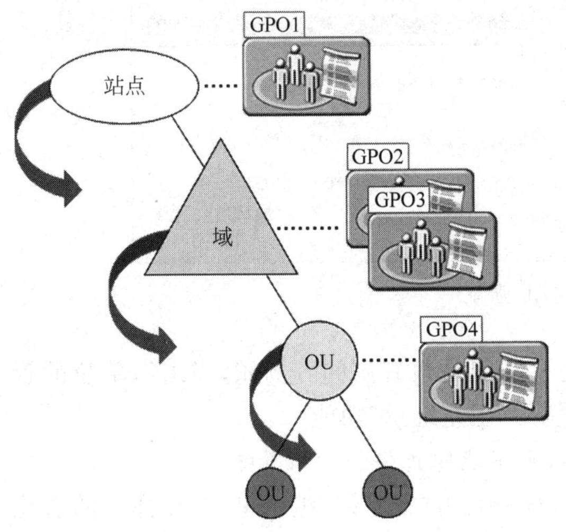

图 5-7　组策略和活动目录容器的联系

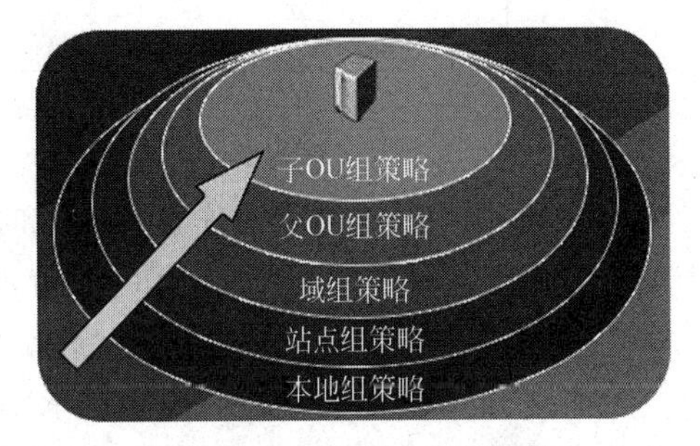

图 5-8　组策略的应用顺序

5.3.5　特殊的继承设置

1. 强制应用组策略

默认情况下，组织单位上链接的组策略优先级比域级别的组策略要高，如果设置上有冲突，则以组织单位上的为准。

例如，在域级别上链接 Default Domain Policy，该策略将用户首页设置为 www.nos.com，而在"销售部"组织单位上链接的"销售部 GPO"将用户首页设置为 www.baidu.com，那么"销售部"的用户登录后，IE 的首页为 www.baidu.com。

如果公司想统一设置 IE 首页为 www.nos.com，就要求所有用户桌面环境的管理以 Default Domain Policy 为准，组织单位上链接的组策略如果与该策略冲突，也必须以该策略为准，这就要求将该策略设置为"强制"，如图 5-9 所示。

2. 阻止组策略继承

在子容器中可以启用"阻止继承"功能，以阻止子容器从所有父容器处继承 GPO，此功能将阻止容器所有组策略设置而不是单个设置。当某个活动目录容器需要唯一的组策

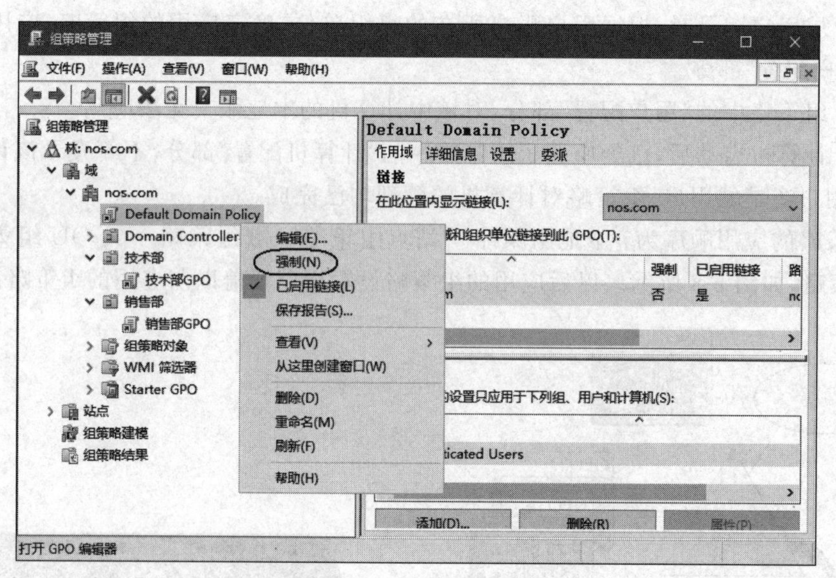

图 5-9　启用“强制”

略,且需要确保该设置不被子容器继承时,这一功能是很有用的。例如,当组织单位的管理员必须控制容器中的所有 GPO 时就可以使用“阻止继承”功能。

【注意】 如果父容器上有强制的组策略,则不能阻止强制的组策略。

如图 5-10 所示,要启用“阻止继承”功能,只需右击“技术部”组织单位,在弹出的快捷菜单中选择“阻止继承”命令即可。可以看到阻止组策略继承后,组织单位的图标发生了变化。

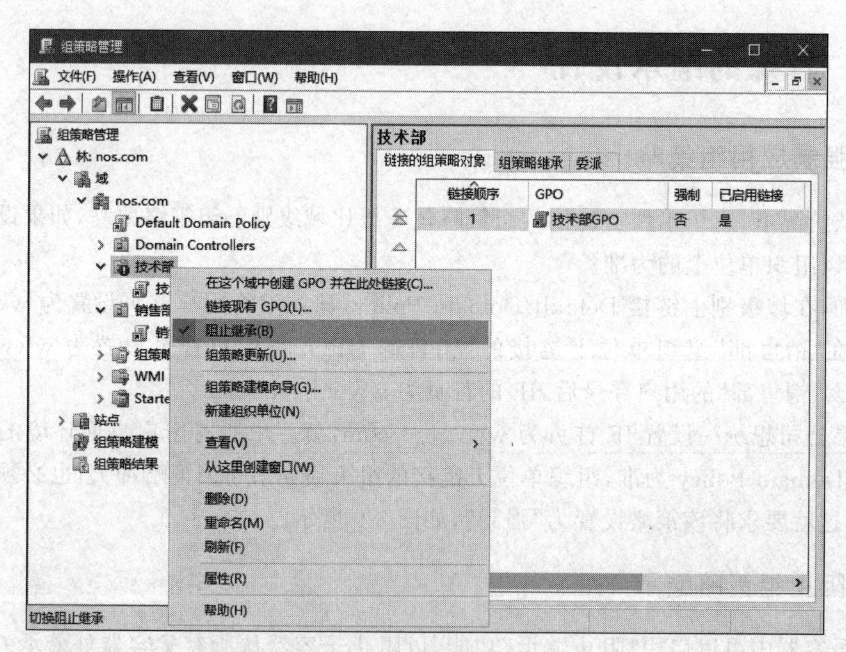

图 5-10　阻止继承

5.3.6 软件部署

可以通过组策略来将软件部署给域用户与计算机，也就是域用户登录或成员计算机启动时会自动安装或很容易安装被部署的软件。而软件部署分为分配(assign)与发布(publish)两种，一般来说，这些软件应为 Windows Installer Package(MSI 应用程序)，即扩展名为.msi 的安装文件。可以将软件分配给用户或计算机，但是只能发布给用户。

1. 将软件分配给用户

当将一个软件通过组策略分配给域内的用户后，则用户在域内的任何一台计算机登录时，这个软件都会被"通告"给该用户，但这个软件并没有真正被安装，只是安装了与这个软件有关的部分信息。只有用户单击"开始"菜单中的应用程序图标或与应用程序关联的文件类型时，软件才开始自动安装，这样可以节省硬盘空间和时间。

例如，部署的"通告"程序为 Microsoft Excel，当用户登录后，其计算机会自动将扩展名为.xlsx 的文件与 Microsoft Excel 关联在一起，此时用户只要双击扩展名为.xlsx 的文件，系统就会自动安装 Microsoft Excel。

2. 将软件分配给计算机

当给计算机分配软件时，不会出现通告。这些计算机启动时，这个软件就会自动安装在这些计算机里。因此，通过给计算机分配软件，可以确保无论使用哪台计算机，相应的应用程序在那台计算机上总是可用的。需要注意的是，如果该计算机是域控制器，则分配软件给计算机将不起作用。

3. 将软件发布给用户

当将一个软件通过组策略发布给域内的用户后，该软件不会自动安装到用户的计算机内，用户需要采用下面的两种方法之一来安装发布的软件。

(1) 使用"获得程序"。用户可以打开"控制面板"，单击"程序"组中的"获得程序"链接来显示可用的应用程序组。然后选择需要的应用程序，单击"安装"按钮。

(2) 使用文档激活的方法。当一个应用程序发布在活动目录中时，它所支持的文档扩展文件名就在活动目录中注册了。如果用户双击一个未知类型的文件，计算机就会向活动目录发出查询以确定有没有与该文件扩展名相关的应用程序。如果活动目录包含这样一个应用程序，计算机就安装它。

4. 自动修复软件

被发布或分配的软件可以具备自动修复的功能(视软件而定)，也就是客户端在安装完成后，如果此软件内有关键的文件损毁、遗失或不小心被用户删除，则在用户运行该软件时，其系统会自动检测到此不正常现象，并重新安装这个文件。

5. 删除软件

一个被发布或分配的软件，在客户端将其安装完成后，如果不想再让用户使用此软件，可以在组策略内从已发布或已分配的软件列表中将此软件删除，并设置下次客户端应用此策略时(如用户登录或计算机启动时)，自动将此软件从客户端计算机中删除。

5.4 项 目 实 施

本项目所有任务涉及的网络拓扑图如图 5-11 所示，WIN2019-1、WIN2091-2 是两台虚拟机。WIN2019-1 是 nos.com 域中的域控制器，也是 DNS 服务器，IP 地址为 192.168.10.11/24，DNS 为 192.168.10.11；WIN2019-2 是 nos.com 域中的成员服务器，IP 地址为 192.168.10.12/24，DNS 为 192.168.10.11。

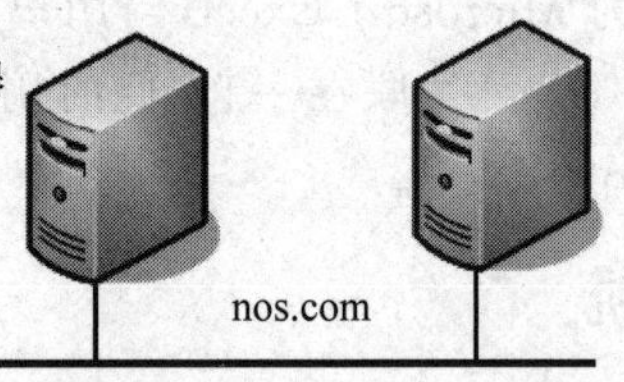

图 5-11　网络拓扑图

5.4.1　任务 1：使用组策略管理计算机和用户

1. 创建组织单位和用户

根据企业组织结构和管理要求，创建两个组织单位“技术部”和“销售部”；在“技术部”中新建用户“陈飞”(chenfei@nos.com)，在“销售部”中新建用户“刘政”(liuzheng@nos.com)，再把 WIN2019-2 计算机账户从 Computers 容器移动到“销售部”组织单位。

任务 1：使用组策略管理计算机和用户

步骤 1：根据图 5-11 中的数据，配置好 WIN2019-1 域控制器和 WIN2019-2 域成员服务器。

步骤 2：在 WIN2019-1 域控制器上选择“开始”→“Windows 管理工具”→“Active Directory 用户和计算机”命令，打开“Active Directory 用户和计算机”窗口。

步骤 3：右击 nos.com 域名，在弹出的快捷菜单中选择“新建”→“组织单位”命令，如图 5-12 所示。

步骤 4：在打开的“新建对象 - 组织单位”对话框中输入组织单位名称“技术部”，默认选中“防止容器被意外删除”复选框，如图 5-13 所示，单击“确定”按钮。

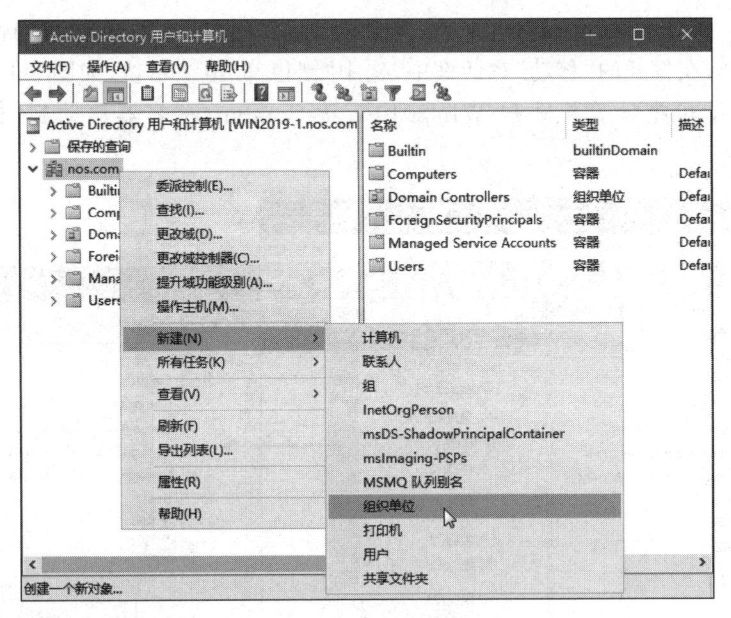

图 5-12 新建组织单位

步骤 5：使用相同的方法新建组织单位“销售部”。

步骤 6：右击刚才新建的“技术部”组织单位，在弹出的快捷菜单中选择“新建”→“用户”命令，打开“新建对象 - 用户”对话框，如图 5-14 所示，输入姓名(陈飞)和用户登录名(chenfei@nos.com)。

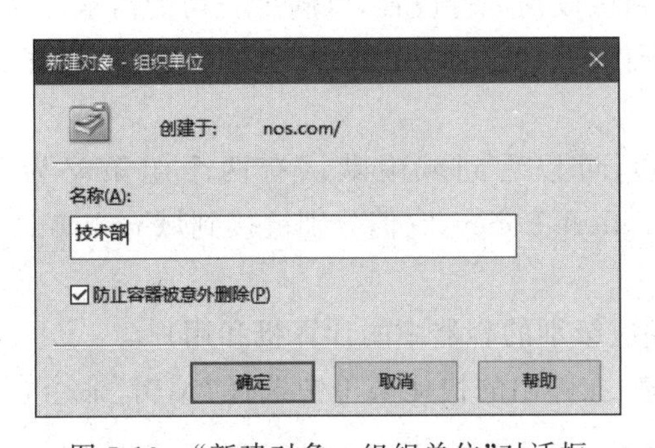

图 5-13 “新建对象 - 组织单位”对话框

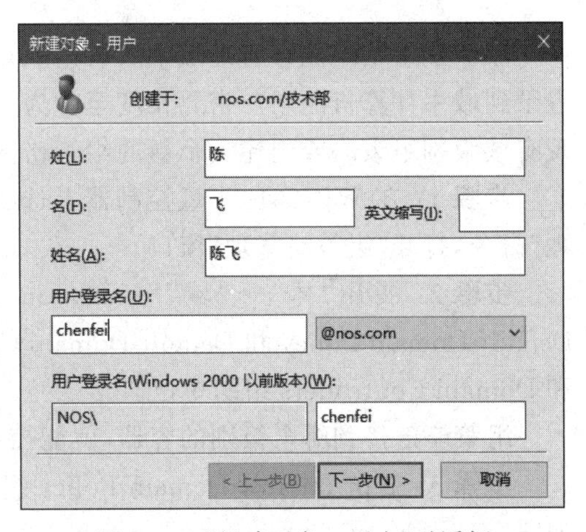

图 5-14 “新建对象 - 用户”对话框

步骤 7：单击“下一步”按钮，出现“密码”界面，输入密码和确认密码，取消选中“用户下次登录时须更改密码”复选框。

步骤 8：单击“下一步”按钮，再单击“完成”按钮，完成新用户的创建。

步骤 9：使用相同的方法在组织单位“销售部”中新建用户“刘政”(liuzheng@nos.com)。

步骤 10：在 Computers 容器中右击 WIN2019-2 计算机账户，在弹出的快捷菜单中选择"移动"命令，在打开的"移动"对话框中，选中"销售部"组织单位，如图 5-15 所示。单击"确定"按钮，即可把计算机账户 WIN2019-2 从 Computers 容器移动到"销售部"组织单位。

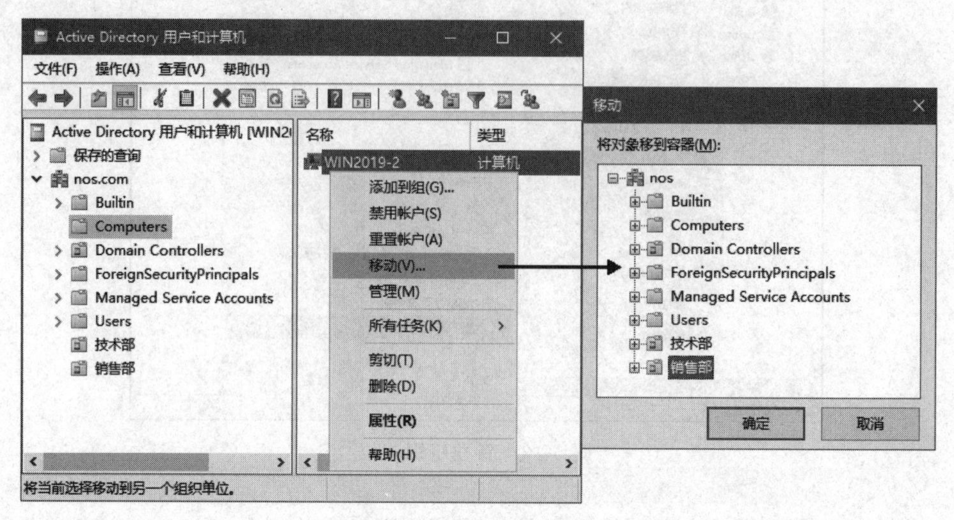

图 5-15 移动选定的计算机

【说明】 也可直接将选中的计算机账户或用户账户拖动到其他的组织单位。

2. 使用域级别组策略管理整个域中的账户策略

域级别组策略能够管理域中所有组织单位中的用户和计算机。例如，公司要求所有登录到域中计算机的用户密码长度至少为 6 位，但不必满足复杂性要求，此时就可以编辑现有域级别组策略或创建一个新的组策略链接到域级别进行设置，以满足公司的需求。

步骤 1：在 WIN2019-1 域控制器上选择"开始"→"Windows 管理工具"→"组策略管理"命令，打开"组策略管理"窗口。

步骤 2：展开"林"→"域"→nos.com 选项，可以看到域中默认有两个组策略为 Default Domain Policy 和 Default Domain Controllers Policy，它们分别链接到域 nos.com 和 Domain Controllers 组织单位。

组策略链接到哪个级别的容器，就能控制相应级别的容器中的计算机和用户。

步骤 3：右击 Default Domain Policy 组策略，在弹出的快捷菜单中选择"编辑"命令，如图 5-16 所示。

步骤 4：在打开的"组策略管理编辑器"窗口中可以看到组策略包括计算机配置和用户配置两大部分。展开"计算机配置"→"策略"→"Windows 设置"→"安全设置"→"账户策略"→"密码策略"节点，按照如图 5-17 所示设置密码策略(禁用密码复杂性要求、密码最小长度为 6 个字符)。

【说明】 只有链接到域级别的组策略的账户策略才能管理域中的账户策略，链接到组织单位上的组策略上设置的密码策略只能管理该组织单位中计算机本地用户的账户

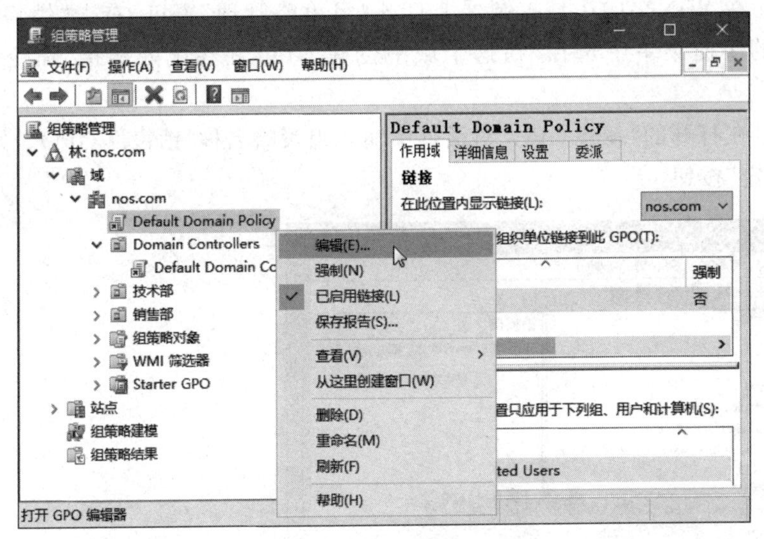

图 5-16 “组策略管理”窗口

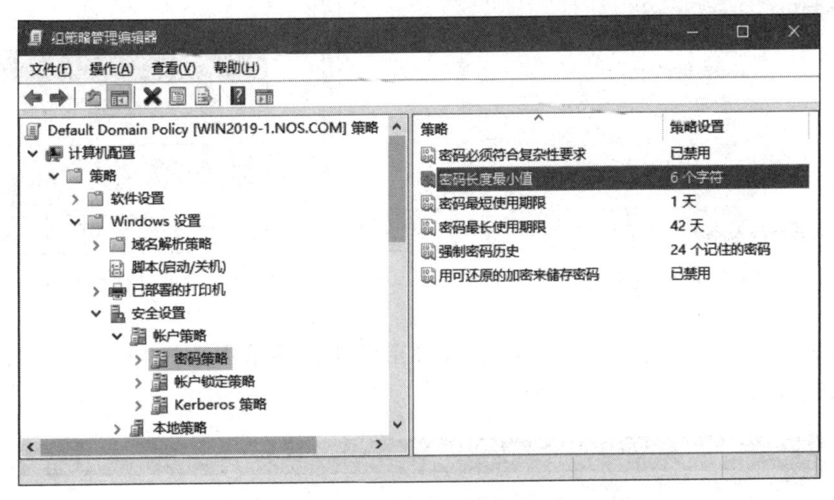

图 5-17 “组策略管理编辑器”窗口

策略。

步骤 5：关闭“组策略管理编辑器”窗口，在 WIN2019-1 域控制器上运行 gpupdate /force 命令，此命令强制域控制器刷新组策略。

【说明】 默认情况下，域控制器每 5min 刷新一次组策略。

步骤 6：重新设置域用户密码(net user liuzheng 123456)，测试密码策略是否生效。

3. 创建部门组策略来管理销售部门中的计算机

要求销售部的计算机只允许销售部的用户和本地管理员组 Administrators 登录，这样可以使销售部的计算机更安全。下面将创建一个新的组策略链接到销售部组织单位，然后编辑该策略，实现以上功能，操作步骤如下。

步骤1：在WIN2019-1域控制器上打开“组策略管理”窗口，右击“销售部”组织单位，在弹出的快捷菜单中选择“在这个域中创建GPO并在此处链接”命令，如图5-18所示。

步骤2：在打开的“新建GPO”对话框中输入组策略名称“销售部GPO”，如图5-19所示，单击“确定”按钮。

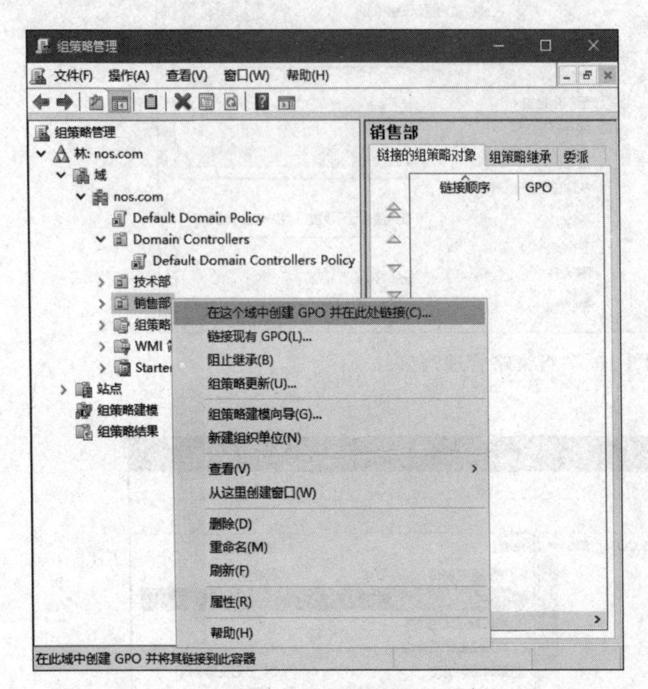

图5-18 “组策略管理”窗口

图5-19 “新建GPO”对话框

步骤3：右击“销售部GPO”组策略，在弹出的快捷菜单中选择“编辑”命令，打开“组策略管理编辑器”窗口，如图5-20所示。

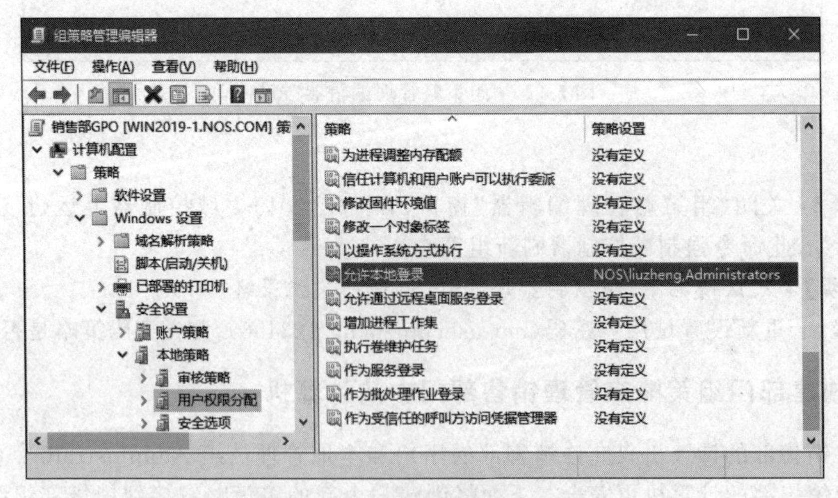

图5-20 允许本地登录的用户和组

步骤 4：展开“计算机配置”→“策略”→“Windows 设置”→“安全设置”→“本地策略”→“用户权限分配”节点，设置“允许本地登录”的用户为 NOS\liuzheng 和 Administrators 本地组。

【说明】 此策略未定义时，Administrators 组默认具有本地登录的权限。但一旦定义了此策略，就必须将 Administrators 组添加进来，否则当执行此策略时，Administrators 组就无法登录了。

组策略编辑完成后，需要在域中的计算机上刷新组策略，才能立即应用设置的组策略，因为默认域中计算机刷新组策略的平均时间为 90min。

步骤 5：在 WIN2019-2 计算机中，以本地管理员的身份登录，运行 gpupdate /force 命令，刷新组策略。

步骤 6：如图 5-21 所示，注销后在 WIN2019-2 计算机上以技术部用户“陈飞”(nos\chenfei)的身份登录，出现如图 5-22 所示的“不允许使用你正在尝试的登录方式”的提示，改用销售部用户“刘政”(nos\liuzheng)的身份登录，可以成功登录，说明销售部的组策略已生效。

图 5-21　以“陈飞”身份登录

图 5-22　不允许“陈飞”登录

4. 使用组策略管理用户

出于安全考虑，对销售部的用户要求如下：第一，IE 主页必须设置为 www.nos.com，且用户不能更改主页的设置。第二，禁止使用命令提示符。

下面继续编辑组策略“销售部 GPO”，以实现对销售部用户的管理，操作步骤如下。

步骤 1：在 WIN2019-1 域控制器上，在“销售部 GPO”的“组策略管理编辑器”窗口中展开“用户配置”→“策略”→“管理模板”→“Windows 组件”→Internet Explorer 节点，如图 5-23 所示。

步骤 2：在右侧窗格中双击“禁用更改主页设置”选项，在打开的“禁用更改主页设置”对话框中选中“已启用”单选按钮，输入主页网址 www.nos.com，如图 5-24 所示，单击“确定”按钮。

步骤 3：展开“用户配置”→“策略”→“管理模板”→“系统”节点，在右侧窗格中双击“阻止访问命令提示符”选项，如图 5-25 所示。

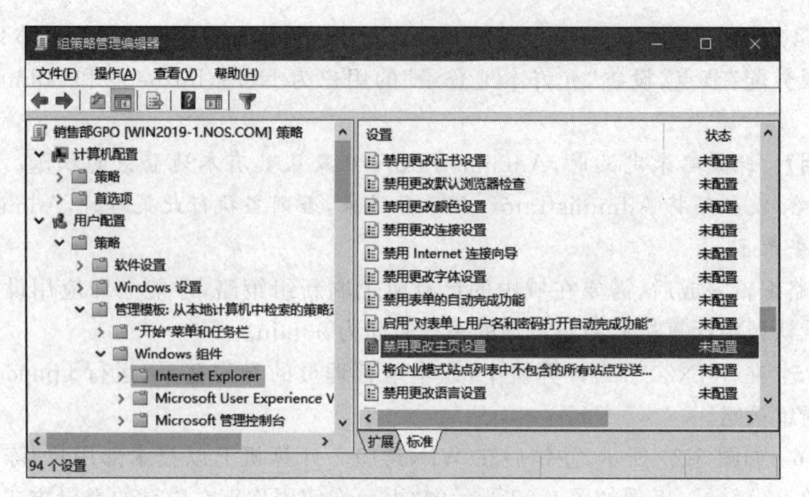

图 5-23 编辑组策略

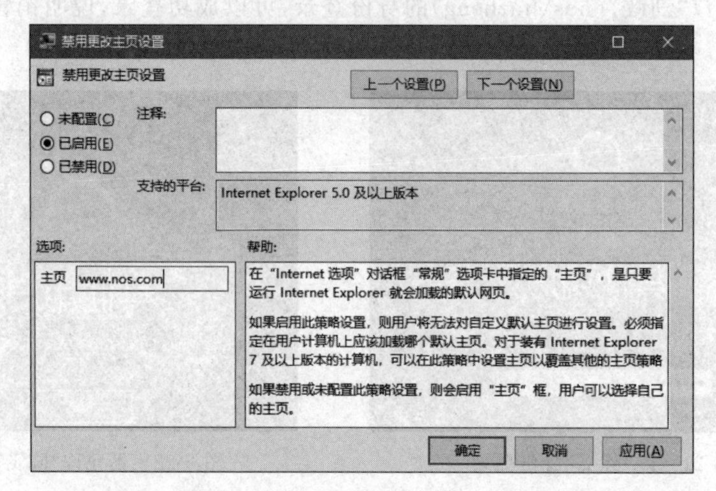

图 5-24 设置主页

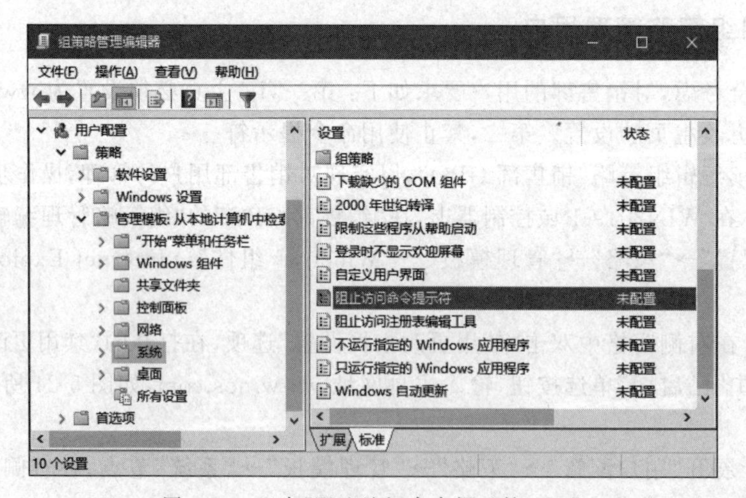

图 5-25 双击“阻止访问命令提示符”选项

步骤 4：在打开的“阻止访问命令提示符”对话框中选中“已启用”单选按钮，在“是否也要禁用命令提示符脚本处理?”下拉框中选择“是”选项，如图 5-26 所示，单击“确定”按钮。

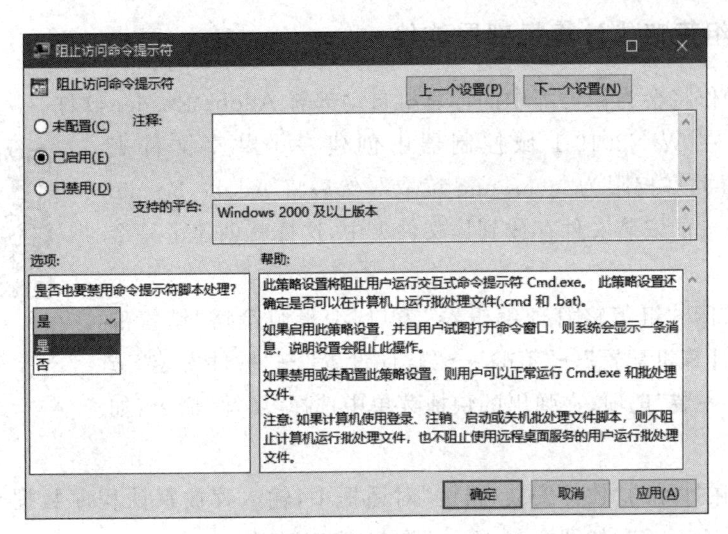

图 5-26　“阻止访问命令提示符”对话框

步骤 5：在 WIN2019-2 计算机中，以本地管理员(WIN2019-2\administrator)的身份登录，运行 gpupdate /force 命令刷新组策略。再以销售部用户“刘政”(nos\liuzheng)的身份登录，打开命令提示符，提示“命令提示符已被系统管理员停用”，如图 5-27 所示。

步骤 6：打开 IE 浏览器，在“Internet 选项”对话框的“常规”选项卡中可以看到设置的主页，且用户不能更改，如图 5-28 所示。

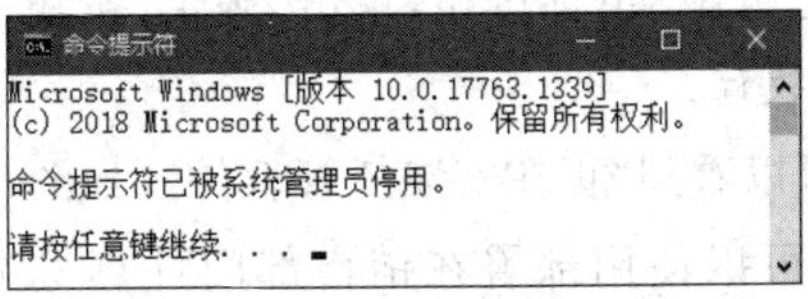

命令提示符
Microsoft Windows [版本 10.0.17763.1339]
(c) 2018 Microsoft Corporation。保留所有权利。
命令提示符已被系统管理员停用。
请按任意键继续. . .

图 5-27　命令提示符被停用

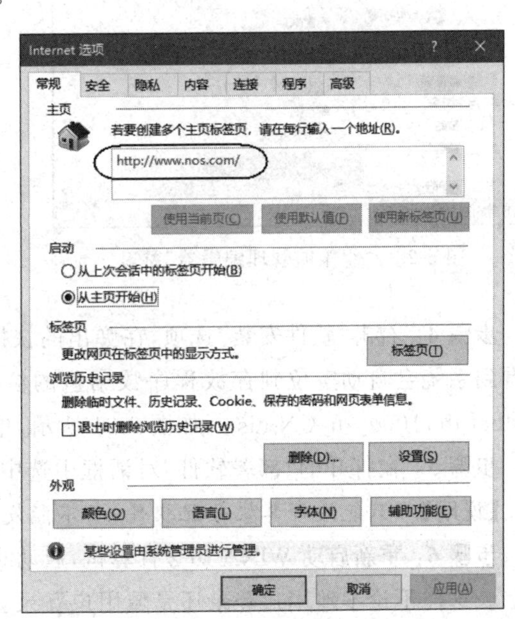

图 5-28　主页不能更改

5.4.2 任务2：使用组策略部署软件

1. 使用组策略为计算机部署软件

下面的操作将会为销售部中的计算机自动部署 Adobe Reader 软件。

步骤1：在 WIN2019-1 域控制器中创建一个共享文件夹 software，设置共享权限为"everyone 读取"，然后将 Adobe Reader 等扩展名为 msi 的安装文件存放到该文件夹中，这样就创建了一个分发点。

任务2：使用组策略部署软件

步骤2：打开"组策略管理编辑器"窗口，编辑组策略"销售部GPO"，展开"计算机配置"→"策略"→"软件设置"→"软件安装"节点，右击"软件安装"选项，在弹出的快捷菜单中选择"属性"命令，如图5-29所示。

步骤3：在打开的"软件安装 属性"对话框中，输入存放默认程序数据包的位置"\\WIN2019-1\software"，如图5-30所示，单击"确定"按钮。

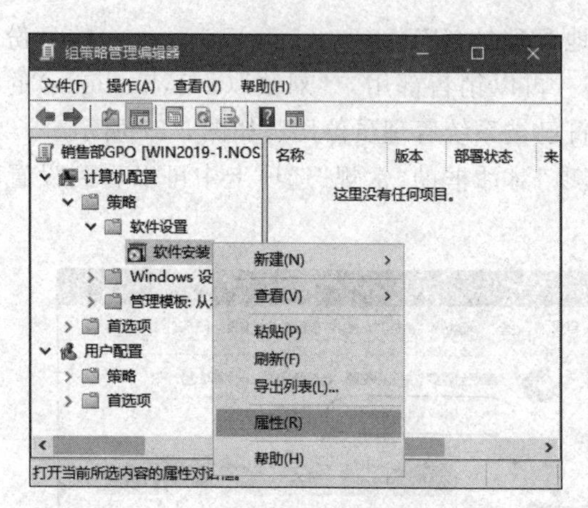

图5-29 "组策略管理编辑器"窗口

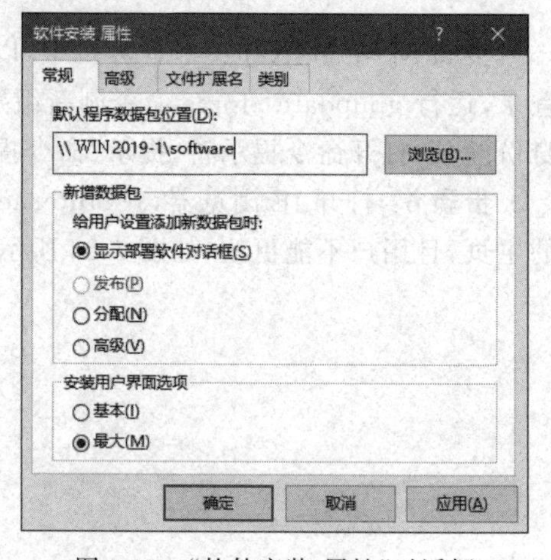

图5-30 "软件安装 属性"对话框

步骤4：右击"软件安装"选项，在弹出的快捷菜单中选择"新建"→"数据包"命令，可以看到系统会自动定位到存放程序数据包的位置，选中 Adobe Reader 的 msi 安装文件(AdbeRdr11000_zh_CN.msi)，如图5-31所示，单击"打开"按钮。

步骤5：在打开的"部署软件"对话框中选中"已分配"单选按钮，单击"确定"按钮。

【说明】 只能给计算机分配软件，而不能发布软件。

步骤6：重新启动 WIN2019-2 计算机，启动时可以看到"正在安装托管软件"，如图5-32所示。这样不论本地用户登录还是域用户登录，都可以使用部署在销售部门计算机上的软件。

图 5-31　选择 msi 文件

图 5-32　成功部署软件

2. 使用组策略为用户部署软件

为特定组织单位的用户部署软件后，该组织单位的用户在域中的任何计算机上登录时，只要需要该软件，都可以方便地安装。

【注意】 部署给用户的软件有两种形式，即发布和分配。在发布的软件中，用户登录后，"开始"菜单或桌面上不出现快捷方式，用户应使用"获得程序"来安装。而在分配的软件中，用户登录后，"开始"菜单或桌面上会出现快捷方式，但只有在用户单击快捷方式或打开相关的文件时才会自动安装，即看似已经安装的软件，其实并没有安装。

下面为销售部的用户部署 Diagram Designer 画图软件，操作步骤如下。

步骤 1：在 WIN2019-1 域控制器中，在"组策略管理编辑器"窗口中编辑组策略"销售部 GPO"，展开"用户配置"→"策略"→"软件设置"→"软件安装"节点，右击"软件安装"选项，在弹出的快捷菜单中选择"属性"命令。

步骤 2：在打开的"软件安装 属性"对话框中指定软件发布点的位置"\\WIN2019-1\software"，单击"确定"按钮。

步骤 3：右击"软件安装"选项，在弹出的快捷菜单中选择"新建"→"数据包"命令，选中 Diagram Designer 1.26 版本的 msi 安装文件，单击"打开"按钮，在打开的"部署软件"对话框中选中"已发布"单选按钮，单击"确定"按钮。

【说明】 给用户既可以分配软件，也可以发布软件。

步骤 4：在 WIN2019-2 计算机中，以销售部用户“刘政”(nos\liuzheng)的身份登录，该用户是域中的普通用户。

步骤 5：登录后，选择“开始”→“Windows 系统”→“控制面板”命令，在打开的“控制面板”窗口中单击“程序”组中的“获得程序”超链接，如图 5-33 所示。

图 5-33　获得程序

步骤 6：在打开的“获得程序”窗口中选中要安装的软件，单击“安装”按钮，如图 5-34 所示。通过这种方式可以安装已发布的软件。

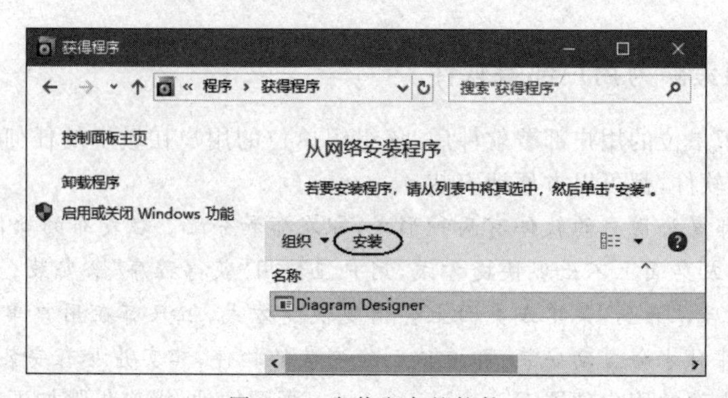

图 5-34　安装发布的软件

3. 使用组策略卸载软件

无论是部署给用户还是计算机的软件，都可以使用组策略删除该部署的软件。但需要注意的是，不能使用组策略删除用户自己安装的软件(非使用组策略部署的软件)。

使用组策略卸载软件的操作步骤如下。

步骤 1：在 WIN2019-1 域控制器中打开销售部 GPO 的“组策略管理编辑器”窗口，展开“计算机配置”→“策略”→“软件设置”→“软件安装”节点，右击要删除的软件，在弹出的快捷菜单中选择“所有任务”→“删除”命令，如图 5-35 所示。

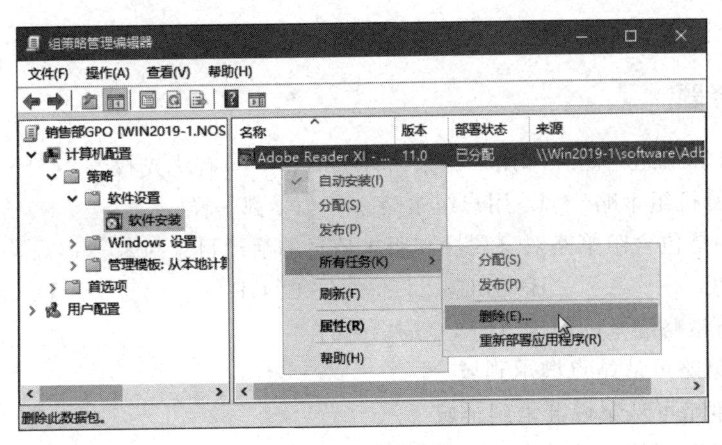

图 5-35 删除软件

步骤 2：在打开的“删除软件”对话框中选中“立即从用户和计算机中卸载软件”单选按钮，如图 5-36 所示，单击“确定”按钮。

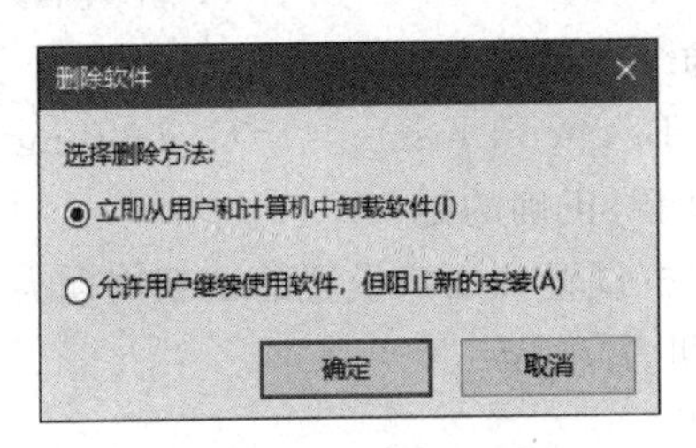

图 5-36 立即卸载软件

步骤 3：重新启动 WIN2019-2 计算机，登录后可发现该软件已被删除。

5.5 习 题

一、填空题

1. 管理员可以对活动目录中的________、________和________对象设置组策略。

2. GPO 的中文名称是________。

3. GPO 的内容被存放在组策略容器和________。

4. 打开“组策略管理编辑器”后，可以看到每个组策略都包括________和________两部分的设置。在“策略”选项中包括________、________和________ 3 个子选项。

5. 在客户端强制刷新组策略的命令是________。

6. 来自父容器的 GPO 设置和来自子容器的 GPO 设置冲突时，________的设置发挥作用。

7. 当活动目录容器需要唯一的组策略设置，并需要确保设置不被继承时，可以启用________。

8. 当一个组策略不允许它的下级组策略阻止它时,可设置________。

二、选择题

1. 通常计算机组策略在和用户组策略冲突时(　　)有优先权。
   A. 计算机组策略　　B. 用户组策略　　C. 都一样
2. (　　)是包含组策略对象属性和版本信息的活动目录对象。
   A. GPO　　B. GPC　　C. GPT　　D. GUID
3. 关于组策略继承的说法,(　　)是错误的。
   A. 组策略可从站点继承到域
   B. 组策略可从父域继承到子域
   C. 组策略可从域继承到 OU
   D. 组策略可从父 OU 继承到子 OU
4. 活动目录容器不包括(　　)。
   A. 站点　　B. 域　　C. 组织单位　　D. 模板
5. 打开本地组策略的命令是(　　)。
   A. mmc.exe　　B. gpedit.msc　　C. dcpromo.exe　　D. gpupdate.exe
6. 以下有关组策略的刷新,正确的是(　　)。
   A. 默认情况下,计算机设置和用户设置的刷新周期为 30min
   B. 域控制器刷新周期为 5min
   C. 刷新周期不能更改
   D. 刷新周期可以更改,越短越好
7. 下列关于组策略叙述中,错误的是(　　)。
   A. 通过组策略可以为用户提供通用的桌面配置
   B. 降低布置用户和计算机环境的总费用
   C. 设置组策略之前必须创建一个或多个组策略对象并对其进行设置
   D. 组策略不包含安全性方面的设置
8. 以下关于组策略的描述中,(　　)是错误的。
   A. 首先应用的是本地组策略
   B. 除非冲突,组策略的应用应该是累积的
   C. 如果存在冲突,最先应用的组策略将优先
   D. 组策略在组策略容器上的顺序决定应用的顺序

三、简答题

1. 组策略的作用是什么?
2. 组策略的应用顺序是什么?
3. 什么情况下需要强制应用组策略或者阻止组策略继承?
4. 软件的分配和发布有何区别?

项目6 文件系统和共享资源

【学习目标】

(1) 了解 FAT 和 NTFS 文件系统。

(2) 掌握 NTFS 权限的设置方法。

(3) 掌握加密文件系统 EFS 的使用方法。

(4) 掌握设置共享资源和访问共享资源的方法。

6.1 项目导入

某学校由于没有架设专用的文件服务器,所以学校的各种信息数据管理非常不方便,文件访问权限设置不当与文件误删除、数据不能被共享或加密、无关文件占用服务器的存储空间等行为时有发生。作为网络管理员,应该如何利用 Windows Server 2019 的文件系统来安全有效地管理学校的各种信息数据?

6.2 项目分析

网络中最重要的是安全,安全中最重要的是权限。在网络中,网络管理员首先面对的是权限,日常解决的问题是权限问题,最终出现漏洞还是由于权限设置不当。权限决定着用户可以访问的数据、资源,也决定着用户享受的服务,权限甚至决定着用户拥有什么样的桌面。

NTFS 文件系统是 Windows Server 2019 最核心的文件系统,它提供了很多的数据管理功能。例如,NTFS 可以设置文件和文件夹的权限,支持文件系统的压缩和加密,限制用户对磁盘空间的使用等。Windows Server 2019 系统中可以使用共享功能和共享权限来统一管理系统的文件,在网络环境中,管理员和用户除了使用本机的软硬件资源外,还可以使用其他计算机的软硬件资源。对于用户来说,用户拥有访问资源的权限,即可使用网络中的资源。

6.3 相关知识点

文件系统是指文件命名、存储和组织的总体结构,与早期 Windows Server 版本不同的是,运行 Windows Server 2019 的计算机的磁盘分区只能使用 NTFS 类型的文件系统。

6.3.1 FAT 文件系统

文件分配表(file allocation table,FAT)包括 FAT16 和 FAT32 两种。FAT 是一种适合小容量、对系统安全性要求不高、需要双重引导的用户应选择使用的文件系统。

在推出 FAT32 文件系统之前,通常 PC 使用的文件系统是 FAT16,如 MS-DOS、Windows 95 等系统。FAT16 支持的最大分区是 2^{16}(65536)个簇,每簇 64 个扇区,每扇区 512 字节,所以最大支持分区为 2.147GB。FAT16 最大的缺点就是簇的大小是和分区有关的,这样当硬盘中存放较多小文件时,会浪费大量的空间。FAT32 是 FAT16 的派生文件系统,支持大到 2TB(2048GB)的磁盘分区,它使用的簇比 FAT16 小,从而有效地节约了磁盘空间。

FAT 文件系统的优点主要是所占容量与计算机的开销很少,支持各种操作系统,在多种操作系统之间可移植。这使得 FAT 文件系统可以方便地用于传送数据,但同时也带来较大的安全隐患。从机器上拆下 FAT 格式的硬盘,几乎可以装到任何其他计算机上,不需要任何专用软件即可直接读写。

6.3.2 NTFS 文件系统

NTFS(new technology file system)是 Windows Server 2019 默认使用的高性能文件系统,它支持许多新的文件安全、加密和容错等功能,而这些功能也正是 FAT 文件系统所缺少的。

NTFS 是从 Windows NT 开始使用的文件系统,它是一个特别为网络和磁盘配额、文件加密等管理安全特性设计的磁盘格式。NTFS 包括了文件服务器和高端个人计算机所需的安全特性,它还支持对于关键数据的访问控制和私有权限。除了可以赋予计算机中的共享文件夹特定权限外,NTFS 文件和文件夹无论共享与否,都可以赋予 NTFS 权限,NTFS 是唯一允许为单个文件指定权限的文件系统。但是,当用户从 NTFS 卷移动或复制文件到 FAT 卷时,NTFS 权限和其他特有属性将会丢失。

NTFS 设计简单但功能强大,从本质上讲,卷中的一切都是文件,文件中的一切都是属性。从数据属性到安全属性,再到文件名属性,NTFS 卷中的每个扇区都分配给了某个文件,甚至文件系统的超数据(描述文件系统自身的信息)也是文件的一部分。

NTFS 与 FAT 文件系统相比,主要优点有以下几个方面。

(1) 更安全的文件保障,提供文件加密功能,能够大大提高信息的安全性。

（2）更好的磁盘压缩功能。

（3）支持最大达 2TB 的硬盘，并且随着磁盘容量的增大，性能并不像 FAT 那样随之降低。

（4）可以赋予单个文件和文件夹权限。对同一个文件或者文件夹可以为不同用户指定不同的权限，在 NTFS 中，可以为单个用户设置权限。

（5）NTFS 具有恢复能力，无须用户在 NTFS 卷中运行磁盘修复程序。在系统崩溃事件中，NTFS 使用日志文件和复查点信息自动恢复文件系统的一致性。

（6）NTFS 文件夹的 B-Tree 结构使得用户在访问较大文件夹中的文件时，速度甚至比访问卷中较小文件夹中的文件还快。

（7）可以在 NTFS 卷中压缩单个文件和文件夹。NTFS 系统的压缩机制可以让用户直接读/写压缩文件，而不需要使用解压软件将这些文件展开。

（8）支持活动目录和域。此特性可以帮助用户方便、灵活地查看和控制网络资源。

（9）支持稀疏文件。稀疏文件是应用程序生成的一种特殊文件，文件尺寸非常大，但实际上只需要很少的磁盘空间，NTFS 只需要给这种文件实际写入的数据分配磁盘存储空间。

（10）支持磁盘配额。磁盘配额可以管理和控制每个用户所能使用的最大磁盘空间。

6.3.3　NTFS 权限

网络中最重要的是安全，安全中最重要的是权限。

对于 NTFS 磁盘分区上的每一个文件和文件夹，都存储一个访问控制列表（access control list，ACL），包含被授权访问该文件或文件夹的所有用户账号、组和计算机，包含被授予的访问类型。为了让一个用户访问某个文件或者文件夹，针对用户账号、组或者该用户所属的计算机，ACL 必须包含访问控制项（access control entry，ACE）。为了让用户能够访问文件或者文件夹，访问控制项必须具有用户所请求的控制类型。如果 ACL 中没有相应的 ACE 存在，Windows Server 2019 就拒绝该用户访问相应的资源。

1. NTFS 权限的类型

利用 NTFS 权限，可以控制用户账号、组对文件夹和个别文件的访问。

（1）NTFS 文件夹权限。可以通过授予文件夹权限，控制对文件夹和包含在这些文件夹中的文件和子文件夹的访问。表 6-1 列出了标准 NTFS 文件夹权限及访问类型。

表 6-1　标准 NTFS 文件夹权限列表

NTFS 文件夹权限	允许访问类型
完全控制	改变权限，成为拥有人，删除子文件夹和文件，以及执行允许所有其他 NTFS 文件夹权限进行的动作
修改	删除文件夹，执行"写入"权限和"读取和执行"权限的动作
读取和执行	遍历文件夹，执行允许"读取"权限和"列出文件夹内容"权限的动作

续表

NTFS文件夹权限	允许访问类型
列出文件夹内容	查看文件夹中的文件和子文件夹的名称,此权限仅针对文件夹存在
读取	查看文件夹中的文件和子文件夹,查看文件夹属性、拥有人和权限
写入	在文件夹内创建新的文件和子文件夹,修改文件夹属性,查看文件夹的拥有人和权限
特殊权限	其他不常用权限,例如删除权限的权限

(2) NTFS文件权限。可以通过授予文件权限,控制对文件的访问。表6-2列出了可以授予的标准NTFS文件权限和各个权限提供给用户的访问类型。

表6-2 标准NTFS文件权限列表

NTFS文件权限	允许访问类型
完全控制	改变权限,成为拥有人,删除文件,以及执行允许所有其他NTFS文件权限进行的动作
修改	修改和删除文件,执行由"写入"权限和"读取和执行"权限进行的动作
读取和执行	运行应用程序,执行由"读取"权限进行的动作
读取	读文件,查看文件属性、拥有人和权限
写入	覆盖写入文件,修改文件夹属性,查看文件拥有人和权限
特殊权限	其他不常用权限,例如删除权限的权限

【注意】 无论保护文件和子文件夹的权限如何,被准许对文件夹进行"完全控制"的组或用户都可以删除该文件夹内的任何文件。尽管"列出文件夹内容"和"读取和执行"看起来有相同的特殊权限,但这些权限在继承时却有所不同。"列出文件夹内容"可以被文件夹继承而不能被文件继承,并且它只在查看文件夹权限时才会显示。"读取和执行"可以被文件和文件夹继承,并且在查看文件和文件夹权限时始终出现。

2. NTFS权限的应用规则

如果将针对某个文件或者文件夹的权限授予了某个用户,又授予了某个组,而该用户是该组的一个成员,那么该用户就对同样的资源有了多个权限。NTFS如何组合多个权限,存在一些规则和优先权。

(1) 权限是累加的。一个用户对某个资源的有效权限是授予这一用户账号的NTFS权限与授予该用户所属组的NTFS权限的组合。例如,如果某个用户Long对某个文件夹folder有"读取"权限,该用户是某个组Sales的成员,而该组对文件夹folder有"写入"权限,那么用户Long对文件夹folder就有"读取"和"写入"两种权限。

(2) 文件权限超越文件夹权限。NTFS的文件权限超越NTFS的文件夹权限。例如,某用户Long对某个文件有"修改"权限,那么即使Long对于包含该文件的文件夹只有"读取"权限,但Long仍然能够修改该文件。

(3) 权限的继承。新建的文件或者文件夹会自动继承上一级文件夹或者驱动器的

NTFS 权限，但是从上一级继承下来的权限是不能直接修改的，只能在此基础上添加其他权限。当然这并不是绝对的，只要有足够的权限。例如，系统管理员也可以修改这个继承下来的权限，或者让文件或者文件夹不再继承上一级文件夹或者驱动器的 NTFS 权限。

(4) 拒绝权限超越其他权限。可以拒绝某用户或者组对特定文件或者文件夹的访问，为此，将“拒绝”权限授予该用户或者组即可。这样，即使某个用户作为某个组的成员具有访问该文件或文件夹的权限，但是因为将“拒绝”权限授予该用户，所以该用户具有的任何其他权限也被阻止了。因此，对于权限的累加规则来说，“拒绝”权限是一个例外。

【注意】 应该避免使用“拒绝”权限，因为允许用户和组进行访问比明确拒绝他们进行访问更容易做到。应该巧妙地构造组和组织文件夹中的资源，使各种各样的“允许”权限就足以满足需要，从而可避免使用“拒绝”权限。例如，用户 Long 同时属于 Sales 组和 Managers 组，文件 file1 和 file2 是文件夹 folder 下面的两个文件。其中，Long 拥有对 folder 的读取权限，Sales 拥有对 folder 的读取和写入权限，Managers 则被禁止对 file2 的写入操作。由于使用了“拒绝”权限，用户 Long 拥有对 folder 和 file1 的读取和写入权限，但对 file2 只有读取权限。

用户不具有某种访问权和明确地拒绝用户的访问权限，这二者之间是有区别的。“拒绝”权限是通过在 ACL 中添加一个针对特定文件或文件夹的拒绝元素而实现的。这就意味着管理员还有另一种拒绝访问的手段，而不仅是不允许某个用户访问文件或文件夹。

(5) 移动和复制操作对权限的影响。移动和复制操作是有区别的，复制是原文件还在，移动则是原文件不在。它们的操作对权限的影响分为三种情况，即同一 NTFS 分区、不同 NTFS 分区以及 FAT 分区，彼此的区别如表 6-3 所示。

表 6-3　移动和复制操作对权限的影响

操作类型	同一 NTFS 分区	不同 NTFS 分区	FAT 分区
移动	保留源文件(夹)的权限	继承目标文件夹的权限	丢失权限
复制	继承目标文件夹的权限	继承目标文件夹的权限	丢失权限

6.3.4　共享文件夹的权限

共享文件(即通过网络可以被用户访问的文件)由于不能被系统直接共享，因此共享文件最简便的方法是建立共享文件夹，然后将需要共享的文件或文件夹放入其中，这样具有访问权限的用户就可以通过网络访问此文件夹中的文件或子文件夹。

1. 共享文件夹的权限

共享文件夹与 NTFS 分区中的文件夹一样，可进行权限设置，区别在于共享文件夹的权限设置只对通过网络访问的用户起作用，本地登录用户不受此权限的限制。

共享文件夹的权限有以下 3 种。

(1) 读取：可以查看文件名与子文件夹名，查看文件内容和运行程序。

(2) 更改：拥有读取权限，还可以新建与删除文件和子文件夹，更改其中的数据。

(3) 完全控制：拥有读取和更改权限。

当用户通过网络访问某个共享文件夹，用户最终的权限是其对该文件夹的共享权限与 NTFS 权限中最严格的权限。

2. 共享权限和 NTFS 权限的联系和区别

(1) 共享权限是基于文件夹的，也就是说用户只能够在文件夹上设置共享权限，而不能在文件上设置共享权限；NTFS 权限是基于文件的，用户既可以在文件夹上设置，也可以在文件上设置。

(2) 共享权限只有当用户通过网络访问共享文件夹时才起作用，如果用户是本地登录计算机，则共享权限不起作用；NTFS 权限无论用户是通过网络还是本地登录都会起作用，只不过当用户通过网络访问文件时它会与共享权限联合起作用，规则是取最严格的权限设置。

(3) 共享权限与文件系统无关，只要设置共享就能够应用共享权限；NTFS 权限必须是 NTFS 文件系统，否则不起作用。

(4) 不管是共享权限还是 NTFS 权限都有累加性。

(5) 不管是共享权限还是 NTFS 权限都遵循“拒绝”权限超越其他权限。

6.3.5 加密文件系统

加密文件系统（encrypting file system，EFS）是 Windows 系统中的一项功能，针对 NTFS 分区中的文件和数据，用户都可以直接加密，从而达到快速提高数据安全性的目的。

EFS 加密基于公钥策略。在使用 EFS 加密一个文件或文件夹时，系统首先会生成一个由伪随机数组成的 FEK（file encryption key，文件加密钥匙），然后将利用 FEK 和数据扩展标准 X 算法创建加密后的文件，并进行存储，同时删除原始文件。然后系统会利用公钥加密 FEK，并把加密后的 FEK 存储在同一个加密文件中。而在访问被加密的文件时，系统首先利用当前用户的私钥解密 FEK，其次利用 FEK 解密出文件。在首次使用 EFS 时，如果用户还没有公钥/私钥对（统称为密钥），则会首先生成密钥，其次加密数据。如果用户登录到域环境中，则密钥的生成依赖于域控制器，否则依赖于本地机器。

由于重装系统后，SID（安全标识符）的改变会使原来由 EFS 加密的文件无法打开，所以为了保证别人能共享 EFS 加密文件或者重装系统后可以打开 EFS 加密文件，必须要备份证书。

EFS 加密文件系统对用户是透明的。也就是说，如果用户加密了一些数据，那么用户对这些数据的访问将是完全允许的，并不会受到任何限制。而其他非授权用户试图访问加密过的数据时，就会收到“访问拒绝”的错误提示。EFS 加密的用户验证过程是在登录 Windows 时进行的，只要登录到 Windows，就可以打开任何一个被授权的加密文件。

使用 EFS 加密文件或文件夹时，要注意以下几个方面。

(1) 只有 NTFS 格式的分区才可以使用 EFS 加密技术。

(2) 第一次使用 EFS 加密后应及时备份证书(含有密钥)。

(3) 如果将未加密的文件复制到具有加密属性的文件夹中,这些文件将会被自动加密。将加密数据移出来则有两种情况：若移动到 NTFS 分区上,数据依旧保持加密属性；若移动到 FAT32 分区上,这些数据将会 被自动解密。

(4) 被 EFS 加密过的数据不能在 Windows 中直接共享。

(5) NTFS 分区中加密和压缩功能不能同时使用。

(6) Windows 系统文件和文件夹无法被加密。

(7) 可以使用 compact.exe 程序来压缩和解压缩文件与文件夹。

6.4　项 目 实 施

本项目所有任务涉及的网络拓扑图如图 6-1 所示,WIN2019-1、WIN10-1 是两台虚拟机,WIN2019-1 是文件服务器,IP 地址为 192.168.10.11/24；WIN10-1 是客户端计算机,IP 地址为 192.168.10.20/24。

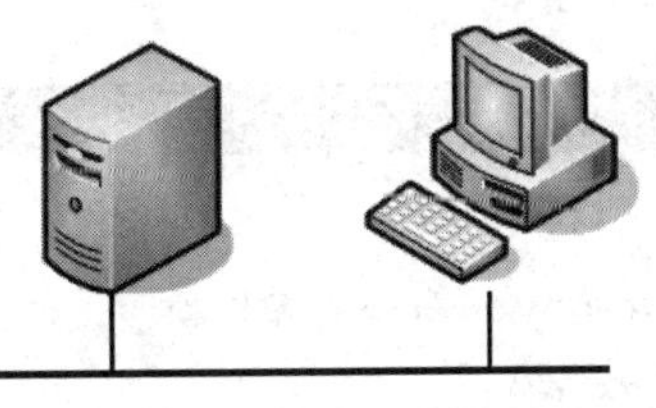

图 6-1　网络拓扑图

6.4.1　任务 1：NTFS 权限的应用

在某学校,学生平时交作业都是提交电子版文档到文件服务器的 Homework 文件夹中,为了防止学生之间相互抄袭作业,需要设置 Homework 文件夹的 NTFS 权限,达到以下目的。

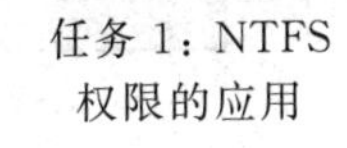

任务 1：NTFS 权限的应用

- 学生能够打开 Homework 文件夹。
- 学生能够在 Homework 文件夹中提交文件。
- 不允许学生在 Homework 文件夹中创建文件夹。
- 学生对自己提交的文件有"完全控制"权限,即能够删除、修改、读取。
- 学生能够看到其他学生提交的文件,但不能打开,更不能删除和修改。

以下步骤先在 WIN2019-1 服务器上为两个学生 zhang 和 wang 创建用户账号,然后将他们添加到 students 组。Homework 文件夹授予 students 组相应的权限,并验证设置的权限。

步骤 1：在 WIN2019-1 服务器上,在命令提示符下输入命令创建两个用户 zhang 和

wang,并创建 students 组。将这两个用户添加到这个组中,命令如下。

```
net user zhang a1! /add
net user wang a1! /add
net localgroup students /add
net localgroup students zhang /add
net localgroup students wang /add
```

步骤 2:在 C 盘根目录下创建文件夹 Homework。右击该文件夹,在弹出的快捷菜单中选择"属性"命令,打开"Homework 属性"对话框,如图 6-2 所示。

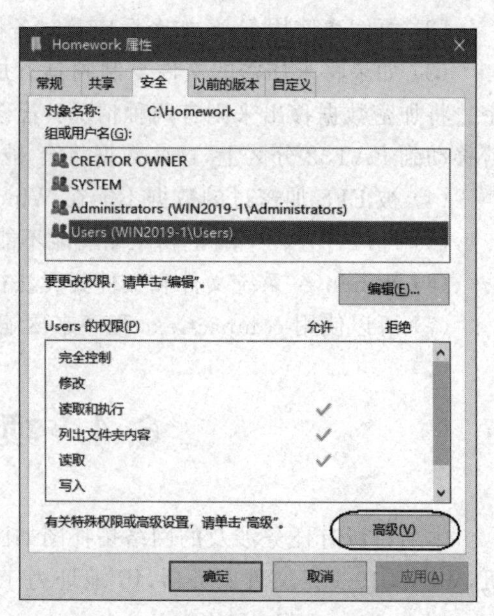

图 6-2 "Homework 属性"对话框

步骤 3:在"安全"选项卡中单击"高级"按钮,打开"Homework 的高级安全设置"对话框,如图 6-3 所示,可以看到 NTFS 权限,它们都继承于 C 盘根目录,继承的权限不能更改的。

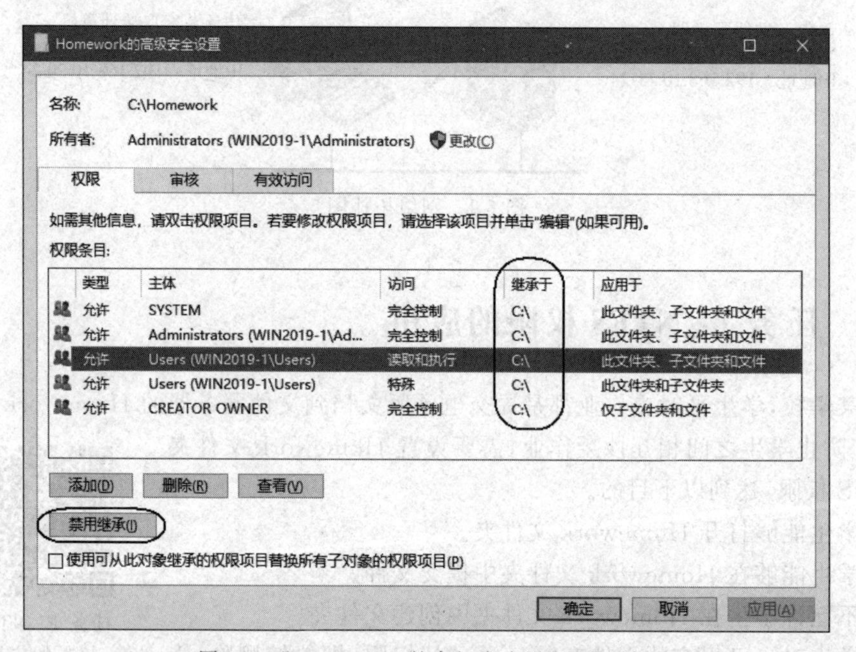

图 6-3 "Homework 的高级安全设置"对话框

步骤 4:单击"禁用继承"按钮,在新打开的对话框中单击"将已继承的权限转换为此对象的显式权限"按钮,如图 6-4 所示,此时,继承的权限转换成了自身的权限,如图 6-5 所示,可以进行权限更改。

步骤 5:删除 Users 用户组的权限(有 2 行)。可以看到 CREATOR OWNER(创建者)组具有"完全控制"的权限。

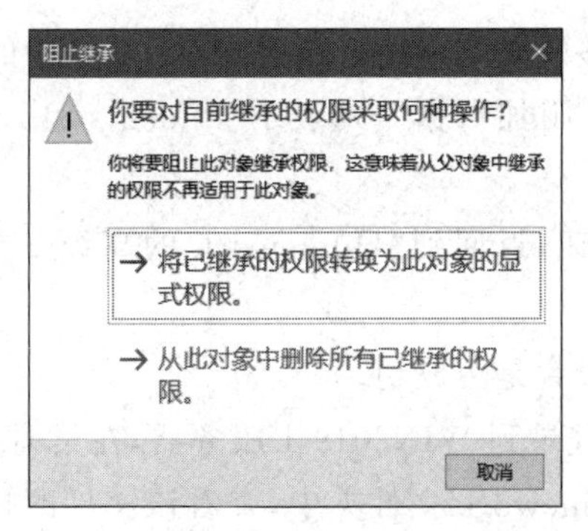

图 6-4　阻止继承

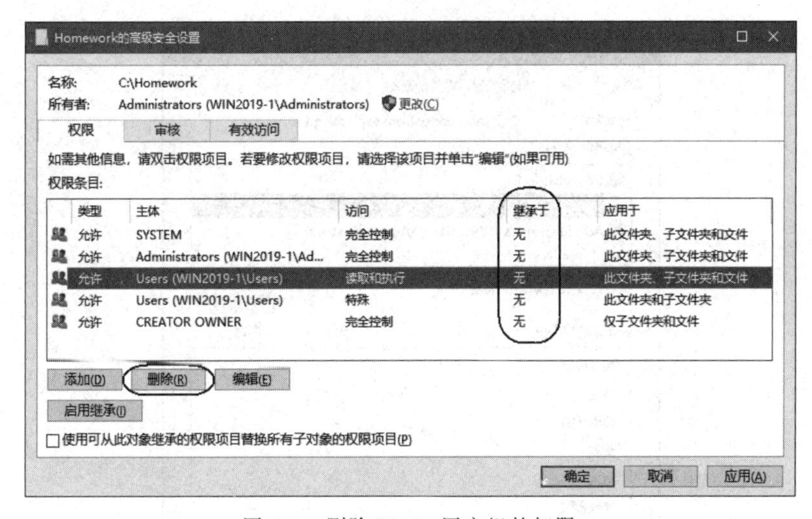

图 6-5　删除 Users 用户组的权限

步骤 6：单击“添加”按钮，在打开的“Homework 的权限项目”对话框中选择主体为 students，类型为“允许”，应用于为“只有该文件夹”，单击“显示高级权限”链接，高级权限设置为允许“列出文件夹/读取数据”和“创建文件/写入数据”，如图 6-6 所示。

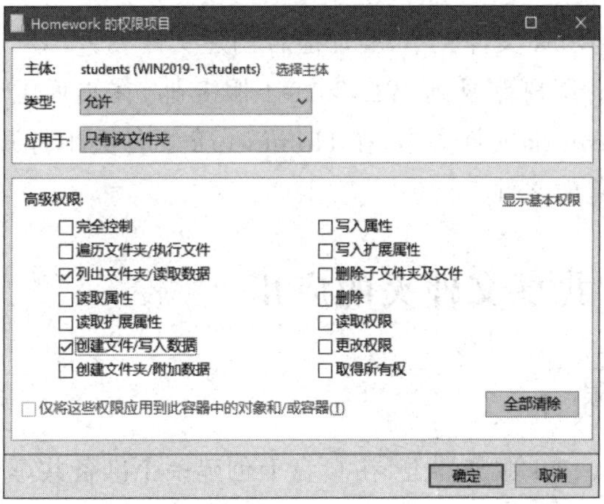

图 6-6　设置权限

现在 students 组只能够读取 Homework 文件夹，对其中的文件没有授予“读取”的权利。没有选中“创建文件夹/附加数据”，则表示 students 组只能够在该文件夹中添加文件，不能创建文件夹。

步骤 7：单击“确定”按钮，返回到“Homework 的高级安全设置”对话框，再单击“确定”按钮，完成授权。

下面验证 NTFS 权限设置是否成功。

步骤 8：以 wang 用户登录到 WIN2019-1 服务器，在桌面上创建文本文件 wang.txt，将其复制（不是移动）到 Homework 文件夹中，查看该文件的权限，如图 6-7 所示。注意，CREATOR OWNER 已经被 wang 替换，用户对自己创建的文件有“完全控制”权限。

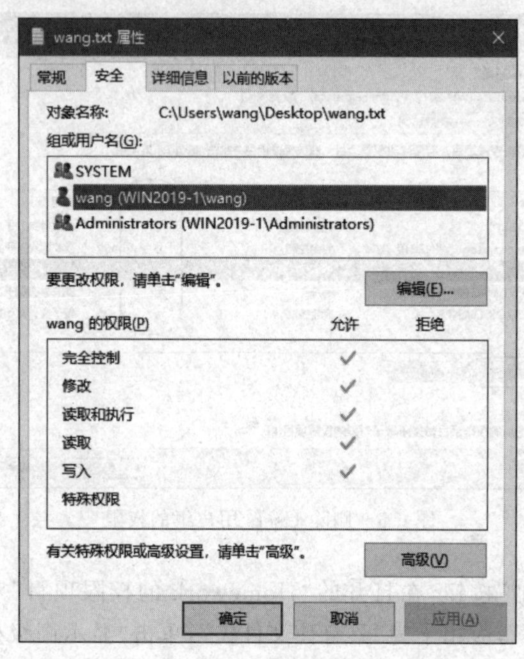

图 6-7　验证权限设置

步骤 9：在 Homework 文件夹中，验证能否创建文件夹。

步骤 10：以 zhang 用户登录到 WIN2019-1 服务器，在桌面上创建文本文件 zhang.txt，将其复制到 Homework 文件夹中，在 Homework 文件夹中打开 wang.txt 文件，验证是否能够打开别人创建的文件。

6.4.2　任务 2：共享文件夹的应用

任务 2：共享文件夹的应用

1. 设置共享权限

步骤 1：在 WIN2019-1 服务器上，在 C 盘上创建一个准备共享的文件夹，在该文件夹中新建文本文件 test.txt，文件内容任意。

步骤2：右击 Share 文件夹，在弹出的快捷菜单中选择“授予访问权限”→“特定用户”命令，打开“网络访问”窗口，添加 students 组的权限级别为“读取”，如图 6-8 所示，单击“共享”按钮，再单击“完成”按钮。

步骤3：右击 Share 文件夹，在弹出的快捷菜单中选择“属性”命令，打开“Share 属性”对话框，如图 6-9 所示。在“安全”选项卡中能够看到“文件共享”功能已经授予 students 与共享权限相匹配的 NTFS 权限。

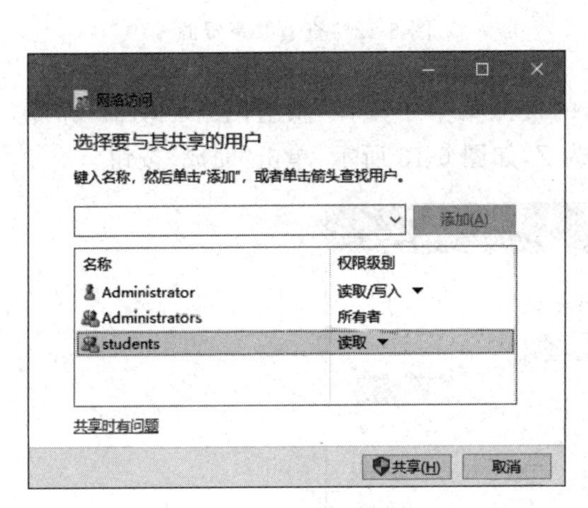

图 6-8 “网络访问”窗口

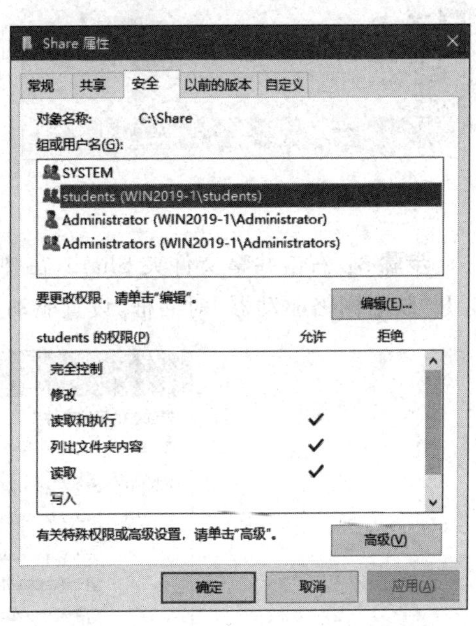

图 6-9 查看相匹配的 NTFS 权限

2. 访问共享文件夹

步骤1：在 WIN10-1 计算机上右击“开始”菜单，在弹出的快捷菜单中选择“运行”命令，打开“运行”对话框，输入“\\WIN2019-1”，如图 6-10 所示，单击“确定”按钮。

图 6-10 “运行”对话框

【说明】 也可以通过“\\192.168.10.11”访问共享资源，其中 192.168.10.11 是 WIN2019-1 服务器的 IP 地址。

步骤2：在打开的“Windows 安全中心”对话框中输入用户名(zhang)和密码(a1!)，如

图 6-11 所示,单击“确定”按钮,就可看到 WIN2019-1 服务器上的共享资源,如图 6-12 所示。

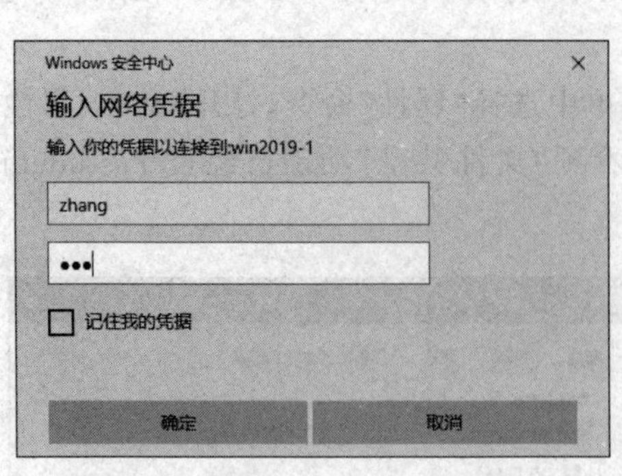

图 6-11 “Windows 安全中心”对话框

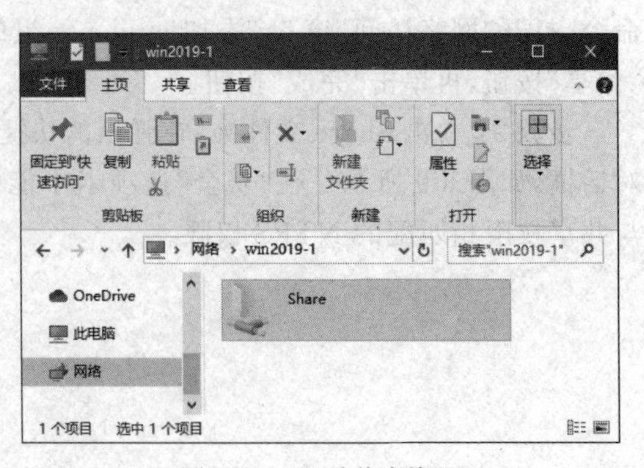

图 6-12 查看共享资源

步骤 3:右击共享文件夹 Share,在弹出的快捷菜单中选择“映射网络驱动器”命令,打开“映射网络驱动器”对话框,设置驱动器为 Z,如图 6-13 所示,单击“完成”按钮。

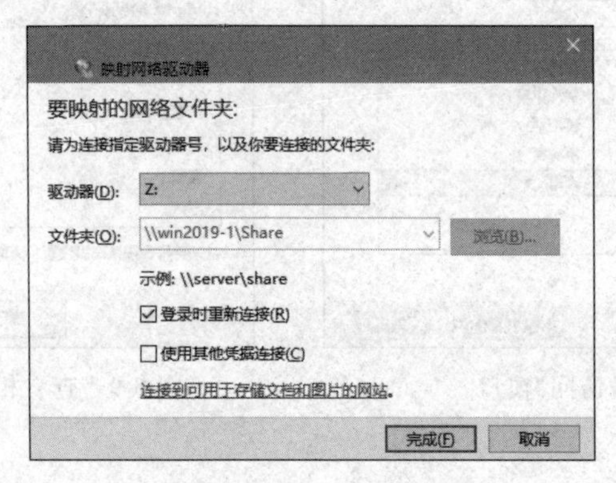

图 6-13 “映射网络驱动器”对话框

步骤 4:在“此电脑”窗口中可以看到网络驱动器 Z,如图 6-14 所示,以后可通过网络驱动器 Z 直接访问共享资源。

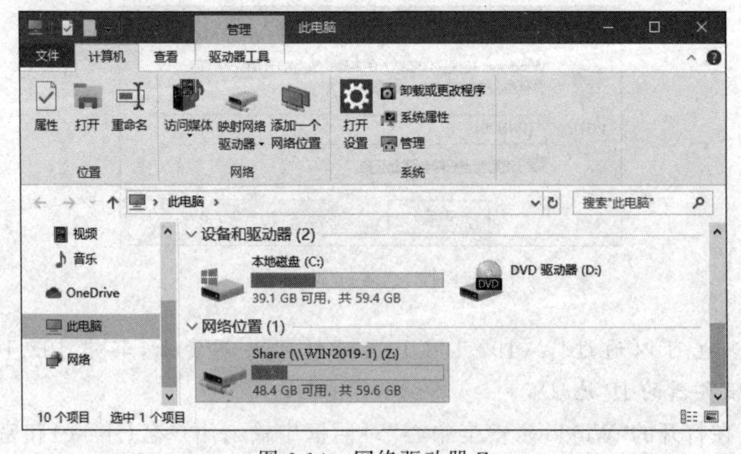

图 6-14 网络驱动器 Z

3. 默认共享

默认共享是为管理员管理服务器的方便而设的，其权限不能更改，只要知道服务器的管理员账号和密码，无论其是否明确共享了文件夹，都可以访问其所在的分区。在系统中有许多自动创建的默认共享，如C$(代表C分区)、ADMIN$(代表系统所在的文件夹)、IPC$(Internet process connection，共享“命名管道”的资源)等。“$”表示隐含。

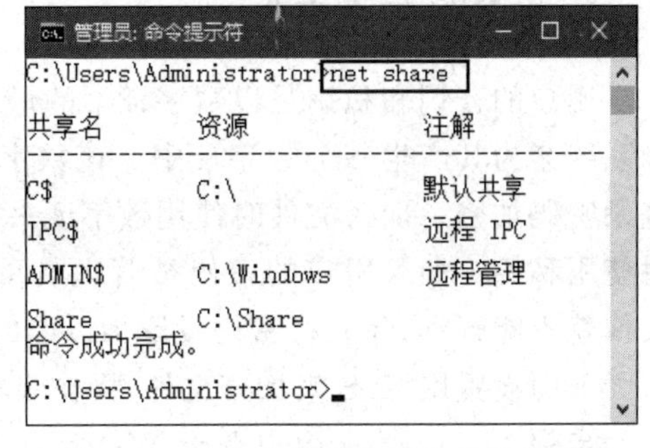

图 6-15 在命令提示符下查看共享资源

步骤1：在WIN2019-1服务器上打开命令提示符，运行net share命令，可以查看该服务器所有的共享资源，如图6-15所示，可以看到C盘已经被默认共享为“C$”。

步骤2：在WIN10-1计算机上注销后重新登录，然后右击“开始”菜单，在弹出的快捷菜单中选择“运行”命令，打开“运行”对话框，输入“\\WIN2019-1\C$”，单击“确定”按钮。

步骤3：在打开的“Windows安全中心”对话框中输入WIN2019-1服务器的管理员账号(administrator)和密码，单击“确定”按钮，可以看到WIN2019-1服务器上C$的默认共享资源，如图6-16所示。

图 6-16 访问C$默认共享

【注意】 只有WIN2019-1服务器的管理员能够访问其默认共享。如果觉得服务器有默认共享不安全，可以通过更改注册表删除默认共享，在HKEY_LOCAL_MACHINE\SYSTEM\CurrentControlSet\services\LanmanServer\Parameters下新建DWORD(32位)值，名称为AutoShareServer，设置其值为0。

6.4.3 任务3：加密文件系统EFS的应用

1. 用EFS加密文件

用户的公钥和私钥是以数字证书的形式存在的，当用户首次加密文件或文件夹时，操作系统会为其产生一个数字证书。该数字证书的私钥使用用户的登录密码加密。加密文件时使用数字证书中的公钥加密，解密文件时使用私钥。如果用户的密码被管理员重设了，使用EFS加密的文件就不能解密，除非将密码设置为以前的密码，登录后才能解密。

任务3：加密文件系统EFS的应用

下面设置用EFS来加密文件，操作步骤如下。

步骤1：以wang用户登录WIN2019-1服务器，运行certmgr.msc命令，打开证书管理控制台，展开左侧窗格中的“证书”→“个人”节点，在右侧窗格中没有任何个人证书。

步骤2：在C盘(NTFS分区)上新建一个wangEFS文件夹，在该文件夹中创建一个wangEFS.txt文本文件，在该文本文件中任意输入一些内容。

步骤3：开始利用EFS加密wangEFS.txt文件。右击wangEFS文件夹，在弹出的快捷菜单中选择“属性”命令，打开“wangEFS属性”对话框，如图6-17所示。

步骤4：在“常规”选项卡中单击“高级”按钮，打开“高级属性”对话框，如图6-18所示。选中“加密内容以便保护数据”复选框，然后单击“确定”按钮，返回“wangEFS属性”对话框。再单击“确定”按钮，打开“确认属性更改”对话框，选中“将更改应用于该文件夹、子文件和文件”单选按钮，单击“确定”按钮。

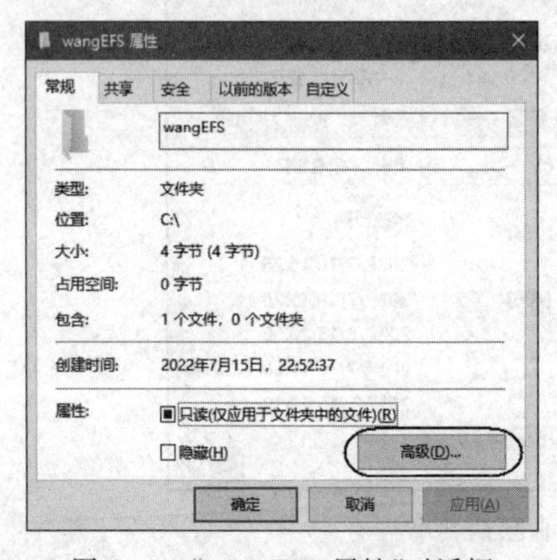

图6-17 “wangEFS属性”对话框

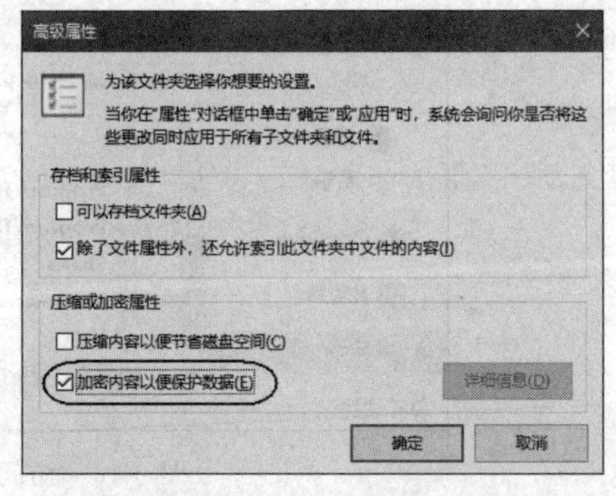

图6-18 “高级属性”对话框

此时，wangEFS.txt文件图标右上角出现一把锁，表示处于EFS加密状态。

步骤5：返回到证书管理控制台，在右侧窗格中刷新一下，可以看到wang用户用于EFS的数字证书，如图6-19所示。双击wang用户的数字证书，打开“证书”对话框，可以看到证书的目的、有效期等，显示“你有一个与该证书对应的私钥”，如图6-20所示。

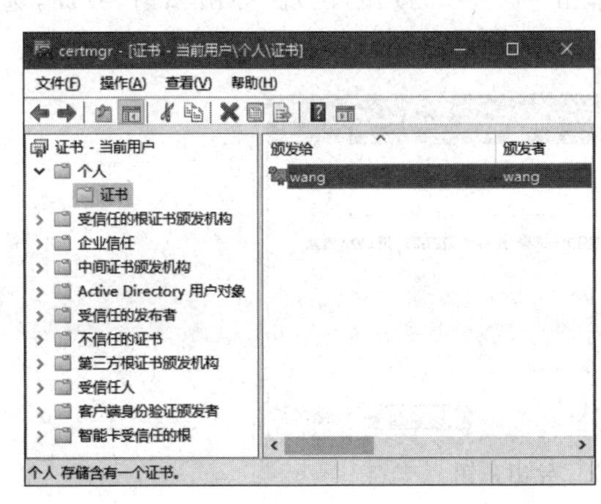

图 6-19 证书控制台

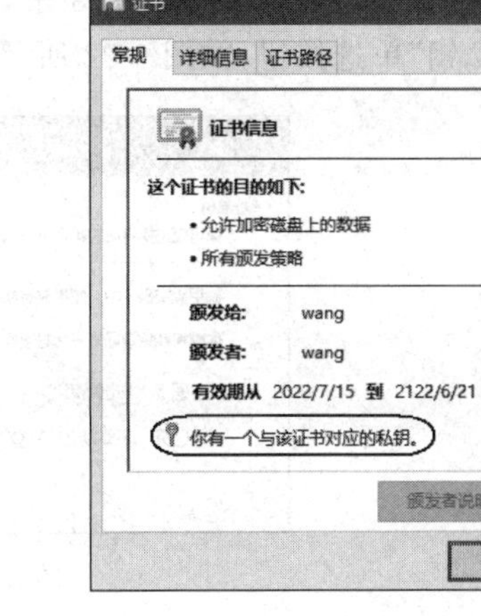

图 6-20 数字证书

步骤 6：打开 wangEFS 文件夹中的 wangEFS.txt 文件，会发现是自动解密的。如果往 wangEFS 文件夹中添加文件，会发现是自动加密的。对 wang 用户而言，文件是自动加解密的。

步骤 7：使用管理员账号登录系统，访问 wangEFS.txt 文件，提示没有权限打开该文件。

2. 备份 EFS 证书

导入其他用户的证书就能打开其他用户使用 EFS 加密的文件。此操作需要先将用户的 EFS 证书导出(备份证书)别人才能导入。

重装系统后，为了打开以前由 EFS 加密的文件，也需要在加密时导出证书(备份证书)，重装系统后再次导入证书。导出 wang 用户的 EFS 证书(备份证书)的操作步骤如下。

步骤 1：以 wang 用户登录到 WIN2019-1 服务器。运行 certmgr.msc 命令，打开证书管理控制台，展开左侧窗格中的"证书"→"个人"→"证书"节点，在右侧窗格中右击 wang 数字证书，在弹出的快捷菜单中选择"所有任务"→"导出"命令，如图 6-21 所示。

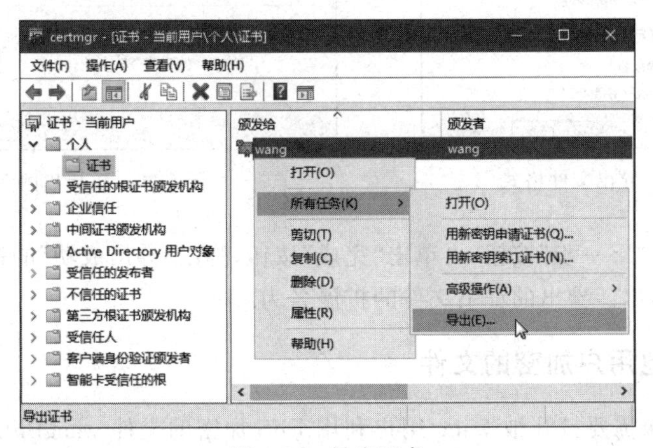

图 6-21 导出证书

步骤2：在打开的证书导出向导中，单击“下一步”按钮，出现“导出私钥”界面，选中“是，导出私钥”单选按钮，如图6-22所示。

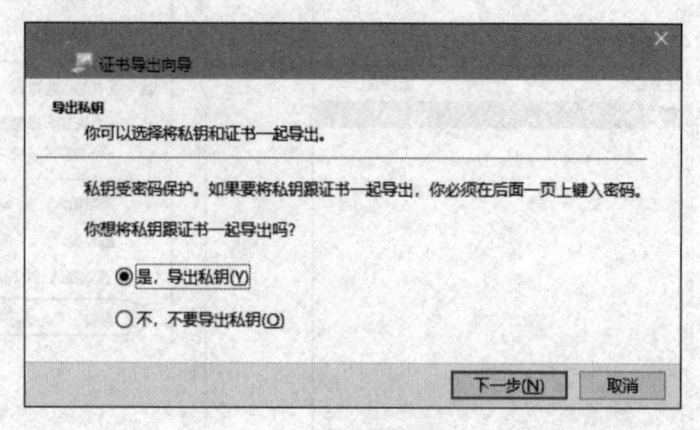

图6-22　导出私钥

步骤3：单击“下一步”按钮，出现“导出文件格式”界面，选中“个人信息交换 - PKCS #12(.PFX)”单选按钮，如图6-23所示。

步骤4：单击“下一步”按钮，出现“安全”界面，输入密码以保护导出的私钥。

【注意】 该密码要牢记，在导入该证书的时候需要用到此密码。

步骤5：单击“下一步”按钮，出现“要导出的文件”界面，指定要导出的证书的存储路径和文件名，如C:\Users\wang\wangEFS.pfx，如图6-24所示。

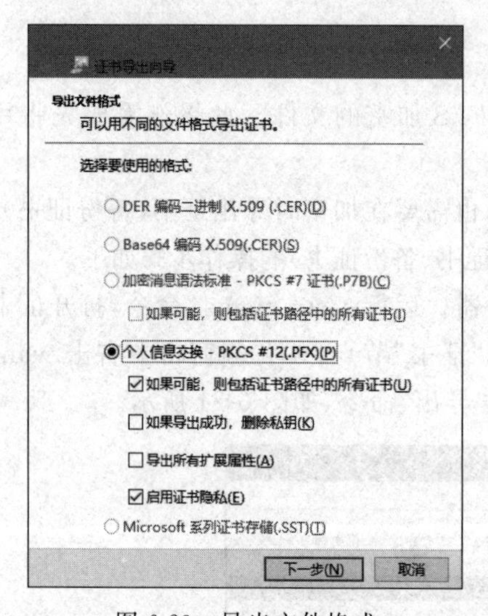

图6-23　导出文件格式

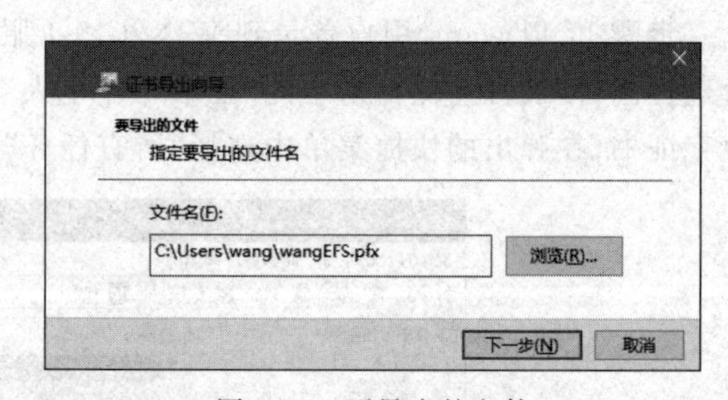

图6-24　要导出的文件

步骤6：单击“下一步”按钮，再单击“完成”按钮，弹出“导出成功”的提示，单击“确定”按钮，完成证书导出。导出的证书文件的扩展名为.pfx。

3. 打开其他用户加密的文件

别的用户如果需要打开被wang用户利用EFS加密的文件wangEFS.txt，就必须获得wang用户的私钥。下面通过导入wang的证书(包含私钥)来打开wangEFS.txt文件。

步骤 1：以管理员身份登录到 WIN2019-1 服务器，打开 wangEFS 文件夹下的 wangEFS.txt 文件，提示“没有权限打开该文件”，这是因为没有 wang 用户的私钥，不能对 wangEFS.txt 文件进行解密造成的拒绝访问。

步骤 2：双击刚才导出的证书文件(C:\Users\wang\wangEFS.pfx)，打开证书导入向导，单击“下一步”按钮。确认要导入的文件后，再单击“下一步”按钮，出现“私钥保护”界面，输入刚才设置的保护私钥的密码后，单击“下一步”按钮。

步骤 3：在出现的“证书存储”界面中选中“根据证书类型，自动选择证书存储”单选按钮，如图 6-25 所示。

步骤 4：单击“下一步”按钮，再单击“完成”按钮，弹出“导入成功”的提示信息，单击“确定”按钮。此时，再试图打开加密的 wangEFS.txt 文件，发现能够打开，说明解密成功。

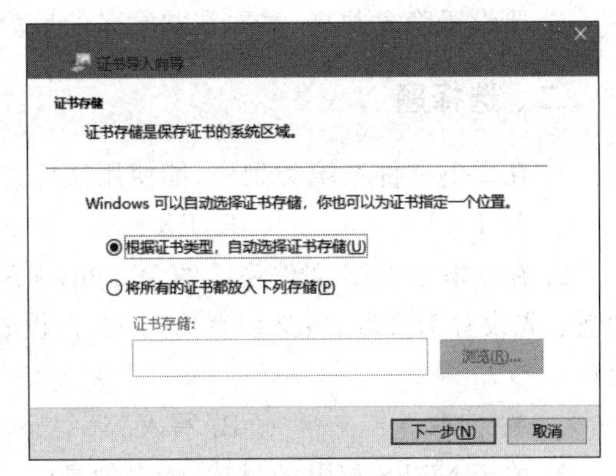

图 6-25 “证书存储”界面

4. 重设用户密码对 EFS 的影响

由管理员重置用户密码或使用其他工具软件重设计算机本地用户密码后，EFS、凭据和证书私钥等将不可用，此时将失去由该用户使用 EFS 加密的数据。若要恢复数据访问权限，必须提供原始密码或用户在具有访问文件权限时创建的密码恢复磁盘。

下面验证 wang 用户密码重设后 EFS 不可解密，操作步骤如下。

步骤 1：以管理员身份登录到 WIN2019-1 服务器，运行命令“net user wang a2!”，更改 wang 用户的密码为“a2!”。

步骤 2：以 wang 账户重新登录到 WIN2019-1 服务器，双击打开加密的 wangEFS.txt 文件，提示“没有权限打开该文件”。

步骤 3：按 Ctrl+Alt+Delete 组合键，单击“更改密码”按钮，将密码更改为加密时的密码(a1!)。

【说明】 在 VMware 虚拟机中，按 Ctrl+Alt+Insert 组合键来更改密码。

步骤 4：再次打开加密的 wangEFS.txt 文件，会发现打开成功。

【做一做】 以管理员身份登录系统，删除 wang 账户，再新建同名账户 wang，密码设为与以前一样(a1!)，然后以新建的同名账户 wang 重新登录系统，并试图打开已被 EFS 加密的 wangEFS.txt 文件，观察能否成功打开，为什么？

6.5 习　　题

一、填空题

1. 可供设置的标准 NTFS 文件权限有________、________、________、________、

________、________。

2. 加密文件系统（EFS）提供了用于在________分区上存储加密文件的核心文件加密技术。

3. 共享权限有________、________和________3种。

4. 共享用户的权限级别有以下3种：________、________和所有者。

5. 要设置隐含共享，需要在共享名的后面加________符号。

二、选择题

1. 在以下文件系统类型中，能使用文件访问许可权的是（　　）。

A. FAT　　B. EXT　　C. NTFS　　D. FAT32

2. 在采取NTFS文件系统的Windows Server 2019中，对一文件夹先后进行如下的设置：先设置为读取，后又设置为写入，再设置为完全控制，则最后该文件夹的权限类型是（　　）。

A. 读取　　B. 写入　　C. 读取及写入　　D. 完全控制

3. 关于NTFS权限的描述，错误的是（　　）。

A. 文件夹权限超载文件权限　　B. 文件权限是可继承的

C. 拒绝权限优先于其他权限　　D. 不同的文件夹权限是累加的

4. 目录的可读意味着（　　）。

A. 可以在该目录下建立文件　　B. 可以从该目录中删除文件

C. 可以从一个目录转到另一个目录　　D. 可以查看该目录下的文件

5.（　　）属于共享"命名管道"的资源。

A. DriveLetter＄　　B. ADMIN＄　　C. IPC＄　　D. PRINT＄

6. 在Windows Server 2019中，下面的（　　）功能不是NTFS文件系统特有的。

A. 文件加密　　B. 文件压缩　　C. 设置共享　　D. 磁盘配额

7. 要启用文件加密功能，Windows Server 2019中的驱动器必须使用（　　）。

A. FAT16文件系统　　B. NTFS文件系统

C. FAT32文件系统　　D. 所有文件系统都可以

三、简答题

1. 简述FAT16、FAT32和NTFS文件系统的区别。

2. 重装Windows Server 2019后，原来加密的文件为什么无法打开？

3. 如果一位用户拥有某文件夹的写入权限，而且是该文件夹读取权限的成员，该用户对该文件夹的最终权限是什么？

4. 如果某员工离开公司，应当如何做才能将他或她的文件所有权转给其他员工？

5. 如果一位用户拥有某文件夹的写入权限和读取权限，但被拒绝对该文件夹内某文件的写入权限，该用户对该文件的最终权限是什么？

项目7　磁盘管理

【学习目标】

(1) 掌握MBR磁盘和GPT磁盘的基本知识。

(2) 熟悉基本磁盘管理。

(3) 掌握动态磁盘管理。

(4) 掌握磁盘压缩和磁盘配额的方法。

(5) 掌握常用的磁盘管理命令。

7.1　项目导入

随着公司业务的增长和人员的增加,原有的文件服务已明显不能满足需求:磁盘负载越来越重,文件的访问速度变慢,磁盘可用空间越来越少,以至于无法安装或升级一些应用程序。另外,数据的安全性问题也时有发生,如果没有及时备份而遭遇磁盘失败,会造成极大的损失。作为网络管理员,如果利用Windows Server 2019的磁盘管理,提高磁盘的性能、可用性和安全性?

7.2　项目分析

对于企业而言,数据是极其重要的。对于数据的读取、存储的速度以及安全性也是重中之重。对于中、大型企业,它们会重视数据存储,愿意购置昂贵的设备以保障较高的访问速度和安全性;而对于小型企业,可能由于技术力量、经费等原因,无法购买较高端的硬件设备。

无论是文件服务器、FTP服务器还是数据库服务器,都需要磁盘能够有良好的性能来快速响应大量并发用户的访问请求,这就要求磁盘有很好的I/O吞吐能力。同时,重要的文件服务器还需要有磁盘冗余,以避免因为磁盘的硬件故障而造成的数据丢失或不可访问。

在Windows Server 2019中提供了独立磁盘冗余陈列(redundant array of independent disks,RAID)功能,可以在没有RAID卡的服务器上通过创建软RAID实现较好的读取和写入功能,以及容错功能。此时,需要将磁盘转化为动态磁盘。

在动态磁盘中可以创建带区卷(RAID-0)、镜像卷(RAID-1)及 RAID-5 卷。其中,RAID-1 和 RAID-5 有容错能力,RAID-0 有很好的读/写性能。

7.3 相关知识点

在数据能够被存储到磁盘之前,该磁盘必须被划分成一个或多个磁盘分区。图 7-1 所示为一个磁盘(一块硬盘)被分割为 3 个磁盘分区。

在磁盘内有一个称为“分区表”的区域,它用来存储这些磁盘分区的相关数据,如每个磁盘分区的起始地址、结束地址、是否为活动磁盘分区等。

磁盘
磁盘分区1
磁盘分区2
磁盘分区3

图 7-1 磁盘被分割为 3 个分区

7.3.1 MBR 磁盘与 GPT 磁盘

磁盘按分区表的格式可以分为主引导记录(master boot record,MBR)磁盘和全局唯一标识磁盘分区表(GUID partition table,GPT)磁盘两种磁盘格式,如图 7-2 所示。

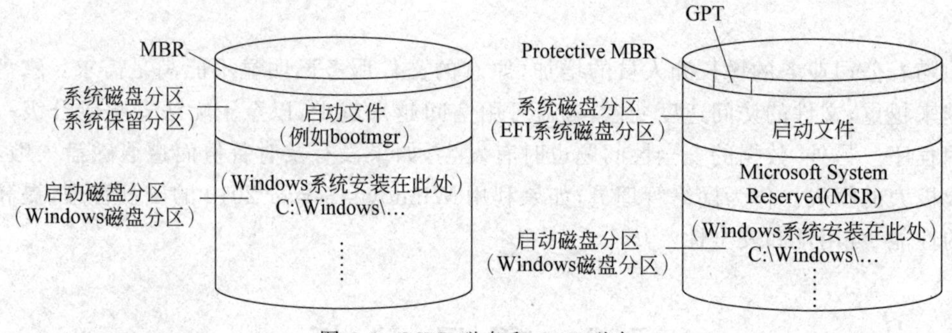

图 7-2 MBR 磁盘和 GPT 磁盘

1. MBR 磁盘

MBR 磁盘是传统的磁盘分区表格式,其分区表被存储在 MBR 内。MBR 位于硬盘的 0 磁道的第一个扇区,它的大小是 512B,而这个区域可以分为三部分,如图 7-3 所示。第一部分为主引导程序区,占 446B,用于存放启动引导的程序代码,负责从活动分区中装载并运行系统引导程序;第二部分是磁盘分区表区,占 64B,由 4 个分区表项构成(每个 16B);第三部分是结束标志 55AA(十六进制),占 2B。

计算机启动时,使用传统 BIOS(基本输入/输出系统,它是计算机主板上的一个固化在 ROM 芯片上的程序)的计算机,其 BIOS 会先读取 MBR,并控制权交给 MBR 内的主引导程序,然后由该程序继续后续的启动工作。

MBR 磁盘所支持硬盘的最大容量为 2TB(1TB=1024GB),每个磁盘最多有 4 个主

主引导程序区	磁盘分区表				结束标志
代码 (446B)	1 (16B)	2 (16B)	3 (16B)	4 (16B)	55AAH (2B)

图 7-3　MBR 的结构

磁盘分区或者 3 个主磁盘分区和 1 个扩展磁盘分区(扩展磁盘分区中可划分若干个逻辑驱动器)。

2. GPT 磁盘

GPT 磁盘是一种新的磁盘分区表格式,其磁盘分区表存储在 GPT 内。它位于磁盘的前端,它具有主分区表和备份分区表,可提供容错功能。使用新式 UEFI BIOS 的计算机,其 BIOS 会先读取 GPT,并将控制权交给 GPT 内的程序代码,然后由此程序代码来继续后续的启动工作。

与 MBR 相比,GPT 具有更多优点,因为它允许每个磁盘有多达 128 个分区,支持高达 9ZB(9×10^{21}B)的硬盘容量。可以利用图形界面的磁盘管理工具或 diskpart 命令,将空的 MBR 磁盘转换成 GPT 磁盘,或将空的 GPT 磁盘转换成 MBR 磁盘。

【说明】 统一可扩展固件接口(unified extensible firmware interface,UEFI)是一种个人计算机系统规格,用来定义操作系统与系统固件之间的软件界面,作为 BIOS 的替代方案。UEFI 的前一版是 EFI。

为了兼容起见,GPT 磁盘内提供了可保护的 MBR,让仅支持 MBR 的程序仍然可以正常运行。

7.3.2　基本磁盘

从 Windows 2000 开始,Windows 系统将磁盘存储类型分为基本磁盘和动态磁盘两种。

- 基本磁盘:传统的磁盘系统,新安装的硬盘默认是基本磁盘。
- 动态磁盘:它支持多种特殊的磁盘分区,其中有的可以提高系统访问效率,有的可以提供容错功能,有的可以扩大磁盘的使用空间。

下面先介绍基本磁盘。

1. 主磁盘分区与扩展磁盘分区

磁盘分区分为以下两种。

- 主磁盘分区:主磁盘分区可以用来启动操作系统。计算机启动时,MBR 或 GPT 内的程序代码会到活动的主磁盘分区内读取与执行启动程序代码,然后将控制权交给此启动程序代码来启动相关的操作系统。
- 扩展磁盘分区:扩展磁盘分区只能用来存储文件,无法用来启动操作系统,也就是说 MBR 或 GPT 内的程序代码不会到扩展磁盘分区内读取与执行启动程序代码。

一个MBR磁盘内最多可建立4个主磁盘分区,或最多3个主磁盘分区加上1个扩展磁盘分区,如图7-4左半部所示。每一个主磁盘分区都可以被赋予一个驱动器号,如C、D等。扩展磁盘分区内可以建立多个逻辑驱动器。基本磁盘内的每一个主磁盘分区或逻辑驱动器又被称为基本卷(basic volume)。

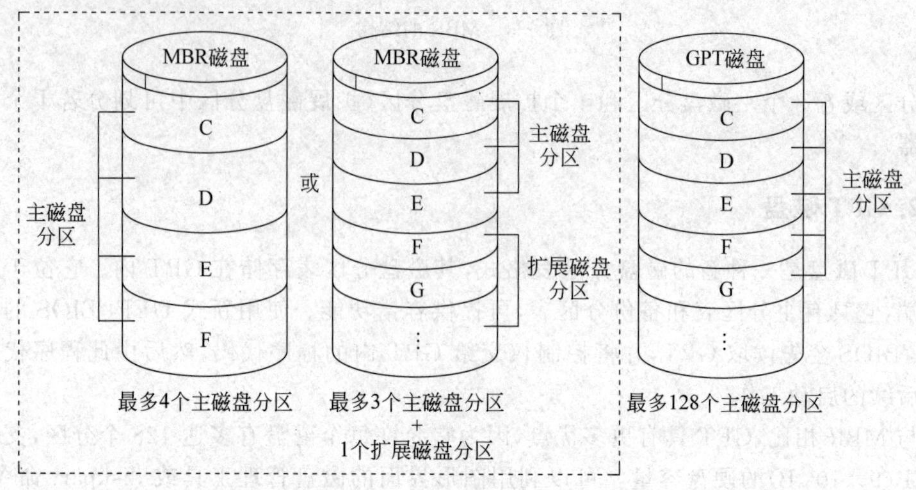

图7-4 基本磁盘的分区

卷是由一个或多个磁盘分区所组成的,在后面介绍动态磁盘时会介绍包含多个磁盘分区的卷。

Windows操作系统的一个GPT磁盘内最多可以创建128个主磁盘分区,如图7-4右半部所示,而每一个主磁盘分区都可以被赋予一个驱动器号(最多只有A~Z共26个驱动器号可用)。由于有多达128个主磁盘分区,因此GPT磁盘不需要扩展磁盘分区,大于2TB的磁盘分区需要使用GPT磁盘。

2. 启动分区与系统分区

Windows操作系统又将磁盘分区分为启动分区(boot volume)和系统分区(system volume)两种。

- 启动分区:它是用来存储Windows操作系统文件的磁盘分区。操作系统文件通常是存放在Windows文件夹内的,此文件夹所在的磁盘分区就是启动分区,如图7-5中的MBR磁盘所示,其左半部与右半部的C磁盘驱动器都是存储系统文件(Windows文件夹)的磁盘分区,所以它们都是启动分区。
- 系统分区:如果将系统启动的程序分为两个阶段来看,系统分区就是用于存储第1阶段所需要的启动文件(如Windows启动管理器bootmgr)。系统利用其中存储的启动信息,就可以到启动分区的Windows文件夹内读取启动Windows操作系统所需的其他文件,然后进入第2阶段的启动程序。如果计算机内安装了多套Windows操作系统,系统分区内的程序也会负责显示操作系统列表来供用户选择。

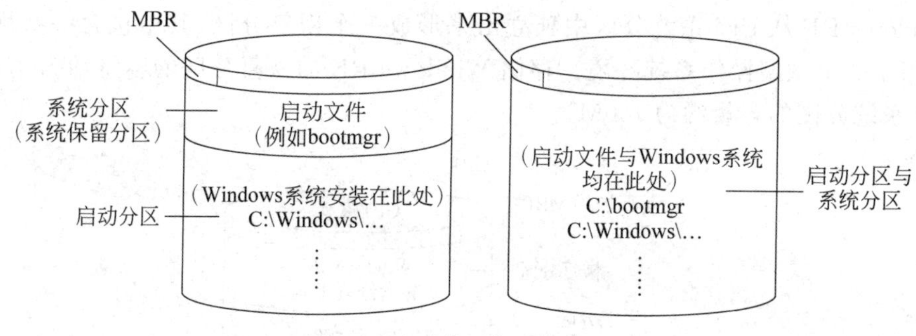

图 7-5 启动分区与系统分区

例如，图 7-5 左半部的系统保留分区与右半部的 C 都是系统分区，其中右半部因为只有一个磁盘分区，启动文件与 Windows 文件夹都存储在此处，所以它既是系统分区，又是启动分区。

在安装 Windows Server 2019 时，安装程序就会自动建立扮演系统分区角色的系统保留分区，且无驱动器号（参考图 7-5 左上半部），包含 Windows 修复环境（Windows recovery environment，Windows RE）。可以自行删除此默认分区，图 7-5 右半部所示就只有 1 个磁盘分区。

使用 UEFI BIOS 的计算机可以选择 UEFI 模式或传统模式（以下将其称为 BIOS 模式）来启动 Windows 操作系统。如果是 UEFI 模式，则启动磁盘需是 GPT 磁盘，并且此磁盘最少需要 3 个 GPT 磁盘分区，如图 7-6 所示。

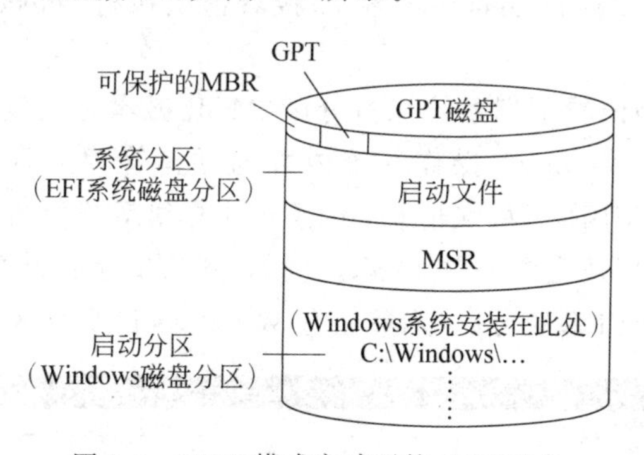

图 7-6 UEFI 模式启动下的 GPT 磁盘

- EFI 系统分区（EFI system partition，ESP）：其文件系统为 FAT32，可用来存储 BIOS/OEM 厂商所需要的文件、启动操作系统所需要的文件、Windows 修复环境（Windows RE）等。
- 微软系统保留分区（Microsoft system reserved partition，MSR）：用来保留给操作系统使用的区域。
- Windows 磁盘分区：其文件系统是 NTFS，它是用来存储 Windows 操作系统文件的磁盘分区。操作系统文件通常存放在 Windows 文件夹内。

在 UEFI 模式下，如果将 Windows Server 2019 安装到一个空硬盘中，则除了以上 3 个磁盘分区之外，安装程序还会自动多建立一个恢复分区，如图 7-7 所示。这实际上是将 Windows RE 从 EFI 系统分区中独立出来形成一个恢复分区,其中包含一些恢复工具,相当于一个微型操作系统环境。存储 Windows RE 的恢复分区的容量约为 450MB,而 EFI 系统分区的容量约为 100MB。

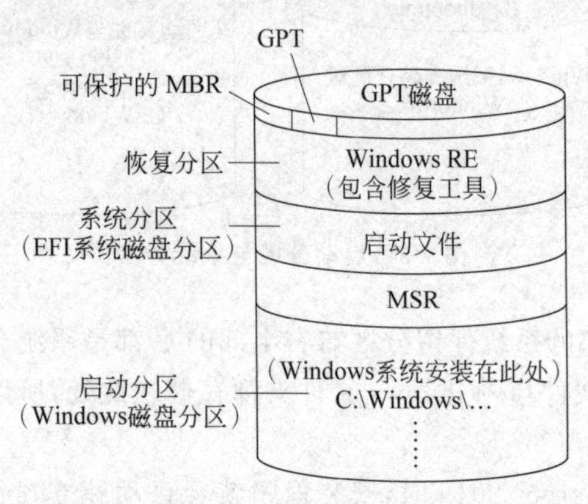

图 7-7　UEFI 模式下的恢复分区

如果是数据磁盘,则至少需要一个 MSR 和一个用来存储数据的磁盘分区。UEFI 模式的系统虽然也可以使用 MBR 磁盘,但 MBR 磁盘只能够当作数据磁盘,无法作为启动磁盘。

如果硬盘内已经有操作系统,且此硬盘是 MBR 磁盘,则必须先删除其中的所有磁盘分区,才可以将其转换为 GPT 磁盘。其方法为:在安装过程中,通过单击修复计算机,进入命令提示符窗口,然后执行 diskpart 命令,接着依次执行 select disk 0、clean、convert gpt 命令。

在文件资源管理器内看不到系统保留分区(MBR 磁盘)、恢复分区、EFI 系统分区与 MSR 等磁盘分区。在 Windows 操作系统内置的磁盘管理工具"磁盘管理"内看不到 MBR、GPT、可保护的 MBR 等特殊信息,虽然可以看到系统保留分区、恢复分区与 EFI 系统分区等磁盘分区,但还是看不到 MSR。例如,图 7-8 所示的磁盘为 GPT 磁盘,从中可以看到恢复分区与 EFI 系统分区(当然还有 Windows 磁盘分区),但看不到 MSR。

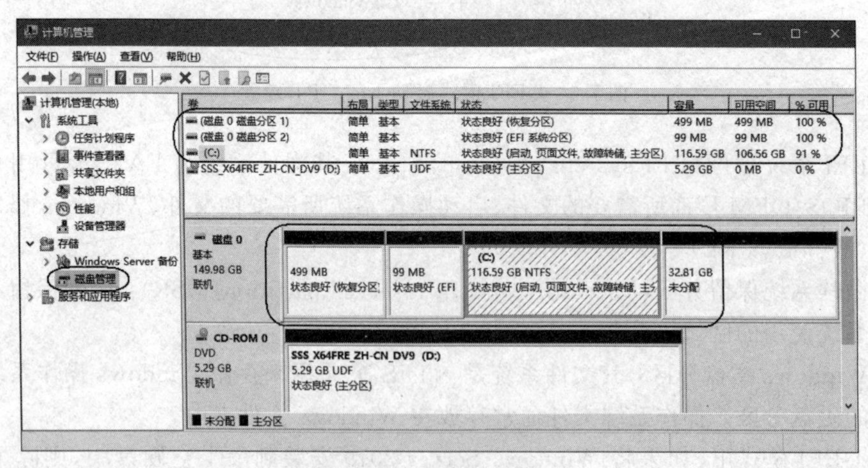

图 7-8　GPT 的磁盘管理

可以通过 diskpart 程序来查看 MSR：打开命令提示符窗口，执行 diskpart 程序，然后依序执行 select disk 0、list partition 命令，可以看到 4 个磁盘分区，如图 7-9 所示。

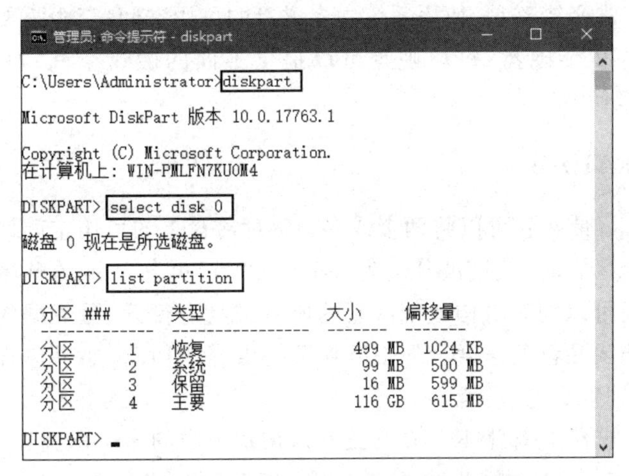

图 7-9　使用 diskpart 程序查看磁盘分区

7.3.3　动态磁盘

动态磁盘可以提供一些基本磁盘不具备的功能，例如，创建可跨越多个磁盘的卷(跨区卷和带区卷)和创建具有容错能力的卷(镜像卷和 RAID-5 卷)。所有动态磁盘上的卷都是动态卷。

无论动态磁盘使用 MBR 还是 GPT 分区样式，都可以创建最多 2000 个动态卷，推荐值是 32 个或更少。基本磁盘和动态磁盘之间可以相互转换。将一个基本磁盘升级为动态磁盘时不会丢失数据，而将动态磁盘转换成基本磁盘时会丢失数据。因此为了将动态磁盘转换成基本磁盘，要先删除动态磁盘上的数据和卷，然后从未分配的磁盘空间上重新创建基本磁盘。

1. 简单卷

简单卷由单个物理磁盘上的磁盘空间组成，可以被扩展到同一磁盘的不连续的多个区域(最多 32 个区域)。简单卷不能提供容错功能。简单卷支持 FAT16、FAT32、NTFS 文件系统。

其特点包括：包含单一磁盘上或者硬件陈列卷的磁盘空间；类似基本磁盘的基本卷；只有一个磁盘时只能创建简单卷；磁盘空间可以不连续；无大小和数量的限制；可扩容，可被扩展。

2. 跨区卷

跨区卷是由多个物理磁盘上的磁盘空间组成的卷，因此至少需要两个动态磁盘才能创建跨区卷。当将数据写到一个跨区卷时，系统将首先填满第一个磁盘上的扩展卷部分，然后将剩余部分数据写到该卷的下一个磁盘。如果跨区卷中的某个磁盘发生故障,则存储在该磁盘上的所有数据都将丢失。跨区卷只能在使用NTFS文件系统的动态磁盘中创建。

其特点包括:非容错磁盘,使用系统中多磁盘的可用空间;至少需要两块硬盘上的存储空间;最大支持32个硬盘;每块硬盘可以提供不同的磁盘空间;可以随时扩展容量(NTFS);无法被镜像。

3. 带区卷(RAID-0)

如图7-10所示,带区卷可以将两个或多个物理磁盘上的可用空间区域合并到一个卷上。当数据写入带区卷时,数据被分割为64KB的"块"并按一定的顺序传输到陈列中的所有磁盘。带区卷可以同时对构成带区卷的所有磁盘进行读、写数据的操作。使用带区卷可以充分改善访问硬盘的速度。但带区卷不提供容错功能,如果包含带区卷的其中一块硬盘出现故障,则整个卷将无法工作。

其特点包括:非容错磁盘(RAID-0技术);在系统中的多个磁盘中分布数据;至少需要两块硬盘;最大支持32个硬盘;将数据分成64KB的"块"。

4. 镜像卷(RAID-1)

如图7-11所示,镜像卷是原始卷的拷贝,存储在不同的硬盘上。镜像卷提供了在硬盘发生故障时的容错功能。容错就是在硬件出现故障时,计算机或操作系统确保数据完整性的能力。通常为了防止数据丢失,管理员可以创建一个镜像卷。

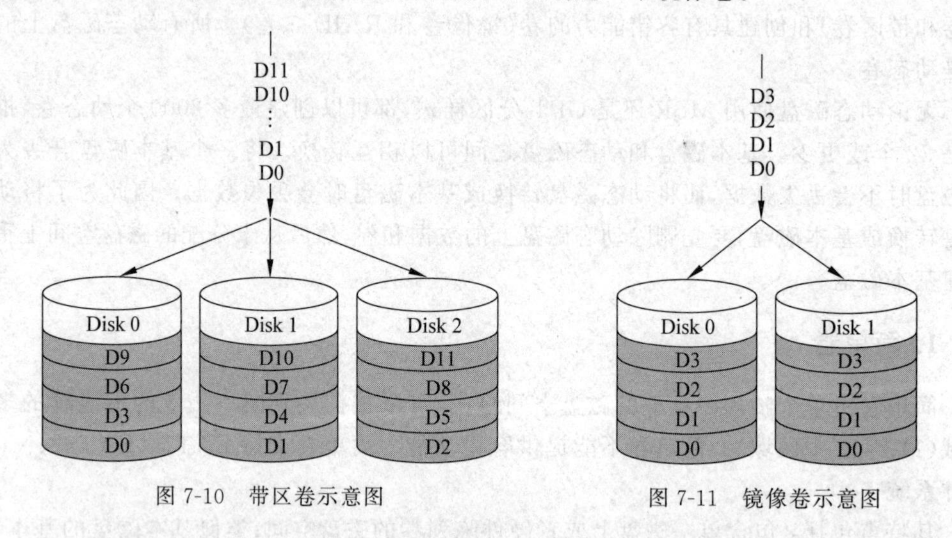

图7-10　带区卷示意图　　图7-11　镜像卷示意图

其特点包括:容错磁盘(RAID-1技术)把数据从一个磁盘向另一个磁盘做镜像;每块磁盘提供相同大小的空间;磁盘空间利用率50%;无法提高读、写性能。

5. RAID-5卷

如图7-12所示,RAID-5卷是包含数据和奇偶校验的容错卷,它分布于3个或更多的物理磁盘上,分别在每个磁盘上添加一个奇偶校验带区。奇偶校验是指在向包含冗余信息的数据流中添加位的数学技术，允许在数据流的一部分已损坏或丢失时重建该数据流。RAID-5又被称为具有奇偶校验的带区卷。

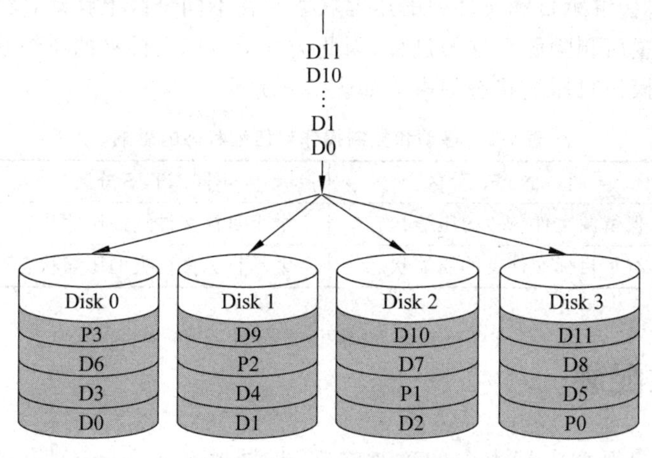

图7-12 RAID-5卷示意图

其特点包括：至少需要3个硬盘，最大支持32个硬盘；每个硬盘必须提供相同的磁盘空间；提供容错，提高读写性能；空间利用率为$(n-1)/n$(其中n为磁盘数量)。

简单卷、跨区卷、带区卷、镜像卷和RAID-5卷的性能比较如表7-1所示。

表7-1 简单卷、跨区卷、带区卷、镜像卷和RAID-5卷的性能比较

性能指标	简单卷	跨区卷	带区卷	镜像卷	RAID-5卷
磁盘数	=1	≥2	≥2	=2	≥3
容错功能	无	无	无	有	有
读写速度	一般	一般	最快	一般	较快
存储空间计算	磁盘空间可不连续，磁盘空间利用率为100%	每个磁盘提供空间可不同，磁盘空间利用率为100%	每个磁盘提供空间相同，磁盘空间利用率为100%	每个磁盘提供空间相同，磁盘空间利用率为1/2	每个磁盘提供空间相同，磁盘空间利用率为$(n-1)/n$

7.3.4 磁盘压缩

NTFS文件系统中的文件、文件夹都具有压缩属性，压缩可以减少它们占用磁盘的空间。压缩可以对文件、文件夹或整个分区进行。NTFS文件系统的压缩过程和解压缩过程对用户是完全透明的，压缩前和压缩后的文件在使用上没有不同。

当把一个未压缩的文件或文件夹复制到一个压缩的文件夹或分区中时，会自动压缩。可以将不常用的文件放置到设置成压缩状态的文件夹中，可以将整个NTFS分区设置成压缩状态。但要注意，不宜将系统分区或有虚拟内存的分区设置为压缩状态，因为这会影响系统性能。

只有在文件夹中创建新文件或文件夹时,才继承目标文件夹的压缩状态。当在同一分区移动文件或文件夹时,文件或文件夹并没有改变在磁盘上的位置,只是改变了文件的访问路径,因此不会继承目标文件夹的压缩状态。在不同分区上移动,实际上是复制文件或文件夹到新位置后删除源文件的过程,因此会继承目标文件夹的压缩状态。

移动和复制操作对压缩状态的影响如表7-2所示。

表7-2 移动和复制操作对压缩状态的影响

操作类型	同一NTFS分区	不同NTFS分区	FAT分区
移动	保留源文件(夹)的压缩状态	继承目标文件夹的压缩状态	丢失压缩状态
复制	继承目标文件夹的压缩状态	继承目标文件夹的压缩状态	丢失压缩状态

7.3.5 磁盘配额

如果某个用户恶意占用太多的磁盘空间,将导致系统空间不足。Windows Server 2019的磁盘配额可以限制用户对磁盘空间的无限使用,磁盘配额的工作过程是磁盘配额管理器会根据网络系统管理员设置的条件,监视对受保护的磁盘卷的写入操作。如果受保护的卷达到或超过某个特定的水平,就会有一条消息被发送到向该卷进行写入操作的用户,警告该卷接近配额限制,或配额管理器会阻止该用户对该卷的写入。

磁盘配额具有以下特性。

(1) 磁盘配额是针对单一用户来进行控制与跟踪的。

(2) 只有NTFS分区才支持磁盘配额功能,FAT16及FAT32不支持。

(3) 磁盘配额是以文件和文件夹的所有权进行计算的。也就是说,在一个NTFS卷内,所有权属于用户的文件和文件夹,其所占用的磁盘空间会被计算在内。

(4) 磁盘配额的计算不考虑文件压缩的因素。虽然在NTFS卷内的文件和文件夹可以被压缩以减少占用磁盘的空间,但是磁盘配额的功能在计算用户的磁盘空间总使用量时,是以文件的原始大小进行计算的。

(5) 每个NTFS分区的磁盘配额是独立计算的,不论这几个NTFS分区是否在同一个硬盘内。例如,如果第一个硬盘被划分成C和D两个NTFS分区,则用户在磁盘分区C和D分别可以拥有不同的磁盘配额。

(6) 系统管理员默认不会受到磁盘配额的限制。

7.4 项目实施

7.4.1 任务1:创建与管理动态磁盘

1. 转换为动态磁盘

(1) 添加虚拟硬盘。为了学习和实验的方便,在WIN2019-1虚拟机中添加5块容量大小为 10GB 的虚拟硬盘,即可组成实验环境,操作步骤如下。

任务 1：创建与管理动态磁盘

步骤 1：在 VMware Workstation 窗口中,在左侧窗格中选择 WIN2019-1 虚拟机后,再选择“虚拟机”→“设置”命令,打开“虚拟机设置”对话框。

步骤 2：在“硬件”选项中单击“添加”按钮,打开“添加硬件向导”对话框,如图 7-13 所示。

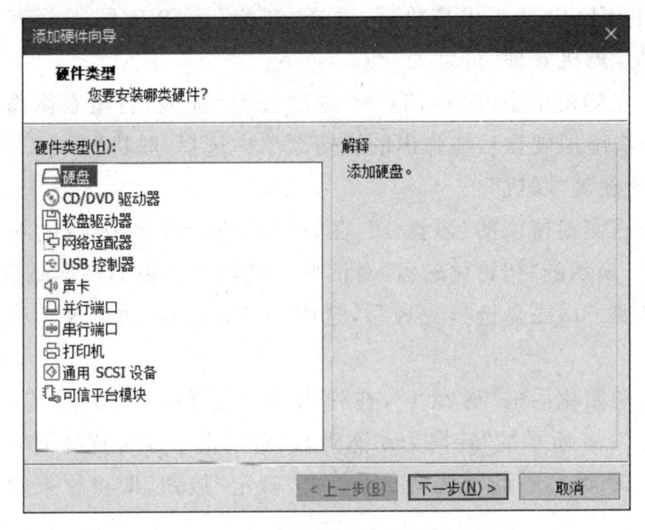

图 7-13　“添加硬件向导”对话框

步骤 3：选中“硬盘”选项,单击“下一步”按钮,出现“选择磁盘类型”界面,选中“NVMe(推荐)”单选按钮,单击“下一步”按钮,出现“选择磁盘”界面。

步骤 4：选中“创建新虚拟磁盘”单选按钮,单击“下一步”按钮,出现“指定磁盘容量”界面,如图 7-14 所示。

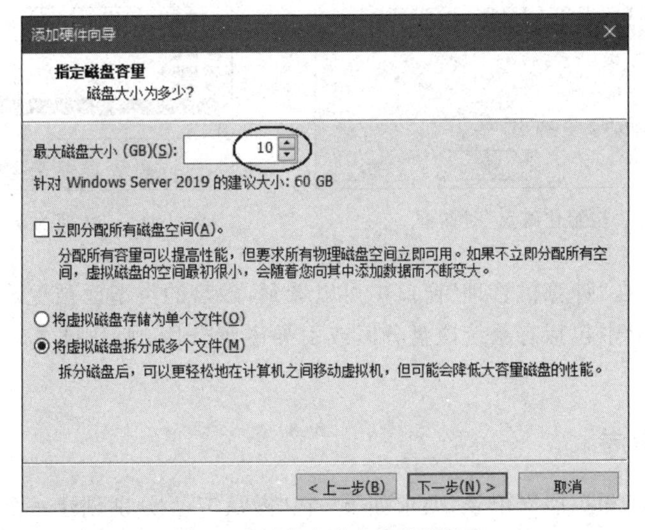

图 7-14　“指定磁盘容量”界面

步骤5：设置最大磁盘大小为10GB，选中“将虚拟磁盘拆分成多个文件”单选按钮，单击“下一步”按钮，出现“指定磁盘文件”界面。

步骤6：保留默认磁盘文件名不变，单击“完成”按钮，完成虚拟硬盘的添加。

步骤7：按照以上方法，再添加4块大小、型号均相同的虚拟硬盘。

(2) 转换为动态磁盘。在创建动态磁盘的卷时，必须对新添加的硬盘进行联机、初始化磁盘和转换为动态磁盘工作，否则将不能使用该磁盘，操作步骤如下。

步骤1：开启WIN2019-1虚拟机后，选择“开始”→“Windows 管理工具”→“计算机管理”命令，打开“计算机管理”窗口。

步骤2：选中左侧窗格中的“存储”→“磁盘管理”选项，右击右侧窗格中的“磁盘1”(这是添加的第一块虚拟硬盘)，在弹出的快捷菜单中选择“联机”命令，使用相同的方法将另外4块新添加的磁盘“联机”。

步骤3：右击右侧窗格中的“磁盘1”，在弹出的快捷菜单中选择“初始化磁盘”命令，在打开的如图7-15所示的“初始化磁盘”对话框中确认要转换的基本磁盘(磁盘1、磁盘2、磁盘3、磁盘4、磁盘5)，磁盘选择完成后，选中“MBR(主启动记录)”单选按钮，单击“确定”按钮。

步骤4：右击初始化后的“磁盘1”，在弹出的快捷菜单中选择“转换到动态磁盘”命令，在打开的如图7-16所示的“转换为动态磁盘”对话框中还可选择同时需要转换的其他基本磁盘(磁盘2、磁盘3、磁盘4、磁盘5)，单击“确定”按钮，即将原来的基本磁盘转换为动态磁盘。

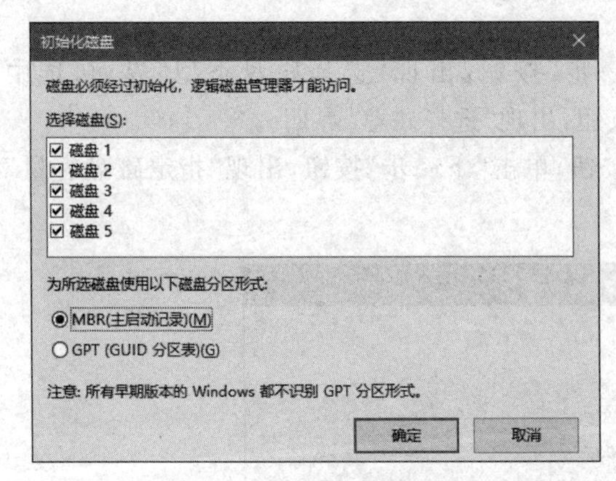

图7-15 “初始化磁盘”对话框

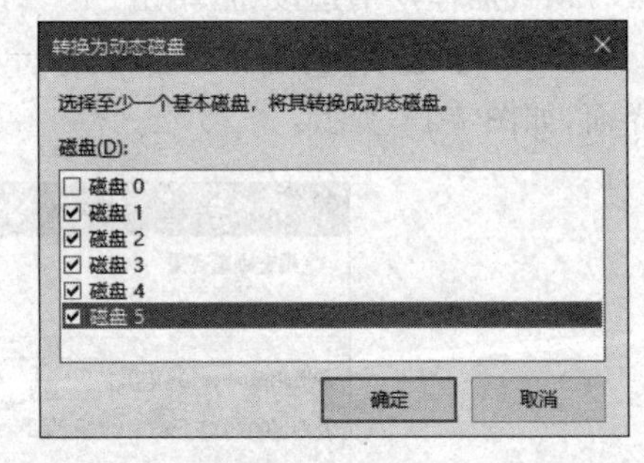

图7-16 “转换为动态磁盘”对话框

升级完成后，在“计算机管理”窗口中可以看到，磁盘的类型已被更改为动态磁盘。如果升级的基本磁盘中包括有系统磁盘分区或引导磁盘分区，则升级之后需要重新启动计算机。

2. 创建简单卷

下面开始创建和扩展简单卷，要求如下：在“磁盘1”上分别创建一个3000MB容量的简单卷E和2000MB容量的简单卷F，使“磁盘1”拥有两个简单卷，然后从未分配的空间中划分一个 4000MB 的空间添加到 E 中，使简单卷 E 的容量扩展到 7000MB。操作步骤如下。

步骤 1：在“计算机管理”窗口中右击“磁盘 1”的未分配空间，在弹出的快捷菜单中选择“新建简单卷”命令，如图 7-17 所示。

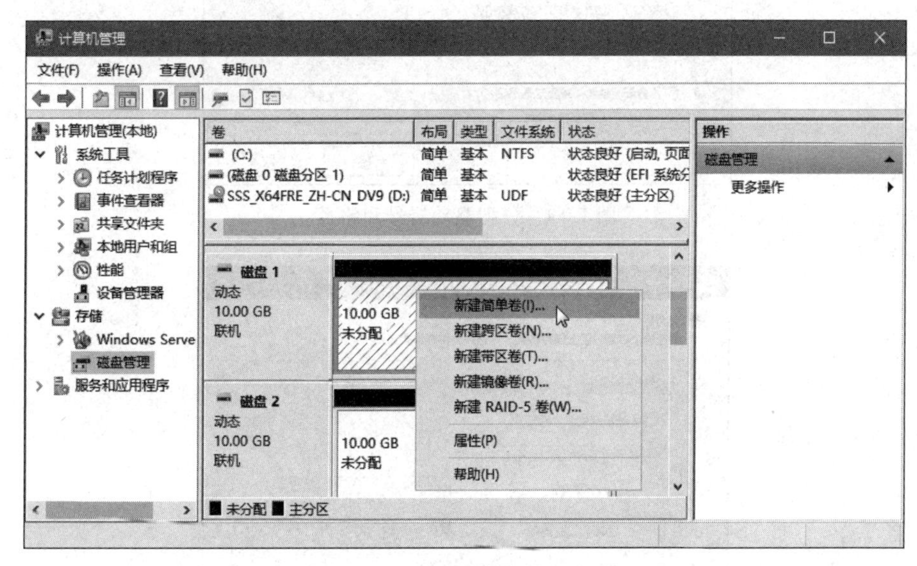

图 7-17　新建简单卷

步骤 2：在打开的“新建简单卷向导”对话框中单击“下一步”按钮，出现“指定卷大小”界面，设置简单卷大小为 3000MB，如图 7-18 所示。

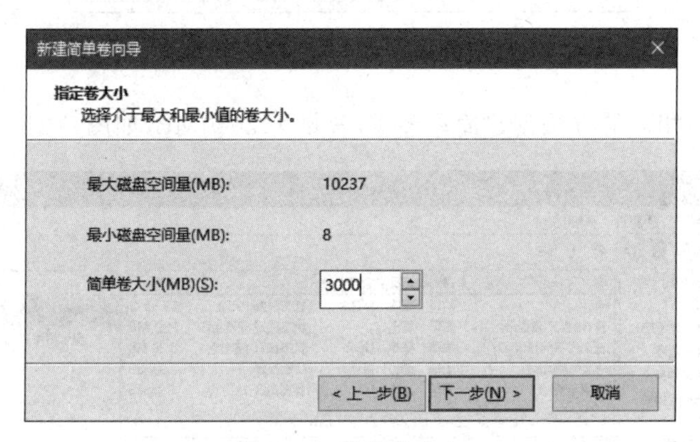

图 7-18　指定卷大小

步骤 3：单击“下一步”按钮，出现“分配驱动器号和路径”界面，分配驱动器号为 E，如图 7-19 所示。

步骤 4：单击“下一步”按钮，出现“格式化分区”界面，设置文件系统为 NTFS，选中“执行快速格式化”复选框，如图 7-20 所示。

步骤 5：单击“下一步”按钮，再单击“完成”按钮，系统开始对该磁盘进行分区和格式化。

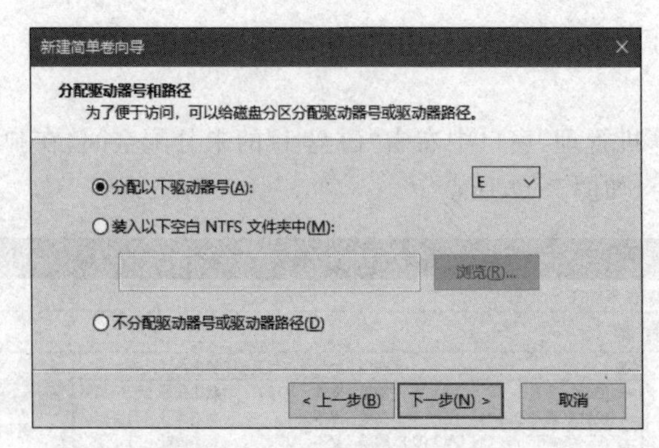

图 7-19　分配驱动器号和路径

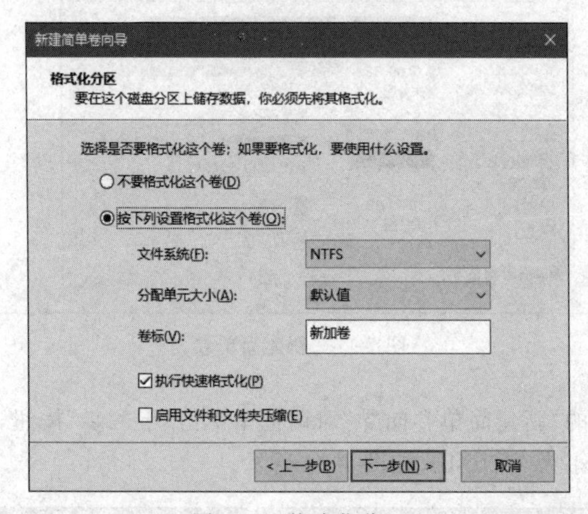

图 7-20　格式化分区

步骤 6：使用相同的方法创建简单卷 F，容量为 2000MB，如图 7-21 所示。

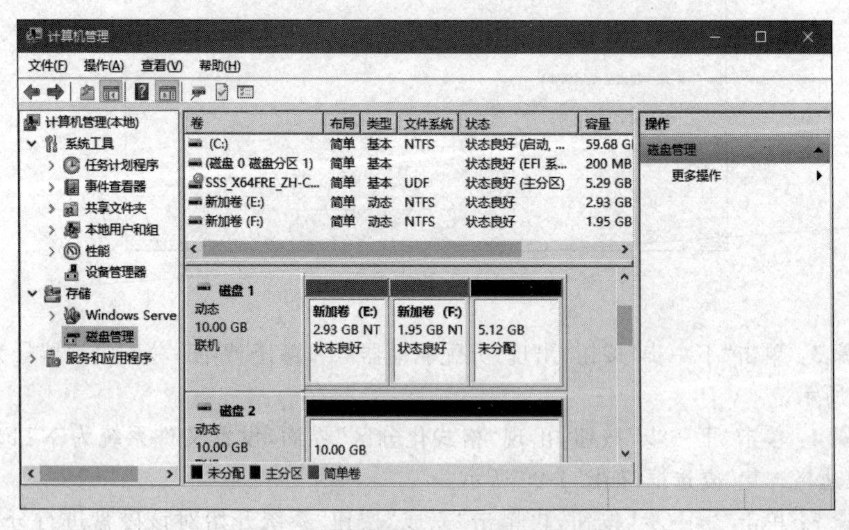

图 7-21　创建容量为 2000MB 的简单卷 F

步骤7：右击简单卷E，在弹出的快捷菜单中选择“扩展卷”命令，打开“扩展卷向导”对话框。

步骤8：单击“下一步”按钮，出现“选择磁盘”界面，在“选择空间量”文本框中输入扩展空间容量4000MB，如图7-22所示。此时，卷大小总数为7000MB。

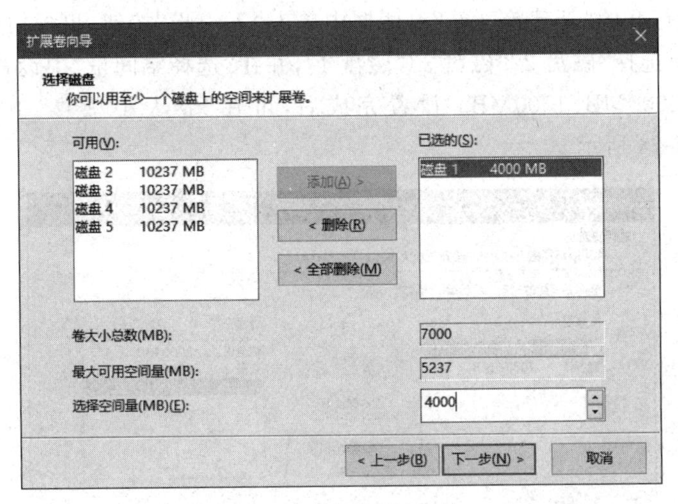

图7-22　扩展空间容量

步骤9：单击“下一步”按钮，出现“完成扩展卷向导”界面，单击“完成”按钮。

扩展完成后的结果如图7-23所示，可看出整个简单卷E在磁盘的物理空间上是不连续的两个部分，总容量为7000MB，同时简单卷的颜色变为“橄榄绿”。

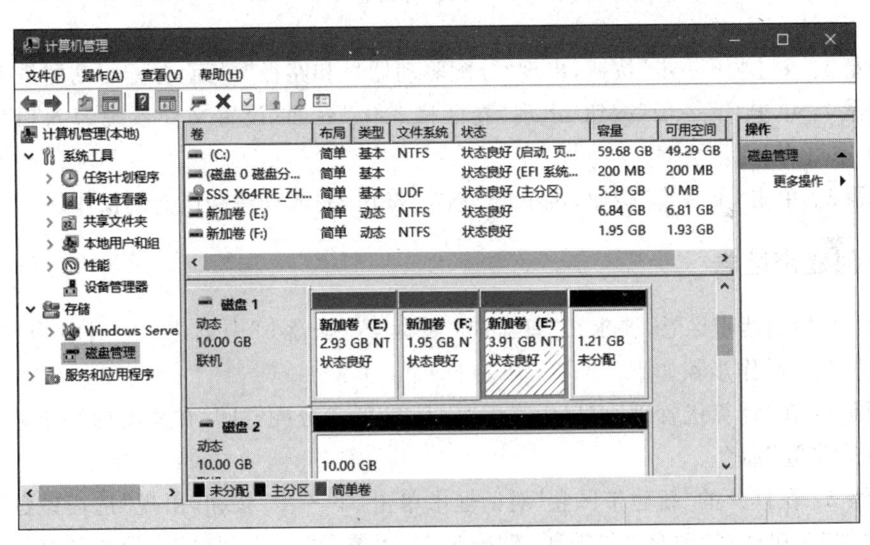

图7-23　扩展卷

3. 创建跨区卷

下面开始创建跨区卷，要求如下：在“磁盘2”中取一个2000MB的空间，在“磁盘3”

中取一个 2000MB 的空间，在“磁盘 4”中取一个 1500MB 的空间，创建一个容量为 5500MB 的跨区卷 G。操作步骤如下。

步骤 1：在“计算机管理”窗口中右击“磁盘 2”的未分配空间，在弹出的快捷菜单中选择“新建跨区卷”命令。

步骤 2：在打开的“新建跨区卷”对话框中单击“下一步”按钮，出现“选择磁盘”界面，通过“添加”按钮选择“磁盘 2”“磁盘 3”“磁盘 4”，并在“选择空间量”中设置其容量大小分别为 2000MB、2000MB、1500MB。设置完成后，可在“卷大小总数”中看到总容量为 5500MB，如图 7-24 所示。

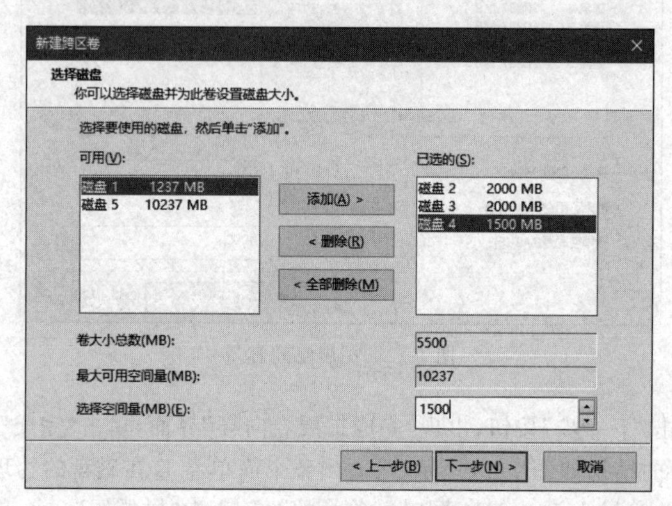

图 7-24　设置跨区卷容量

步骤 3：单击“下一步”按钮，出现“分配驱动器号和路径”界面，分配驱动器号为 G。

步骤 4：单击“下一步”按钮，出现“卷区格式化”界面，设置文件系统为 NTFS，选中“执行快速格式化”复选框。

步骤 5：单击“下一步”按钮，再单击“完成”按钮，完成创建跨区卷的操作。

4. 创建带区卷

下面开始创建带区卷，要求在“磁盘 3”“磁盘 4”“磁盘 5”中创建一个容量为 6000MB 的带区卷 H。操作步骤如下。

步骤 1：在“计算机管理”窗口中右击“磁盘 3”的未分配空间，在弹出的快捷菜单中选择“新建带区卷”命令。

步骤 2：在打开的“新建带区卷”对话框中单击“下一步”按钮，出现“选择磁盘”界面，通过“添加”按钮选择“磁盘 3”“磁盘 4”“磁盘 5”，并在“选择空间量”中设置其容量大小均为 2000MB。设置完成后，可在“卷大小总数”中看到总容量为 6000MB，如图 7-25 所示。

步骤 3：单击“下一步”按钮，出现“分配驱动器号和路径”界面，分配驱动器号为 H。

步骤 4：单击“下一步”按钮，出现“卷区格式化”界面，设置文件系统为 NTFS，选中“执行快速格式化”复选框。

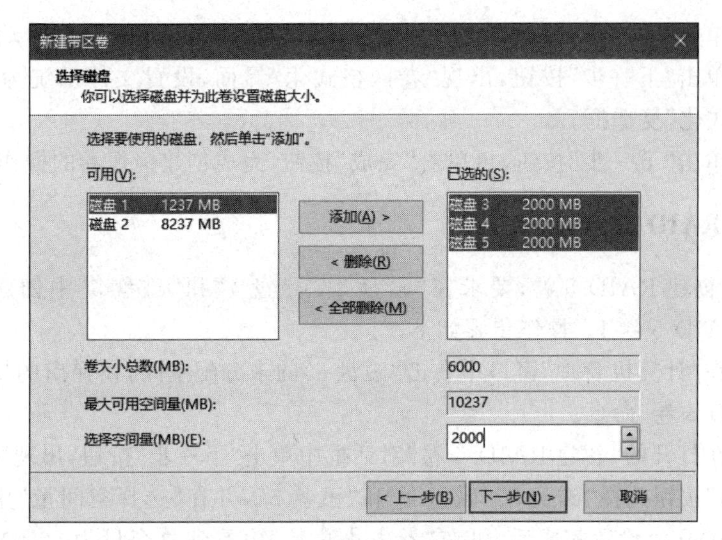

图 7-25 设置带区卷容量

步骤 5：单击“下一步”按钮，再单击“完成”按钮，完成创建带区卷的操作。

5. 创建镜像卷

下面开始创建镜像卷，要求在“磁盘 4”和“磁盘 5”中创建一个容量为 3000MB 的镜像卷 I。操作步骤如下。

步骤 1：在“计算机管理”窗口中右击“磁盘 4”的未分配空间，在弹出的快捷菜单中选择“新建镜像卷”命令。

步骤 2：在打开的“新建镜像卷”对话框中单击“下一步”按钮，出现“选择磁盘”界面，通过“添加”按钮选择“磁盘 4”和“磁盘 5”，并在“选择空间量”中设置其容量大小均为 3000MB，设置完成后可在“卷大小总数”中看到总容量为 3000MB，如图 7-26 所示。

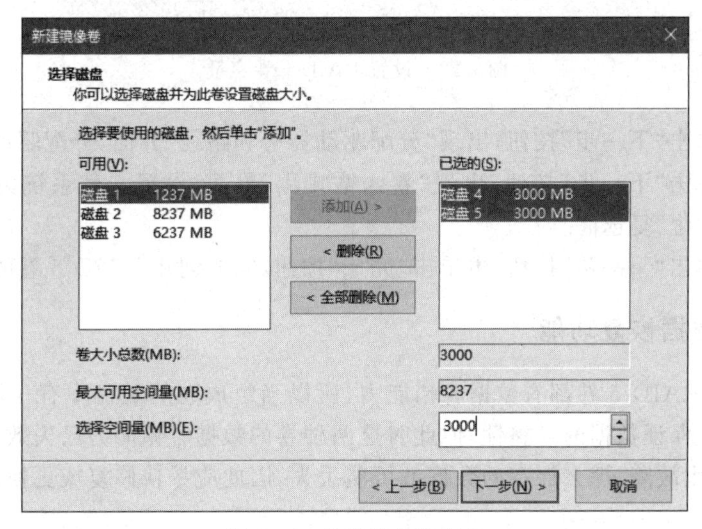

图 7-26 设置镜像卷容量

步骤3：单击“下一步”按钮，出现“分配驱动器号和路径”界面，分配驱动器号为I。

步骤4：单击“下一步”按钮，出现“卷区格式化”界面，设置文件系统为NTFS，选中“执行快速格式化”复选框。

步骤5：单击“下一步”按钮，再单击“完成”按钮，完成创建镜像卷的操作。

6. 创建RAID-5卷

下面开始创建RAID-5卷，要求在“磁盘3”“磁盘4”和“磁盘5”中创建一个容量为5000MB的RAID-5卷J。操作步骤如下。

步骤1：在“计算机管理”窗口中右击“磁盘3”的未分配空间，在弹出的快捷菜单中选择“新建RAID-5卷”命令。

步骤2：在打开的“新建RAID-5卷”对话框中单击“下一步”按钮，出现“选择磁盘”界面，通过“添加”按钮选择“磁盘3”“磁盘4”和“磁盘5”，并在“选择空间量”中设置其容量大小均为2500MB。设置完成后，可在“卷大小总数”中看到总容量为5000MB，如图7-27所示。

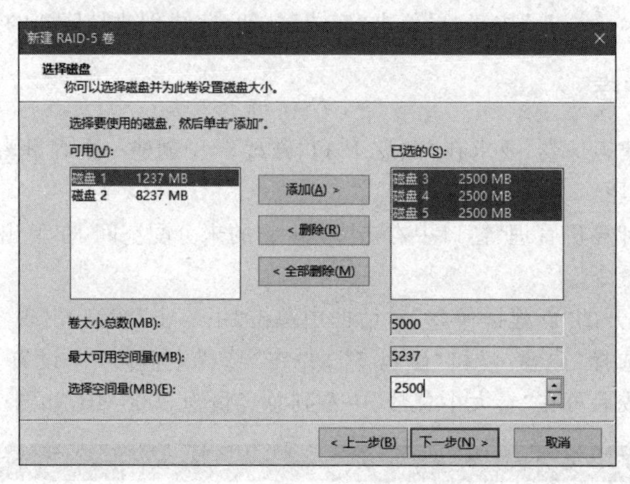

图7-27　设置RAID-5卷容量

步骤3：单击“下一步”按钮，出现“分配驱动器号和路径”界面，分配驱动器号为J。

步骤4：单击“下一步”按钮，出现“卷区格式化”界面，设置文件系统为NTFS，选中“执行快速格式化”复选框。

步骤5：单击“下一步”按钮，再单击“完成”按钮，完成创建RAID-5卷的操作。

7. 使用数据恢复功能

镜像卷和RAID-5卷都有数据容错能力，所以当组成卷的磁盘中有一块磁盘出现故障时，仍然能够保证数据的完整性，但此时这两种卷的数据容错能力已失效或下降。若卷中再有磁盘发生故障，那么保存的数据就可能丢失，因此应尽快修复或更换磁盘以恢复卷的容错能力。

利用虚拟机来模拟硬盘损坏，并模拟如何使用数据恢复功能。操作步骤如下。

步骤 1：在 WIN2019-1 计算机中，分别在各个硬盘的盘符上复制一些文件（如 test.txt 文件），然后关闭 WIN2019-1 计算机。

步骤 2：选择“虚拟机”→“设置”命令，打开“虚拟机设置”对话框，选中第 5 块硬盘（添加的第 4 块虚拟硬盘“磁盘 4”），单击“移除”按钮将其删除，从而模拟该硬盘损坏。

步骤 3：单击“添加”按钮，添加一块新虚拟硬盘，大小为 10GB，磁盘类型为 NVMe。

步骤 4：启动虚拟机，打开“计算机管理”窗口，在左侧窗格中选择“存储”→“磁盘管理”选项，弹出“初始化磁盘”对话框，系统要求对新磁盘进行初始化，如图 7-28 所示。选中“MBR（主启动记录）”单选按钮，单击“确定”按钮，对新磁盘进行初始化操作。

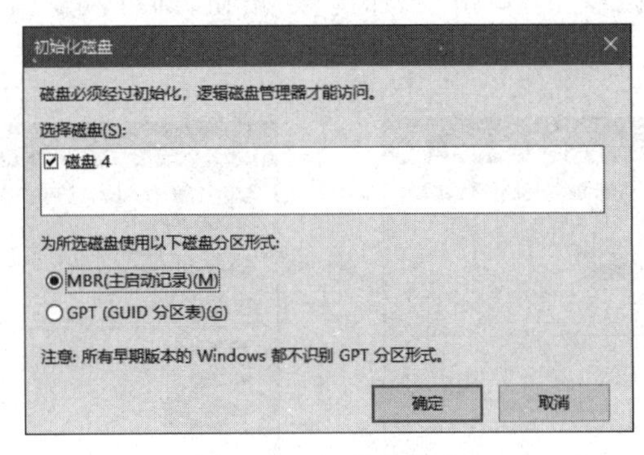

图 7-28　初始化磁盘

步骤 5：如图 7-29 所示，“磁盘 4”为新安装的磁盘，而发生故障的原“磁盘 4”此时显示为“丢失”。

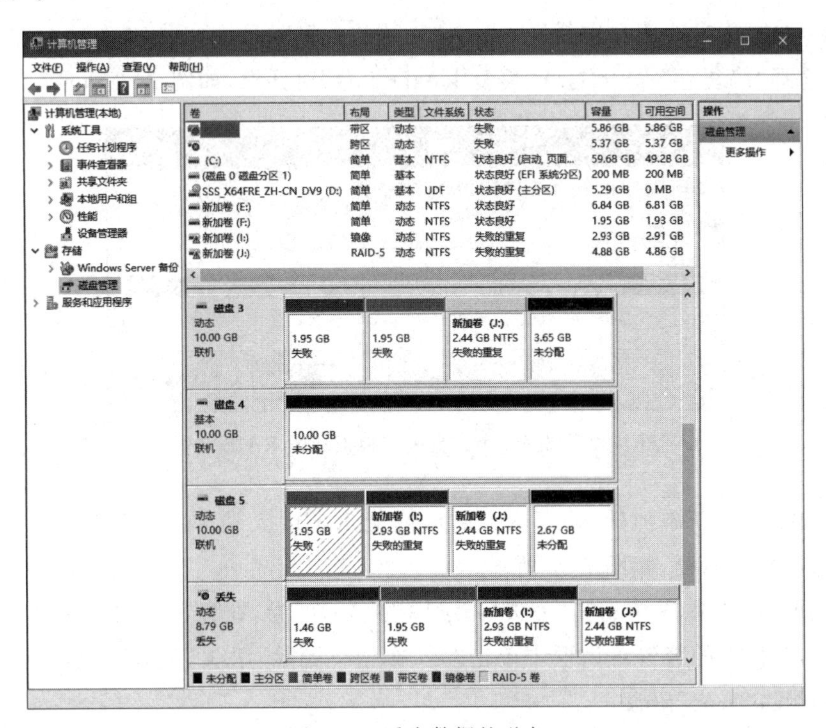

图 7-29　丢失数据的磁盘

步骤6：在图7-29中右击“丢失”磁盘上有“失败的重复”标识的镜像卷I，在弹出的快捷菜单中选择“删除镜像”命令，打开“删除镜像”对话框，如图7-30所示。

步骤7：选择标识为“丢失”的磁盘，单击“删除镜像”按钮，在弹出的警告对话框中单击“是”按钮，完成后可以发现“磁盘5”中原先失败的镜像卷I(失败的重复)已经被转换成了简单卷(状态良好)。

步骤8：将“磁盘4”转换到动态磁盘，然后右击“磁盘5”中经过上一个步骤已转换为简单卷的镜像卷I，在弹出的快捷菜单中选择“添加镜像”命令，打开“添加镜像”对话框，如图7-31所示。选择“磁盘4”，单击“添加镜像”按钮，即可恢复“磁盘4”和“磁盘5”组成的镜像卷I。

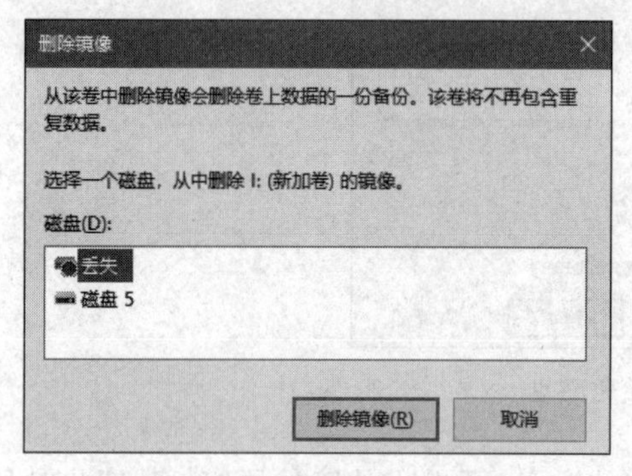

图7-30　选择删除镜像的磁盘

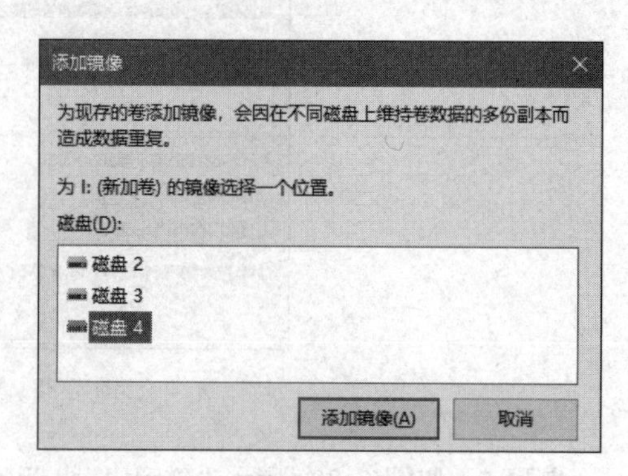

图7-31　选择添加镜像的磁盘

步骤9：在图7-29中右击任何一个有“失败的重复”标识的RAID-5卷J，在弹出的快捷菜单中选择“修复卷”命令，打开“修复RAID-5卷”对话框，如图7-32所示。

图7-32　选择一个磁盘来替换损坏的RAID-5卷

步骤10：选择新添加的“磁盘4”，以便修复RAID-5卷，单击“确定”按钮，完成后RAID-5卷J将被修复，如图7-33所示。

步骤11：在图7-33中右击“丢失”磁盘中的“失败”卷，在弹出的快捷菜单中选择“删除卷”命令，在弹出的警告对话框中单击“是”按钮。删除“丢失”磁盘上的所有“失败”卷后，会自动删除“丢失”磁盘。

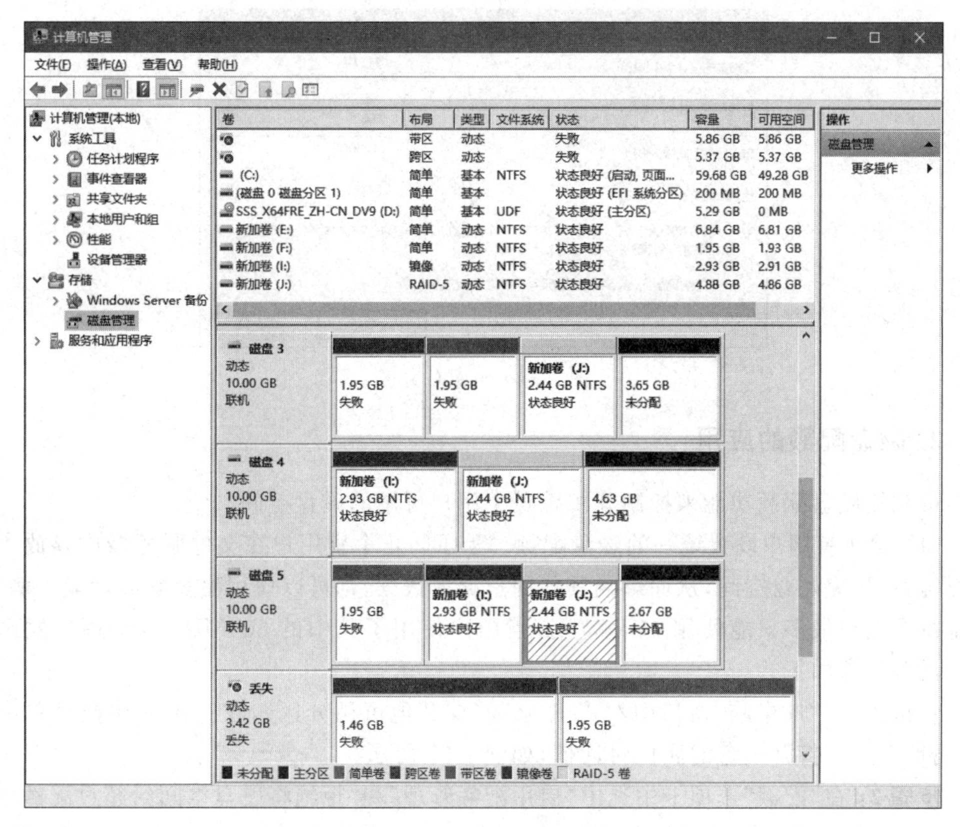

图 7-33　RAID-5 卷 J 被修复

7.4.2　任务 2：磁盘压缩和磁盘配额

1. 磁盘压缩的应用

如果服务器的空闲磁盘空间不足，在保留现有文件的情况下，可使用磁盘压缩功能，以增加空闲磁盘空间。

步骤 1：在 WIN2019-2 虚拟机中打开“计算机管理”窗口，在左侧窗格中选择“磁盘管理”，在右侧窗格中右击磁盘 0 中的分区 C，在弹出的快捷菜单中选择“压缩卷”命令，打开“压缩 C：”对话框，如图 7-34 所示。

任务 2：磁盘压缩和磁盘配额

步骤 2：在“输入压缩空间量”文本框中输入 10000MB，单击“压缩”按钮，压缩完成后，可以看到磁盘 0 多出了 10000MB(9.77GB)的空闲空间(未分配)。

步骤 3：右击磁盘 0 中的未分配空间，在弹出的快捷菜单中选择“新建简单卷”命令，打开新建简单卷向导，连续单击“下一步”按钮，分配驱动器号为 E，再连续单击“下一步”按钮，并单击“完成”按钮。

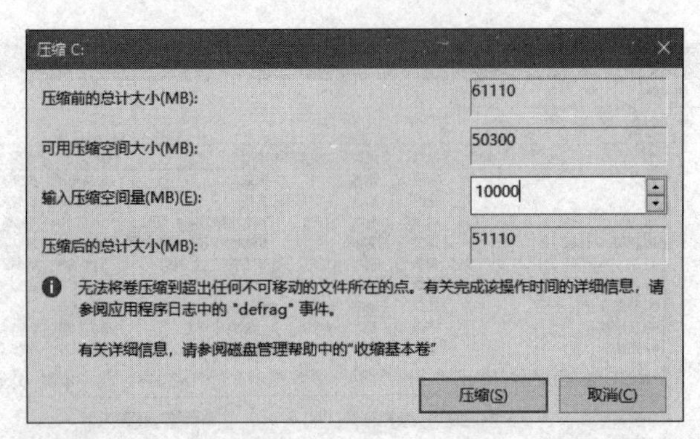

图 7-34　压缩 C 分区

2. 磁盘配额的应用

可利用磁盘配额功能来控制和跟踪每个用户可用的磁盘空间。

(1) 给所有用户设置统一的磁盘配额。为了防止个别用户在文件服务器中存放大量电影等，占用完磁盘空间，从而影响其他用户存放数据，则可以使用磁盘配额功能。例如，限制每个用户最多只能使用 1GB 空间，当用户使用了其中的 800MB 时，给用户发出警告。设置步骤如下。

步骤 1：在“此电脑”窗口中右击 E 分区（或其他可用分区），在弹出的快捷菜单中选择“属性”命令，打开磁盘的属性对话框，如图 7-35 所示。

步骤 2：在“配额”选项卡中选中“启用配额管理”和“拒绝将磁盘空间给超过配额限制的用户”复选框，将磁盘空间限制为 1GB，将警告等级设置为 800MB，单击“确定”按钮，在弹出的警告对话框中单击“确定”按钮。

步骤 3：新建 wang 账户和 zhang 账户，使用 wang 账户登录到 WIN2019-2 计算机，查看计算机中的 E 盘容量就是 1GB，如图 7-36 所示。

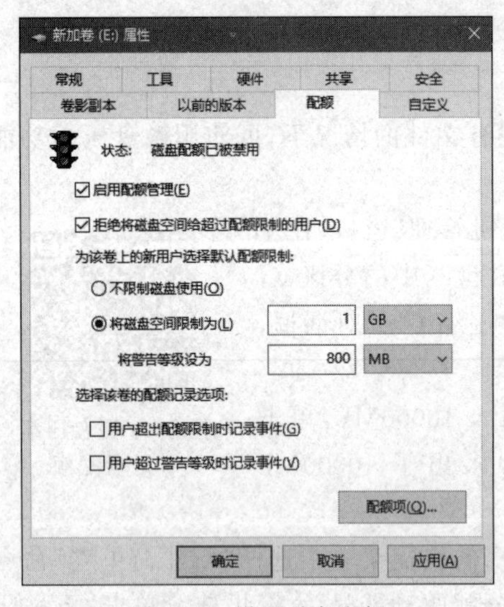

图 7-35　设置磁盘配额

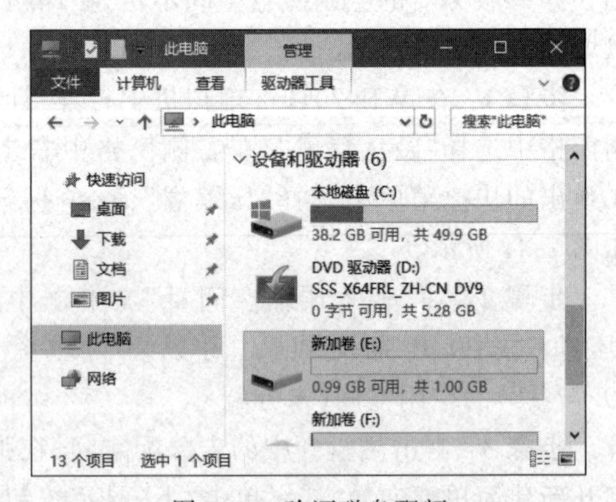

图 7-36　验证磁盘配额

(2) 给个别用户设置特定大小的磁盘配额。以上设置为所有的普通用户统一设置磁盘配额,还可以给特定的用户指定特定大小的磁盘配额,例如给 zhang 用户指定 2GB 的磁盘配额。设置步骤如下。

步骤 1：以管理员身份登录 WIN2019-2 计算机,在"此电脑"对话框中右击 E 盘,在弹出的快捷菜单中选择"属性"命令,打开磁盘属性对话框。

步骤 2：在"配额"选项卡中单击"配额项"按钮,打开配额项窗口,在工具栏中单击"新建配额项"按钮,在打开的"选择用户"对话框中输入账户 zhang,单击"确定"按钮。

步骤 3：在打开的"添加新配额项"对话框中,将磁盘空间限制为 2GB,将警告等级设置为 1.6GB,如图 7-37 所示,单击"确定"按钮。

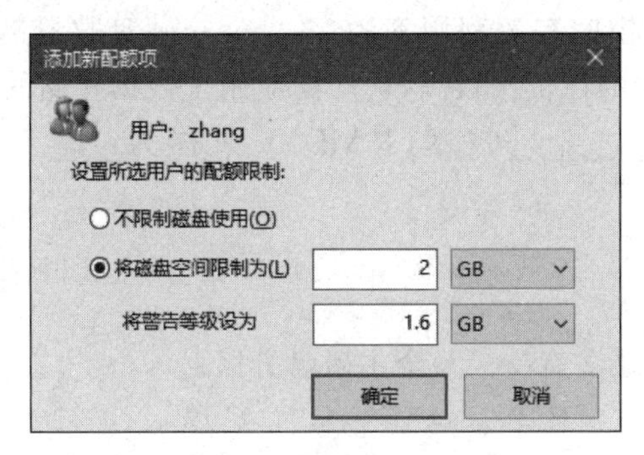

图 7-37 添加新配额项

步骤 4：在配额项窗口中,可以看到新添加的 zhang 账户的磁盘配额,如图 7-38 所示。另外,Administrators 组的用户不受磁盘配额的限制。

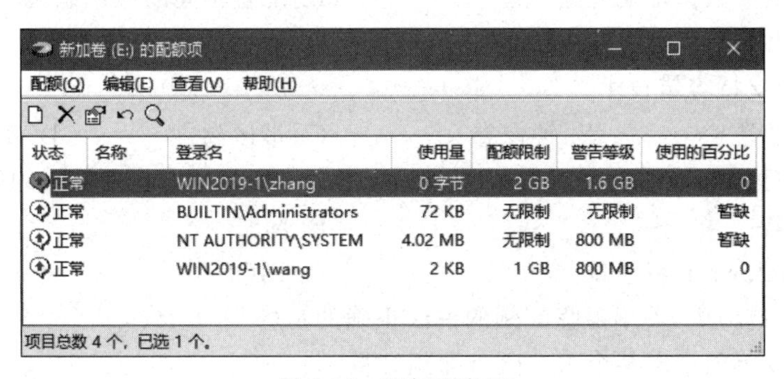

图 7-38 配额项窗口

7.5 习　　题

一、填空题

1. Windows Server 2019 将磁盘存储类型分为两种：________和________。

2. 磁盘按分区表的格式可以分为________和________两种磁盘格式,其中 MBR 磁盘所支持的硬盘最大容量为________TB。

3. 一个MBR磁盘内最多可以建立________个主磁盘分区或最多________个主磁盘分区加上1个扩展磁盘分区。

4. Windows操作系统的一个GPT磁盘内最多可以建立________个主磁盘分区，因此GPT磁盘不需要________分区。

5. 使用UEFI BIOS的计算机可以选择UEFI模式或________模式来启动Windows操作系统。如果是UEFI模式，则启动磁盘需是________磁盘，并且此磁盘最少需要3个GPT磁盘分区，分别是________、________、________。

6. 镜像卷的磁盘空间利用率只有________，所以镜像卷的花费相对较高。与镜像卷相比，RAID-5卷的磁盘空间有效利用率为________，硬盘数量越多，冗余数据带区的成本越低，所以RAID-5卷的性价比较高，被广泛应用于数据存储的领域。

7. 带区卷又称为________技术，RAID-1又称为________卷，RAID-5又称为________卷。

二、选择题

1. 一个基本磁盘上最多有(　　)个主磁盘分区。

A. 1　　B. 2　　C. 3　　D. 4

2. 镜像卷不能使用(　　)文件系统。

A. FAT16　　B. NTFS　　C. FAT32　　D. EXT3

3. 主要的系统容错和灾难恢复方法不包括(　　)。

A. 对重要数据定期存盘　　B. 配置不间断电源系统

C. 利用RAID实现容错　　D. 数据的备份和还原

4. (　　)支持容错技术。

A. 跨区卷　　B. 镜像卷　　C. 带区卷　　D. 简单卷

5. UEFI模式启动磁盘需要为GPT磁盘，(　　)不是此磁盘所需要的磁盘分区。

A. ESP　　B. MSR

C. Windows磁盘分区　　D. BIOS

6. 在下列选项中，关于磁盘配额的说法正确的是(　　)。

A. 可以单独指定某个组的磁盘配额容量

B. 不可以指定某个用户的磁盘配额容量

C. 所有用户都会受到磁盘配额的限制

D. Administrators组的用户不受磁盘配额的限制

三、简答题

1. 如何区分几种动态卷的工作原理及创建方法？

2. 假设RAID-5卷中某一块磁盘出现了故障，应怎样恢复？

3. 在Windows Server 2019中如何实现磁盘配额？

项目 8　网络负载平衡和服务质量

【学习目标】

（1）了解 Web Farm 的基本概念。
（2）了解网络负载平衡和服务质量。
（3）掌握设置网络负载平衡的方法。
（4）掌握设置服务质量的方法。

8.1　项　目　导　入

某公司原来有一台 Web 服务器可以正常访问，现在由于公司规模扩大，人员增多，访问量增加，公司内部的 Web 服务器经常出现宕机的现象。为了满足公司对 Web 服务器的正常访问需求，现要求对 Web 服务器进行整改。作为网络管理员，有何合适的解决方案?

8.2　项　目　分　析

对于访问量多的网站，可以创建镜像 Web 站点或通过网络负载平衡技术实现服务器的高可用性和负载平衡。这样，多个 Web 服务器对外使用一个 IP 地址提供服务，不同访问者的访问流量可以平均或按一定比例分配到每个 Web 站点上，从而提高访问速率。

在网络中，一个服务器可能既是文件服务器，同时也是 Web 服务器。在这种情况下，为了保证用户访问 Web 服务器时的带宽，可以在 Windows Server 2019 服务器上配置“服务质量”来控制访问共享资源时使用的最大网络带宽，从而保证了 Web 服务器的访问带宽。

8.3　相关知识点

8.3.1　Web Farm 概述

Web Farm 是指将多台 IIS Web 服务器组合在一起构成的群集。Web Farm 可以提供一个具备容错与负载平衡功能的高可用性网站，为用户提供一个不间断的、可靠的网站服务。Web Farm 的主要功能如下。

（1）当 Web Farm 接收到不同用户的访问网站请求时，这些请求会被分散送给 Web Farm 中不同的 Web 服务器来处理，因此可以提高网页的访问效率。

（2）如果 Web Farm 中有 Web 服务器出现故障，此时会由 Web Farm 中的其他 Web 服务器继续为用户提供服务，因此 Web Farm 具有容错功能。

在 Web Farm 的架构中，为了避免单点故障而影响到 Web Farm 的正常运行，架构中的每一个设备（包括防火墙、网络负载平衡服务器、Web 服务器等）都不止一台，如图 8-1 所示。

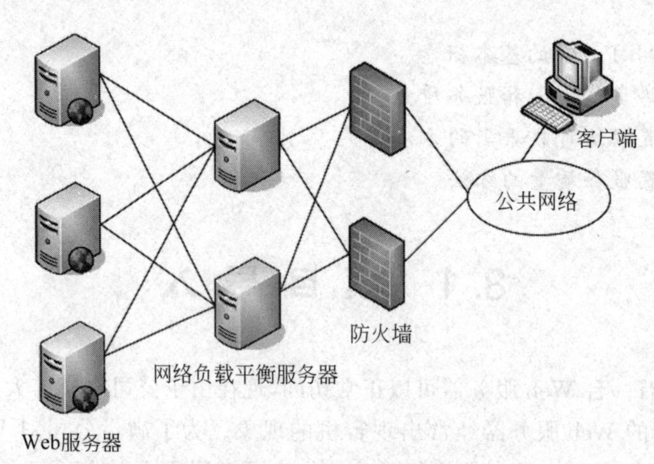

图 8-1 Web Farm 的一般架构

8.3.2 Windows 系统的网络负载平衡功能

随着互联网的迅速发展，各个应用服务器工作量的日益增加，负载平衡技术的应用越来越广泛。而在众多的负载平衡技术中，网络负载平衡技术由于其自身的优势，成了目前使用最为广泛的技术。

在 Windows Server 2019 系统中内置了网络负载平衡（network load balance，NLB）功能，所以可以使用 Windows NLB 功能代替图 8-1 中的网络负载平衡服务器，以达到提供容错和网络负载平衡的目的。

在图 8-2 中，Web Farm 内每一台 Web 服务器的外网卡都有一个固定的静态 IP 地址，这些服务器对外的流量都是通过静态 IP 地址送出的。新建 NLB 群集后，启用外网卡的 Windows NLB，将 Web 服务器加入 NLB 群集后，它们还会共享一个相同的群集 IP 地址，并通过这个群集 IP 地址来接收外部的访问请求。NLB 群集接收到这些请求后，会将它们平均或按权重分配给群集中的 Web 服务器处理。当某个 Web 服务器出现故障或脱机时，Windows NLB 会自动在仍然正常运行的其他 Web 服务器之间重新分发访问请求，同时将断开与出现故障或脱机的 Web 服务器之间的活动连接。

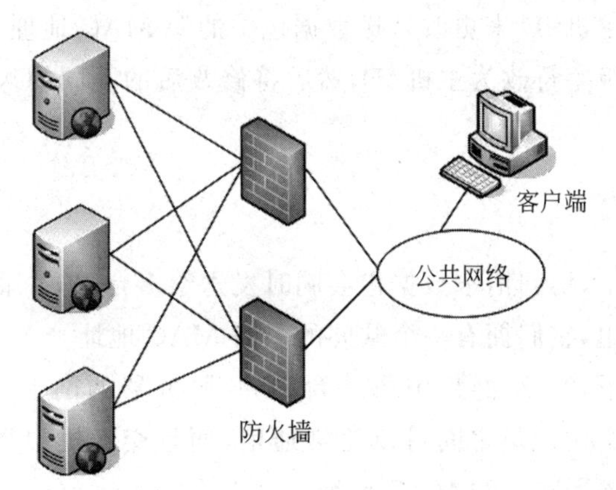

图 8-2 启用 Windows NLB 的 Web Farm 架构

NLB 群集中的服务器交换检测信息以保持有关群集成员身份的数据的一致性。默认情况下，当服务器在 5s 内未能发送检测消息时，便认为该服务器出现了故障。当服务器出现故障时，群集中的剩余服务器将重新进行聚合。

在聚合期间，仍然活动的服务器会查找一致的检测信号。如果无法发送检测信号的服务器开始提供一致的检测信号，则它会在聚合过程中重新加入群集。当新的服务器尝试加入群集时，它会发送检测消息，该消息也会触发聚合。当所有群集服务器对当前的群集成员身份达成一致之后，会向剩余服务器重新分发客户端访问请求，并完成聚合。

聚合通常只需几秒，因此由群集聚合引起的客户端服务中断是非常少的。在聚合期间，仍然活动的服务器会继续处理客户端访问请求，而不会影响现有的客户端访问。如果所有服务器在几个检测期间报告的群集成员身份和分发映射都一致，则聚合结束。

8.3.3 Windows NLB 的操作模式

Windows NLB 的操作模式分为单播模式和多播模式。

1. 单播模式

在单播模式下，NLB 群集中每一台 Web 服务器的网卡 MAC 地址都会被替换成一个相同的群集的 MAC 地址。它们通过此群集的 MAC 地址来接收外部的访问请求，发送到此群集 MAC 地址的访问请求，会被送到群集中的每一台 Web 服务器。

在单播模式下，如果两台 Web 服务器同时连接到交换机上，而两台服务器的 MAC 地址被改成相同的群集 MAC 地址，当这两台服务器通过交换机通信时，由于交换机每一个端口所注册的 MAC 地址必须是唯一的，也就不允许两个端口注册相同的 MAC 地址。Windows NLB 利用 MaskSource MAC 功能来解决这个问题。MaskSource MAC 是根据每一台服务器的主机ID来更改外送数据包中的源MAC地址的,也就是将群集MAC地址中最高的第2组字符改为主机ID,然后将修改后的不同的MAC地址在交换机的端口注册。

2. 多播模式

在多播模式下,访问请求数据包会同时发送给多台Web服务器,这些Web服务器都属于同一个多播组,它们拥有一个共同的多播MAC地址。

在多播模式下,NLB群集中每一台Web服务器的网卡仍然会保留原来的唯一的MAC地址,因此群集成员之间可以正常通信,而且交换机中每一个端口所注册的MAC地址就是每台服务器唯一的MAC地址。

8.3.4 服务质量

服务质量(quality of service,QoS)是网络的一种安全机制,是用来解决网络延迟和阻塞等问题的一种技术。

在一般情况下,如果网络只用于特定的无时间限制的应用系统,并不需要QoS,比如Web应用或E-mail设置等。但是对于关键应用和多媒体应用,QoS就十分必要了,因为当网络过载或拥塞时,QoS能确保重要业务量不会延迟或丢弃,同时保证网络的高效运行。

在Windows系统中,基于策略的QoS结合了基于标准的QoS的功能性和组策略的可管理性,此组合使QoS策略更易于应用到组策略对象中。Windows系统中还包括一个基于策略的QoS向导,可帮助用户在组策略中配置QoS。

下面举例展示在文件服务器上创建QoS,以限制文件下载的速度。

在本例中,WIN2019-2既是Web服务器,又是文件服务器,为了给Web服务器保留足够的网络带宽,需在WIN2019-2上创建QoS策略,控制下载文件的网络传输速度在1024KB/s以内。

如图8-3所示,客户端WIN2019-1访问文件服务器共享文件夹使用的端口为TCP的445端口,接下来将基于此端口设置QoS策略。此策略还可以将通信限制到特定的IP地址。在实际部署中,可以将部署限制到一组IP地址中(如某一个子网),用该子网ID代替单一IP地址即可实现。

图8-3　限制网络传输速度示意图

8.4　项目实施

本项目所有任务涉及的网络拓扑图如图 8-4 所示，WIN2019-1、WIN2019-2、WIN10-1、WIN10-2 是四台虚拟机，通过“NAT 模式”相连。WIN2019-1 是 Web 服务器，IP 地址为 192.168.10.11/24；WIN2019-2 也是 Web 服务器，IP 地址为 192.168.10.12/24；WIN10-1 是 Web 客户端，IP 地址为 192.168.10.20/24；WIN10-2 也是 Web 客户端，IP 地址为 192.168.10.30/24。

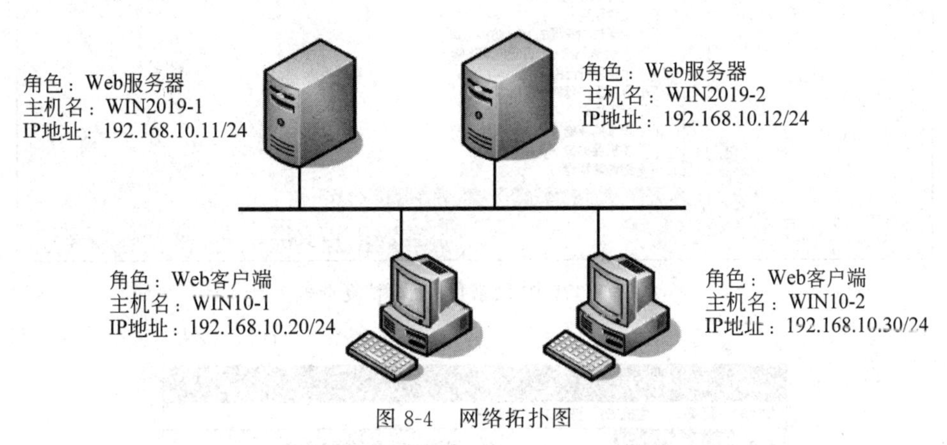

图 8-4　网络拓扑图

8.4.1　任务 1：配置和验证网络负载平衡

1. 安装网络负载平衡功能

在 WIN2019-1 和 WIN2019-2 主机上安装网络负载平衡功能，操作步骤如下。

步骤 1：在 WIN2019-1 主机中打开“服务器管理器”窗口，单击“添加角色和功能”链接，打开“添加角色和功能向导”对话框。

任务 1：配置和验证网络负载平衡

步骤 2：持续单击“下一步”按钮，直到出现“选择功能”界面，选中“网络负载平衡”复选框，如图 8-5 所示。

步骤 3：单击“下一步”按钮，再单击“安装”按钮，安装完成后，单击“关闭”按钮。

步骤 4：使用相同的方法在 WIN2019-2 主机中安装网络负载平衡功能。

2. 创建网络负载平衡群集

步骤 1：在 WIN2019-1 主机中选择“开始”→“Windows 管理工具”→“网络负载平衡管理器”命令，打开“网络负载平衡管理器”窗口，如图 8-6 所示。

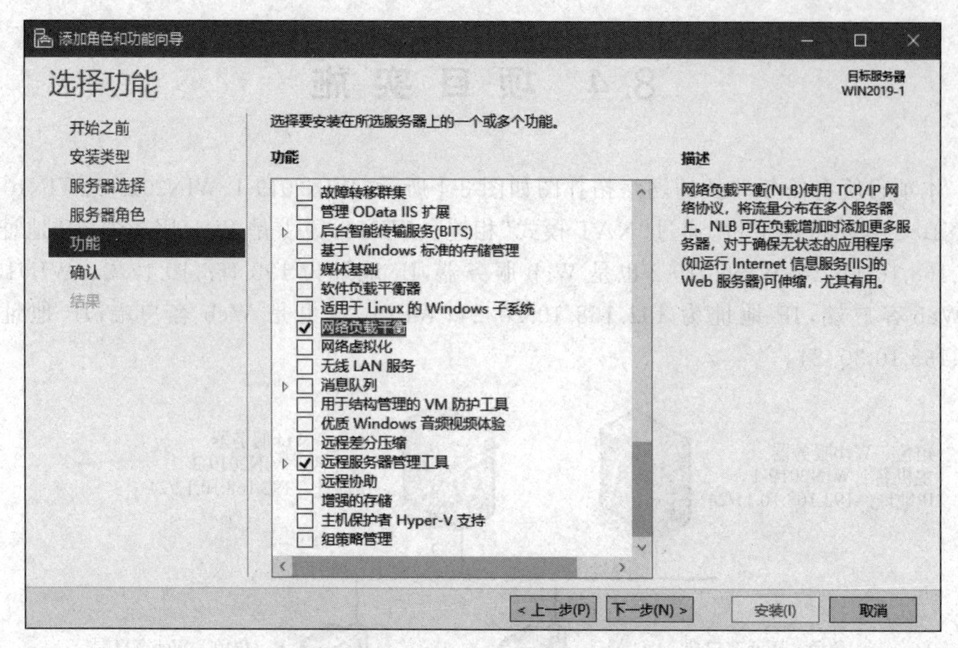

图 8-5　选中“网络负载平衡”复选框

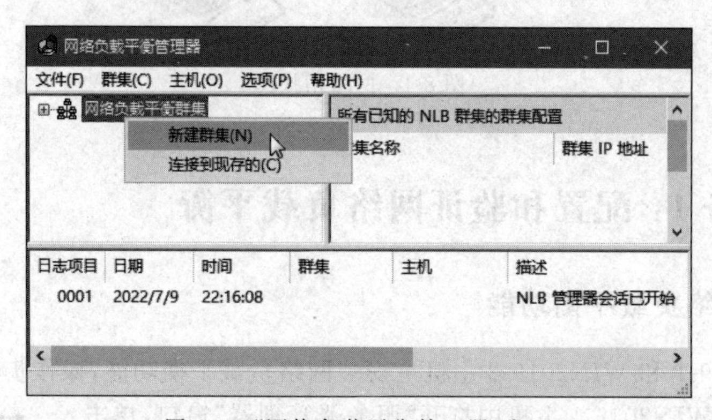

图 8-6　“网络负载平衡管理器”窗口

步骤 2：在左侧窗格中右击“网络负载平衡群集”选项，在弹出的快捷菜单中选择“新建群集”命令，打开“新群集：连接”对话框，在“主机”文本框中输入 WIN2019-1 主机的 IP 地址(192.168.10.11)，如图 8-7 所示。

步骤 3：单击“连接”按钮，再单击“下一步”按钮，出现“新群集：主机参数”界面，“优先级(单一主机标识符)”已自动设置为 1，如图 8-8 所示。

【说明】 系统为每个主机指定一个唯一的 ID。群集的当前成员中，优先级数值最低的主机处理端口规则未涉及的所有群集网络通信。可以通过在“端口规则”选项卡中指定规则，来覆盖这些优先级或者为特定范围的端口提供负载平衡。

如果新主机加入了群集，并且其优先级与群集中的另一个主机冲突，则不接受该主机作为群集的一部分。群集的其余部分将继续处理流量，同时会将描述此问题的消息写入

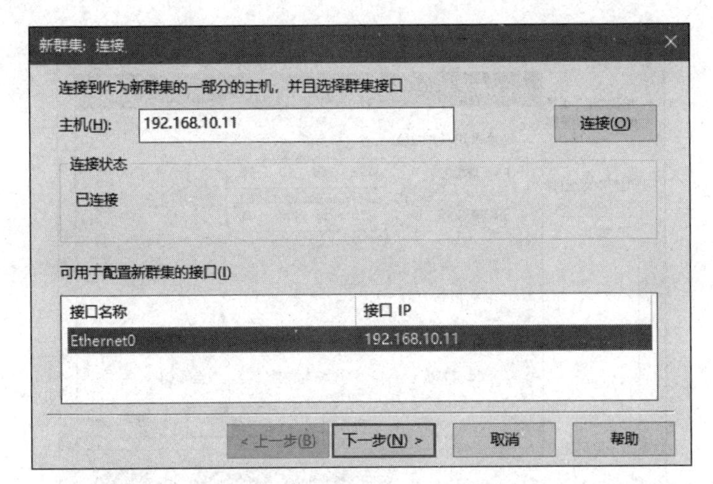

图 8-7　“新群集：连接”界面

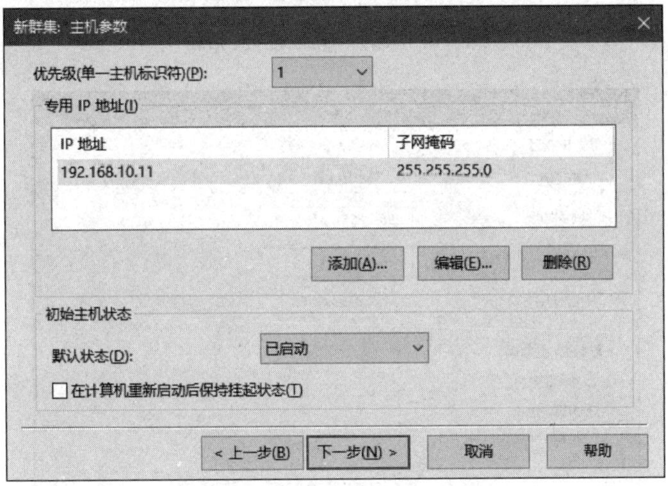

图 8-8　“新群集：主机参数”界面

Windows 事件日志中。

步骤 4：单击“下一步”按钮，出现“新群集：群集 IP 地址”界面。单击“添加”按钮，在打开的“添加 IP 地址”对话框中输入 NLB 的 IPv4 地址(192.168.10.10)和子网掩码(255.255.255.0)，如图 8-9 所示。

步骤 5：单击“确定”按钮，返回到“新群集：群集 IP 地址”界面。再单击“下一步”按钮，出现“新群集：群集参数”界面。在“完整 Internet 名称”文本框中输入完整的 Internet 名称，如果是 Web 站点，可以输入访问该站点的域名(www.nos.com)，群集操作模式选择“多播”模式，如图 8-10 所示。

步骤 6：单击“下一步”按钮，出现“新群集：端口规则”界面，如图 8-11 所示。

步骤 7：保留默认端口规则，单击“完成”按钮。

步骤 8：在命令提示符下运行 ipconfig 命令，可以看到添加的 NLB 的 IP 地址(192.168.10.10)，如图 8-12 所示。

新群集：群集 IP 地址
群集的每个成员
地址，并用于群
群集 IP 地址(C):
IP 地址
添加 IP 地址
添加 IPv4 地址(A):
IPv4 地址(I):
192 . 168 . 10 . 10
子网掩码(S):
255 . 255 . 255 . 0
添加 IPv6 地址(D):
IPv6 地址(P):
生成 IPv6 地址(G):
链接-本地(L)
站点-本地(T)
全局(O)
确定
取消
添加(A)...
编辑(E)...
删除(R)
< 上一步(B)
下一步(N) >
取消
帮助

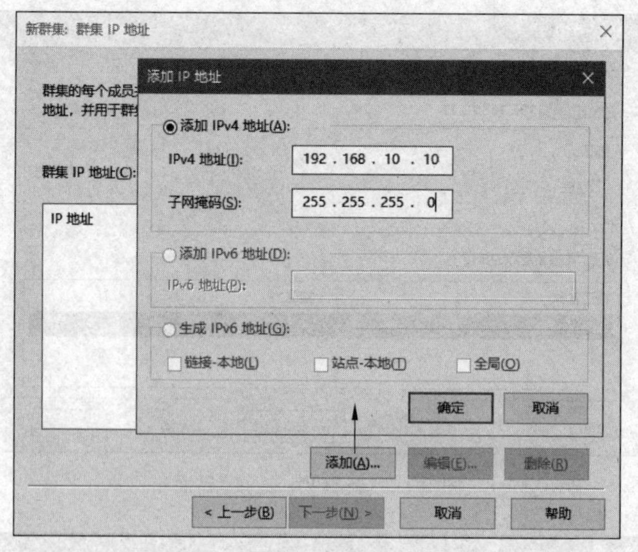

图 8-9 “添加 IP 地址”对话框

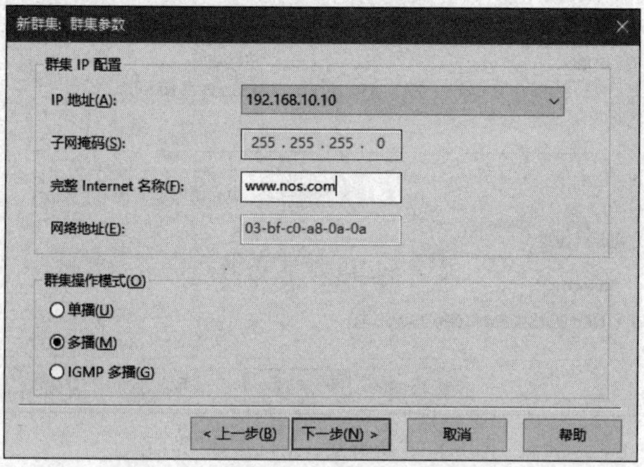

新群集：群集参数
群集 IP 配置
IP 地址(A):
192.168.10.10
子网掩码(S):
255 . 255 . 255 . 0
完整 Internet 名称(F):
www.nos.com
网络地址(E):
03-bf-c0-a8-0a-0a
群集操作模式(O)
单播(U)
多播(M)
IGMP 多播(G)
< 上一步(B)
下一步(N) >
取消
帮助

图 8-10 “新群集：群集参数”界面

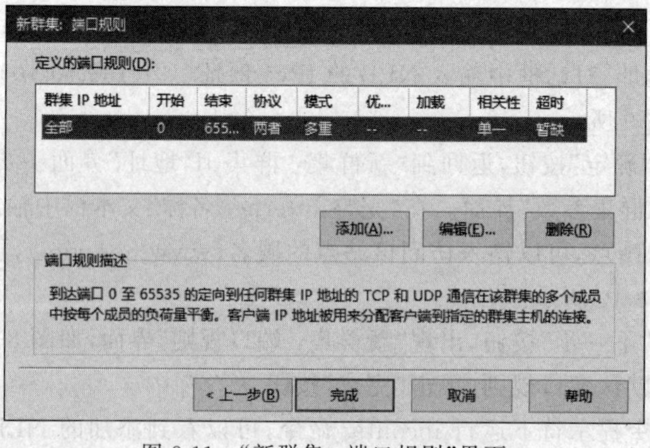

新群集：端口规则
定义的端口规则(D):
群集 IP 地址 开始 结束 协议 模式 优... 加载 相关性 超时
全部 0 655... 两者 多重 -- -- 单一 暂缺
添加(A)...
编辑(E)...
删除(R)
端口规则描述
到达端口 0 至 65535 的定向到任何群集 IP 地址的 TCP 和 UDP 通信在该群集的多个成员中按每个成员的负荷量平衡。客户端 IP 地址被用来分配客户端到指定的群集主机的连接。
< 上一步(B)
完成
取消
帮助

图 8-11 “新群集：端口规则”界面

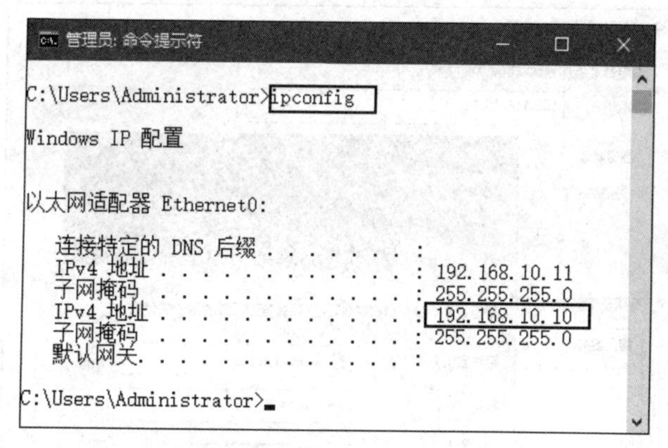

图 8-12　NLB 的 IP 地址

3. 添加主机到群集

创建好群集后，添加另外的主机到群集，操作步骤如下。

步骤 1：右击刚才创建的群集，在弹出的快捷菜单中选择“添加主机到群集”命令，如图 8-13 所示。

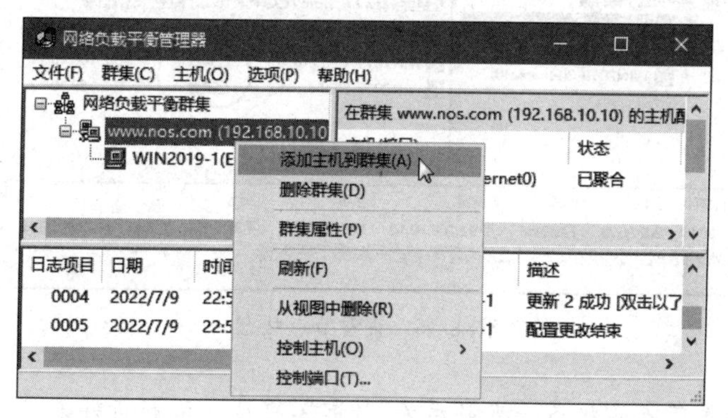

图 8-13　选择“添加主机到群集”命令

步骤 2：在出现的“将主机添加到群集：连接”对话框的“主机”文本框中输入 WIN2019-2 的 IP 地址（192.168.10.12），单击“连接”按钮，在出现的对话框中输入 WIN2019-2 的管理员账号和密码，如图 8-14 所示，单击“确定”按钮。

步骤 3：单击“下一步”按钮，出现“将主机添加到群集：主机参数”界面，在这里优先级默认为 2。

步骤 4：单击“下一步”按钮，出现“将主机添加到群集：端口规则”界面，保留默认端口规则，单击“完成”按钮。

【注意】 如果连接不成功，需要关闭 WIN2019-1 和 WIN2019-2 的防火墙或 IPSec 设置。

步骤 5：过一会儿，群集中的两个节点都会变成已聚合的状态，如图 8-15 所示，说明群集配置成功。

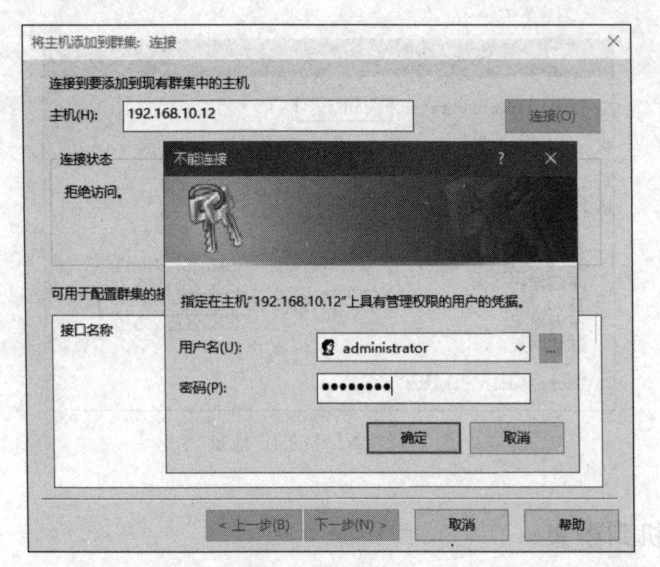

图 8-14　输入用户凭据

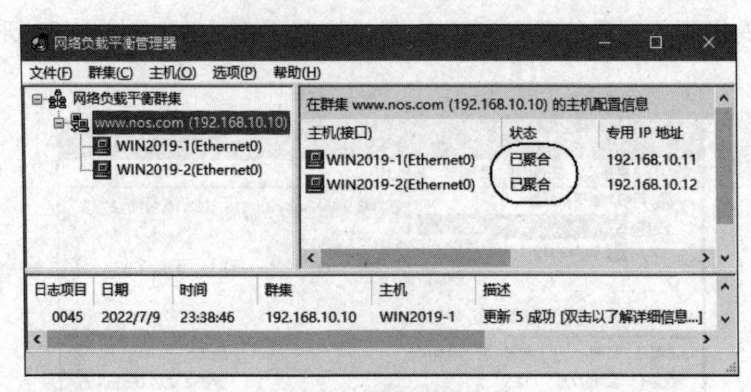

图 8-15　查看节点状态

【注意】 如果节点的状态一直显示为"挂起",可试一试刷新群集。

4. 验证网络负载平衡和容错功能

步骤 1:在 WIN2019-1 和 WIN2019-2 主机上安装 Web 服务器,并设置不同的主页内容。

步骤 2:在 WIN10-1 主机上打开 IE 浏览器,访问 http://192.168.10.10 网站,内容如图 8-16 所示。

步骤 3:在 WIN10-2 主机上打开 IE 浏览器,访问 http://192.168.10.10 网站,内容如图 8-17 所示。

可以看到 2 个主机上访问的网页内容并不相同,表明 2 次网站访问分别连接了不同的 Web 服务器,说明已经实现网络负载平衡功能。

步骤 4:断开 WIN2019-2 主机的网络连接(禁用网卡),模拟 WIN2019-2 主机出现故障。

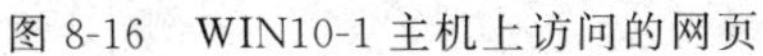
图 8-16　WIN10-1 主机上访问的网页

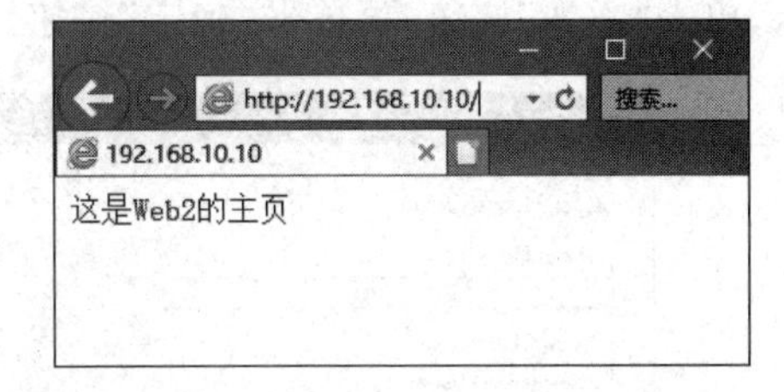

图 8-17　WIN10-2 主机上访问的网页

步骤 5：在 WIN10-1 或 WIN10-2 主机上再次访问 http://192.168.10.10 网站（刷新），还可访问 WIN2019-1 主机上的网页，从而实现了网站容错功能。

8.4.2　任务 2：使用服务质量

1. 监控网络流量

首先我们使用性能计数器监控没有配置 QoS 策略时，WIN10-1 从 WIN2019-1 下载文件的网速，操作步骤如下。

任务 2：使用服务质量

步骤 1：在 WIN2019-1 主机中设置一共享文件夹 Share，该文件夹内有一视频文件。

步骤 2：选择“开始”→“Windows 管理工具”→“性能监视器”命令，打开“性能监视器”窗口，选择左侧窗格中的“性能监视器”选项，再选中右侧窗格底部的 Processor Time 计数器，单击❌按钮，删除该计数器，如图 8-18 所示。

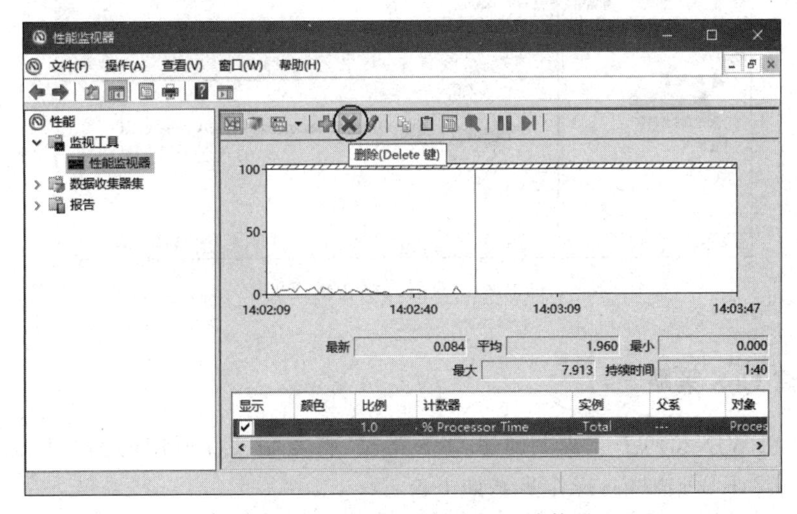

图 8-18　删除 Processor Time 计数器

步骤 3：单击➕按钮，打开“添加计数器”对话框，选中 Network Interface 中的 Bytes Total/sec 计数器，再选中 Intel[R] 82574L Gigabit Network Connection 网卡，如图 8-19

所示,单击"添加"按钮,再单击"确定"按钮。

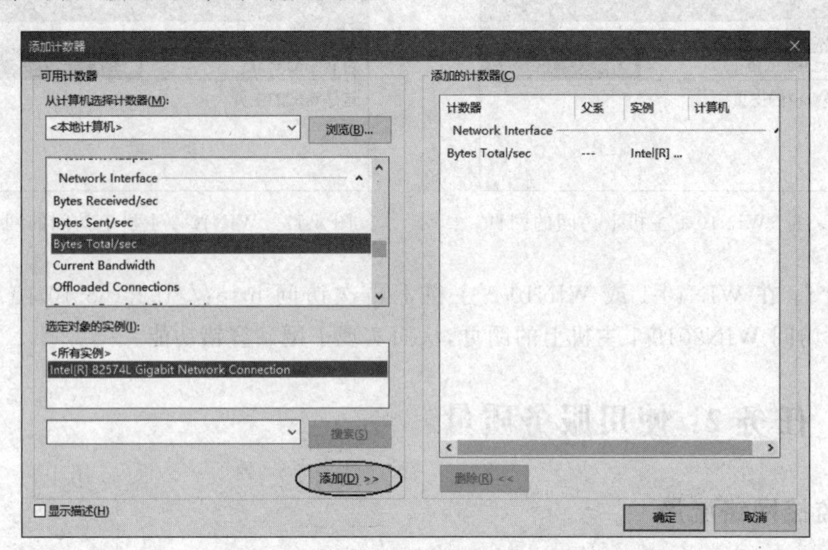

图 8-19　添加 Bytes Total/sec 计数器

步骤 4:在 WIN10-1 主机中访问 WIN2019-1 中的共享文件夹(\\192.168.10.11\Share),将其中的一个视频文件复制到 WIN10-1 桌面上。

步骤 5:在 WIN2019-1 主机中单击按钮右侧的下拉箭头,在打开的下拉列表中选择"报告"选项,可以看到网络传输速度约为 152MB/s,如图 8-20 所示。可以看到在没有限制带宽使用的情况下,复制文件将尽可能地使用网络带宽。

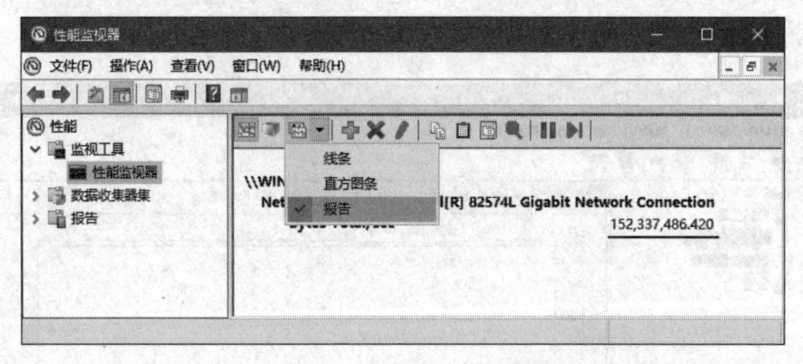

图 8-20　查看网络传输速度

2. 创建 QoS 策略

接下来在 WIN2019-1 主机上创建 QoS 策略,将复制文件所用的网络传输速度限制在 1MB/s(1024KB/s)以内,操作步骤如下。

步骤 1:在 WIN2019-1 主机中运行 gpedit.msc 命令,打开"本地组策略编辑器"窗口,如图 8-21 所示。

步骤 2:展开"计算机配置"→"Windows 设置"→"基于策略的 QoS"选项,并右击,在弹出的快捷菜单中选择"新建策略"命令。

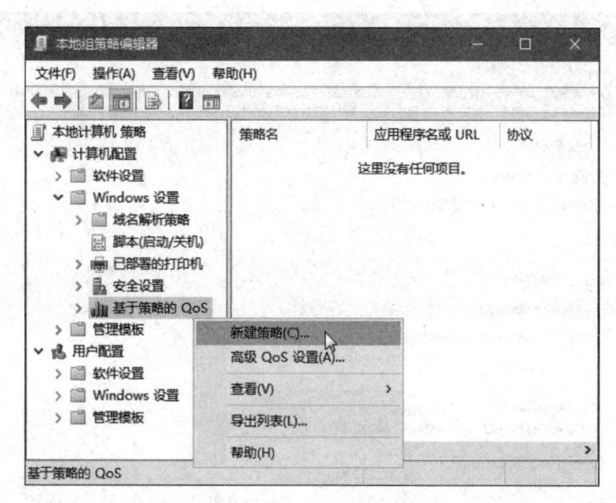

图 8-21　新建策略

步骤 3：如图 8-22 所示，在打开的“基于策略的 QoS”对话框中输入策略名称，如“限制文件下载速度”，取消选中“指定 DSCP 值”复选框，选中“指定出站调节率”复选框，网络输入传输速度 1024KB/s，单击“下一步”按钮。

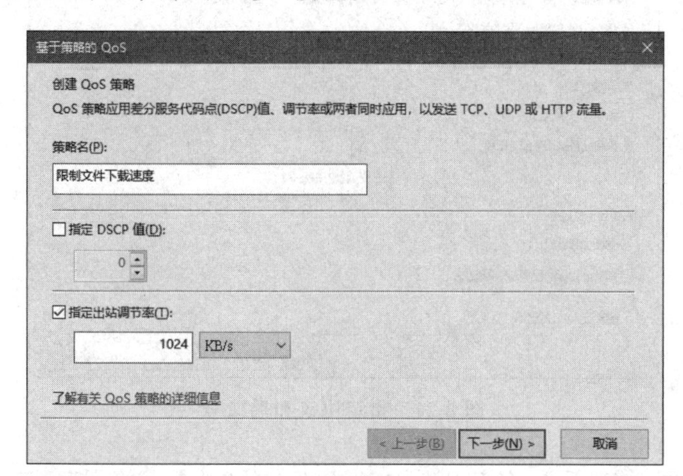

图 8-22　创建 QoS 策略

步骤 4：选中“所有应用程序”单选按钮，单击“下一步”按钮。

步骤 5：如图 8-23 所示，选中“仅用于以下目标 IP 地址或前缀”单选按钮，输入 WIN10-1 的 IP 地址及前缀(192.168.10.20/24)，单击“下一步”按钮。

步骤 6：如图 8-24 所示，选择 TCP，选中“来自此源端口号或范围”单选按钮，输入 445(“文件共享”端口号)，单击“完成”按钮。

3. 验证 QoS 限速

步骤 1：在 WIN10-1 主机中，访问 WIN2019-1 上的共享文件夹，将其中的一个视频文件复制到 WIN10-1 的桌面上。

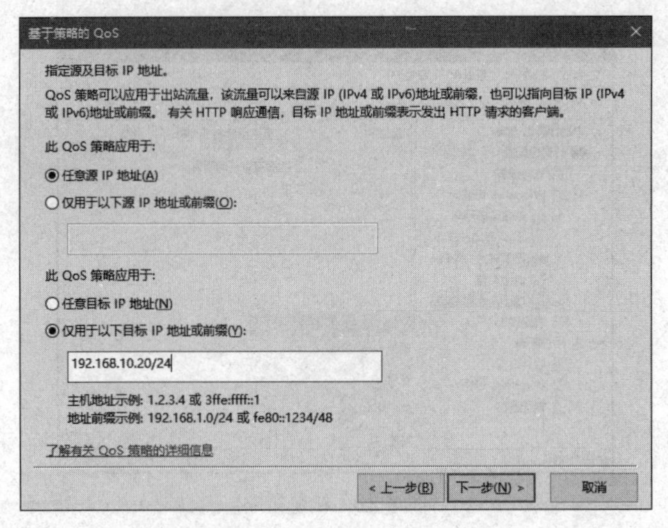

图 8-23　指定源及目标 IP 地址

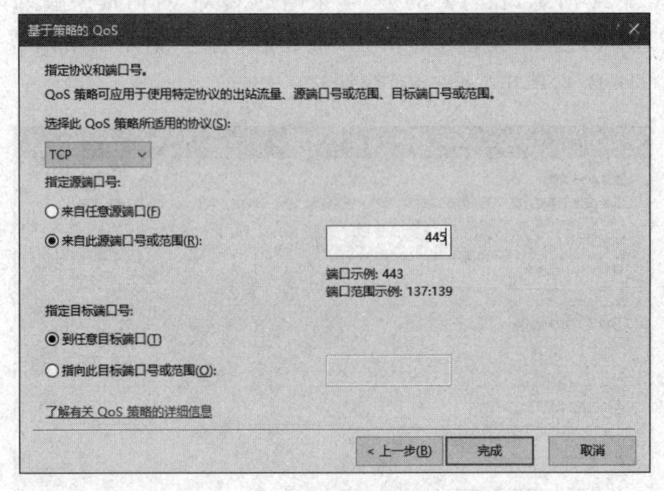

图 8-24　指定协议和端口号

步骤 2：如图 8-25 所示，在 WIN2019-1 主机上的“性能监视器”窗口中，文件下载的网络传输速度为 1MB/s 左右。这说明刚才创建的限制文件传输速度的 QoS 策略已经起作用了。

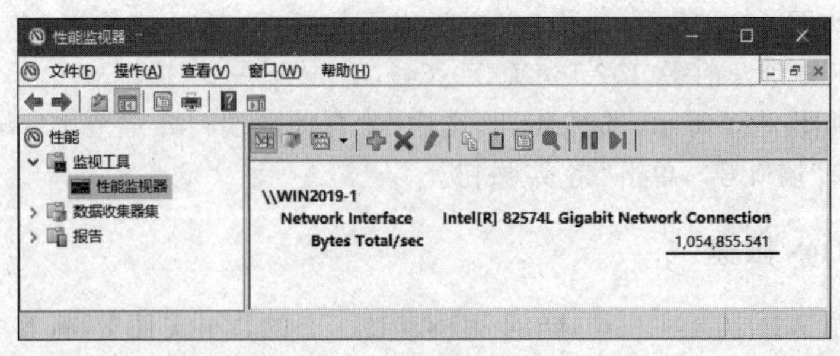

图 8-25　查看限速后的带宽

8.5 习　　题

一、填空题

1. Web Farm 是指将多台 IIS Web 服务器组成一起，可以提供一个具备容错与负载平衡功能的高可用性网站，为用户提供一个________、________网站服务。

2. 新建 NLB 群集后，启用外网卡的 Windows NLB，将 Web 服务器加入 NLB 群集后，它们还会共享一个相同的________地址，并通过这个地址来接收外部的访问请求。

3. 服务质量(quality of service，QoS)是网络的一种安全机制，是用来解决________和________等问题的一种技术。

4. 在 Windows 系统中，基于策略的 QoS 结合了基于________的功能性和________的可管理性，此组合使 QoS 策略更易于应用到组策略对象中。

二、选择题

1. Windows NLB 具有(　　)作用。

A. 容错　　B. 负载平衡

C. 容错和负载平衡　　D. 没有作用

2. 在单播模式下，NLB 群集中每一台 Web 服务器的网卡 MAC 地址都会被替换成(　　)。

A. 其他 Web 服务器的网卡 MAC 地址

B. 群集 MAC 地址

C. 路由器的 MAC 地址

D. 广播 MAC 地址

3. 在多播模式下，访问请求数据包会同时发送给多台 Web 服务器，这些 Web 服务器都属于同一个多播组，它们拥有一个共同的(　　)地址。

A. 单播 MAC　　B. 多播 MAC　　C. 广播 MAC　　D. IP

4. “文件共享”的端口号是(　　)。

A. 80　　B. 1024　　C. 443　　D. 445

三、简答题

1. 什么是 Web Farm？ Web Farm 的主要功能是什么？

2. Windows NLB 的操作模式是哪两种？

3. QoS 有何作用？

项目 9　打印服务器配置与管理

【学习目标】

(1) 了解打印机的概念。

(2) 掌握安装打印服务器的方法。

(3) 掌握打印服务器的管理。

(4) 掌握共享网络打印机的用法。

9.1　项 目 导 入

某公司组建了单位内部的办公网络,办公用计算机有 100 多台,服务器有 8 台,但打印设备只有 15 台,不能每人配备一台。而且打印机的型号及所在楼层各异,每人每天都有打印需求,有的需要紧急打印,有的不需要立即打印,有的需要预约打印。为了提高效率,作为网络管理员,应该如何管理公司的打印设备,满足公司每个人的不同的打印需求?

9.2　项 目 分 析

对于这样一个办公网络,需要有效地管理这些打印设备,使它们高效地完成工作。当有紧急的打印任务时能够得到及时的处理。Windows Server 2019 系统提供了打印服务功能,通过建立打印服务器可以有效地管理这些打印设备,通过网络让客户端充分利用打印资源。

通过设置和管理逻辑打印机、打印队列、打印权限、打印优先级、打印机池,还可以配置 Internet 打印,来满足公司不同用户不同的打印需求。

9.3　相关知识点

9.3.1　Windows Server 2019 打印概述

用户使用 Windows Server 2019 系统,可以在整个网络范围内共享打印资源。各种计算机和操作系统上的客户端,可以通过 Internet 将打印作业发送到运行 Windows Server 2019 操作系统的打印服务器所连接的本地打印机,或者发送到使用内置网卡连接到网络或其他服务器的打印机。

Windows Server 2019 系统支持多种高级打印功能。例如,无论运行 Windows Server 2019 操作系统的打印服务器位于网络中的哪个位置,管理员都可以对它进行管理。另一项高级功能是,客户不必在 Windows 10 客户端计算机上安装打印机驱动程序就可以使用打印机。当客户端连接运行 Windows Server 2019 操作系统的打印服务器时,驱动程序将自动下载。

为了建立 Windows Server 2019 网络打印服务环境,首先需要掌握以下几个基本概念。

(1) 打印设备:实际执行打印的物理设备,可以分为本地打印设备和带有网络接口的打印设备(有 IP 地址)。根据使用的打印技术,可以分为针式打印设备、喷墨打印设备和激光打印设备。

(2) 打印机(逻辑打印机):在 Windows Server 2019 中,所谓"逻辑打印机",并不是物理设备,而是介于应用程序与打印设备之间的软件接口,用户的打印文档就是通过它发送给打印设备的。

(3) 打印服务器:连接着本地打印设备,并将打印设备共享出来的计算机系统。网络中的打印客户端会将作业发送到打印服务器处理,因此打印服务器需要有较高的内存以处理作业。对于较频繁的或大尺寸文件的打印环境,还需要打印服务器上有足够的磁盘空间以保存打印假脱机文件。

无论是打印设备,还是逻辑打印机,它们都可以被简称为"打印机"。不过,为了避免混淆,在本书中有些地方,会以"打印机"表示"逻辑打印机",而以"打印设备"表示"物理打印机"。

9.3.2 共享打印机的连接模式

在网络中共享打印机时,主要有两种不同的连接模式,即"打印服务器+打印机"模式和"打印服务器+网络打印机"模式。

1. 打印服务器+打印机

此模式就是将一台普通打印设备安装在打印服务器上,然后通过网络共享该打印设备,供局域网上的授权用户使用。打印服务器既可以由通用计算机担任,也可以由专门的打印服务器担任。

如果网络规模较小,则可采用普通计算机来担任打印服务器,操作系统可以用 Windows XP/7/10 等;如果网络规模较大,则应当采用专门的服务器,操作系统也应当采用 Windows Server 2019,以便于打印权限和打印队列的管理,适应繁重的打印任务。

2. 打印服务器+网络打印机

此模式是将一台带有网卡的网络打印设备通过网线接入局域网,给定网络打印设备的IP地址，使网络打印设备成为网络上的一个不依赖于其他计算机的独立节点，然后在打印服务器上对该网络打印设备进行管理，用户就可以使用网络打印设备进行打印了。网络打印设备通过EIO插槽直接连接网络适配卡，能够以网络的速度实现高速打印输出。打印设备不再是计算机的外设，而成为一个独立的网络节点。

由于计算机的端口有限，因此采用普通打印设备时，打印服务器所能管理的打印设备数量也就较少。而由于网络打印设备采用以太网端口接入网络，因此一台打印服务器可以管理数量非常多的网络打印设备，更适用于大型网络的打印服务。

9.3.3 打印权限

将打印机安装在网络上后，系统会为它指派默认的打印机权限，该权限允许所有用户访问打印机并进行打印，也允许管理员选择组来对打印机和发送给它的打印文档进行管理。由于打印机可用于网络上的所有用户，因此可能就需要管理员通过指派特定的打印机权限，来限制某些用户的访问权。

Windows Server 2019提供了3种等级的打印安全权限。

(1) 打印：使用“打印”权限，用户可以连接到打印机，并将文档发送到打印机。在默认情况下，“打印”权限将指派给Everyone组。

(2) 管理打印机：使用“管理打印机”权限，用户可以执行与“打印”权限相关联的任务，并且具有对打印机的完全管理控制权。用户可以暂停和重新启动打印机，更改打印后台处理程序设置，共享打印机，调整打印机权限，还可以更改打印机属性。默认情况下，“管理打印机”权限将指派给服务器的Administrators组、域控制器上的Print Operators组以及Server Operators组的成员。

(3) 管理文档：使用“管理文档”权限，用户可以暂停、继续、重新开始和取消由其他用户提交的文档，还可以重新安排这些文档的顺序。但是，用户无法将文档发送到打印机或控制打印机的状态。默认情况下，“管理文档”权限指派给Creator Owner组的成员。当用户被指派给“管理文档”权限时，用户将无法访问当前已在等待打印的现有文档，此权限只应用于在该权限被指派给用户之后发送到打印机的文档。

当共享打印机被安装到网络上时，默认的打印机权限将允许所有的用户可以访问该打印机并进行打印。为了保证安全性，管理员可以选择指定的用户组来管理发送到打印机的文档，既可以选择指定的用户组来管理打印机，也可以明确地拒绝指定的用户或组对打印机的访问。

管理员可能想通过授予明确的打印机权限来限制一些用户对打印机的访问。例如，管理员可以给部门中所有无管理权的用户设置“打印”权限，而给所有管理人员设置“打印”和“管理文档”权限，这样所有用户和管理人员都能打印文档，但只有管理人员能更改发送给打印机的任何文档的打印状态。

有些情况下，管理员可能想给某个用户组授予访问打印机的权限，但同时又想限制该组中的若干成员对打印机的访问。在这种情况下，管理员可以先为整个用户组授予访问打印机的权限(允许权限)，然后为该组中指定的用户授予拒绝权限。

9.3.4　打印优先级

在实际环境中，某个部门的普通员工经常打印一些文档，但不着急用，而该部门的经理经常打印一些短小但是急着用的文件。如果普通员工已经向打印机发送了打印任务，那么如何让部门经理的文件优先打印呢？

可以利用打印优先级的方式来解决上述问题。它的设置方式是创建两(多)个逻辑打印机，而这两个逻辑打印机同时映射到同一台打印设备。这种方式可以让同一台打印设备处理由多个逻辑打印机所送来的文档。此时，Windows Server 2019 首先将优先级最高的文档发送到该打印设备。逻辑打印机的优先级示意图如图 9-1 所示。

在图 9-1 中，普通员工以优先级 1(最低优先级)向打印服务器发送打印文件，而部门经理以优先级 99(最高优先级)向打印服务器发送打印文件。由于普通员工的优先级比部门经理的优先级低，因而部门经理发送的文件将被优先打印。

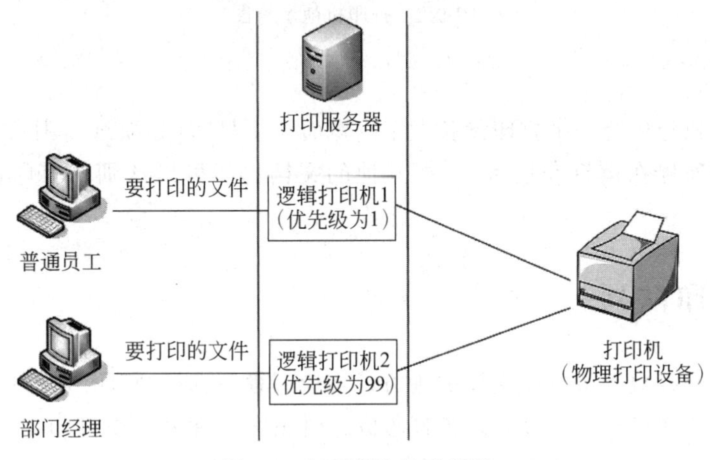

图 9-1　打印优先级示意图

要利用打印优先级系统，需为同一打印设备创建多个逻辑打印机。为每个逻辑打印机指派不同的优先等级，然后创建与每个逻辑打印机相关的用户组。

9.3.5　打印机池

所谓“打印机池”，就是将多个相同的或者特性相同的打印设备集合起来，然后创建一个(逻辑)打印机映射到这些打印设备，也就是利用一台(逻辑)打印机同时管理多台相同的打印设备。

打印机池对于打印量很大的网络非常有用。当用户将文档送到此打印机时，打印机会根据打印设备是否正在使用，决定将该文档送到“打印机池”中的哪一台打印设备进行打印。如图 9-2 所示，打印服务器设置了打印机池，当其收到用户的打印文档时，由于打印设备 A 和 C 都在忙碌中(打印中)，而打印设备 B 空闲，因此会将打印作业发送到打印

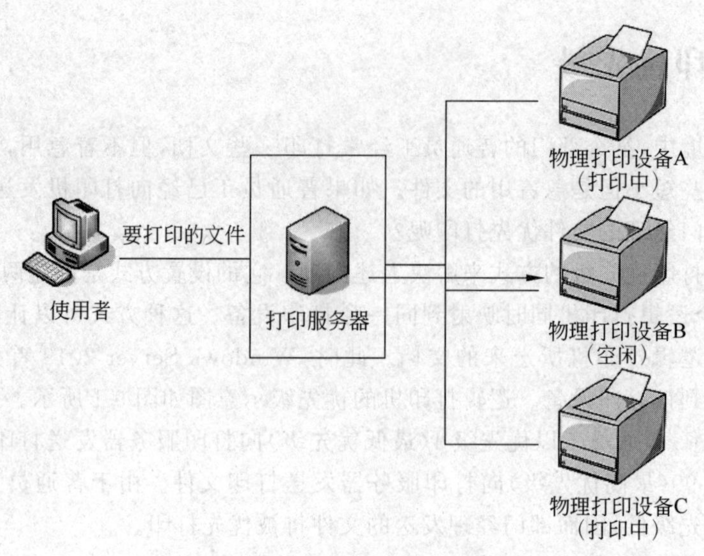

图 9-2　打印机池示意图

设备 B 来打印。

如果打印机池中有一个打印设备发生故障而停止打印(如缺纸),则只有当前正在打印的文档会被暂停在该打印设备上,而其他的文档仍然可以从别的打印设备继续正常打印。

9.3.6　打印队列

打印队列是存放等待打印文件的地方。当应用程序选择"打印"命令后,Windows 就创建一个打印工作且开始处理它。若打印机这时正在处理另一项打印作业,则在打印机文件夹中将形成一个打印队列,保存所有等待打印的文件。

管理员可以暂停、继续、重新开始和取消由其他用户提交的文档,还可以重新安排这些文档的顺序。

9.3.7　Internet 打印

局域网、Internet 或内部网中的用户,如果出差在外或在家办公,是否能够使用企业网络中的打印机呢?如果能够像浏览网页那样实现 Internet 打印,无疑会给远程用户带来极大的方便。这种方式就是基于 Web 浏览器方式的打印。这样,对于局域网中的用户来说,可以避免登录到"域控制器"的烦琐设置与登录过程;对于 Internet 中的用户来说,基于 Internet 技术的 Web 打印方式可能是其使用远程打印机的唯一途径。

Internet 打印服务系统是基于 B/S(browser/server)方式工作的,因此在设置打印服务系统时,应分别设置打印服务器和打印客户端两部分。要配置 Internet 打印,需要在打印服务器上安装"Internet 打印"角色服务。在客户端的计算机使用 Internet 打印时要注意，除了 Windows 7/10 默认已经安装了“Internet 打印客户端”功能，其他操作系统没有安装“Internet 打印客户端”功能，Windows Server 2019 客户端必须安装“Internet 打印客户端”功能后，才能连接 Internet 打印机。

9.4　项目实施

本项目所有任务涉及的网络拓扑图如图 9-3 所示，WIN2019-1、WIN10-1 是两台虚拟机，WIN2019-1 是打印服务器，IP 地址为 192.168.10.11/24；WIN10-1 是打印客户端，IP 地址为 192.168.10.20/24。有两台本地打印机连接在打印服务器的 LPT1 和 LPT2 端口上。

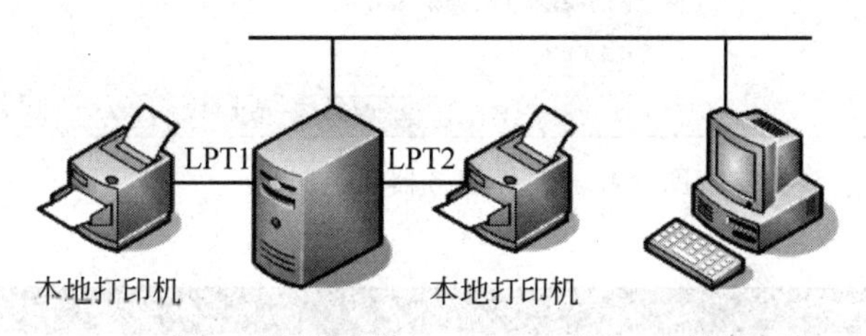

图 9-3　网络拓扑图

9.4.1　任务 1：配置共享打印机

1. 安装打印服务器

步骤 1：在 WIN2019-1 计算机中打开“服务器管理器”窗口，单击“添加角色和功能”链接，打开“添加角色和功能向导”对话框。

步骤 2：持续单击“下一步”按钮，直至出现“选择服务器角色”界面，选中“打印和文件服务”复选框，如图 9-4 所示。

步骤 3：持续单击“下一步”按钮，直至出现“选择角色服务”界面，选中“打印服务器”“Internet 打印”和“LPD 服务”复选框，如图 9-5 所示。

任务 1：配置共享打印机

【说明】“LPD 服务”和“Internet 打印”的含义如下。

LPD(line printer daemon，行式打印机后台程序)服务：该服务使基于 UNIX 的计算机或其他使用 LPR(行式打印机远程)服务的计算机可以通过此服务器上的共享打印机进行打印，还会在具有高级安全性的 Windows 防火墙中为端口 515 创建一个入站例外。

Internet 打印：创建一个由 Internet 信息服务(IIS)托管的网站。用户可以管理服务

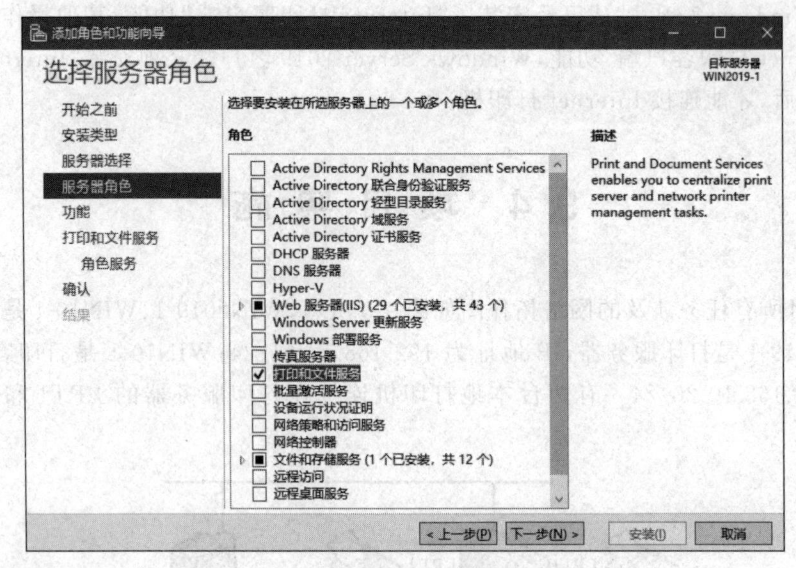

图 9-4 “选择服务器角色”界面

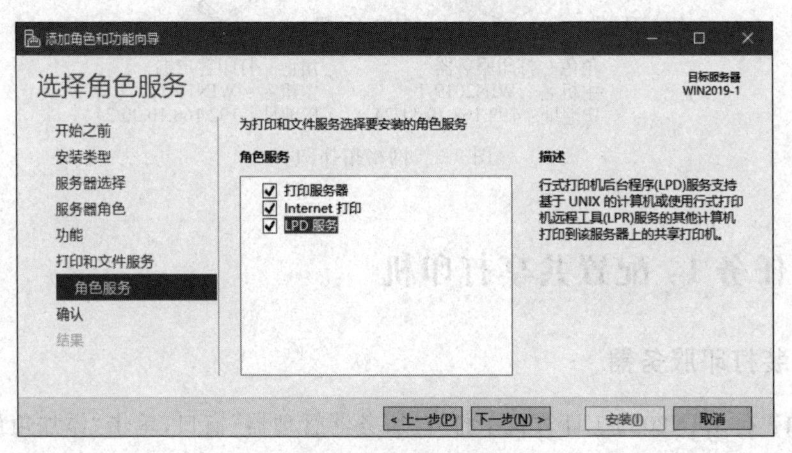

图 9-5 “选择角色服务”界面

器上的打印作业，还可以使用 Web 浏览器，通过 Internet 打印协议连接到此服务器上的共享打印机并进行打印。

步骤 4：单击“下一步”按钮，出现“确认安装所选内容”界面，单击“安装”按钮，安装成功后，单击“关闭”按钮。

2. 安装并共享本地打印机

WIN2019-1 已成为网络中的打印服务器，在这台计算机上还要安装并共享本地打印机，也可以管理其他打印服务器。安装并共享本地打印机的操作步骤如下。

步骤 1：确保打印设备已连接在 WIN2019-1 计算机上，选择“开始”→“Windows 管理工具”→“打印管理”命令，打开“打印管理”窗口。

步骤 2：在左侧窗格中展开“打印服务器”→“WIN2019-1(本地)”→“打印机”选项，右击，在弹出的快捷菜单中选择“添加打印机”命令，如图 9-6 所示。

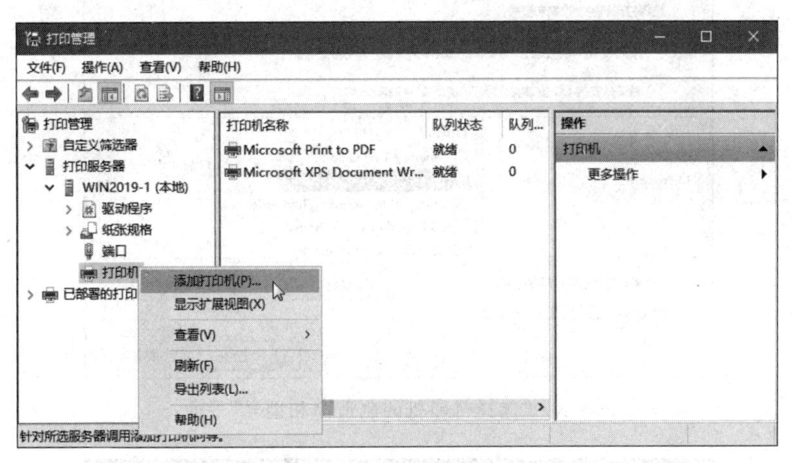

图 9-6　“打印管理”窗口

步骤 3：在打开的对话框中选中“使用现有的端口添加新打印机”单选按钮，在其右侧的下拉列表中选择“LPT1：(打印机端口)”选项，如图 9-7 所示。

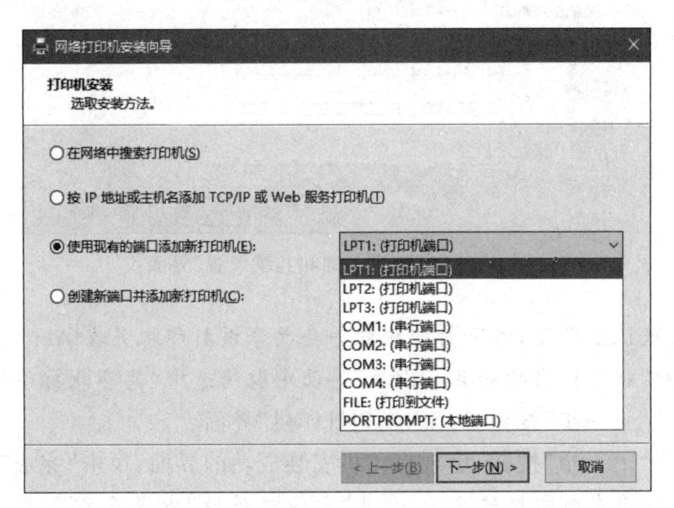

图 9-7　“选取安装方法”界面

步骤 4：单击“下一步”按钮，出现“打印机驱动程序”界面，选中“安装新驱动程序”单选按钮。

步骤 5：单击“下一步”按钮，出现“选择打印机的制造商和型号”界面，本例选择了 Generic IBM Graphics 9pin 打印机，如图 9-8 所示。

步骤 6：单击“下一步”按钮，出现“打印机名称和共享设置”界面，选中“共享此打印机”复选框，“打印机名”和“共享名称”默认均为打印机的型号(Generic IBM Graphics 9pin)，修改“共享名称”为 IBM-1，如图 9-9 所示。

“位置”和“注释”的内容可根据实际情况输入。

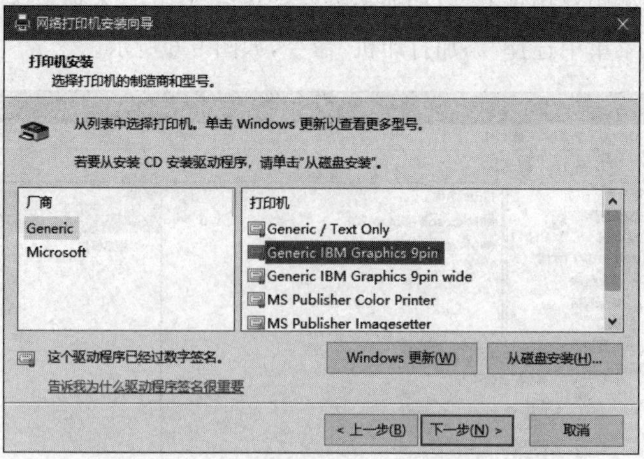

网络打印机安装向导

打印机安装
选择打印机的制造商和型号。

从列表中选择打印机。单击 Windows 更新以查看更多型号。

若要从安装 CD 安装驱动程序，请单击“从磁盘安装”。

厂商	打印机
Generic	Generic / Text Only
Microsoft	Generic IBM Graphics 9pin
	Generic IBM Graphics 9pin wide
	MS Publisher Color Printer
	MS Publisher Imagesetter

这个驱动程序已经过数字签名。 Windows 更新(W) 从磁盘安装(H)...

告诉我为什么驱动程序签名很重要

< 上一步(B) 下一步(N) > 取消

图 9-8 “选择打印机的制造商和型号”界面

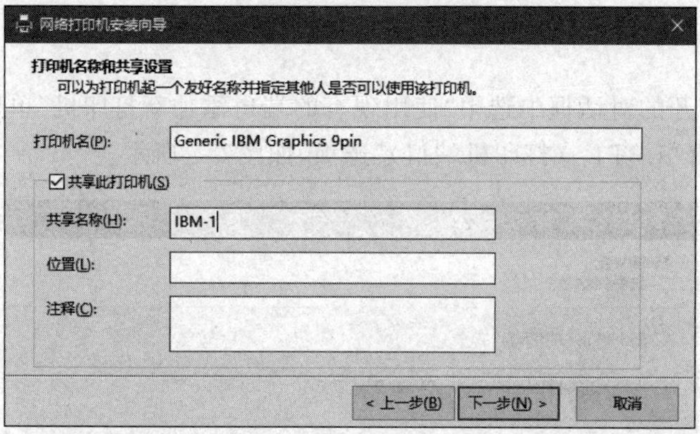

网络打印机安装向导

打印机名称和共享设置
可以为打印机起一个友好名称并指定其他人是否可以使用该打印机。

打印机名(P): Generic IBM Graphics 9pin

☑共享此打印机(S)

共享名称(H): IBM-1

位置(L):

注释(C):

< 上一步(B) 下一步(N) > 取消

图 9-9 “打印机名称和共享设置”界面

【注意】 在默认情况下，添加打印机向导会共享该打印机并在 Active Directory 中发布，除非在向导的“打印机名称和共享设置”界面中取消选中“共享此打印机”复选框。

步骤 7：单击“下一步”按钮，出现“找到打印机”界面。

步骤 8：单击“下一步”按钮，出现打印机安装成功的界面，单击“完成”按钮。

【说明】 也可以在打印机建立后，在其“打印机属性”中设置共享名。在共享打印机后，Windows 将在防火墙中启用“文件和打印机共享”规则，以接受客户端的共享连接。

3. 客户端添加共享打印机

为 WIN10-1 客户端添加共享打印机，操作步骤如下。

步骤 1：在 WIN2019-1 计算机中利用命令 net user Print a1! /add 新建打印用户 Print，密码为“a1!”。

步骤 2：在 WIN10-1 客户端计算机中选择“开始”→“Windows 系统”→“控制面板”→“查看设备和打印机”命令，打开“设备和打印机”窗口，单击“添加打印机”按钮，如图 9-10 所示，打开添加打印机的向导。

图 9-10　添加打印机

步骤 3：系统首先搜索可识别的打印设备，如图 9-11 所示。如果在设备列表框中没有显示出需要的设备，单击“我所需的打印机未列出”链接，出现“按其他选项查找打印机”界面，如图 9-12 所示。

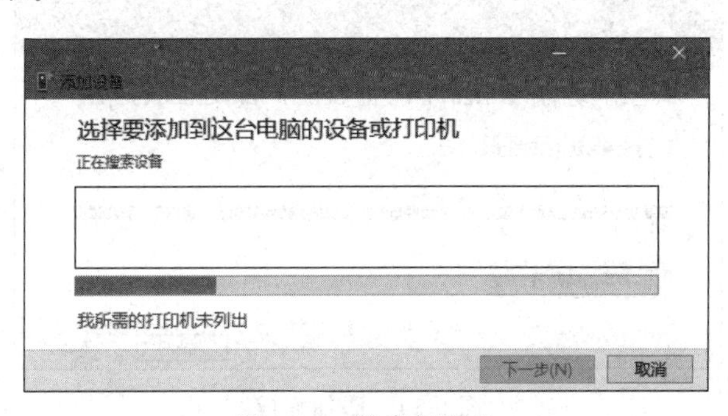

图 9-11　搜索打印机

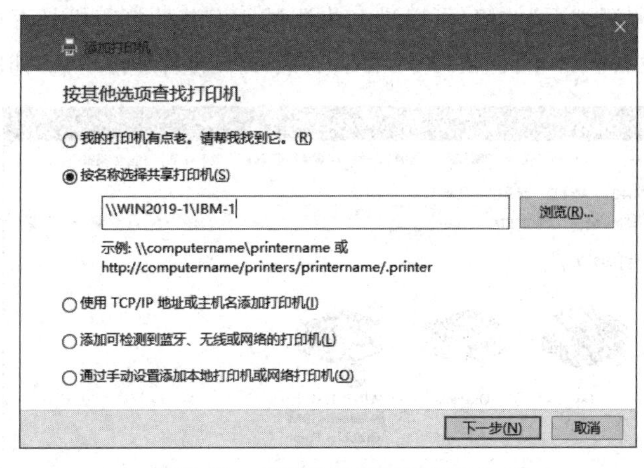

图 9-12　按其他选项查找打印机

步骤 4：选中“按名称选择共享打印机”单选按钮，在文本框中输入\\WIN2019-1\

IBM-1或\\192.168.10.11\IBM-1,也可单击“浏览”按钮查找。

步骤5:单击“下一步”按钮,若是首次连接打印服务器,则会出现验证用户名和密码的对话框,输入合法的用户名(Print)和密码(a1!)后,单击“确定”按钮,可以看到已成功添加并提示驱动程序已安装,如图9-13所示。

图9-13 添加成功

步骤6:单击“下一步”按钮,将再次提示已经成功添加打印机,如图9-14所示,选中“设置为默认打印机”复选框,单击“完成”按钮。

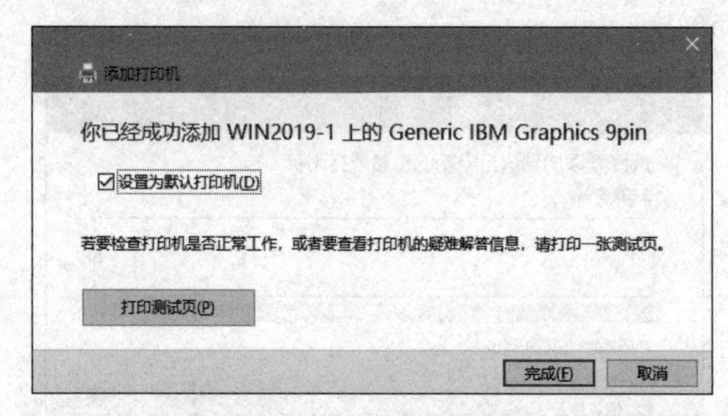

图9-14 添加完成

如果单击“打印测试页”按钮,可以进一步测试所安装的打印机是否正常工作。

步骤7:在“设备和打印机”窗口中,将会看到添加的共享打印机,如图9-15所示。

图9-15 添加的共享打印机

9.4.2　任务 2：管理打印服务器

1. 设置打印优先级

要利用打印优先级系统，需为同一打印设备创建多个逻辑打印机。为每个逻辑打印机指派不同的优先等级，然后创建与每个逻辑打印机相关的用户组。例如，Group1 中的用户拥有访问优先级为 1 的打印机的权利，Group2 中的用户拥有访问优先级为 2 的打印机的权利，其他以此类推。1 代表最低优先级，99 代表最高优先级。设置打印机优先级的操作步骤如下。

任务 2：管理打印服务器

步骤 1：在 WIN2019-1 计算机中为连接在 LPT1 端口的同一台打印设备安装两台逻辑打印机：IBM-1（共享名）已经安装，再安装一台 IBM-2（共享名）。

步骤 2：利用命令 net localgroup Group1 /add 和 net localgroup Group2 /add 创建两个用户组 Group1 和 Group2，并为这两个用户组分配成员。

步骤 3：在“打印管理”窗口中展开“打印服务器”→“WIN2019-1（本地）”→“打印机”选项，右击打印机列表中新添加的 Generic IBM Graphic 9pin 打印机，在弹出的快捷菜单中选择“属性”命令，打开打印机属性对话框，在“高级”选项卡中设置优先级为 1，使用时间为 8:00—17:00，如图 9-16 所示。

步骤 4：在“安全”选项卡中删除 Everyone 用户组，添加用户组 Group1 允许打印，如图 9-17 所示。

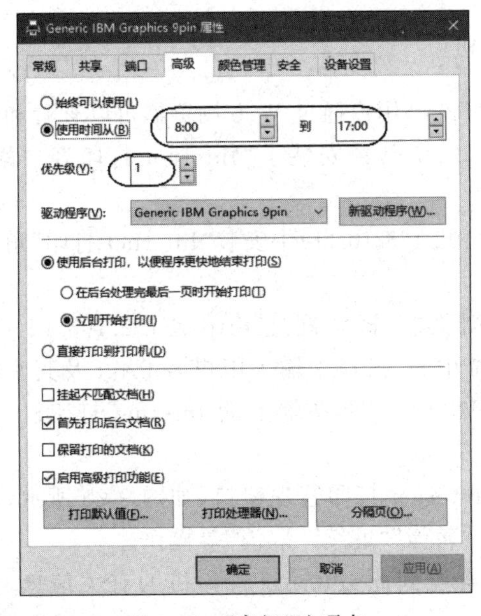

图 9-16　“高级”选项卡

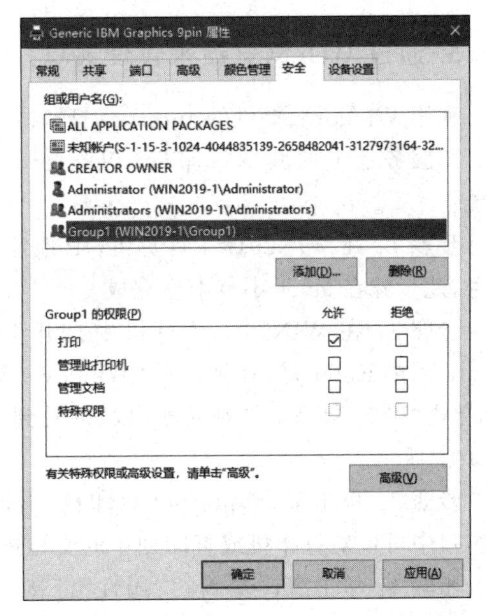

图 9-17　“安全”选项卡

步骤5：使用相同的方法设置IBM-2的优先级为99，添加用户组Group2允许在IBM-2上拥有打印、管理打印机和管理文档的权限(删除Everyone用户组)。

2. 设置打印机池

设置打印机池的步骤如下。

步骤1：在WIN2019-1计算机中，在不同的打印端口安装两台打印设备：LPT1端口已安装打印设备，需要在LPT2再安装一台相同型号的打印设备(共享名为IBM-3)。

步骤2：在"打印管理"窗口中展开"打印服务器"→"WIN2019-1(本地)"→"打印机"选项，右击打印机列表中的某台打印机，在弹出的快捷菜单中选择"属性"命令，打开打印机属性对话框，选择"端口"选项卡。

步骤3：选中"启用打印机池"复选框，再选中打印设备所连接的多个打印端口(LPT1和LPT2)，如图9-18所示，然后单击"确定"按钮。

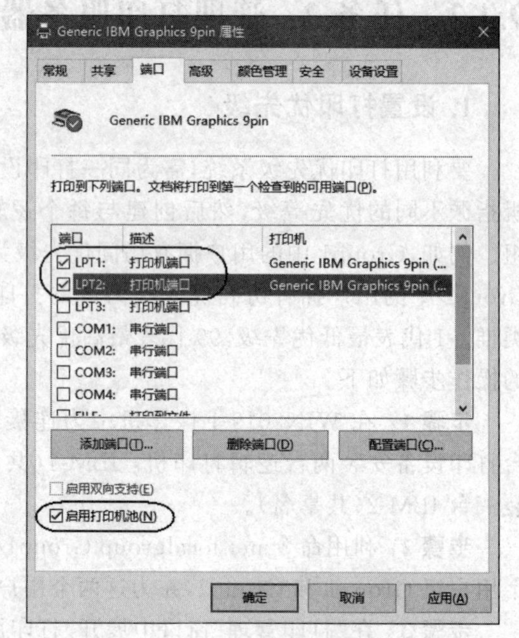

图9-18 "端口"选项卡

【说明】 打印机池中的所有打印设备必须是同一品牌同一型号，使用相同的驱动程序。由于用户不知道指定的文档由池中的哪一台打印设备进行打印，因此应确保池中的所有打印设备位于同一物理位置。

3. 通过Web浏览器来管理共享打印机

利用Windows提供的Internet打印协议(IPP)，用户通过Web浏览器可以查看和管理打印服务器上的共享打印机。Windows 10默认已经安装了"Internet打印客户端"功能。

步骤1：在WIN2019-1计算机(IP地址为192.168.10.11)中安装"Internet打印"角色服务，此步骤在9.4.1小节中已完成。

步骤2：在WIN10-1计算机中打开IE浏览器，输入网址http://192.168.10.11/Printers，按Enter键，在弹出的"Windows安全中心"窗口中输入用户名Print及其密码后，单击"确定"按钮，在浏览器中可以看到WIN2019-1服务器上的Internet打印机，如图9-19所示。

步骤3：单击某个Internet打印机，出现Internet打印管理窗口，如图9-20所示，在此窗口中可以对打印机或打印列中的文档进行"暂停""继续""取消"等操作。

步骤4：单击窗口左侧的"属性"链接，将会看到此Internet打印机的有关信息，如图9-21所示。

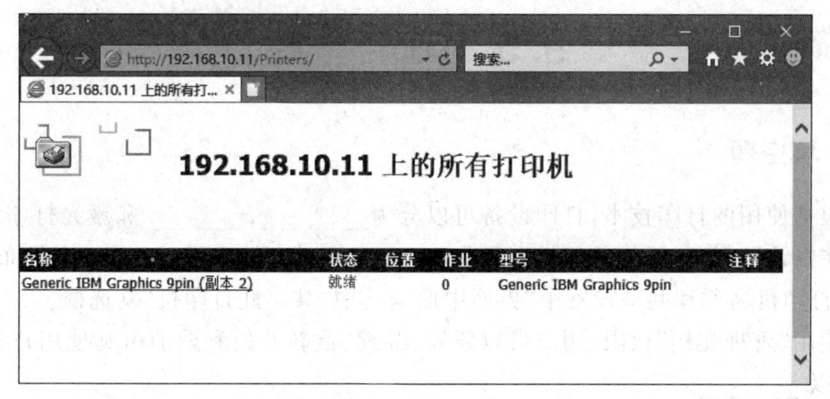

图 9-19　在客户端浏览器中查看打印服务器上的 Internet 打印机

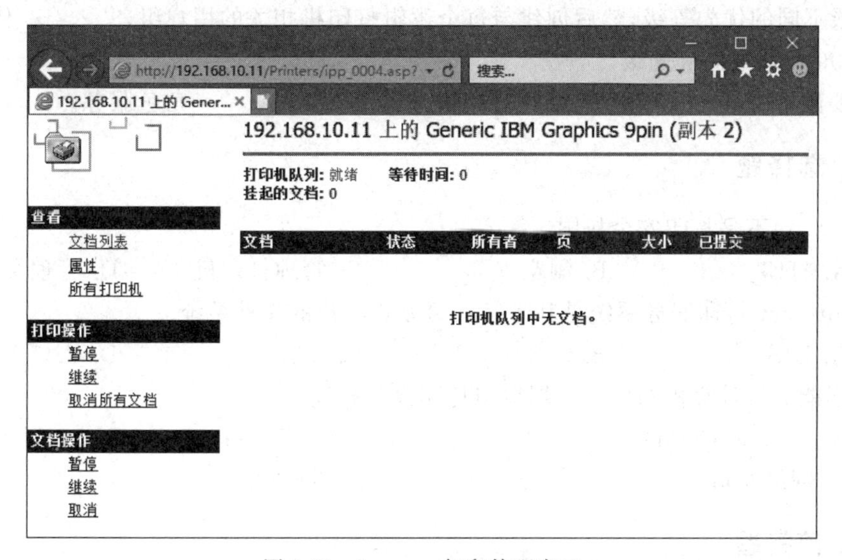

图 9-20　Internet 打印管理窗口

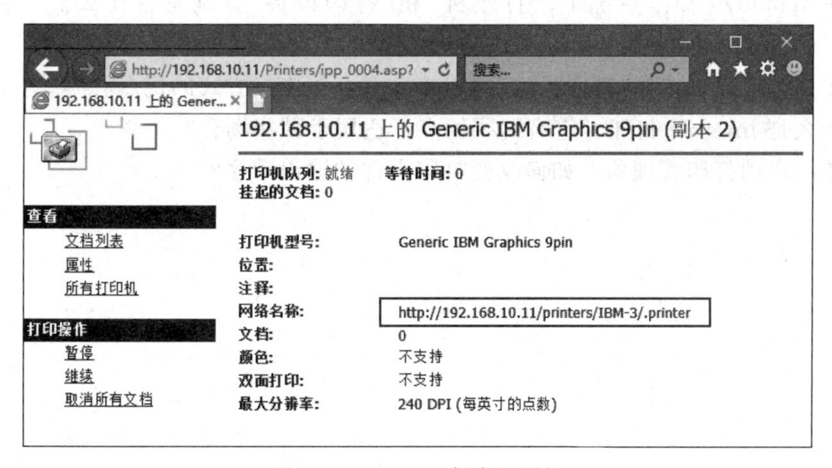

图 9-21　Internet 打印机属性

9.5 习　　题

一、填空题

1. 根据使用的打印技术，打印设备可以分为________、________和激光打印设备。

2. 在默认情况下，添加打印机向导会________并在 Active Directory 中发布，除非在向导的“打印机名称和共享设置中”界面中取消选中“共享此打印机”复选框。

3. 使用“管理文档”权限，用户可以暂停、继续、重新开始和取消由其他用户提交的文档，还可以________。

4. 要利用打印优先级系统，需为同一打印设备创建多个逻辑打印机。为每个逻辑打印机指派不同的优先等级，然后创建与每个逻辑打印机相关的用户组，________代表最低优先级，99 代表最高优先级。

5. 要配置 Internet 打印，需要在打印服务器上安装________角色服务。

二、选择题

1. (　　)不是打印安全权限。

A. 打印　　B. 浏览　　C. 管理打印机　　D. 管理文档

2. Internet 打印服务系统是基于(　　)方式工作的文件系统。

A. B/S　　B. C/S　　C. B2B　　D. C2C

3. 不能通过计算机的(　　)端口与打印设备相连。

A. 串行口(COM)　　B. 并行口(LPT)

C. 网络端口　　D. RS-232

三、简答题

1. 在 Windows 操作系统中，“打印机”和“打印设备”分别是指什么？二者有什么区别？

2. 在什么情况下选择“打印机池”的连接方式？该连接方式的优点有哪些？

3. 什么是 Internet 打印？它有哪些优点？适用于哪些场合？

4. 如何启动打印管理器？如何改变打印文件的输出顺序？

项目 10　DNS 服务器配置与管理

【学习目标】

(1) 了解 DNS 服务器的作用及其在网络中的重要性。
(2) 理解 DNS 的域名空间结构及其工作过程。
(3) 掌握 DNS 服务器的安装、配置和管理方法。
(4) 掌握 DNS 客户端的测试方法。

10.1　项 目 导 入

某公司的信息化进程推进很快,公司开发了网站,也架设了 WWW 服务器、FTP 服务器等。公司的大部分管理工作都可以在局域网中实现,这给公司带来了极大的便利。

公司规模较小时,公司中计算机之间的相互访问是通过 IP 地址进行的。随着公司规模的不断扩大和计算机数量的持续增加,在使用网络的过程中经常出现 IP 地址记错或忘记了 IP 地址的现象,给使用者带来了诸多不便,同时也给网络管理增加了难度。作为网络管理员,有什么方法可以解决这些问题?

10.2　项 目 分 析

在网络中,计算机之间都是通过 IP 地址进行定位并通信的,但是纯数字的 IP 地址非常难记,而且容易出错,因此,需要使用 DNS(域名系统)来负责整个网络中用户计算机的域名解析工作,使用户访问主机时不必使用 IP 地址,而是使用域名(通过 DNS 服务器自动解析成 IP 地址)访问服务器。DNS 服务器工作的好坏将直接影响整个网络的运行。

10.3　相关知识点

10.3.1　DNS 概述

域名系统(domain name system,DNS)是 Internet/Intranet 中最基础也是非常重要

的一项服务,它提供了网络访问中域名和IP地址的相互转换。

DNS是一种新的主机域名和IP地址转换的机制,它使用一种分层的分布式数据库来处理Internet上众多的主机和IP地址转换。也就是说,网络中没有存放全部Internet主机信息的中心数据库,这些信息分布在一个层次结构中的若干台域名服务器上。DNS是基于客户机/服务器(C/S)模型设计的。本质上来说,整个域名系统以一个大的分布式数据库方式工作。具有Internet连接的企业网络都可以有一个域名服务器,每个域名服务器包含有指向其他域名服务器的信息,结果是这些服务器形成了一个大的协调工作的域名数据库。

10.3.2 DNS组成

每当一个应用需要将域名解析成为IP地址时,这个应用便成为域名系统的一个客户。这个客户将待解析的域名放在一个DNS请求信息中,并将这个请求发给域名空间中的DNS服务器。服务器从请求中取出域名,将它解析为对应的IP地址,然后在一个回答信息中将结果返回给应用。如果接到请求的DNS服务器自己不能把域名解析为IP地址,将向其他DNS服务器查询,整个DNS域名系统由以下3部分组成。

1. DNS域名空间

图10-1所示是一个树形DNS域名空间结构示例,整个DNS域名空间呈树状结构分布,被称为“域树”。在DNS域树中,每个“节点”都可代表域树的一个分支或叶。其中,分支是用于标识一组命名资源;叶是用于标识某个特定命名资源。其实这与现实生活中的树、枝、叶三者的关系类似。

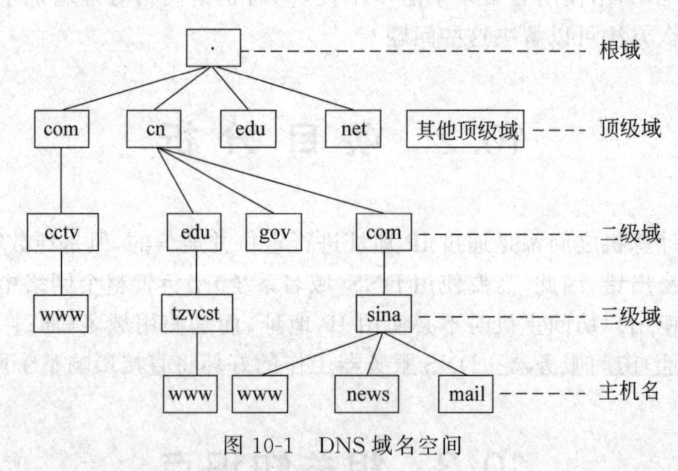

图10-1 DNS域名空间

DNS域名空间树的最上面是一个无名的根(root)域,用点“.”表示。在Internet中,根域是默认的,一般都不需要表示出来。全世界共有13台根域服务器,它们分布于世界各大洲,并由InterNIC管理。根域服务器中并没有保存任何域名,只具有初始指针指向第一级域,也就是顶级域,如com、edu、net等。

根域下是最高一级的域，再往下是二级域、三级域，最下面是主机名。最高一级的域名为顶级域名或一级域名。例如，在域名 www.sina.com.cn 中，cn 是一级域名，com 是二级域名，sina 是三级域名，也称为子域域名，而 www 是主机名。

完全限定的域名(fully qualified domain name，FQDN)是指主机名加上全路径，全路径中列出了序列中所有域成员。FQDN 用于指出其在域名空间树中的绝对位置，例如，www.microsoft.com 就是一个完整的 FQDN。

表 10-1 列出了一些常用的顶级域名。

表 10-1　常用的顶级域名

域名	含　义	域名	含　义	域名	含　义
gov	政府部门	ca	加拿大	edu	教育类
com	商业类	fr	法国	net	网络机构
mil	军事类	hk	中国香港	arc	娱乐活动
cn	中国	info	信息服务	org	非营利组织
jp	日本	int	国际机构	web	与 WWW 有关的单位

2. DNS 服务器

DNS 服务器是保持和维护域名空间中数据的程序。由于域名服务是分布式的，每一个 DNS 服务器含有一个自身域名空间的完整信息，其控制范围称为区域(zone)。对于本区内的请求由负责本区的 DNS 服务器解析，对于其他区的请求可由本区的 DNS 服务器与负责其他区的相应服务器联系。

区域是一个用于存储单个 DNS 域名的数据库，是域名空间树状结构的一部分，它将域名空间分区为较小的区段。区域文件是 DNS 服务器使用的配置文件，安装 DNS 服务器的主要工作就是要创建区域文件和资源记录。要为每个区域创建一个区域文件。单个 DNS 服务器能支持多个区域，因此可以同时支持多个区域文件。

区域文件是个采用标准化结构的文本文件，它包含的项目称为资源记录。不同的资源记录用于标识项目代表的计算机或服务程序的类型，每个资源记录具有一个特定的作用。有以下几种可能的记录。

(1) SOA(授权开始)。SOA 记录是区域文件的第一条记录，表示授权开始，并定义域的主域名服务器。

(2) NS(域名服务器)。为某一给定的域指定授权的域名服务器。

(3) A(地址记录)。用来提供从主机名到 IP 地址的转换。

(4) PTR(指针记录)。指针记录包含 IP 地址到 DNS 域名的映射。

(5) MX(邮件交换器)。允许用户指定在网络中负责接收外部邮件的主机。

(6) CNAME(别名)。用于在 DNS 中为主机设置别名，对于给出服务器的通用名称非常有用。要使用 CNAME，必须有该主机的另外一条记录(A 记录或 MX 记录)来指定该主机的真名。

当一台 DNS 服务器内存储着一个或多个区域的记录时，也就是说此 DNS 服务器的管辖范围可以涵盖域名空间内的一个或多个区域时，称此DNS服务器为这些区域的“权威服务器”。

3. 解析器

解析器是简单的程序或子程序，它从DNS服务器中提取信息以响应对“主机域名”的查询，用于DNS客户端。

10.3.3 域名的解析方法

DNS的作用就是用来把主机域名解析成对应的IP地址，或者由IP地址解析成对应的主机域名。域名的解析方法主要有两种：一种是通过hosts文件进行解析，另一种是通过DNS服务器进行解析。

1. hosts文件

hosts文件查询只是Internet中最初使用的一种查询方式。采用hosts文件进行查询时，必须由人工输入、删除、修改所有域名与IP地址的对应数据。需要查询域名时，首先要到hosts文件中进行查询，hosts文件位于C:\Windows\System32\drivers\etc文件夹中，是一个纯文本文件，如图10-2所示。

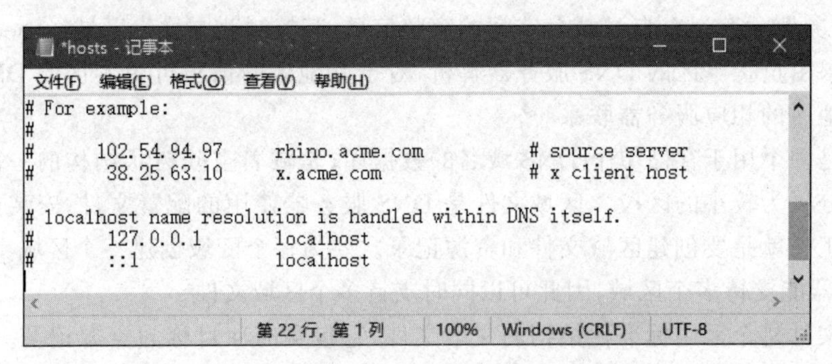

图10-2 hosts文件

2. DNS服务器

如果hosts文件不能解析该主机域名时，只能通过向客户机所设定DNS服务器进行查询了。DNS服务器查询时可以以递归查询、迭代查询等方式对DNS查询进行解析。

(1) 递归查询。递归查询就是DNS客户端发出查询请求后，若DNS服务器内没有所需的记录，则DNS服务器会代替客户端向其他的DNS服务器进行查询。一般由DNS客户端所提出的查询请求属于递归查询。

(2) 迭代查询。迭代查询就是当第1台DNS服务器向第2台DNS服务器提出查询请求后，若第2台DNS服务器内没有所需要的记录，则它会提供第3台DNS服务器的IP地址给第1台DNS服务器，让第1台DNS服务器自行向第3台DNS服务器进行查询。一般情况下，DNS服务器与DNS服务器之间的查询属于迭代查询。

下面以图10-3所示DNS客户端向本地DNS服务器查询域名为www.example.com的IP地址为例，来说明DNS查询的过程(参考图中的数字)。

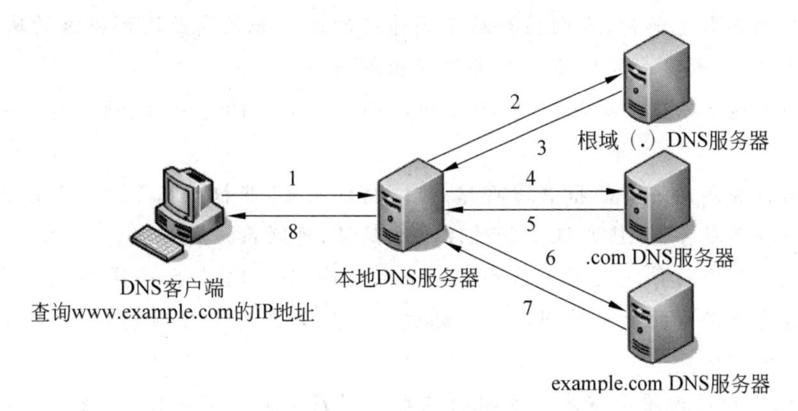

图10-3 DNS查询过程

① DNS客户端向本地DNS服务器查询域名为www.example.com的IP地址(这属于递归查询)。

② 本地DNS服务器无法解析此域名，先向根域DNS服务器发出请求，查询.com的IP地址(这属于迭代查询)。

③ 根域DNS服务器管理着.com、.net等顶级域名的地址解析。它收到请求后，把解析结果(管理.com域的服务器IP地址)返回给本地DNS服务器。

④ 本地DNS服务器得到查询结果后，接着向管理.com域的DNS服务器发出进一步的查询请求，要求得到example.com的IP地址(这属于迭代查询)。

⑤ 管理.com域的DNS服务器把解析结果(管理example.com域的服务器IP地址)返回给本地DNS服务器。

⑥ 本地DNS服务器得到查询结果后，接着向管理example.com域的DNS服务器发出进一步的查询请求，要求得到www.example.com的IP地址(这属于迭代查询)。

⑦ 管理example.com域的DNS服务器把解析结果(www.example.com的IP地址)返回给本地DNS服务器。

⑧ 本地DNS服务器得到了最终的查询结果，它把这个结果返回给DNS客户端，从而使客户端能够和远程主机通信。

【提示】 在实际的域名解析系统中，可以采用以下的解决方法来提高解析效率。

① 解析从本地域名服务器开始。大部分域名解析都可以在本地域名服务器中完成。如果能在本地服务器中直接完成，则无须从根节点开始遍历域名服务器树。这样，域名解析既不会占用太多的网络带宽，也不会给根服务器造成太大的处理负荷。因此，可以提高域名的解析效率。当然，如果本地服务器不能解析请求的域名，则需要借助其他域名服务器来完成。

② 域名服务器的高速缓存技术。域名解析从根节点向下解析会增加网络负担，开销很大。在互联网中可借用高速缓存减少非本地域名解析的开销。所谓高速缓存，就是在

域名服务器中开辟专用内存区，存储最近解析过的域名及其相应的IP地址。

域名服务器一旦收到域名请求，首先检查域名与IP地址的对应关系是否在本地存在，如果是，则在本地解析，否则检查域名高速缓冲区。如果是最近解析过的域名，将结果报告给解析器，否则再向其他域名服务器发出解析请求。

为保证高速缓冲区中的域名与IP地址之间映射关系的有效性，通常可以采用以下两种策略。

- 域名服务器向解析器报告缓存信息时，需注明是“非权威性”映射，并给出获取该映射的域名服务器IP地址。如果注重准确性，可联系该服务器。
- 高速缓存中的每一映射关系都有一个生存周期（TTL），生存周期规定该映射关系在缓存中保留的最长时间。一旦到达某映射关系的生存周期时间，系统便将它从缓存中删除。

③ 主机上的高速缓存技术。主机将从解析器获得的域名—IP地址映射关系存储在高速缓存中。当解析器进行域名解析时，它首先在本地主机的高速缓存中进行查找，如果找不到，再将请求送往本地域名服务器。

10.3.4 DNS根提示

局域网中的本地DNS服务器只能解析在本地域中添加的主机，而无法解析未知的域名。因此，要实现对Internet中所有域名的解析，就必须将本地无法解析的域名转发给其他域名服务器。这种转发既可以通过“根提示”功能来实现，也可以通过转发器来实现。

如图10-4所示，根提示是存储在本地DNS服务器上的DNS资源记录，它列出了DNS根服务器的IP地址。

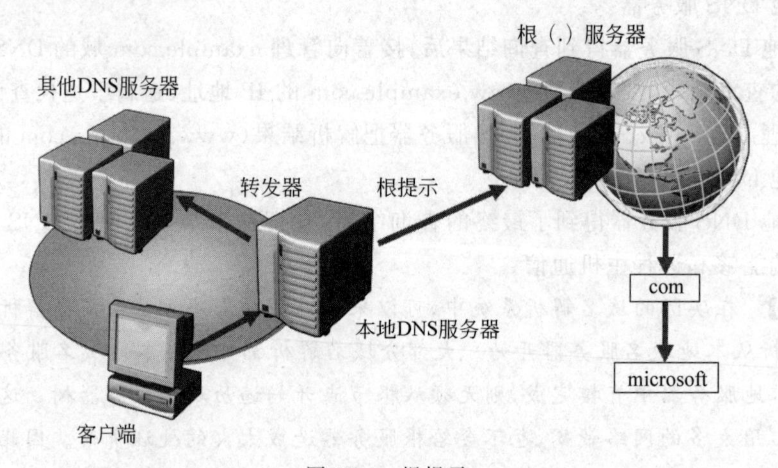

图10-4 根提示

当DNS服务器收到一个DNS查询请求后，会首先检索缓存。然后DNS服务器将尝试定位对被查询的域具有权威性的DNS服务器。假设这台DNS服务器没有此域的权威

DNS 服务器的 IP 地址，而且配置了根提示 IP 地址，那么这台 DNS 服务器将向一个根服务器提出查询请求，以便获得此 DNS 查询请求的顶级域的相关信息。

于是，DNS 根服务器返回一个顶级域的权威服务器的 IP 地址，然后 DNS 服务器顺着 FQDN 往下继续这一过程，直到它找到所需的权威性域服务器。

根提示存储在%SystemRoot%\System32\dns 文件夹下的 CACHE.DNS 文件中。

10.3.5 转发器

转发器是网络上的一台 DNS 服务器。当本地的 DNS 服务器不能解析或者由于某些原因不解析客户端的地址查询请求时，本地 DNS 服务器可以把客户端的请求转发给一台其他的 DNS 服务器，这台其他的 DNS 服务器就是"转发器"。

当本地 DNS 服务器收到一个查询请求后，它首先尝试在自己的区域文件中查找被请求的信息，如果查找失败（要么是因为这个 DNS 服务器对被请求的域名没有权威性，要么是因为它没有从先前的查询中获得关于此信息记录的缓存），它必须联系其他 DNS 服务器（转发器）以解析这个查询请求。转发器可以管理对网络外的名称（如 Internet 上的名称）的解析，并改善网络中计算机的名称解析效率。

对于小型网络，如果没有本网络域名解析的需要，则可以只设置一个与外界联系的 DNS 转发器。对于公网主机域名的查询，将全部转发到指定的 DNS 转发器或者转发到"根提示"选项卡中提示的 13 个根服务器。1 个为主根服务器，在美国；其余 12 个均为辅根服务器，其中 9 个在美国，欧洲的 2 个位于英国和瑞典，亚洲的 1 个位于日本。

对于大中型企事业单位，可能需要建立多个本地 DNS 服务器。如果所有 DNS 服务器都使用根提示向网络外发送查询，则许多内部和非常重要的 DNS 信息都可能暴露在 Internet 上，这除了导致安全和隐私问题外，还可生成费用昂贵的大量外部通信，降低了效率。为了内部网络的安全，一般只将其中的一台 DNS 服务器设置为可以与外界 DNS 服务器直通的服务器，这台负责所有本地 DNS 服务器查询的计算机就是 DNS 服务的转发器。

如果在 DNS 服务器上存在一个"."域（如在安装活动目录的同时安装 DNS 服务，就会自动生成该域），根提示和转发器功能就会全部失效，解决的方法就是直接删除"."域。

10.4 项目实施

本项目所有任务涉及的网络拓扑图如图 10-5 所示，WIN2019-1、WIN2019-2、WIN10-1 是三台虚拟机，通过"NAT 模式"相连。WIN2019-1 是主 DNS 服务器，IP 地址为 192.168.10.11/24；WIN2019-2 是辅助 DNS 服务器，IP 地址为 192.168.10.12/24；WIN10-1 是 DNS 客户端，IP 地址为 192.168.10.20/24，首选 DNS 为 192.168.10.11。

角色：主DNS服务器
主机名：WIN2019-1
IP地址：192.168.10.11/24

角色：辅助DNS服务器
主机名：WIN2019-2
IP地址：192.168.10.12/24

角色：DNS客户端
主机名：WIN10-1
IP地址：192.168.10.20/24
首选DNS：192.168.10.11

图 10-5　网络拓扑图

10.4.1　任务 1：安装 DNS 服务器

1. 安装“DNS 服务器”角色

默认情况下，Windows Server 2019 系统中没有安装“DNS 服务器”角色，因此管理员需要手工进行“DNS 服务器”角色的安装操作。如果服务器已经安装了活动目录，则 DNS 服务器角色已经自动安装，不必再进行“DNS 服务器”角色的安装。如果希望该 DNS 服务器能够解析 Internet 上的域名，还需保证该 DNS 服务器能正常连接 Internet。安装“DNS 服务器”角色的操作步骤如下。

任务 1：安装 DNS 服务器

步骤 1：在“服务器管理器”窗口中选择“仪表板”→“添加角色和功能”选项，打开“添加角色和功能向导”对话框。

步骤 2：单击“下一步”按钮，出现“选择安装类型”界面，选中“基于角色或基于功能的安装”单选按钮。

步骤 3：单击“下一步”按钮，出现“选择目标服务器”界面，选中“从服务器池中选择服务器”单选按钮。

步骤 4：单击“下一步”按钮，出现“选择服务器角色”界面，选中“DNS 服务器”复选框，如图 10-6 所示，在弹出的“添加 DNS 服务器所需的功能?”对话框中单击“添加功能”按钮。

步骤 5：单击“下一步”按钮，出现“选择功能”界面。

步骤 6：单击“下一步”按钮，出现“DNS 服务器”界面。

步骤 7：单击“下一步”按钮，出现“确认安装所选内容”界面。

步骤 8：单击“安装”按钮，开始安装“DNS 服务器”角色，安装完成后，单击“关闭”按钮。

2. DNS 服务的停止和启动

要启动或停止 DNS 服务，既可以使用“DNS 管理器”窗口或“服务”窗口，也可以使用

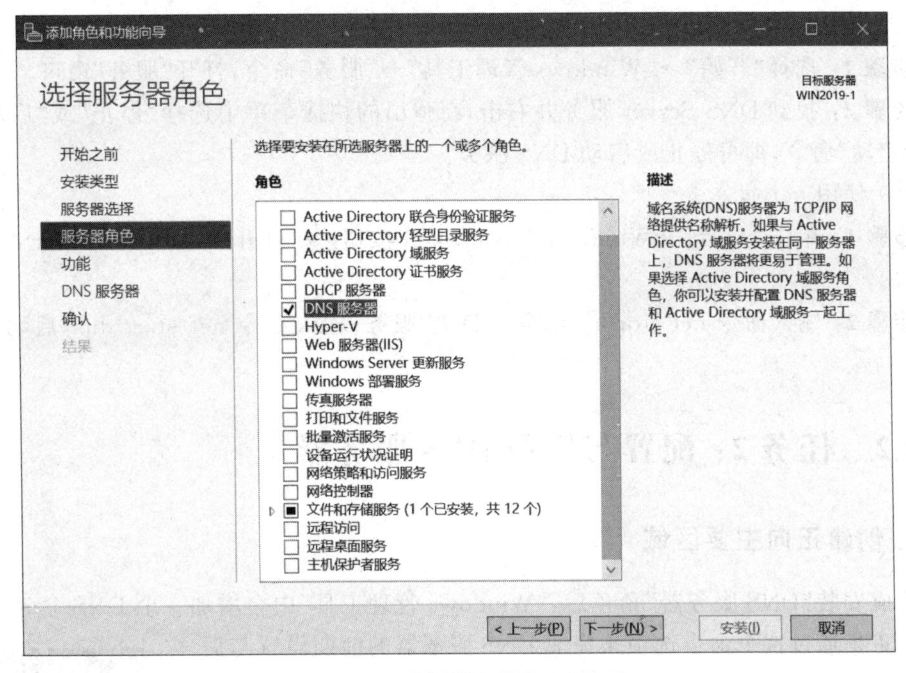

图 10-6 “选择服务器角色”界面

net 命令，操作步骤如下。

(1) 使用“DNS 管理器”窗口。

步骤 1：选择“开始”→“Windows 管理工具”→DNS 命令，打开“DNS 管理器”窗口。

步骤 2：在左侧窗格中右击服务器名 WIN2019-1，在弹出的快捷菜单中选择“所有任务”→“停止”或“启动”或“重新启动”命令，即可停止或启动 DNS 服务，如图 10-7 所示。

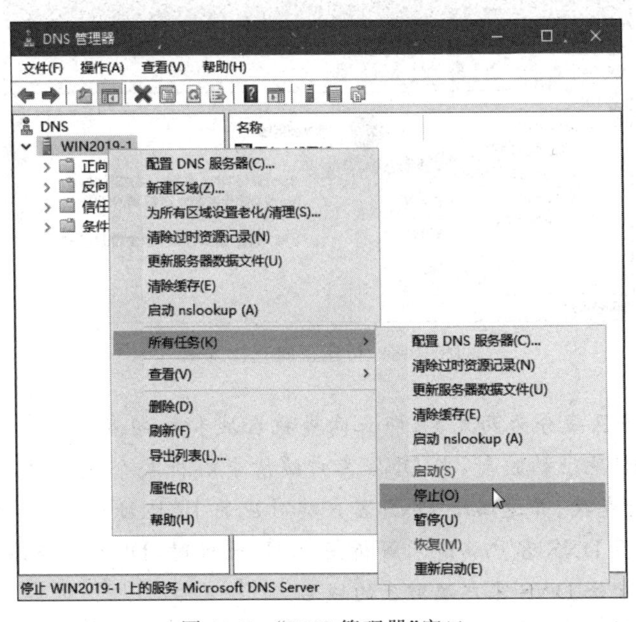

图 10-7 “DNS 管理器”窗口

（2）使用“服务”窗口。

步骤1：选择“开始”→“Windows 管理工具”→“服务”命令，打开“服务”窗口。

步骤2：找到 DNS Server 服务并右击，在弹出的快捷菜单中选择“停止”或“启动”或“重新启动”命令，即可停止或启动 DNS 服务。

（3）使用 net 命令。

步骤1：单击“开始”→Windows PowerShell 按钮，打开 Windows PowerShell 命令窗口。

步骤2：输入命令 net stop dns，停止 DNS 服务；输入命令 net start dns，启动 DNS 服务。

10.4.2 任务2：配置与管理 DNS 服务器

1. 创建正向主要区域

完成安装“DNS 服务器”角色后，“Windows 管理工具”中会增加一个 DNS 命令选项，管理员正是通过这个命令选项来完成 DNS 服务器的前期设置与后期的运行管理工作。创建正向主要区域 nos.com 的操作步骤如下。

任务2：配置与管理 DNS 服务器

步骤1：选择“开始”→“Windows 管理工具”→DNS 命令，打开“DNS 管理器”窗口。

步骤2：展开“DNS 服务器（WIN2019-1）”→“正向查找区域”，右击“正向查找区域”选项，在弹出的快捷菜单中选择“新建区域”命令，如图10-8所示。

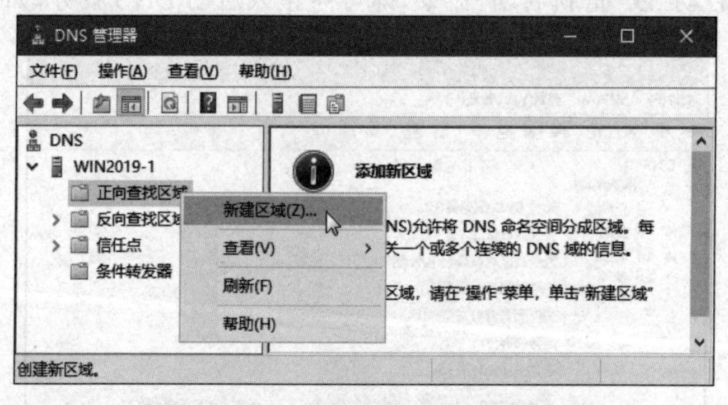

图10-8　新建正向查找区域

【说明】 DNS 区域分为两大类，即正向查找区域和反向查找区域。其中，正向查找区域用于域名到 IP 地址的映射，当 DNS 客户端请求解析某个域名时，DNS 服务器在正向查找区域中进行查找，并返回给 DNS 客户端对应的 IP 地址；反向查找区域用于 IP 地址到域名的映射，当 DNS 客户端请求解析某个 IP 地址时，DNS 服务器在反向查找区域中进行查找，并返回给 DNS 客户端对应的域名。

步骤3：在打开的“新建区域向导”对话框中单击“下一步”按钮，出现“区域类型”界面，如图 10-9 所示，选中“主要区域”单选按钮。

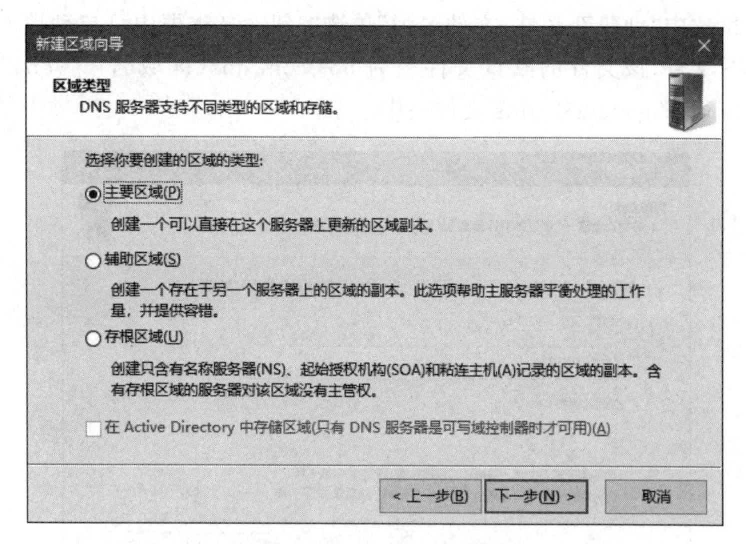

图 10-9 “区域类型”界面

【说明】

(1) 在 DNS 服务器设计中，针对每一个区域总是建议用户至少使用两台 DNS 服务器来进行管理。其中一台作为主要 DNS 服务器，而另外一台作为辅助 DNS 服务器。

(2) 主要区域的区域数据存放在本地文件中，只有主要 DNS 服务器可以管理此 DNS 区域。这意味着如果当主要 DNS 服务器出现故障时，此主要区域不能再进行修改。但是，辅助 DNS 服务器还可以答复 DNS 客户端的 DNS 解析请求。

(3) 当 DNS 服务器管理辅助区域时，它将成为辅助 DNS 服务器。使用辅助 DNS 服务器的好处在于实现负载均衡和避免单点故障。

(4) 管理存根区域的 DNS 服务器称为存根 DNS 服务器。一般情况下，不需要单独部署存根 DNS 服务器，而是和其他 DNS 服务器类型合用。

步骤 4：单击“下一步”按钮，出现“区域名称”界面，如图 10-10 所示，在“区域名称”文本框中输入 nos.com。

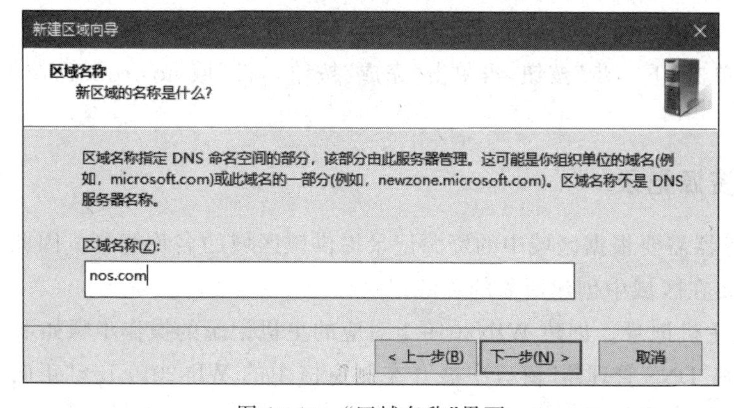

图 10-10 “区域名称”界面

步骤5：单击“下一步”按钮，出现“区域文件”界面，如图10-11所示。因为创建的是新区域，在这里选中“创建新文件，文件名为”单选按钮。文本框中已自动填入了以域名为文件名的DNS文件，该文件的默认文件名为nos.com.dns（区域名＋“.dns”），它被保存在％SystemRoot％/system32/dns文件夹中。

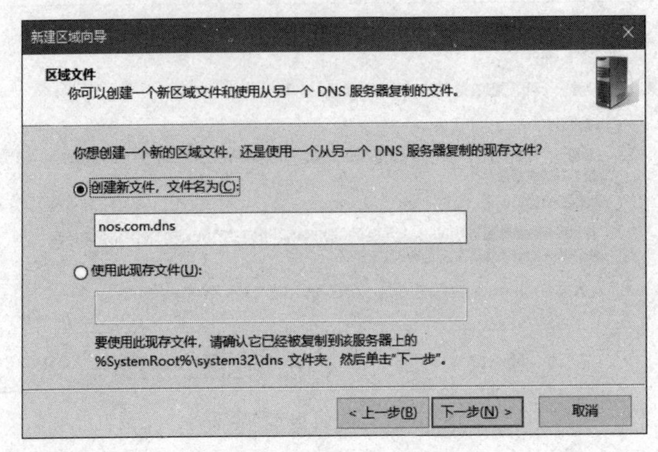

图10-11 “区域文件”界面

如果要使用已有的区域文件，可先选中“使用此现存文件”单选按钮，然后将该现存的文件复制到％SystemRoot％/system32/dns文件夹中即可。

步骤6：单击“下一步”按钮，出现“动态更新”界面，选中“不允许动态更新”单选按钮，表示不接受资源记录的动态更新，更新记录必须以安全的手动方式进行。各选项的功能如下。

(1) 只允许安全的动态更新（适合Active Directory使用）：只有在安装了Active Directory集成的区域才能使用该选项，所以该选项目前是灰色状态，不可选取。

(2) 允许非安全和安全动态更新：如果要使用任何客户端都可接受资源记录的动态更新，可选择该选项，但由于可以接受来自非信任源的更新，所以使用此选项时可能会不安全。

(3) 不允许动态更新：可使此区域不接受资源记录的动态更新，使用此选项比较安全。

步骤7：单击“下一步”按钮，再单击“完成”按钮，新区域nos.com已添加到正向查找区域中。

2. 创建资源记录

DNS服务器需要根据区域中的资源记录提供该区域的名称解释。因此，在区域创建完成之后，需要在区域中创建所需的资源记录。

(1) 创建主机记录。创建WIN2019-1对应的主机记录的操作步骤如下。

步骤1：在“DNS管理器”窗口中展开左侧窗格中的WIN2019-1→“正向查找区域”→nos.com选项，右击要创建主机记录的正向查找区域nos.com，在弹出的快捷菜单中选择

“新建主机”命令，打开“新建主机”对话框，如图10-12所示。

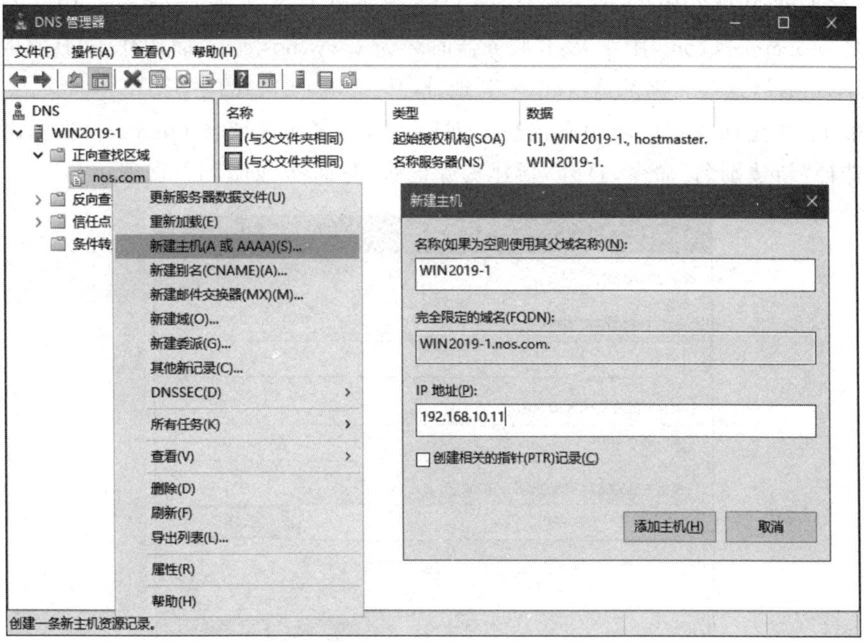

图10-12　创建主机记录

步骤2：在“名称”文本框中输入新增主机记录的名称，如WIN2019-1，“完全限定的域名”自动变为WIN2019-1.nos.com。在“IP地址”文本框中输入新增主机的IP地址，如192.168.10.11。

如果新增主机的IP地址与DNS服务器的IP地址在同一个子网中，并且有反向查找区域，则可以选中“创建相关的指针(PTR)记录”复选框，这样会在反向查找区域中自动添加一条搜索记录。这里不选中“创建相关的指针(PTR)记录”复选框。

步骤3：单击“添加主机”按钮，再单击“完成”按钮，该主机的名称、类型及IP地址就会显示在“DNS管理器”窗口中。

步骤4：重复以上步骤，创建WIN2019-2的主机记录(192.168.10.12)，创建后的主机记录如图10-13所示。

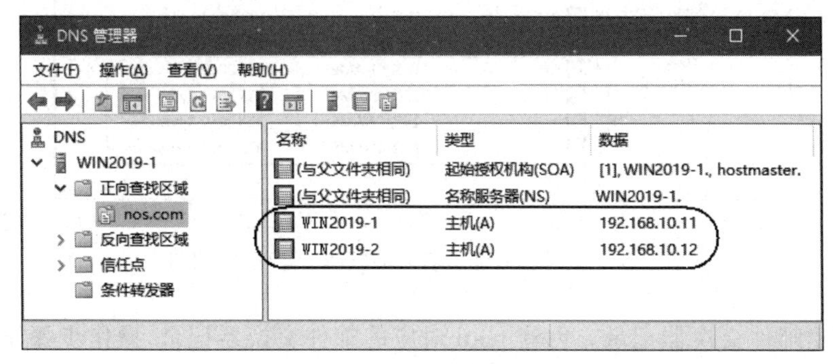

图10-13　创建主机记录后的“DNS管理器”窗口

（2）创建主机别名。当一台主机需要使用多个主机域名时，可以为该主机设置别名。例如，一台主机（WIN2019-1.nos.com）用作DNS服务器时名为dns.nos.com，用作DHCP服务器时名为dhcp.nos.com，用作Web服务器时名为www.nos.com，而用作FTP服务器时名为ftp.nos.com，但这些名称都是指同一IP地址（192.168.10.11）的主机。

步骤1：在正向查找区域中右击想要创建主机别名的区域名nos.com，在弹出的快捷菜单中选择"新建别名"命令，打开"新建资源记录"对话框，如图10-14所示。

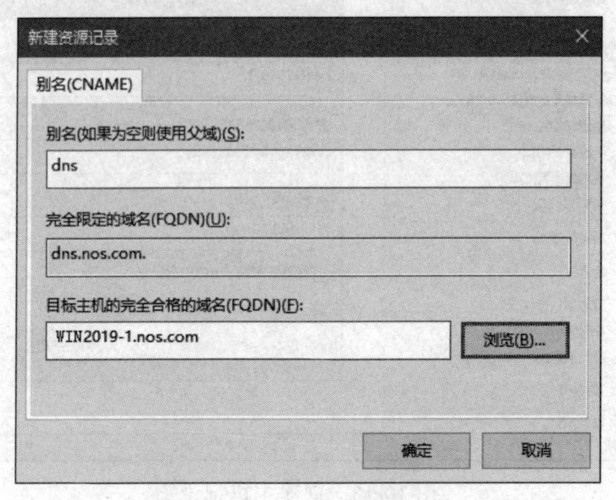

图10-14　创建主机别名

步骤2：在"别名"文本框中输入别名dns，然后输入目标主机的完全合格的域名WIN2019-1.nos.com（也可以通过单击"浏览"按钮进行选择），单击"确定"按钮完成主机别名的创建。

步骤3：重复以上步骤，分别创建别名dhcp、www、ftp等。图10-15显示了WIN2019-1.nos.com的别名为dns.nos.com、dhcp.nos.com、www.nos.com和ftp.nos.com。

图10-15　创建主机别名后的"DNS管理器"窗口

（3）创建邮件交换器记录。创建mail对应的邮件交换器记录，操作步骤如下。

步骤1：在正向查找区域中右击想要创建邮件交换器的区域名nos.com，在弹出的快捷菜单中选择“新建邮件交换器”命令，打开“新建资源记录”对话框，如图 10-16 所示。

图 10-16　创建邮件交换器记录

步骤 2：在“主机或子域”文本框中输入邮件交换器记录的名称 mail，该名称将与所在区域的名称一起构成邮件地址中“@”右面的后缀(如 hlg@mail.nos.com)。“完全限定的域名”文本框中自动填入了域名 mail.nos.com。

如果邮件地址为 hlg@nos.com，则应将邮件交换器记录的“主机或子域”设置为空(“@”右面的后缀使用域名称 nos.com)。

步骤 3：在“邮件服务器的完全限定的域名(FQDN)”文本框中输入该邮件服务器的名称(此名称必须是已经创建的对应于邮件服务器的主机记录)，本例为 WIN2019-1.nos.com。

步骤 4：在“邮件服务器优先级”文本框中可设置当前邮件交换器记录的优先级，默认为 10(0 最高，65535 最低)。如果存在两个或更多的邮件交换器记录，则在解析时将首选优先级高的邮件交换器记录。

步骤 5：单击“确定”按钮，完成邮件交换器记录的创建，结果如图 10-17 所示。

图 10-17　创建邮件交换器记录后的“DNS 管理器”窗口

3. 创建反向主要区域

反向查找区域用于通过IP地址来查询DNS名称。创建反向主要区域的操作步骤如下。

步骤1：在“DNS管理器”窗口中选择“反向查找区域”选项，右击，在弹出的快捷菜单中选择“新建区域”命令，打开“新建区域向导”对话框。

步骤2：单击“下一步”按钮，出现“区域类型”界面，选中“主要区域”单选按钮。

步骤3：单击“下一步”按钮，出现“反向查找区域名称”界面，如图10-18所示，选中“IPv4反向查找区域”单选按钮。

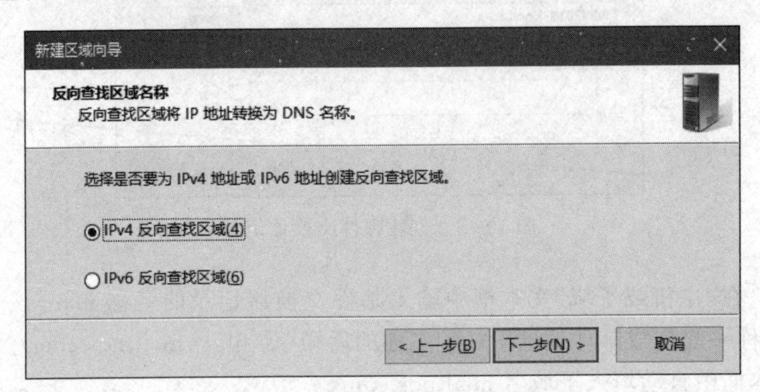

图10-18 “反向查找区域名称”界面

步骤4：单击“下一步”按钮，在如图10-19所示的界面中输入网络ID或者反向查找区域名称，本例中输入的是网络ID，反向查找区域名称会根据网络ID自动生成。例如，当输入网络ID为“192.168.10.”时，反向查找区域的名称自动设为10.168.192.in-addr.arpa。

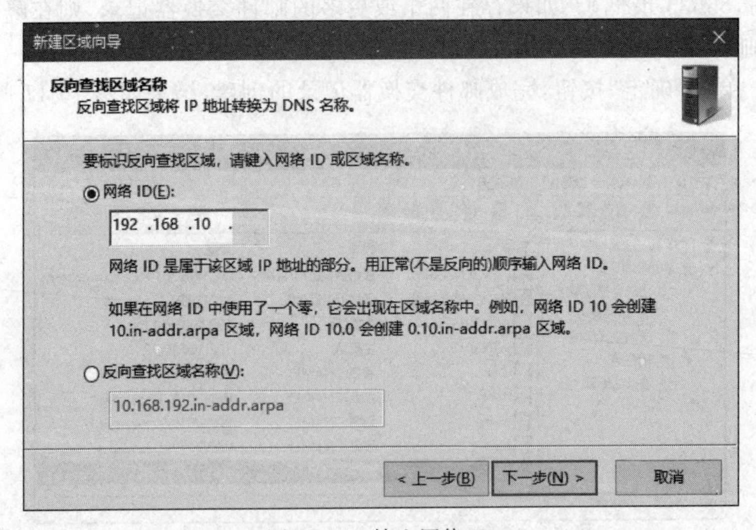

图10-19 输入网络ID

步骤5：单击“下一步”按钮，出现“区域文件”界面，选中“创建新文件，文件名为”单选按钮，下面的文本框中自动填入了以反向查找区域名称为文件名的DNS文件，即10.168.192.in-addr.arpa.dns文件。

步骤6：单击“下一步”按钮，选中“不允许动态更新”单选按钮，再单击“下一步”按钮，最后单击“完成”按钮完成创建。反向查找区域10.168.192.in-addr.arpa就添加到“反向查找区域”中了，如图10-20所示。

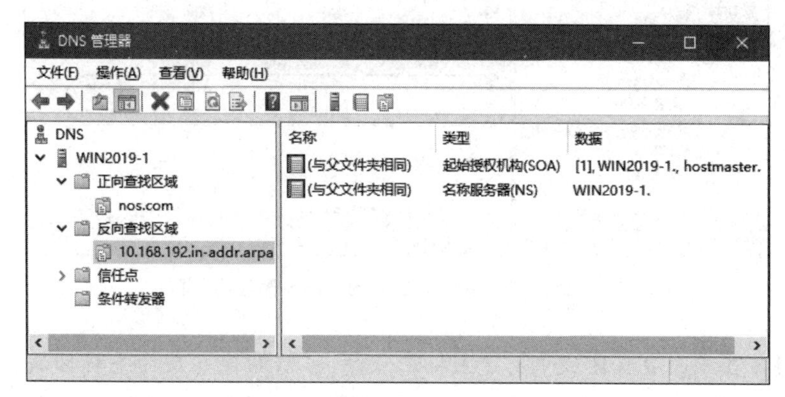

图10-20　创建反向主要区域后的“DNS管理器”窗口

4. 创建指针记录

当反向查找区域创建完成后，还必须在该区域内创建指针记录(反向记录)，只有这些指针记录在实际的查询中才是有用的。创建指针记录的操作步骤如下。

步骤1：在图10-20中右击反向查找区域名10.168.192.in-addr.arpa，在弹出的快捷菜单中选择“新建指针”命令，打开“新建资源记录”对话框，如图10-21所示。

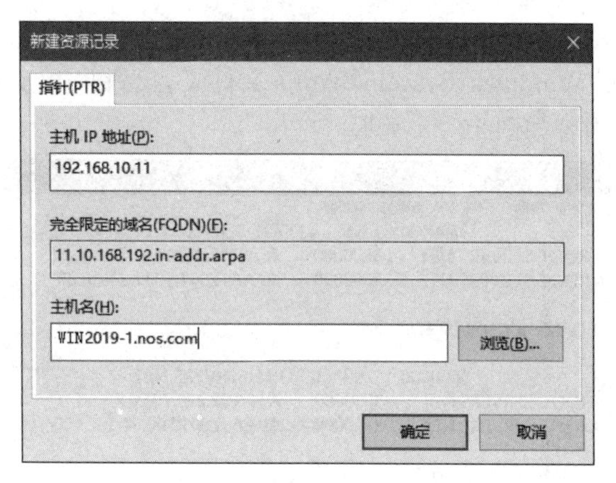

图10-21　创建指针记录

步骤2：在“主机IP地址”文本框中输入主机的IP地址，如192.168.10.11。在“主机名”文本框中输入指针指向的域名，如WIN2019-1.nos.com，也可通过单击“浏览”按钮进行选择。

步骤3:单击"确定"按钮,完成指针记录的创建。

步骤4:重复以上步骤,创建IP地址为192.168.10.12的指针(WIN2019-2.nos.com),结果如图10-22所示。

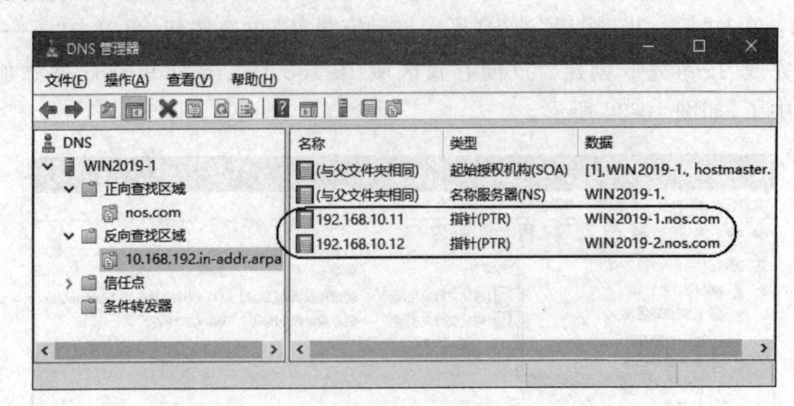

图10-22 创建指针记录后的"DNS管理器"窗口

【说明】 在正向查找区域中创建主机记录时,可以顺便在反向查找区域内创建一条反向记录,在如图10-12所示的对话框中选中"创建相关的指针(PTR)记录"复选框即可。但在选中此复选框时,相对应的反向查找区域必须已经存在。

5. 查看缓存文件与设置转发器

缓存文件中存储着根域内的DNS服务器的名称与IP地址的对应信息,每一台DNS服务器内的缓存文件都是一样的。企业内的DNS服务器要向外界DNS服务器执行查询时,需要用到这些信息,除非企业内部的DNS服务器指定了"转发器"。

(1) 查看缓存文件。本地DNS服务器就是通过名为CACHE.DNS的缓存文件找到根域内的DNS服务器的,查看该文件的操作步骤如下。

步骤1:打开C:\Windows\System32\dns文件夹,找到并用"记事本"程序打开缓存文件CACHE.DNS,内容如图10-23所示。

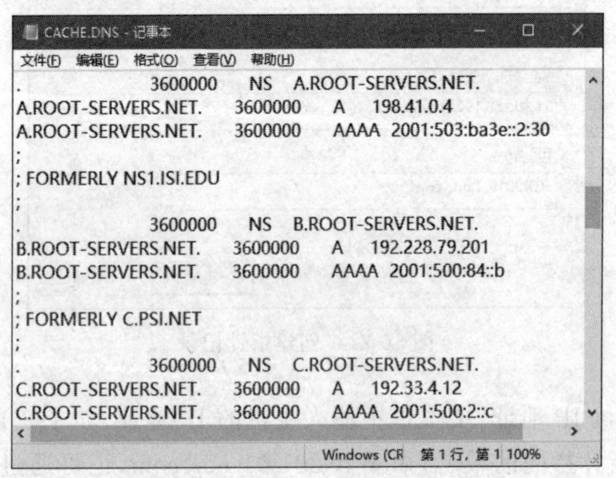

图10-23 缓存文件CACHE.DNS

除了直接查看缓存文件，还可以在“DNS 管理器”窗口中查看。

步骤 2：在“DNS 管理器”窗口中右击 DNS 服务器名(WIN2019-1)，在弹出的快捷菜单中选择“属性”命令，打开“WIN2019-1 属性”对话框，选择“根提示”选项卡，如图 10-24 所示，在“名称服务器”列表框中列出了 Internet 的 13 台根域服务器的 FQDN 和对应的 IP 地址。

图 10-24 “根提示”选项卡

这些自动生成的条目一般不需要修改。当然如果企业的网络不需要连接到 Internet，则可以根据需要将此文件内根域的 DNS 服务器信息更改为企业内部最上层的 DNS 服务器。最好不要直接修改 CACHE.DNS 文件，而是通过“DNS 管理器”所提供的“根提示”功能来修改。

(2) 设置转发器。设置转发器的操作步骤如下。

步骤 1：在“WIN2019-1 属性”对话框中选择“转发器”选项卡，如图 10-25 所示。

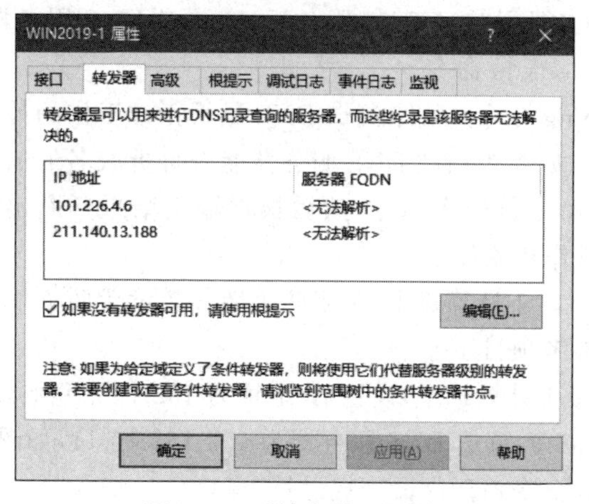

图 10-25 “转发器”选项卡

步骤 2：单击“编辑”按钮，打开“编辑转发器”对话框，如图 10-26 所示，可添加或修改转发器的 IP 地址。

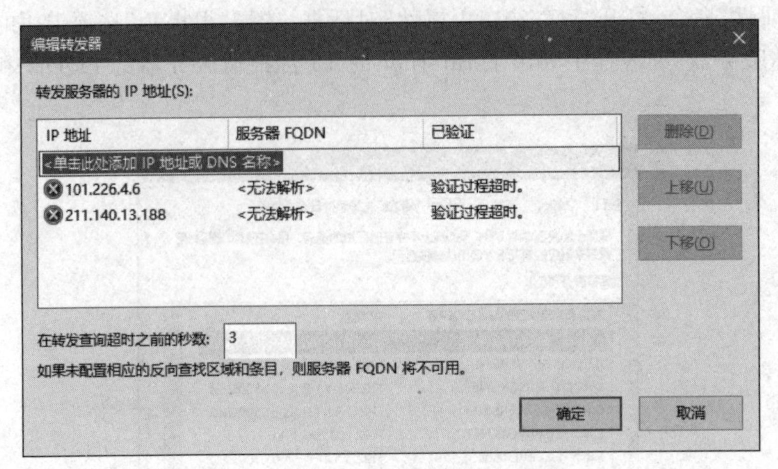

图 10-26 “编辑转发器”对话框

步骤 3：在“转发服务器的 IP 地址”列表中可以输入 ISP 提供的 DNS 服务器的 IP 地址。可输入多个 DNS 服务器的 IP 地址。需要注意的是，除了可以添加本地 ISP 的 DNS 服务器的 IP 地址外，也可以添加其他著名 ISP 的 DNS 服务器的 IP 地址。

步骤 4：在“转发服务器的 IP 地址”列表中选择要调整顺序或删除的 IP 地址，单击“上移”“下移”或“删除”按钮，即可执行相关操作。应当将反应最快的 DNS 服务器的 IP 地址调整到最高端，从而提高 DNS 的查询速度。单击“确定”按钮，保存对 DNS 转发器的设置。

10.4.3 任务 3：测试 DNS 服务器

1. 测试 DNS 服务器

部署完主 DNS 服务器并启动 DNS 服务后，应该对 DNS 服务器进行测试，最常用的测试工具是 ping 和 nslookup 命令。

(1) ping 命令。ping 命令是用来测试 DNS 是否正常工作的最为简单和实用的工具。如果想测试 DNS 服务器能否解析域名 nos.com，可直接在客户端命令行输入命令，然后根据输出结果判断出 DNS 解析是否成功，操作步骤如下。

任务 3：测试 DNS 服务器

步骤 1：在 WIN2019-1 计算机中，关闭防火墙或者设置防火墙允许 ping 命令通过(参考项目 1)。

步骤 2：在 WIN10-1 计算机中，设置 IP 地址为 192.168.10.20，子网掩码为 255.255.255.0，首选 DNS 服务器为 192.168.10.11，如图 10-27 所示。

步骤 3：运行 cmd 命令，打开“命令提示符”窗口。

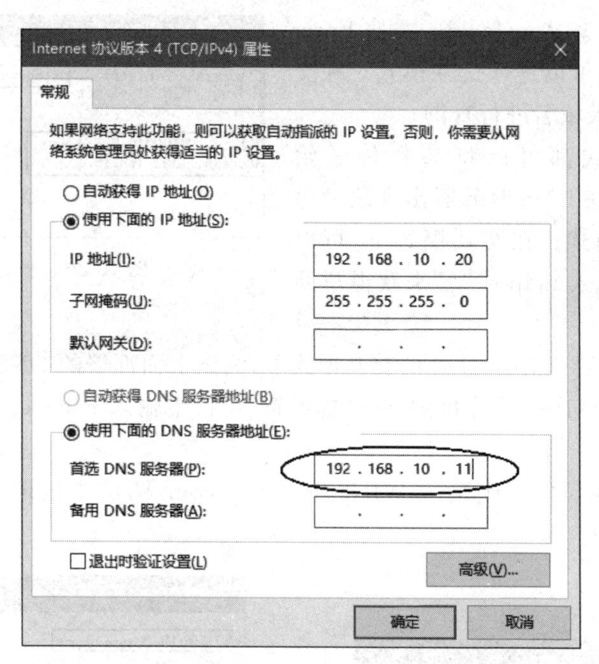

图 10-27 “Internet 协议版本 4(TCP/IPv4)属性”对话框

步骤 4：输入 ping WIN2019-1.nos.com 命令，然后按 Enter 键，结果如图 10-28 所示，可见域名 WIN2019-1.nos.com 已被成功解析为 IP 地址 192.168.10.11。

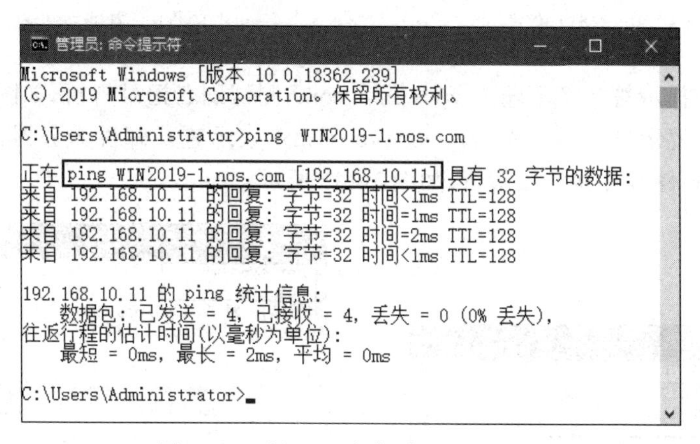

图 10-28 用 ping 命令测试 DNS 服务

步骤 5：输入 ping -a 192.168.10.11 命令，测试 DNS 服务器是否能将 IP 地址解析成主机域名。

(2) nslookup 命令。nslookup 是一个监测网络中 DNS 服务器是否能正确实现域名解析的命令行工具，它用来向 DNS 服务器发出查询信息，有两种工作模式：非交互模式和交互模式。

① 非交互模式。非交互模式是在 nslookup 命令后要输入待解析的域名，如 nslookup WIN2019-2.nos.com，结果如图 10-29 所示。

② 交互模式。输入 nslookup 并按 Enter 键,不需要参数,就可以进入交互模式。在交互模式下,直接输入域名进行查询。

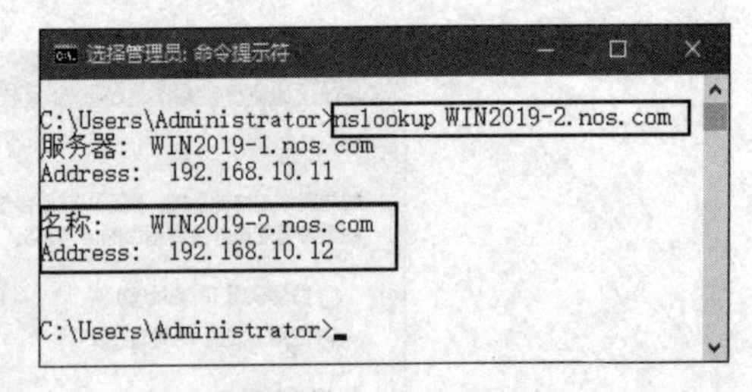

图 10-29 非交互模式

任何一种模式都可以将参数传递给 nslookup 命令,但在 DNS 服务器出现故障时更多地使用交互模式。在交互模式下,可以在提示符">"下输入 help 或"?"来获得帮助信息。

下面是在客户端 WIN2019-2 的交互模式下,测试上面部署的 DNS 服务器。

步骤 1:在 WIN10-1 计算机的"命令提示符"窗口中输入 nslookup 并按 Enter 键,进入交互模式,如图 10-30 所示。

步骤 2:在提示符">"下输入 WIN2019-2.nos.com,测试主机记录解析,如图 10-31 所示。

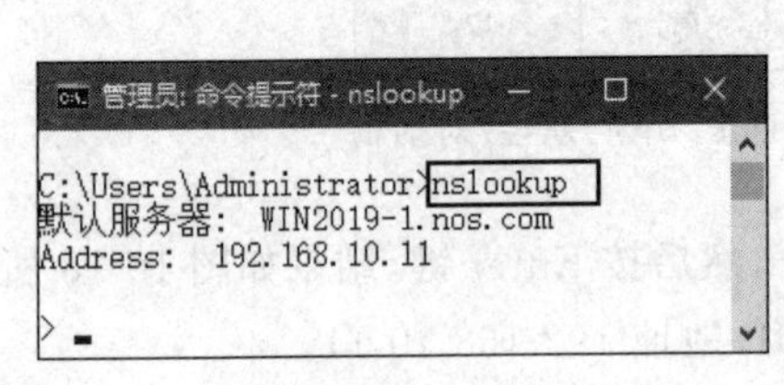

图 10-30 交互模式

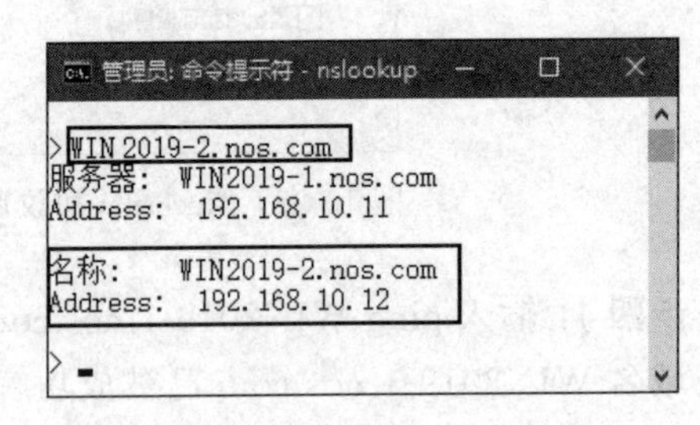

图 10-31 测试主机记录解析

步骤 3:在提示符">"下输入 www.nos.com,测试别名记录解析,如图 10-32 所示。

步骤 4:在提示符">"下先输入 set type=mx,表示查找邮件服务器记录,然后输入 nos.com,测试邮件服务器记录解析,如图 10-33 所示。

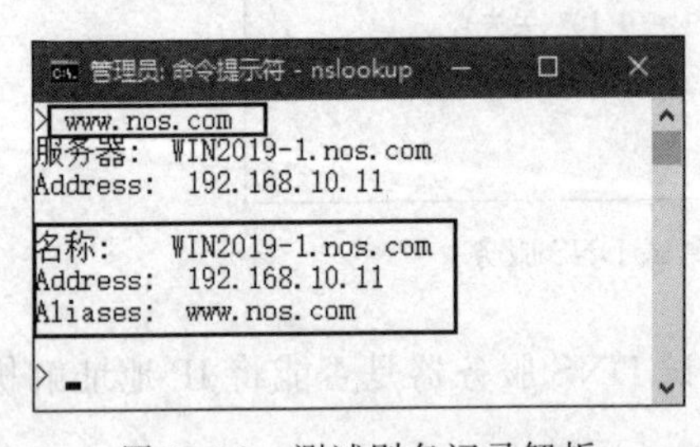

图 10-32 测试别名记录解析

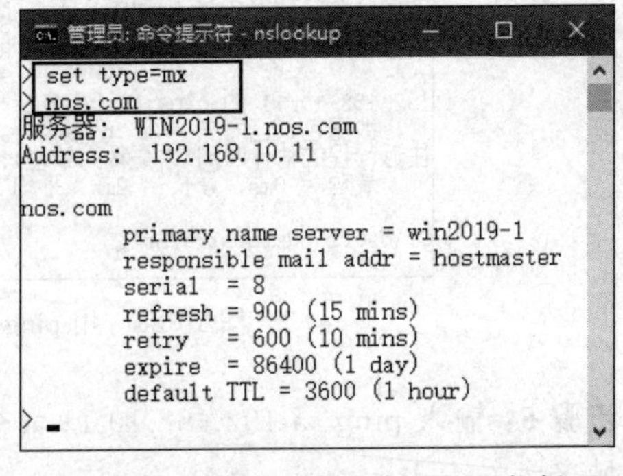

图 10-33 测试邮件服务器记录解析

【说明】 set type 表示设置查找的类型。set type=mx 表示查找邮件服务器记录,set type=cname 表示查找别名记录,set type=A 表示查找主机记录,set type=ptr 表示查找指针记录,set type=ns 表示查找域名服务器记录(用来指定该域名由哪个 DNS 服务器来进行解析)。

步骤5：测试指针记录解析，如图10-34所示。

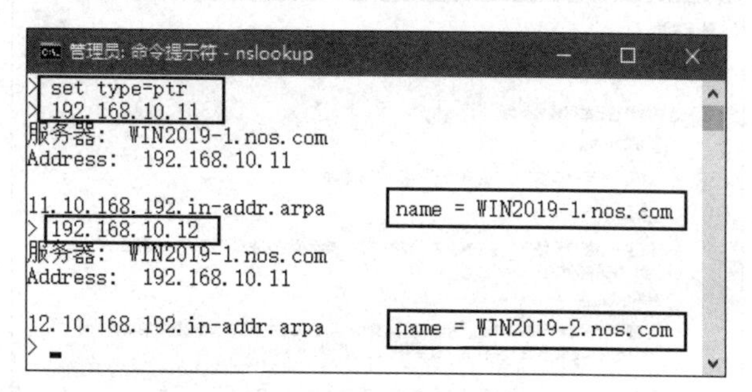

图10-34　测试指针记录解析

步骤6：输入exit命令，退出nslookup交互模式。

2. 管理DNS客户端缓存

DNS客户端会将DNS服务器发来的解析结果缓存下来。在一定时间内，若客户端需要再次解析相同的域名，则会直接使用缓存中的解析结果，而不必再向DNS服务器发起查询。

步骤1：在客户端输入ipconfig /displaydns命令，查看DNS客户端缓存中的域名与其IP地址的映射关系，其中包括域名、类型、生存时间、IP地址等信息。

步骤2：在客户端输入ipconfig /flushdns命令来清空DNS客户端缓存，再次使用ipconfig /displaydns命令来查看DNS客户端缓存，可以看到已将其部分缓存清空。

10.4.4　任务4：部署辅助DNS服务器

辅助区域用来存储主要区域内的副本记录，这些记录是只读的，不能修改，是从主要区域传送而来，主要用于对DNS解析的负载平衡和容错。

1. 新建辅助区域

在WIN2019-2计算机中新建辅助区域，并设置从WIN2019-1计算机复制区域记录。

任务4：部署辅助DNS服务器

步骤1：在WIN2019-2计算机中打开"服务器管理器"窗口，单击"添加角色和功能"选项，持续单击"下一步"按钮，直到出现"选择服务器角色"界面，选中"DNS服务器"复选框，按向导完成DNS服务器的安装。

步骤2：选择"工具"→DNS命令，在打开的"DNS管理器"中右击"正向查找区域"选项，在弹出的快捷菜单中选择"新建区域"命令，单击"下一步"按钮。

步骤3：在打开的"区域类型"界面中选中"辅助区域"单选按钮，如图10-35所示。

步骤4：单击"下一步"按钮，输入区域名称nos.com，如图10-36所示。

步骤5：单击"下一步"按钮，在如图10-37所示的对话框中输入主DNS服务器的IP地址(192.168.10.11)，然后按Enter键，单击"下一步"按钮，单击"完成"按钮。

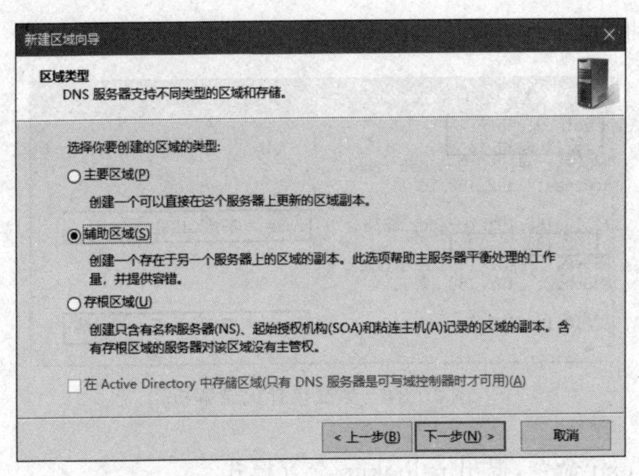

图 10-35　区域类型

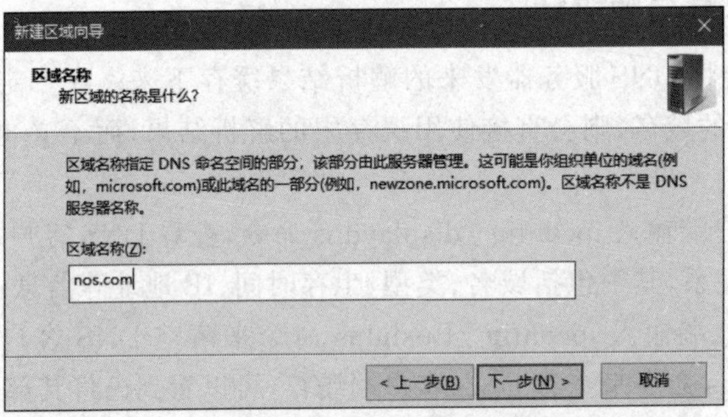

图 10-36　区域名称

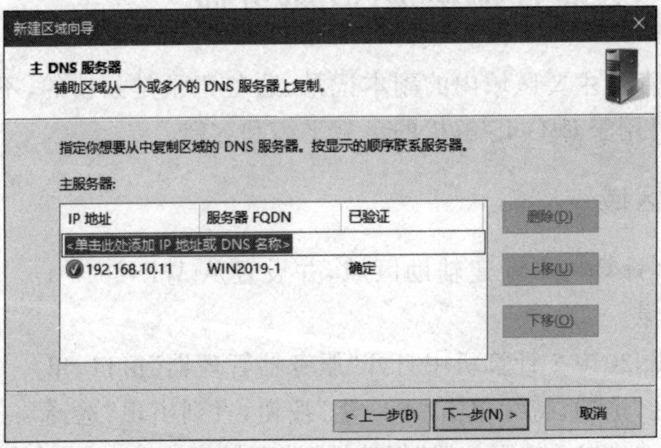

图 10-37　主 DNS 服务器

步骤 6：重复步骤 2～步骤 5，新建“反向查找区域”的辅助区域。操作类似，不再赘述。

2. 确认 WIN2019-1 是否允许区域传送

如果 WIN2019-1(主要区域)不允许区域记录传送给 WIN2019-2(辅助区域)，那么

WIN2019-2向WIN2019-1提出区域传送请求时会被拒绝。下面先设置让WIN2019-1允许区域传送给WIN2019-2。

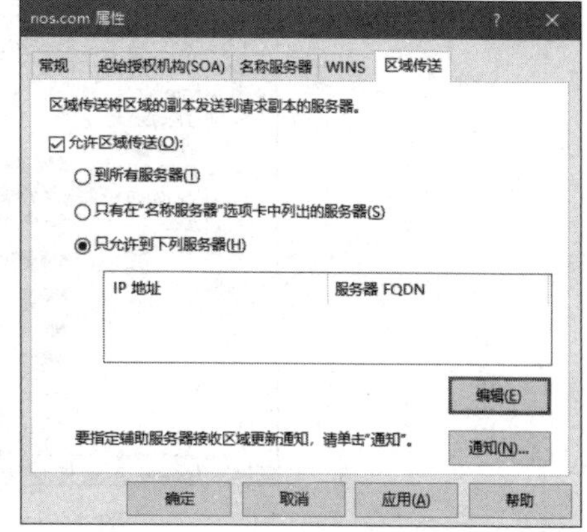

图10-38 "区域传送"选项卡

步骤1：在WIN2019-1计算机中打开"DNS管理器"，右击正向查找区域nos.com，在弹出的快捷菜单中选择"属性"命令，打开"nos.com属性"对话框。

步骤2：在"区域传送"选项卡中选中"只允许到下列服务器"单选按钮，如图10-38所示。

步骤3：单击"编辑"按钮，打开"允许区域传送"对话框，输入辅助DNS服务器的IP地址(192.168.10.12)，然后按Enter键，单击"确定"按钮，如图10-39所示。

步骤4：单击"确定"按钮，完成"正向查找区域"的传送设置。

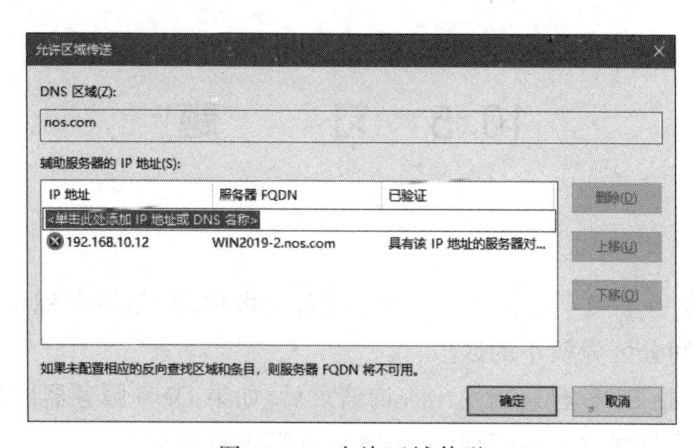

图10-39 允许区域传送

步骤5：使用相同的方法重复步骤1～步骤4，允许"反向查找区域"向辅助DNS服务器进行区域传送。

3. 测试辅助DNS服务器是否设置成功

步骤1：在WIN2019-2计算机中打开"DNS管理器"，查看正向查找区域nos.com和反向查找区域10.168.192.in-addr.arpa的记录是否已自动从主DNS服务器复制过来。

【提示】 存储DNS服务器默认会每隔15min自动向主DNS服务器请求执行区域传送。

步骤2：如果没有正常复制，右击正向查找区域nos.com，在弹出的快捷菜单中选择"从主服务器传输"或"从主服务器传送区域的新副本"命令，如图10-40所示。按F5键刷新查看结果。

【提示】 从主服务器传输：它会执行常规的区域传送操作，也就是依据SOA记录内的序号判断在主服务器内有新版本记录，就会执行区域传送操作。

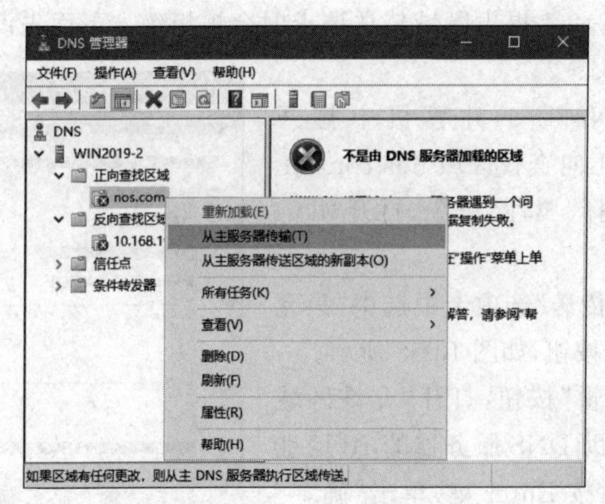

图 10-40　从主服务器传输

从主服务器传送区域的新副本：不理会 SOA 记录的序号，重新从主服务器复制完整的区域记录。

10.5　习　　题

一、填空题

1. ________是一个用于存储单个 DNS 域名的数据库，是域名称空间树状结构的一部分，它将域名空间分区为较小的区段。

2. ________是指 DNS 客户端发出查询请求后，如果 DNS 服务器内没有所需的数据，则 DNS 服务器会代替客户端向其他的 DNS 服务器进行查询。

3. DNS 顶级域名中表示官方政府单位的是________。

4. ________表示邮件交换器的资源记录。

5. 可以用来检测 DNS 资源创建是否正确的两个工具是________和________。

6. DNS 服务器的查询方式有________和________。

7. 如果要针对网络 ID 为 192.168.1 的 IP 地址来提供反向查找功能，则此反向区域的名称必须是________。

二、选择题

1. DNS 提供了一个(　　)命名方案。

A. 分级　　B. 分层　　C. 多级　　D. 多层

2. DNS 顶级域名中表示商业组织的是(　　)。

A. COM　　B. GOV　　C. MIL E　　D. ORG

3. 在 DNS 系统的资源记录中，类型(　　)表示别名。

A. MX　　B. SOA　　C. CNAME　　D. PTR

4. 常用的 DNS 测试的命令包括(　　)。

A. nslookup　　B. hosts　　C. debug　　D. trace

5. 在 Windows Server 2019 的 DNS 服务器上不可以新建的区域类型有(　　)。

A. 转发区域　　B. 辅助区域　　C. 存根区域　　D. 主要区域

6. 域名解析的两种主要方式为(　　)。

A. 直接解析和间接解析　　B. 直接解析和递归解析

C. 间接解析和迭代解析　　D. 递归解析和迭代解析

7. 要清除本地 DNS 缓存,使用(　　)命令。

A. ipconfig /displaydns　　B. ipconfig /renew

C. ipconfig /flushdns　　D. ipconfig /release

8. 一台主机要解析 www.abc.edu.cn 的 IP 地址,如果这台主机配置的域名服务器为 202.120.66.68,因特网顶级域名服务器为 11.2.8.6,而存储 www.abc.edu.cn 与其 IP 地址对应关系的域名服务器为 202.113.16.10,那么这台主机需要解析该域名时,通常首先查询(　　)。

A. 202.120.66.68 域名服务器

B. 11.2.8.6 域名服务器

C. 202.113.16.10 域名服务器

D. 不能确定,可以从这 3 个域名服务器中任选一个

9. 某企业的网络工程师安装了一台基本 DNS 服务器,用来提供域名解析。网络中的其他计算机都作为这台 DNS 服务器的客户机。他在服务器上创建了一个标准主要区域,在一台客户机上使用 nslookup 工具查询一个主机域名,DNS 服务器能够正确地将其 IP 地址解析出来。可是当使用 nslookup 工具查询该 IP 地址时,DNS 服务器却无法将其主机域名解析出来。请问,应如何解决这个问题?(　　)

A. 在 DNS 服务器反向解析区域中为这条主机记录创建相应的 PTR 指针记录

B. 在 DNS 服务器区域属性上设置允许动态更新

C. 在要查询的这台客户机上运行 ipconfig /registerdns 命令

D. 重新启动 DNS 服务器

三、简答题

1. DNS 的查询模式有哪几种?

2. DNS 的常见资源记录类型有哪些?

3. DNS 的管理与配置流程是什么?

4. DNS 服务器属性中"转发器"的作用是什么?

项目 11　DHCP 服务器配置与管理

【学习目标】

(1) 掌握 DHCP 协议的原理和工作过程。
(2) 掌握 DHCP 服务器的安装、配置与维护方法。
(3) 熟悉 DHCP 客户端的配置方法。
(4) 熟悉 DHCP 数据库的维护方法。

11.1　项目导入

某公司新成立时只有 5 台计算机,管理员为每台计算机手工配置 IP 地址。随着公司规模的扩大,计算机增加到了 100 多台,有的员工还配备了笔记本电脑,在使用时出现的问题也越来越多。一是有个别员工经常去修改相关参数,导致 IP 地址经常冲突,无法正常上网;二是计算机数量多了,对相关参数的维护工作也越来越繁重了;三是公司领导和部分员工配备笔记本电脑,需要在不同的环境下使用,要不断修改 IP 地址就很不方便。

作为网络管理员,有什么办法解决上述问题?

11.2　项目分析

在 TCP/IP 网络中,计算机之间通过 IP 地址互相通信,每一台计算机都必须要有一个唯一的 IP 地址,否则将无法与其他计算机进行通信。因此,管理、分配和配置客户端的 IP 地址变得非常重要。

如果网络规模较小,管理员可以分别对每台计算机进行 IP 地址配置。在中大型网络中,管理的网络包含成百上千台计算机,那么为客户端管理和分配 IP 地址的工作会需要大量的时间和精力,如果还是以手工方式设置 IP 地址,不仅费时、费力,而且非常容易出错。可以借助 DHCP(动态主机配置协议)服务器,对每台客户机的 IP 地址进行动态分配,可以大大提高工作效率,并减少发生 IP 地址故障的可能性,从而减少网络管理的复杂性。

11.3　相关知识点

11.3.1　DHCP 的意义

动态主机配置协议(dynamic host configuration protocol,DHCP)是一个简化主机 IP 地址分配管理的 TCP/IP 标准协议。管理员可以利用 DHCP 服务器,从预先设置的 IP 地址池中,动态地给主机分配 IP 地址,不仅能够保证 IP 地址不重复分配,也能及时回收 IP 地址,以提高 IP 地址的利用率。

TCP/IP 目前已经成为 Internet 的公用通信协议,在局域网上也是必不可少的协议。用 TCP/IP 协议进行通信时,每一台计算机(主机)都必须有一个 IP 地址用于在网络上标识自己。对于一个设立了 Internet 服务的组织机构,由于其主机对外开放了诸如 WWW、FTP、E-mail 等访问服务,通常要对外公布一个固定的 IP 地址,以方便用户访问。如果 IP 地址由系统管理员在每一台计算机上手动进行设置,把它设定为一个固定的 IP 地址时,就称为静态 IP 地址方案。当然,数字 IP 不便于记忆和识别,人们更习惯于通过域名来访问主机,而域名实际上仍然需要被域名服务器(DNS)解析为 IP 地址。

而对于大多数拨号上网的用户来说,由于其上网时间和空间的离散性,为每个用户分配一个固定的静态 IP 地址是不现实的,如果 Internet 服务供应商(Internet service provider,ISP)有 10000 个用户,就需要 10000 个 IP 地址,这将造成 IP 地址资源的极大浪费。目前,最后一批 IPv4 地址已被分配完毕,面临着 IP 地址资源紧缺的状况。

对于网络规模较大的局域网,系统管理员给每一台计算机分配 IP 地址的工作量就会很大,而且常常会因为用户不遵守规则而出现错误,例如导致 IP 地址的冲突等。同时,在把大批计算机从一个网络移动到另一网络,或者改变部门计算机所属子网时,同样存在因改变 IP 地址而导致工作量大的问题。

DHCP 由此应运而生,通过 DHCP 来配置计算机 IP 地址的方案称为动态 IP 地址方案。在动态 IP 地址方案中,每台计算机并不设置固定的 IP 地址,而是在计算机开机时才被分配一个 IP 地址,这样可以解决 IP 地址不够用的问题。

在 DHCP 网络中有三类对象,分别是 DHCP 客户端、DHCP 服务器和 DHCP 数据库。DHCP 是采用客户端/服务器(client/server,C/S)模式,有明确的客户端和服务器角色的划分,分配到 IP 地址的计算机被称为 DHCP 客户端(DHCP client),负责给 DHCP 客户端分配 IP 地址的计算机称为 DHCP 服务器,DHCP 数据库是 DHCP 服务器上的数据库,存储了 DHCP 服务配置的各种信息。

11.3.2　BOOTP 引导程序协议

DHCP 的前身是引导程序协议(bootstrap protocol,BOOTP),所以先介绍 BOOTP。BOOTP 也称为自举协议,它使用 UDP 来使一个工作站自动获取配置信息。BOOTP 原本是用于无盘工作站连接到网络服务器的,网络的工作站使用 BOOTROM 而不是硬盘启动并连接网络服务的。

为了获取配置信息,协议软件广播一个 BOOTP 请求报文,收到请求报文的 BOOTP 服务器查找出发出请求的计算机的各项配置信息(如 IP 地址、子网掩码、默认网关等),然后将配置信息放入一个 BOOTP 应答报文,并将应答报文返回给发出请求的计算机。

这样,一台网络中的工作站就获得了所需的配置信息。由于计算机发送 BOOTP 请求报文时还没有 IP 地址,因此它会使用全广播地址作为目的地址,使用 0.0.0.0 作为源地址。BOOTP 服务器可使用广播将应答报文返回给计算机,或使用收到的广播帧上的网卡 MAC 地址进行单播。

但是 BOOTP 设计用于相对静态的环境,管理员创建一个 BOOTP 配置文件,该文件定义了每一台主机的一组 BOOTP 参数。配置文件只能提供主机标识符到主机参数的静态映射,如果主机参数没有要求变化,BOOTP 的配置信息通常保持不变,配置文件不能快速更改。此外管理员必须为每一台主机分配一个 IP 地址,并对服务器进行相应的配置,使它能够理解从主机到 IP 地址的映射。

由于 BOOTP 是静态配置 IP 地址和 IP 参数的,不可能充分利用 IP 地址和大幅度减少配置的工作量,非常缺乏“动态性”,已不适应现在日益庞大和复杂的网络环境。

11.3.3 DHCP 动态主机配置协议

DHCP 是 BOOTP 的增强版本,此协议从两个方面对 BOOTP 进行了扩充。第一,DHCP 可使计算机通过一个消息获取它所需要的配置信息。例如,一个 DHCP 报文除了能获得 IP 地址,还能获得子网掩码、网关等;第二,DHCP 允许计算机快速动态获取 IP 地址,为了使用 DHCP 的动态地址分配机制,管理员必须配置 DHCP 服务器,使得它能够提供一组 IP 地址。任何时候一旦有新的计算机联网,新的计算机将与服务器联系并申请一个 IP 地址。服务器从管理员指定的一组 IP 地址(IP 地址池)中选择一个地址,并将它分配给该计算机。

DHCP 允许有 3 种类型的地址分配。

(1) 自动分配方式。当 DHCP 客户端第一次成功地从 DHCP 服务器端租用到 IP 地址之后,就永远使用这个地址。

(2) 动态分配方式。当 DHCP 客户端第一次成功地从 DHCP 服务器端租用到 IP 地址之后,并非永久使用该地址,只要租约到期,客户端就得释放这个 IP 地址,以给其他工作站使用。当然,客户端可以比其他主机更优先地更新租约,或是租用其他 IP 地址。

(3) 手工分配方式。DHCP 客户端的 IP 地址是由网络管理员指定的,DHCP 服务器只是把指定的 IP 地址告诉客户端。

动态分配地址是 DHCP 的最重要和新颖的功能,与 BOOTP 所采用的静态分配地址不同的是,DHCP 动态 IP 地址的分配不是一对一的映射,服务器事先并不知道客户端的身份。

可以配置 DHCP 服务器,使得任意一台客户端都可以获得 IP 地址并开始通信。为了使自动配置成为可能，DHCP 服务器保存着网络管理员定义的一组 IP 地址等 TCP/IP 参数，DHCP 客户端通过与 DHCP 服务器交换信息协商 IP 地址的使用。在交换过程中，服务器为客户端提供 IP 地址，客户端确认已经接收此地址。一旦客户端接收了一个地址，它就开始使用此地址进行通信。

将所有的 TCP/IP 参数保存在 DHCP 服务器，使网络管理员能够快速检查 IP 地址及其他配置参数，而不必前往每一台计算机进行操作。此外，由于 DHCP 的数据库可以在一个中心位置（即 DHCP 服务器）完成更改，因此重新配置时也无须对每一台计算机进行配置。同时 DHCP 不会将同一个 IP 地址同时分配给两台计算机，从而避免了 IP 地址的冲突。

11.3.4　DHCP 服务器位置

充当 DHCP 服务器的有 PC 服务器、集成路由器和专用路由器。在多数大中型网络中，DHCP 服务器通常是基于 PC 的本地专用服务器；单台家庭 PC 的 DHCP 服务器通常位于 ISP 处，直接从 ISP 那里获得 IP 地址；家庭网络和小型企业网络使用集成路由器连接到 ISP 处，在这种情况下，集成路由器既是 DHCP 客户端又是 DHCP 服务器。集成路由器作为 DHCP 客户端从 ISP 那里获得 IP 地址，在本地网络中充当内部主机的 DHCP 服务器，如图 11-1 所示。

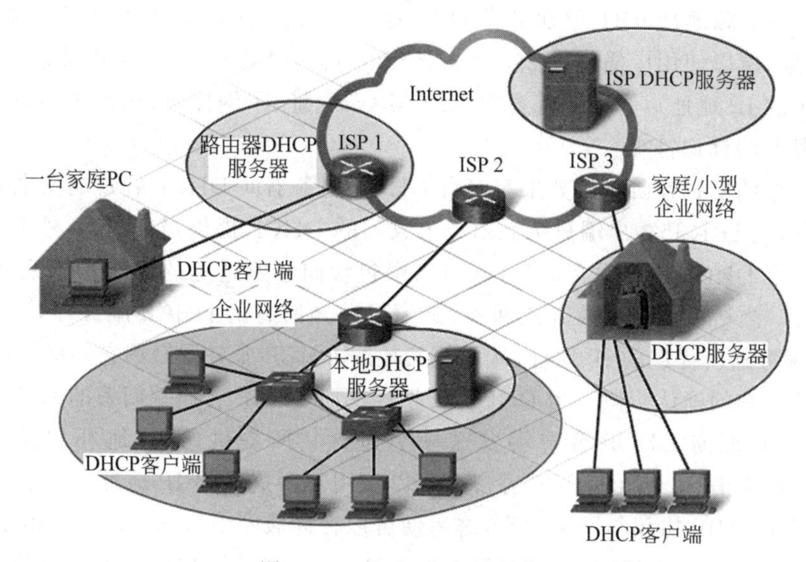

图 11-1　DHCP 服务器的位置

11.3.5　DHCP 的工作过程

当主机被配置为 DHCP 客户端时，要从位于本地网络中或 ISP 处的 DHCP 服务器获取 IP 地址、子网掩码、DNS 服务器地址和默认网关等网络属性。通常网络中只有一台

DHCP 服务器,如图 11-2 所示。DHCP 的工作过程如下。

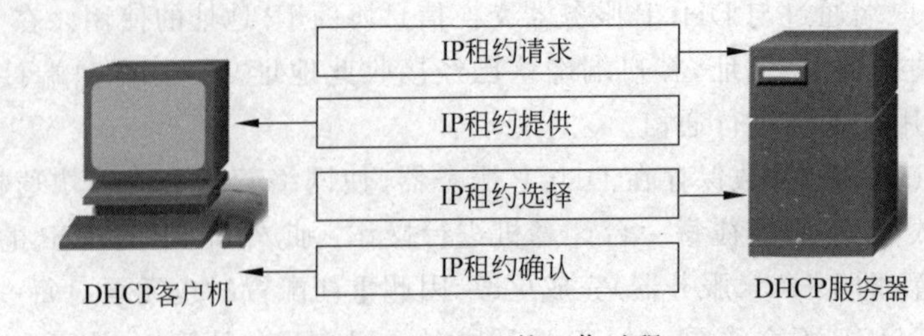

图 11-2 DHCP 的工作过程

(1) IP 租约的请求阶段。请求阶段是 DHCP 客户端寻找 DHCP 服务器的过程。客户端启动时,以广播方式发送 DHCP Discover 发现报文消息,来寻找 DHCP 服务器,请求租用一个 IP 地址。由于客户端还没有自己的 IP 地址,所以使用 0.0.0.0 作为源地址,同时客户端也不知道服务器的 IP 地址,所以它以 255.255.255.255 作为目的地址。网络上每一台安装了 TCP/IP 的主机都会接收到这种广播信息,但只有 DHCP 服务器会做出响应。

(2) IP 租约的提供阶段。当客户端发送要求租约的请求后,所有的 DHCP 服务器都收到了该请求,然后所有的 DHCP 服务器都会广播一个愿意提供租约的 DHCP 提供报文消息(除非该 DHCP 服务器没有空余的 IP 可以提供)。在 DHCP 服务器广播的消息中包含以下内容:源地址(DHCP 服务器的 IP 地址)、目标地址(因为这时客户端还没有自己的 IP 地址,所以使用广播地址 255.255.255.255)、客户端地址(DHCP 服务器可提供给客户端使用的 IP 地址),另外还有客户端的 MAC 地址、子网掩码、租约的时间长度和该 DHCP 服务器的标识符等。

(3) IP 租约的选择阶段。如果有多台 DHCP 服务器向 DHCP 客户端发来 DHCP 提供报文消息,则 DHCP 客户端只接受第一个收到的 DHCP 提供报文消息,然后就以广播方式回答一个 DHCP 请求报文消息,该消息中包含向它所选定的 DHCP 服务器请求 IP 地址的内容。之所以要以广播方式回答,是为了通知所有的 DHCP 服务器,它将选择某台 DHCP 服务器所提供的 IP 地址,从而使其他的 DHCP 服务器撤销它们提供的租约。

(4) IP 租约的确认阶段。当 DHCP 服务器收到 DHCP 客户端回答的 DHCP 请求报文消息之后,它便向 DHCP 客户端发送一个包含它所提供的 IP 地址和其他设置的 DHCP 确认报文消息,告诉 DHCP 客户端可以使用它所提供的 IP 地址。然后 DHCP 客户端便将其 TCP/IP 协议与网卡绑定,之后便可以在局域网中与其他设备通信了。

由于 DHCP 依赖于广播信息,因此在一般情况下,客户机和服务器应该位于同一个网络之内。可以设置网络中的路由器为可以转发 BOOTP 广播包(DHCP 中继),使得服务器和客户机可以位于两个不同的网络中。配置转发广播信息,不是一个很好的解决办法,更好的办法为使用 DHCP 中转计算机,DHCP 中转计算机和 DHCP 客户机位于同一个网络中,来回应客户机的租用请求,但它并不维护 DHCP 数据和拥有 IP 地址资源,它只是将请求通过 TCP/IP 转发给位于另一个网络上的 DHCP 服务器,进行实际的 IP 地址分配和确认。

11.3.6　DHCP 的时间域

DHCP 客户机按固定的时间周期向 DHCP 服务器租用 IP 地址,实际的租用时间长度是在 DHCP 服务器上进行配置的。在 DHCP 确认数据包中,实际上还包含三个重要的时间周期信息域:一个域用于标识租用 IP 地址的时间长度,另外两个域用于租用时间的更新。

DHCP 客户机必须在当前 IP 地址租约到期之前对租用期限进行更新。50%的租用时间过去之后,客户机就开始发送 DHCP 请求报文消息,请求 DHCP 服务器更新当前租约,如果 DHCP 服务器应答则租用延期。如果 DHCP 服务器始终没有应答,则在有效租用期的 87.5%时,客户机应该通过广播方式与其他 DHCP 服务器通信,并请求更新它的配置信息。如果客户机在租用期内既不能对租用期进行更新,又不能从其他 DHCP 服务器那里获得新的租用期,那么它必须放弃使用当前的 IP 地址,并重新发送一个 DHCP 发现报文以开始上述的 IP 地址获得过程。如果仍然没有得到 DHCP 服务器的应答,DHCP 客户端将每隔 5min 广播一次 DHCP 发现信息,直到得到一个应答为止。

【提示】 如果一直没有应答,DHCP 客户端如果是 Windows 2000 以后的系统,客户端就选择一个自动私有 IP 地址(从 169.254.×.×地址段中选取)使用。尽管此时客户端已分配了一个静态 IP 地址(169.254.×.×),DHCP 客户端还要每持续 5min 发送一次 DHCP 广播信息。如果这时有 DHCP 服务器响应时,DHCP 客户端将从 DHCP 服务器获得 IP 地址及其配置,并以 DHCP 方式工作。

DHCP 客户端每次重新登录网络时,不需要再发送 DHCP 发现报文消息,而是直接发送包含前一次所分配的 IP 地址的 DHCP 请求报文信息。当 DHCP 服务器收到这一消息后,它会尝试让 DHCP 客户端继续使用原来的 IP 地址,并回答一个 DHCP 确认报文消息。如果此 IP 地址已无法再分配给原来的 DHCP 客户端使用(例如此 IP 地址已分配给其他 DHCP 客户端使用),则 DHCP 服务器给 DHCP 客户端回答一个 DHCP 否认报文消息。当原来的 DHCP 客户端收到此 DHCP 否认报文消息后,它就必须重新发送 DHCP 发现报文消息来请求新的 IP 地址。

11.3.7　DHCP 的优缺点

作为优秀的 IP 地址管理工具,DHCP 具有以下优点。

1. 提高效率

DHCP 使计算机自动获得 IP 地址信息并完成配置,减少了由于手工设置而可能出现的错误,并极大地提高了工作效率。利用 TCP/IP 进行通信时,仅有 IP 地址是不够的,常常还需要网关、WINS、DNS 等设置,DHCP 服务器除了能动态提供 IP 地址外,还能同时提供 WINS、DNS 等附加信息,完善 IP 地址参数的设置。

2. 便于管理

当网络使用的IP地址范围改变时,只需修改DHCP服务器的IP地址池即可,而不必逐一修改网络内的所有计算机的IP地址。

3. 节约IP地址资源

在DHCP系统中,只有当DHCP客户端请求时才由DHCP服务器提供IP地址,而当计算机关机后,又会自动释放该IP地址。通常情况下,网络内的计算机并不都是同时开机,因此即使有较小数量的IP地址,也能够满足较多计算机的需求。

DHCP服务优点不少,但同时也存在着缺点:DHCP不能发现网络上非DHCP客户端已经使用的IP地址;当网络上存在多个DHCP服务器时,一个DHCP服务器不能查出已被其他DHCP服务器租出去的IP地址;DHCP服务器不能跨越路由器与客户端进行通信,除非路由器允许BOOTP转发。

使用DHCP服务时还要注意的是,由于客户端每次获得的IP地址不是固定的(当然现在的DHCP已经可以针对某一计算机分配固定的IP地址),如果想利用某主机对外提供网络服务(如Web服务、DNS服务)等,一般采用静态IP地址配置方法,这是因为使用动态的IP地址是比较麻烦的,还得需要动态域名解析服务(DDNS)来支持。

11.4 项目实施

任务1:安装与配置DHCP服务器

11.4.1 任务1:安装与配置DHCP服务器

本任务涉及的网络拓扑图如图11-3所示,WIN2019-1、WIN10-1、WIN10-2是三台虚拟机。其中,WIN2019-1是DHCP服务器,IP地址为192.168.10.11/24,默认网关为192.168.10.254,连接到VMnet8网络;WIN10-1是DHCP客户端,自动获得IP地址,连接到VMnet8网络;WIN10-2也是DHCP客户端,自动获得IP地址,连接到VMnet8网络。

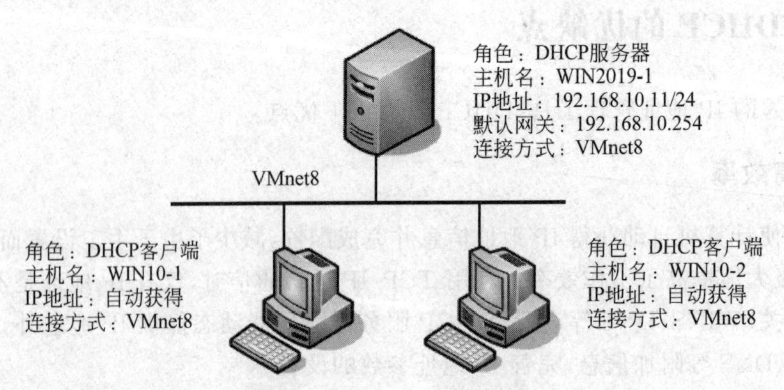

图11-3 安装与配置DHCP服务器的网络拓扑图

1. 安装“DHCP 服务器”角色

在大中型的网络以及 ISP 网络中，通常采用 DHCP 服务器实现网络的 TCP/IP 动态配置与管理。这是网络管理任务中应用最多、最普通的一项管理技术。DHCP 服务系统采用了 C/S 网络服务模式，因此其配置与管理应当包括服务器端和客户端。

步骤 1：在 WIN2019-1 服务器中设置其 IP 地址为 192.168.10.11，子网掩码为 255.255.255.0，默认网关为 192.168.10.254。

步骤 2：选择“开始”→“服务器管理器”→“添加角色和功能”命令，持续单击“下一步”按钮，直到出现如图 11-4 所示的界面，选中“DHCP 服务器”复选框。

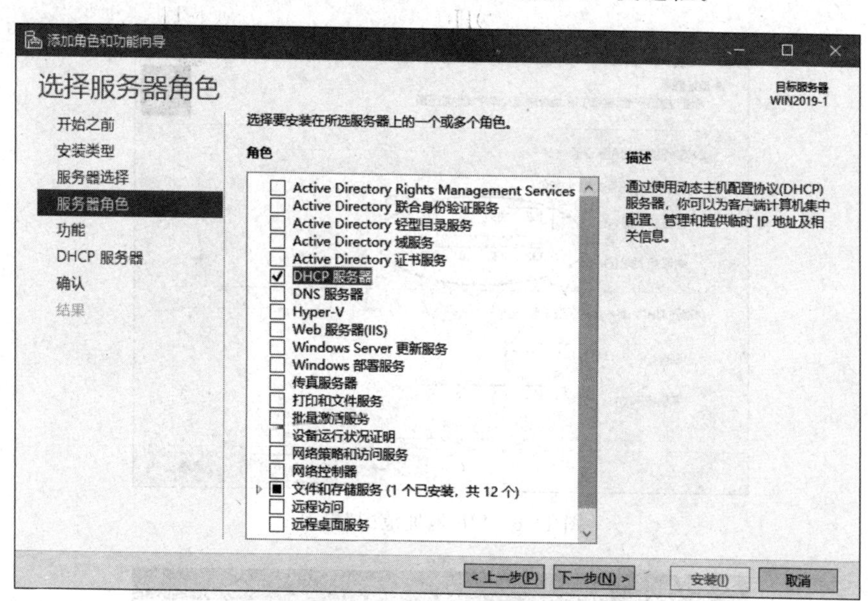

图 11-4 “选择服务器角色”界面

步骤 3：持续单击“下一步”按钮，最后单击“安装”按钮，开始安装 DHCP 服务器。安装完毕，单击“关闭”按钮。

2. 创建作用域

步骤 1：选择“开始”→“Windows 管理工具”→DHCP 命令，打开 DHCP 窗口，展开服务器名(WIN2019-1)，右击 IPv4 选项，在弹出的快捷菜单中选择“新建作用域”命令，运行新建作用域向导。

步骤 2：单击“下一步”按钮，出现“作用域名称”界面，在“名称”文本框中输入 DHCP-1，如图 11-5 所示。

步骤 3：单击“下一步”按钮，出现“IP 地址范围”界面，设置起始 IP 地址(192.168.10.101)和结束 IP 地址(192.168.10.200)，“长度”和“子网掩码”字段会自动设置，如图 11-6 所示。

步骤 4：单击“下一步”按钮，出现“添加排除和延迟”界面，在“起始 IP 地址”和“结束 IP 地址”文本框中均输入欲排除的 IP 地址“192.168.10.150”，如图 11-7 所示，单击“添加”

新建作用域向导

作用域名称

你必须提供一个用于识别的作用域名称。你还可以提供一个描述(可选)。

键入此作用域的名称和描述。此信息可帮助你快速识别该作用域在网络中的使用方式。

名称(A): DHCP-1

描述(D):

< 上一步(B)　下一步(N) >　取消

图 11-5 “作用域名称”界面

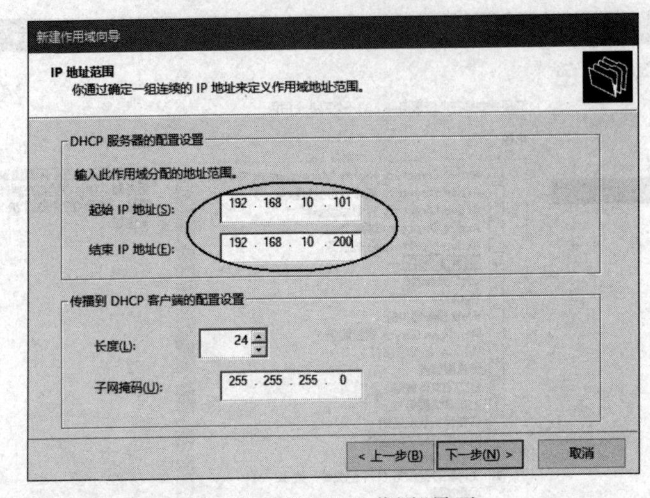

图 11-6 “IP 地址范围”界面

新建作用域向导

添加排除和延迟

排除是指服务器不分配的地址或地址范围。延迟是指服务器将延迟 DHCPOFFER 消息传输的时间段。

键入要排除的 IP 地址范围。如果要排除单个地址，只需在"起始 IP 地址"中键入地址。

起始 IP 地址(S): 192 . 168 . 10 . 150　结束 IP 地址(E): 192 . 168 . 10 . 150　添加(D)

排除的地址范围(C):　删除(V)

子网延迟(毫秒)(L): 0

< 上一步(B)　下一步(N) >　取消

图 11-7 “添加排除和延迟”界面

按钮，表示 IP 地址“192.168.10.150”被排除，服务器不分配该地址，这样的地址一般是静态地址。

步骤 5：单击“下一步”按钮，出现“租用期限”界面，设置客户端租用 IP 地址的时间为 2 小时(默认 8 天)，如图 11-8 所示。

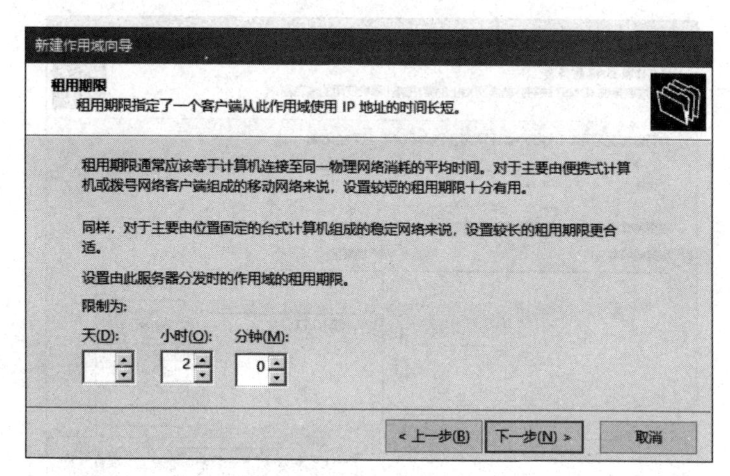

图 11-8 “租用期限”界面

步骤 6：单击“下一步”按钮，出现“配置 DHCP 选项”界面，提示是否配置 DHCP 选项，选中默认的“是，我想现在配置这些选项”单选按钮。

步骤 7：单击“下一步”按钮，出现“路由器(默认网关)”界面，在“IP 地址”文本框中输入要分配的网关 IP 地址(192.168.10.254)，如图 11-9 所示，单击“添加”按钮。

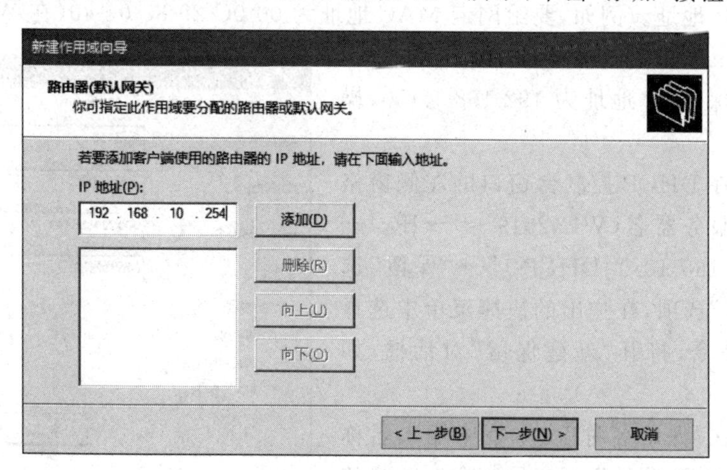

图 11-9 “路由器(默认网关)”界面

步骤 8：单击“下一步”按钮，出现“域名称和 DNS 服务器”界面，在“父域”文本框中输入 nos.com，在“IP 地址”文本框中输入 DNS 服务器的 IP 地址(192.168.10.11)，单击“添加”按钮添加到列表框中，如图 11-10 所示。

步骤 9：单击“下一步”按钮，出现“WINS 服务器”界面，因网络中没有 WINS 服务器，此处不必设置。

步骤 10：单击“下一步”按钮，出现“激活作用域”界面，选中“是，我想现在激活此作用域”单选按钮。

步骤 11：单击“下一步”按钮，再单击“完成”按钮，作用域创建完成并自动激活。

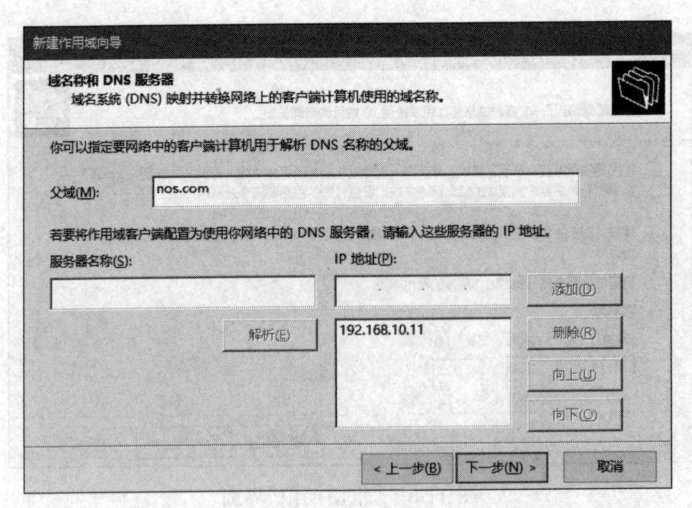

图 11-10 “域名称和 DNS 服务器”界面

3. 保留特定的 IP 地址

对于某些特殊的客户端，需要一直使用相同的 IP 地址，就可以通过建立保留来为其分配固定的 IP 地址。例如，要给网卡 MAC 地址为 00-0C-29-35-64-40(在 WIN10-2 主机上运行 ipconfig /all 命令查看 MAC 地址，并记录)的客户端保留 IP 地址为 192.168.1.150，操作步骤如下。

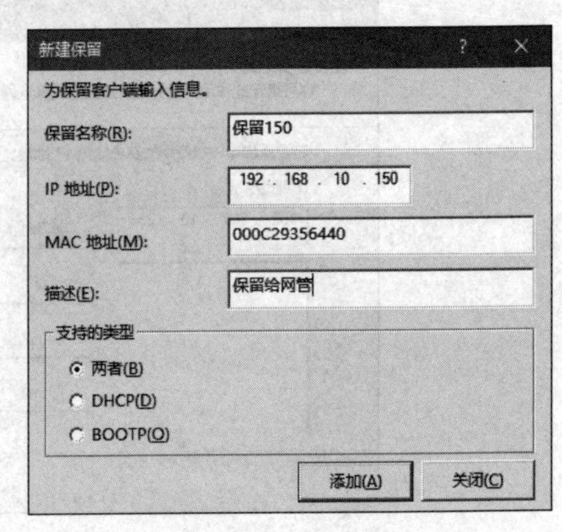

图 11-11 “新建保留”对话框

步骤 1：在 DHCP 控制台窗口的左侧窗格中，依次展开服务器名(WIN2019-1)→IPv4→“作用域[192.168.10.0]DHCP-1”→“保留”选项，右击“保留”选项，在弹出的快捷菜单中选择“新建保留”命令，打开“新建保留”对话框，如图 11-11 所示。

步骤 2：在“保留名称”文本框中输入名称(保留 150)，在“IP 地址”文本框中输入保留的 IP 地址(192.168.10.150)，在“MAC 地址”文本框中输入客户端网卡的 MAC 地址(000C29356440)。如果有需要，可以在“描述”文本框中输入一些描述此客户的说明性文字(保留给网管)，完成设置后单击“添加”按钮，再单击“关闭”按钮。

步骤 3：添加完成后，可在作用域中的“地址租用”选项中进行查看。大部分情况下，客户端使用的仍然是以前的 IP 地址。也可以用以下方法进行更新。

- ipconfig /release：释放现有 IP 地址。
- ipconfig /renew：更新 IP 地址。

步骤 4：在 VMware Workstation 窗口中选择“编辑”→“虚拟网络编辑器”命令，打开“虚拟网络编辑器”对话框，先选择 VMnet8(NAT 模式)选项，设置“子网 IP”为 192.168.

10.0，再取消选中“使用本地 DHCP 服务将 IP 地址分配给虚拟机”复选框，如图 11-12 所示，单击“确定”按钮。

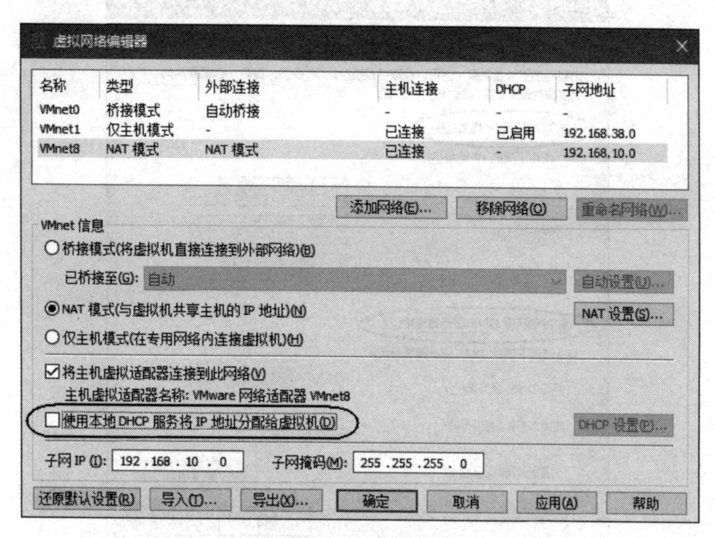

图 11-12　“虚拟网络编辑器”对话框

步骤 5：在 MAC 地址为 00-0C-29-35-64-40 的计算机 WIN10-2 上进行测试，该计算机的 IP 地址获取方式为自动获取。测试结果如图 11-13 所示。

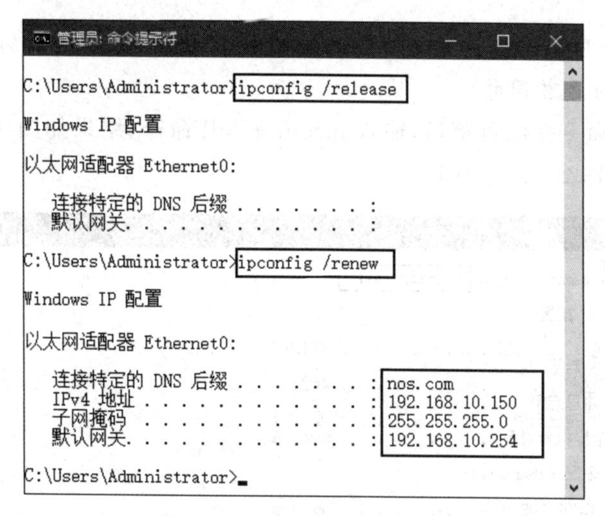

图 11-13　保留地址测试结果

4. 配置 DHCP 客户端

DHCP 客户端的操作系统有很多种类，如 Windows 7/10 或 Linux 等。下面以 Windows 10 操作系统为例来设置 DHCP 客户端，操作步骤如下。

步骤 1：在 WIN10-1 计算机中，打开“Ethernet0 属性”对话框。

步骤 2：选中“Internet 协议版本 4（TCP/IPv4）”选项，单击“属性”按钮，打开

"Internet 协议版本 4(TCP/IPv4)属性"对话框,如图 11-14 所示。

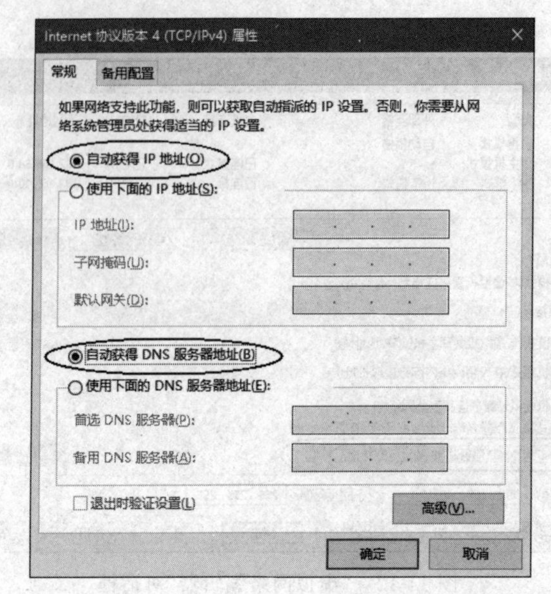

图 11-14 "Internet 协议版本 4(TCP/IPv4)属性"对话框

步骤 3：选中"自动获得 IP 地址"和"自动获得 DNS 服务器地址"单选按钮,然后单击"确定"按钮。

【说明】 由于 DHCP 客户端是在开机的时候自动获得 IP 地址的,因此并不能保证每次获得的 IP 地址是相同的。

步骤 4：打开命令提示符窗口,输入 ipconfig /all 命令,结果如图 11-15 所示,可见已自动获得 IP 地址 192.168.10.101。

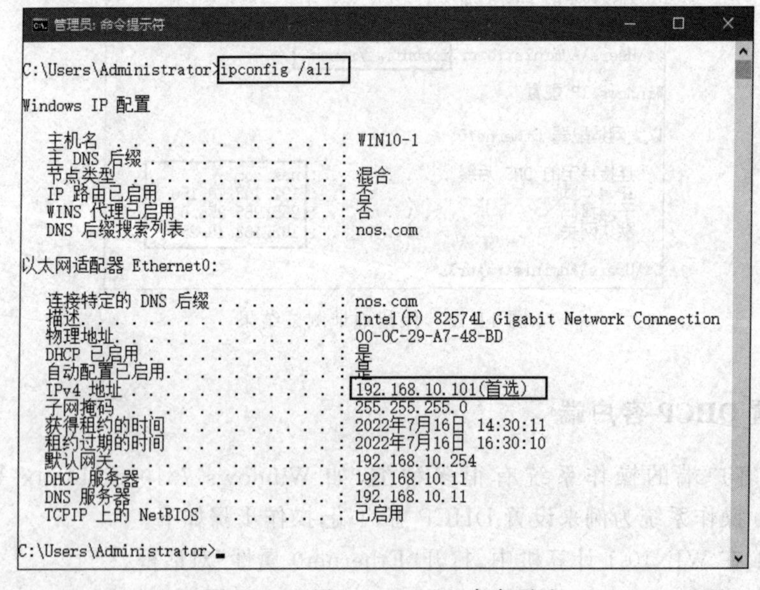

图 11-15 用 ipconfig /all 命令测试

步骤 5：在 WIN2019-1 计算机的 DHCP 控制台窗口中，选择“作用域[192.168.10.0] DHCP-1”→“地址租用”选项，可看到从当前 DHCP 服务器的当前作用域中租用 IP 地址的租约(刷新)，如图 11-16 所示。

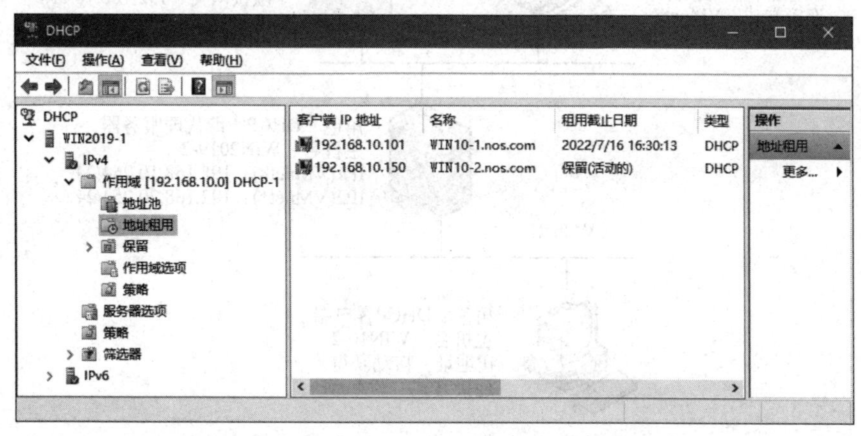

图 11-16　地址租用

11.4.2　任务 2：部署 DHCP 中继代理服务器

本任务涉及的网络拓扑图如图 11-17 所示，由 2 个网络(VMnet8 和 VMnet1)和 4 台虚拟机组成。其中，WIN2019-1 是 DHCP 服务器，IP 地址为 192.168.10.11/24，默认网关为 192.168.10.254，连接到 VMnet8 网络，为 VMnet1 和 VMnet8 两个子网动态分配 IP 地址；WIN10-1 是 DHCP 客户端，自动获得 IP 地址，连接到 VMnet8 网络；WIN10-2 也是 DHCP 客户端，自动获得 IP 地址，连接到 VMnet1 网络；WIN2019-2 是 DHCP 中继代理服务器，有 2 块网卡(Ethernet0 和 Ethernet1)，分别连接到 VMnet8 网络和 VMnet1 网络，Ethernet0 的 IP 地址为 192.168.10.254/24，Ethernet1 的 IP 地址为 192.168.20.254/24。

任务 2：部署 DHCP 中继代理服务器

1. 在 WIN2019-1 计算机上另建一个作用域

在 WIN2019-1 计算机上，11.4.1 小节中已经创建了一个作用域 DHCP-1，其 IP 地址范围是 192.168.10.101～192.168.10.200，默认网关为 192.168.10.254，用于本地 VMnet8 网络的 IP 地址分配。

使用相同的方法，另建一个作用域 DHCP-2，IP 地址范围是 192.168.20.101～192.168.20.200，默认网关为 192.168.20.254，用于远程 VMnet1 网络的 IP 地址分配。

2. 在 WIN2019-2 计算机上安装远程访问

WIN2019-2 计算机上有 2 块网卡，连接了 VMnet8(NAT 模式)和 VMnet1(仅主机模式)网络，需要安装远程访问角色，在 2 个网络之间转发数据包。

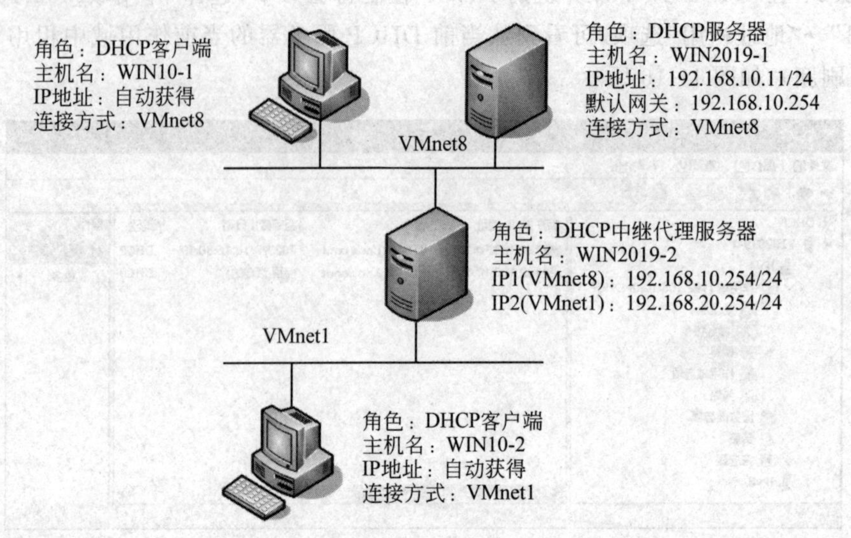

图 11-17　DHCP 中继代理的网络拓扑图

步骤 1：在 WIN2019-2 计算机中设置 Ethernet0 网卡的连接方式为 VMnet8，IP 地址为 192.168.10.254/24；设置 Ethernet1 网卡的连接方式为 VMnet1，IP 地址为 192.168.20.254/24。

步骤 2：在 WIN2019-2 计算机中打开“服务器管理器”窗口，单击“添加角色和功能”按钮，持续单击“下一步”按钮，直到出现如图 11-18 所示的“选择服务器角色”界面，选中“远程访问”复选框。

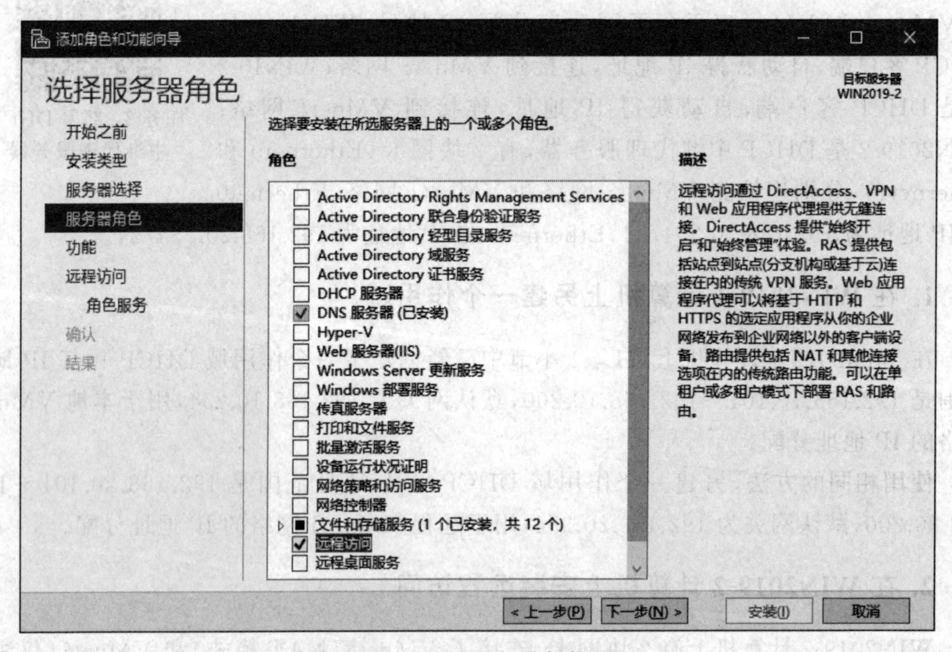

图 11-18　“选择服务器角色”界面

步骤 3：持续单击“下一步”按钮，直到出现如图 11-19 所示的“选择角色服务”界面，选中“DirectAccess 和 VPN(RAS)”复选框。

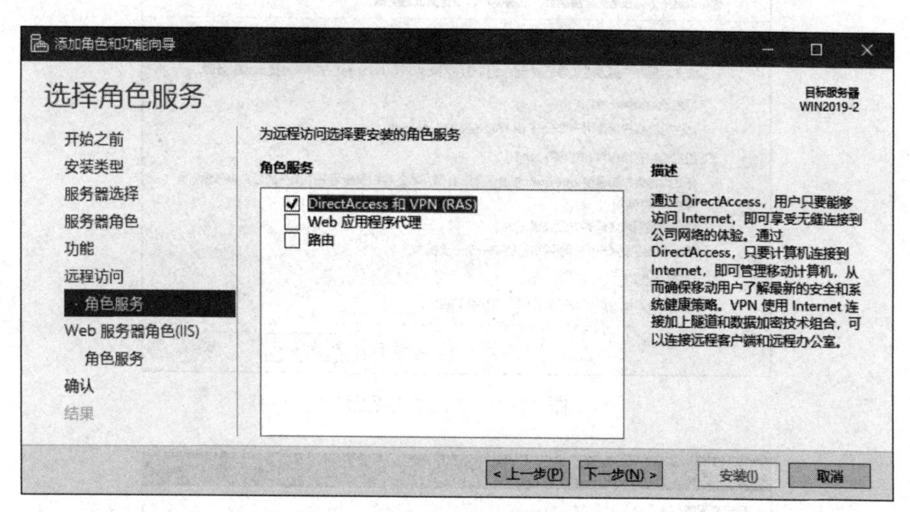

图 11-19　“选择角色服务”界面

步骤 4：持续单击“下一步”按钮，直到出现“确认安装所选内容”界面，单击“安装”按钮，完成安装后单击“关闭”按钮。

步骤 5：在“服务器管理器”窗口中选择“工具”→“路由和远程访问”命令，打开“路由和远程访问”窗口，如图 11-20 所示。右击本地计算机名(WIN2019-2)，在弹出的快捷菜单中选择“配置并启用路由和远程访问”命令，打开路由和远程访问服务器安装向导。

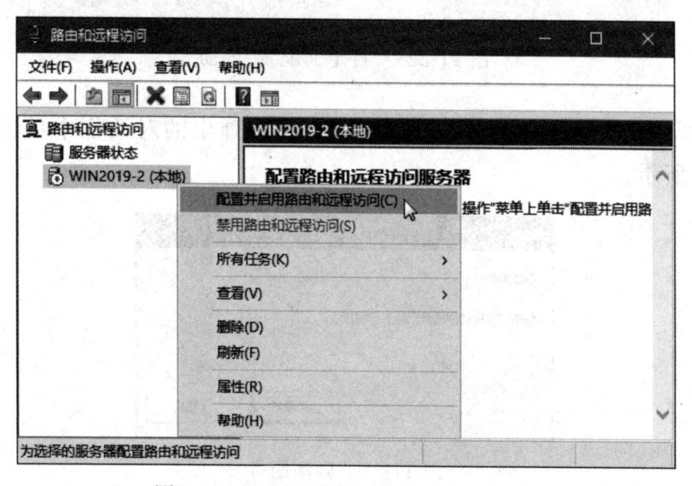

图 11-20　配置并启用路由和远程访问

步骤 6：单击“下一步”按钮，出现“配置”界面，如图 11-21 所示，选中“自定义配置”单选按钮。

步骤 7：单击“下一步”按钮，出现“自定义配置”界面，如图 11-22 所示，选中“LAN 路由”复选框。

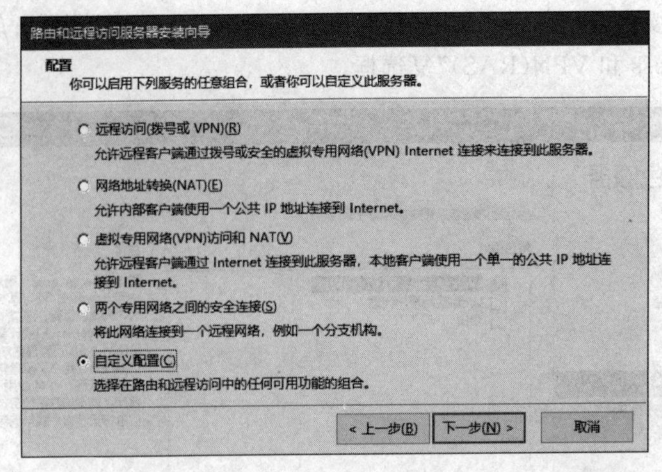

图 11-21 “配置”界面

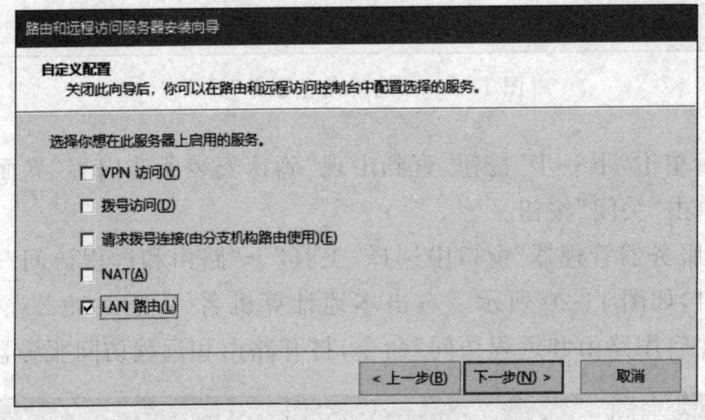

图 11-22 “自定义配置”界面

步骤 8：单击“下一步”按钮，单击“完成”按钮，在弹出的对话框中单击“启动服务”按钮，如图 11-23 所示。

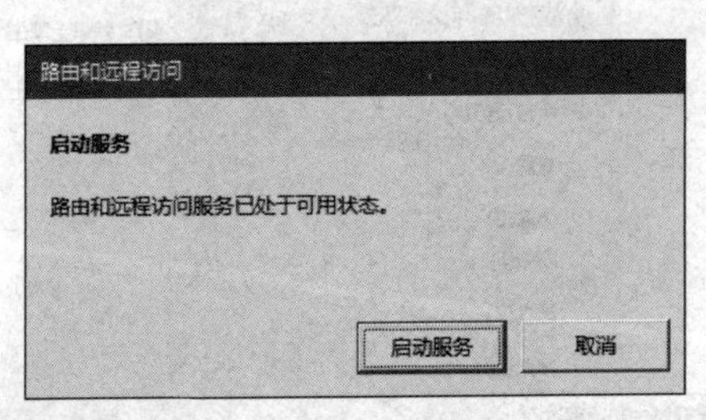

图 11-23 启动服务

3. 在 WIN2019-2 计算机上设置中继代理

步骤 1：右击 IPv4 之下的“常规”选项，在弹出的快捷菜单中选择“新增路由协议”命令，在弹出的“新路由协议”对话框中选择 DHCP Relay Agent 选项后，单击“确定”按钮，如图 11-24 所示。

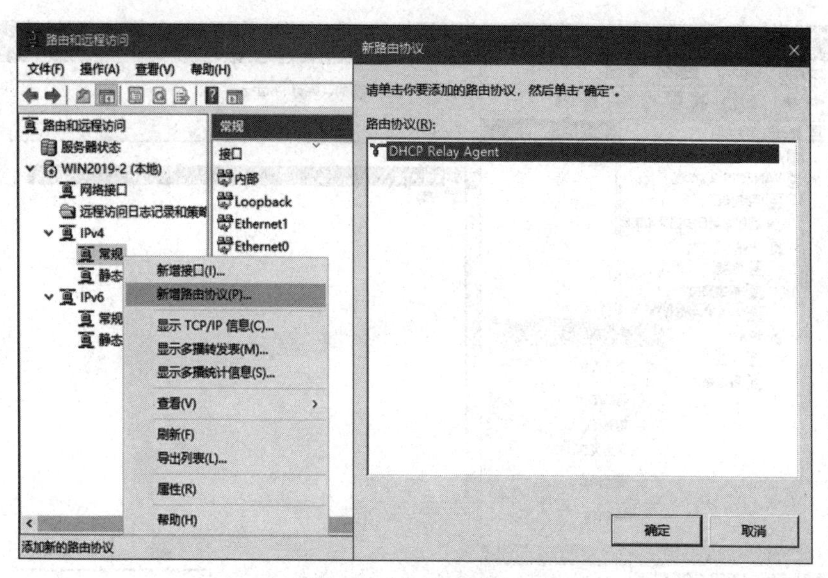

图 11-24　新增路由协议

步骤 2：右击"DHCP 中继代理"选项，在弹出的快捷菜单中选择"属性"命令，打开"DHCP 中继代理 属性"对话框，如图 11-25 所示。在"服务器地址"文本框中输入 DHCP 服务器的 IP 地址(192.168.10.11)，单击"添加"按钮，再单击"确定"按钮。

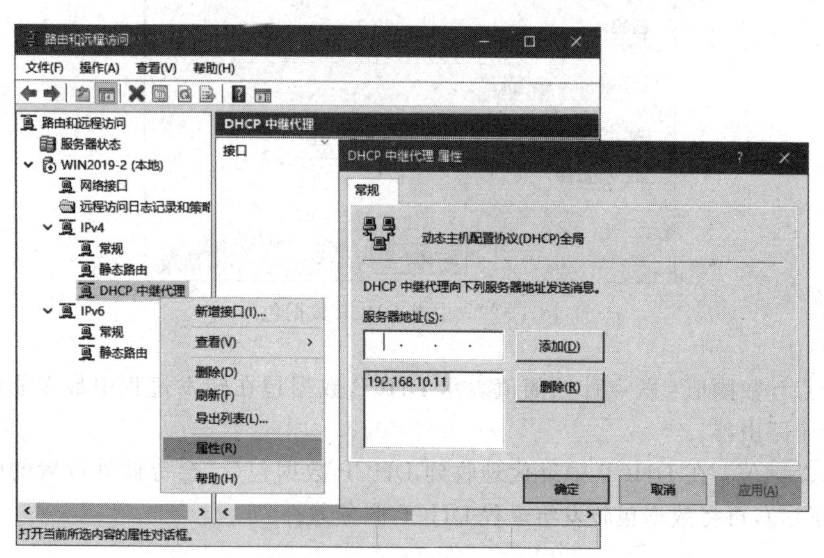

图 11-25　添加 DHCP 服务器的 IP 地址

步骤 3：再次右击"DHCP 中继代理"选项，在弹出的快捷菜单中选择"新增接口"命令，在打开的对话框中选择 Ethernet1 接口，如图 11-26 所示，单击"确定"按钮。

【提示】　Ethernet1 接口连接 VMnet1 网络，该网络中没有 DHCP 服务器，需要 DHCP 中继代理。

步骤 4：在打开的如图 11-27 所示的对话框中单击"确定"按钮。

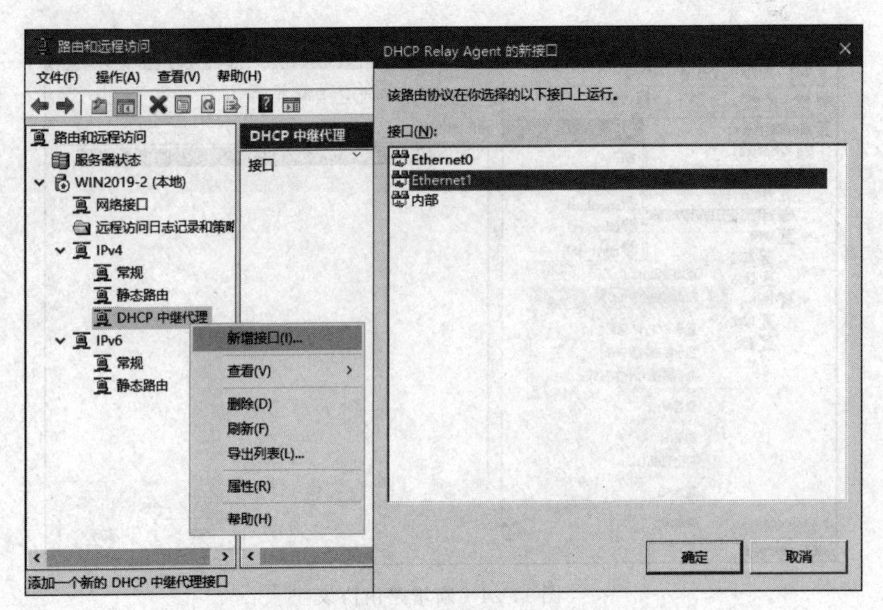

图 11-26　新增接口

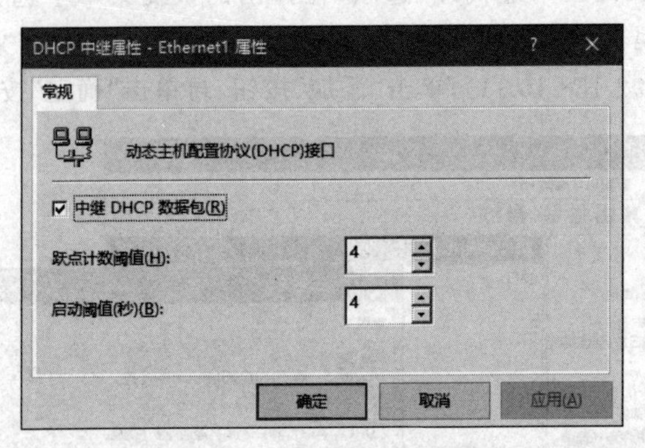

图 11-27　中继 DHCP 数据包

- 跃点计数阈值：跃点计数阈值表示 DHCP 数据包在转发过程中最多能够经过多少个路由器。
- 启动阈值：在 DHCP 中继代理收到 DHCP 数据包后，会等此处设置的时间过后（延迟），再将数据包转发给远程 DHCP 服务器。

4. 在 DHCP 客户端上测试 DHCP 中继

步骤 1：在 VMware Workstation 窗口中选择“编辑”→“虚拟网络编辑器”命令，打开“虚拟网络编辑器”对话框，先选择 VMnet1 选项，设置“子网 IP”为 192.168.20.0，再取消选中“使用本地 DHCP 服务将 IP 地址分配给虚拟机”复选框，单击“确定”按钮。

步骤 2：在 WIN10-2 计算机中，设置网卡的连接方式为 VMnet1（仅主机模式），IP 地址为自动获得，然后在命令提示符中进行测试，如图 11-28 所示。可见通过 DHCP 中继代理自动获得了 IP 地址 192.168.20.101。

步骤 3：在 WIN10-1 计算机中，在命令提示符中测试自动获取的 IP 地址，如图 11-29 所示。可见通过 DHCP 服务器直接获得了 IP 地址 192.168.10.101。

```
管理员: 命令提示符
C:\Users\Administrator>ipconfig /release

Windows IP 配置

以太网适配器 Ethernet0:

   连接特定的 DNS 后缀 . . . . . . . :
   默认网关. . . . . . . . . . . . . :

C:\Users\Administrator>ipconfig /renew

Windows IP 配置

以太网适配器 Ethernet0:

   连接特定的 DNS 后缀 . . . . . . . : nos.com
   IPv4 地址 . . . . . . . . . . . . : 192.168.20.101
   子网掩码 . . . . . . . . . . . . : 255.255.255.0
   默认网关. . . . . . . . . . . . . : 192.168.20.254

C:\Users\Administrator>
```

图 11-28 测试 DHCP 中继成功

```
管理员: 命令提示符
C:\Users\Administrator>ipconfig /release

Windows IP 配置

以太网适配器 Ethernet0:

   连接特定的 DNS 后缀 . . . . . . . :
   默认网关. . . . . . . . . . . . . :

C:\Users\Administrator>ipconfig /renew

Windows IP 配置

以太网适配器 Ethernet0:

   连接特定的 DNS 后缀 . . . . . . . : nos.com
   IPv4 地址 . . . . . . . . . . . . : 192.168.10.101
   子网掩码 . . . . . . . . . . . . : 255.255.255.0
   默认网关. . . . . . . . . . . . . : 192.168.10.254

C:\Users\Administrator>
```

图 11-29 通过 DHCP 服务器直接获得 IP 地址

11.4.3 任务 3：维护 DHCP 数据库

DHCP 服务器的配置信息，例如，作用域、地址池、保留的 IP 地址以及其他设置等均保存在 DHCP 数据库中，并与日志文件一样存储在 C:\Windows\System32\dhcp 文件夹内，其中最主要的文件是 dhcp.mdb。

任务 3：维护 DHCP 数据库

1. 备份 DHCP 数据库

当管理员对 DHCP 服务器进行大量设置或修改后，将所设置信息及时备份是非常重要的，这样即使 DHCP 服务器出现问题，也可使用备份将其快速恢复。

DHCP 服务器有 3 种备份机制。

(1) 自动备份：每隔 60min 自动将备份保存到备份文件夹下。

(2) 手动备份：在 DHCP 控制台窗口中进行手动备份。

(3) 使用备份工具进行备份：使用 Windows Server 备份工具或第三方备份工具进行计划备份或按需备份。

下面主要介绍自动备份和手动备份的操作方法。

(1) 自动备份。操作步骤如下。

步骤 1：在 WIN2019-1 计算机中打开 C:\Windows\System32\dhcp\backup\new 文件夹，如图 11-30 所示，其中的 dhcp.mdb 文件就是每隔 60min 自动备份的 DHCP 数据库文件。

步骤 2：如果想修改自动备份的时间间隔(默认 60min)，运行 regedit.exe 程序，打开

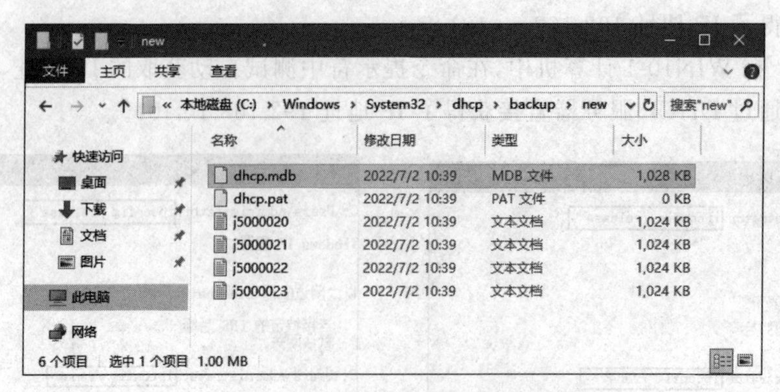

图 11-30 自动备份的 DHCP 数据库文件

注册表，找到 HKEY_LOCAL_MACHINE\SYSTEM\CurrentControlSet\Services\DHCPServer\Parameters\BackupInterval 表项，修改该表项的值（默认为十进制值 60）即可。

(2) 手动备份。操作步骤如下。

步骤 1：在 WIN2019-1 计算机的 DHCP 控制台窗口中右击 DHCP 服务器名（WIN2019-1），在弹出的快捷菜单中选择"备份"命令，打开"浏览文件夹"对话框，如图 11-31 所示。

图 11-31 备份 DHCP 数据库

步骤 2：选择存放备份的文件夹（系统默认存储在 C:\Windows\System32\dhcp\backup 文件夹中），单击"确定"按钮。

2. 还原 DHCP 数据库

还原 DHCP 数据库分为自动还原和手动还原。

(1) 自动还原：当 DHCP 服务器启动时会检查数据库的完整情况，如果数据库损坏，

DHCP 服务器会自动利用 C:\Windows\System32\dhcp\backup\new 文件夹中的备份恢复。

(2) 手动还原：在 DHCP 控制台窗口中进行手动还原。

下面具体介绍自动还原和手动还原的操作方法。

(1) 自动还原。操作步骤如下。

步骤 1：停止 DHCP 服务器的运行。实现方法有两种：一种是在 DHCP 控制台窗口中选择要停止的 DHCP 服务器名称，右击，在弹出的快捷菜单中选择“所有任务”→“停止”命令；另一种是在 DHCP 服务器的命令提示符下运行 net stop dhcpserver 命令。

步骤 2：删除 C:\Windows\System32\dhcp 文件夹下的 dhcp.mdb 文件，模拟该文件损坏。

步骤 3：重新启动 DHCP 服务器的运行。实现方法有两种：一种是在 DHCP 控制台窗口中选择要重新启动的 DHCP 服务器名称，右击，在弹出的快捷菜单中选择“所有任务”→“启动”命令；另一种是在 DHCP 服务器的命令提示符下运行 net start dhcpserver 命令。

步骤 4：再次打开 C:\Windows\System32\dhcp 文件夹，观察 dhcp.mdb 文件是否已自动还原。

(2) 手动还原。操作步骤如下。

步骤 1：在 DHCP 控制台窗口中右击 DHCP 服务器名(WIN2019-1)，在弹出的快捷菜单中选择“还原”命令，打开“浏览文件夹”对话框。

步骤 2：选择能找到备份文件的文件夹(系统默认存放备份文件的文件夹为 C:\Windows\System32\dhcp\backup)，单击“确定”按钮，弹出警告对话框，提示“为了使改动生效，必须停止和重新启动服务。要这样做吗?”

步骤 3：单击“是”按钮，DHCP 服务器先停止 DHCP 服务，再还原 DHCP 数据库，然后重新启动 DHCP 服务，并弹出数据库已成功还原的提示对话框，如图 11-32 所示，单击“确定”按钮。

图 11-32　数据库已成功还原

11.5　习　　题

一、填空题

1. DHCP 是采用________模式，有明确的客户端和服务器角色的划分。

2. DHCP 协议的前身是 BOOTP，BOOTP 也称为自举协议，它使用________来使一个工作站自动获取配置信息。

3. DHCP 允许有三种类型的地址分配：________、________、________。

4. DHCP 客户端无法获得 IP 地址时，将自动从 Microsoft 保留地址段________中选择一个作为自己的地址。

5. 在 Windows 环境下,使用________命令可以查看 IP 地址配置,释放 IP 地址使用________命令,续订 IP 地址使用________命令。

6. DHCP 的工作过程包括________、________、________、________4 个阶段。

二、选择题

1. (　　)命令可以手动释放 DHCP 客户端的 IP 地址。

A. ipconfig　　　　B. ipconfig /renew

C. ipconfig /all　　　　D. ipconfig /release

2. 某 DHCP 服务器的地址池范围为 192.168.1.101～192.168.1.150,该网段下某 Windows 客户机启动后,自动获得的 IP 地址为 169.254.220.167,其可能的原因是(　　)。

A. DHCP 服务器提供保留的 IP 地址

B. DHCP 服务器不工作

C. DHCP 服务器设置的租约时间太长

D. 客户机接收到了网段内其他 DHCP 服务器提供的 IP 地址

3. 当 DHCP 客户机使用 IP 地址的时间到达租约的(　　)时,DHCP 客户机会自动尝试续订租约。

A. 50%　　B. 70%　　C. 87.5%　　D. 100%

4. 在使用 DHCP 服务时,当客户机租约使用时间超过租约的 50%时,客户机会向服务器发送(　　)数据包,以更新现有的地址租约。

A. DHCP Discover　　　　B. DHCP Offer

C. DHCP Request　　　　D. DHCP Ack

5. DHCP 服务器分配给客户机 IP 地址,默认的租用时间是(　　)天。

A. 1　　B. 3　　C. 5　　D. 8

6. 关于 DHCP,下列说法中错误的是(　　)。

A. Windows Server 2019 DHCP 服务器(有线)默认租约期是 8 天

B. DHCP 的作用是为客户机动态地分配 IP 地址

C. 客户端发送 DHCP Discover 报文请求 IP 地址

D. DHCP 提供 IP 地址到域名的解析

7. 在 Windows Server 2019 系统中,DHCP 服务器中的设置数据存放在名为 dhcp.mdb 数据库文件中,该文件夹位于(　　)。

A. \Windows\dhcp　　　　B. \Windows\System

C. \Windows\System32\dhcp　　　　D. \Programs Files\dhcp

三、简答题

1. 什么是 DHCP? 引入 DHCP 有什么好处?

2. 动态 IP 地址方案有什么优点和缺点? 简述 DHCP 的工作过程。

3. 如何备份和还原 DHCP 数据库?

项目 12　Web 服务器配置与管理

【学习目标】

(1) 理解 Web 服务、IIS 的基本概念。

(2) 掌握虚拟目录的概念和设置方法。

(3) 掌握 Web 网站和虚拟主机的配置方法。

12.1　项 目 导 入

某公司为了推广销售与加强广告宣传的力度,想把自己的产品和相关业务在网站上推广实施,所以要着手做一个自己的网站。目前该公司已有域名 www.nos.com,那么作为网络管理员,需要做哪些服务配置来完成网站可被浏览与访问呢?

12.2　项 目 分 析

目前,大部分公司都有自己的网站,既用来实现信息发布、资料查询、数据处理、网络办公、远程教育和视频点播等功能,还可以用来实现电子邮件服务。搭建网站要靠 Web 服务来实现,而在中小型网络中使用最多的系统是 Windows Server 2019 系统,因此微软公司的 IIS 系统提供的 Web 服务也成为使用最为广泛的服务。通过 Web 服务器架设公司网站,可方便单位内部用户或互联网用户访问公司主页。

12.3　相关知识点

12.3.1　WWW 概述

1. WWW 的基本概念

(1) WWW 服务系统。WWW(world wide web)或 Web 服务,采用客户机/服务器工作模式,并以超文本标记语言(HTML)和超文本传输协议(HTTP)为基础。WWW 服务具有以下特点。

① 以超文本方式组织网络多媒体信息。

② 可在世界范围内任意查找、检索、浏览及添加信息。

③ 提供生动、直观、易于使用、统一的图形用户界面。

④ 服务器之间可相互链接。

⑤ 可访问图像、声音、影像和文本等信息。

(2) Web服务器。如今互联网的Web平台各类繁多,各种软硬件组合的Web系统更是数不胜数。比较常见的Web服务器有微软公司的IIS和与Linux完美结合的Apache。

Web服务器上的信息通常以Web页面的方式进行组织,还包含指向其他页面的超链接。利用超链接可以将Web服务器上的一个页面与互联网上其他服务器的任意页面进行关联,使用户在检索一个页面时可以方便地查看其他相关页面。

Web服务器不但需要保存大量的Web页面,而且需要接收和处理浏览器的请求,实现Web服务器功能。通常,Web服务器在TCP的知名端口80侦听来自WWW浏览器的连接请求。当Web服务器接收到浏览器对某一Web页面的请求信息时,服务器搜索该Web页面,并将该Web页面内容返回给浏览器。

(3) WWW浏览器。WWW的客户机程序称为WWW浏览器,它是用来浏览服务器中Web页面的软件。

WWW浏览器负责接收用户的请求(从键盘或鼠标输入),利用HTTP将用户的请求传送给Web服务器。服务器将请求的Web页面返回给浏览器后,浏览器再对Web页面进行解释,显示在用户的屏幕上。

(4) 页面地址和URL。Web服务器中的Web页面很多,通过URL(uniform resource locator,统一资源定位器)指定使用什么协议、哪台服务器和哪个文件等。URL由3个部分组成:协议类型、主机名、路径及文件名。例如,http://(协议类型)netlab.nankai.edu.cn(主机名)/student/network.html(路径及文件名)。

2. WWW系统的传输协议

超文本传输协议(hypertext transfer protocol,HTTP)是客户浏览器和Web服务器之间的传输协议,是建立在TCP连接基础之上的,属于应用层的面向对象的协议。为保证客户浏览器与Web服务器之间的通信没有歧义,HTTP精确定义了请求报文和响应报文的格式。

客户浏览器和Web服务器通过HTTP协议的会话过程如图12-1所示。

(1) TCP连接:客户端和Web服务器通过三次"握手"建立TCP连接。

(2) 请求:客户端发送HTTP请求。

(3) 应答:服务器接收HTTP请求,把HTTP响应反馈至客户端。

(4) 关闭:服务器或客户端关闭TCP连接。

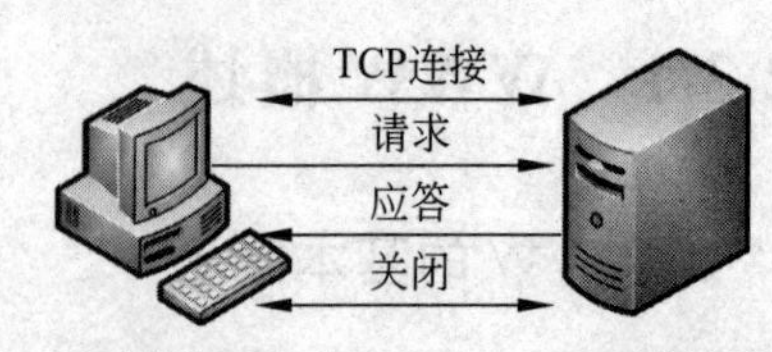

图12-1 通过HTTP的会话过程

还有一个 HTTP 的安全版本称为 HTTPS，HTTPS 支持能被页面双方所理解的加密算法。

12.3.2 Internet 信息服务

IIS(Internet information services，Internet 信息服务)是微软公司随网络操作系统提供的信息服务软件。IIS 与 Windows 系统紧密集成在一起，可以提供用于 Intranet、Internet 或 Extranet 上集成 Web 服务器能力，这种服务器具有可靠性、可伸缩性、安全性以及可管理性的特点。

在 Windows Server 2019 中使用的是 IIS 10.0，IIS 10.0 提供的基本服务包括发布信息、传输文件、支持用户通信和更新这些服务所依赖的数据存储。

1. WWW 服务

WWW 服务即万维网发布服务，通过将客户端 HTTP 请求连接到在 IIS 中运行的网站上，万维网发布服务向 IIS 最终用户提供 Web 发布。WWW 服务管理 IIS 核心组件，这些组件处理 HTTP 请求并配置管理 Web 应用程序。

2. FTP 服务

FTP 服务即文件传输协议服务，IIS 提供对管理和处理文件的完全支持。该服务使用传输控制协议(TCP)，这就确保了文件传输的完成和数据传输的准确。IIS 10.0 中的 FTP 支持在站点级别上隔离用户，以帮助管理员保护其 Internet 站点的安全，并使之商业化。

3. SMTP 服务

SMTP 服务即简单邮件传输协议服务，IIS 通过此服务能够发送和接收电子邮件。例如，为确认用户提交表格成功，可以对服务器进行编程以自动发送邮件来响应事件，也可以使用 SMTP 服务以接收来自网站客户反馈的消息。SMTP 不支持完整的电子邮件服务。要提供完整的电子邮件服务，可使用 Microsoft Exchange Server。

4. NNTP 服务

NNTP 服务即网络新闻传输协议，可以使用此服务主控单个计算机上的 NNTP 本地讨论组。因为该功能完全符合 NNTP，所以用户可以使用任何新闻阅读客户端程序加入新闻组进行讨论。

5. IIS 管理服务

IIS 管理服务管理 IIS 配置数据库，并为 WWW 服务、FTP 服务、SMTP 服务和 NNTP 服务更新 Microsoft Windows 操作系统注册表。配置数据库用来保存 IIS 的各种配置参数。IIS 管理服务对其他应用程序公开配置数据库，这些应用程序包括 IIS 核心组件、在IIS上建立的应用程序，以及独立于IIS的第三方应用程序(如管理或监视工具)。

12.3.3 虚拟目录和虚拟主机技术

1. 虚拟目录

由于站点磁盘的空间是有限的，随着网站的内容不断增加，同时一个站点只能指向一个主目录，所以可能出现磁盘容量不足的问题，网络管理员可以通过创建虚拟目录来解决问题。

Web中的目录分为两种类型：物理目录和虚拟目录。

(1) 物理目录是位于计算机物理文件系统中的目录(文件夹)，它可以包含文件及其他目录。

(2) 虚拟目录是在网站主目录下建立的一个友好的名称，它是IIS中指定并映射到本地或远程服务器上的物理目录的目录名称。虚拟目录可以在不改变别名的情况下，任意改变其对应的物理文件夹。虚拟目录只是一个文件夹，并不真正位于IIS宿主文件夹内(%SystemDrive%:\Inetpub\wwwroot)。但在访问Web站点的用户看来，则如同位于IIS服务的宿主文件夹一样。

虚拟目录具有以下特点。

① 便于扩展：随着时间的增长，网站内容也会越来越多，而磁盘的剩余空间却有减不增，最终硬盘空间被消耗殆尽。这时，就需要安装新的硬盘以扩展磁盘空间，并把原来的文件都移到新增的磁盘中，然后重新指定网站文件夹。而事实上，如果不移动原来的文件，而以新增磁盘作为该网站的一部分，就可以在不停机的情况下，实现磁盘的扩展，此时，就需要借助于虚拟目录来实现了。虚拟目录可以与原有网站文件不在同一个文件夹，不在同一磁盘，甚至可以不在同一计算机，但在用户访问网站时，还觉得像在同一个文件夹中一样。

② 增删灵活：虚拟目录可以根据需要随时添加到Web网站，或者从网站中移除，因此具有非常大的灵活性。同时，在添加或移除虚拟目录时，不会对Web网站的运行造成任何影响。

③ 易于配置：虚拟目录使用与宿主网站相同的IP地址、端口号和主机头名，因此不会与其标识产生冲突。同时，在创建虚拟目录时，将自动继承宿主网站的配置，并且对宿主网站配置时，也将直接传递至虚拟目录，因此，Web网站(包括虚拟目录)配置更加简单。

2. 虚拟主机技术

使用IIS 10.0可以很方便地架设Web网站。虽然在安装IIS时系统已经建立了一个现成的默认Web网站，直接将网站内容放到其主目录或虚拟目录中即可直接浏览，但最好还是重新设置，以保证网站的安全。如果需要，还可以在一台服务器上建立多个虚拟主机，以实现多个Web网站，这样可以节约硬件资源，节省空间，降低能源成本。

虚拟主机的概念对于ISP来讲非常有用，因为虽然一个组织可以将自己的网页挂在具备其他域名的服务器上的下级网址上，但使用独立的域名和根网址更为正式，易为众人接受。传统上，必须自己设立一台服务器才能达到单独域名的目的，然而这需要维护一个单独的服务器，很多小单位缺乏足够的维护能力，所以更为合适的方式是租用别人维护的服务器。ISP也没有必要为每一个机构提供一个单独的服务器，完全可以使用虚拟主机，使一个服务器为多个域名提供Web服务，而且不同的服务互不干扰，对外就表现为多个不同的服务器。

使用IIS 10.0的虚拟主机技术，通过设置不同的TCP端口、IP地址和主机头名，可以在一台服务器上建立多个虚拟Web网站。每个网站都具有唯一的，由端口号、IP地址和主机头名3部分组成的网站标识，用来接收来自客户端的请求。不同的Web网站可以提供不同的Web服务，而且每一个虚拟主机和一台独立的主机完全一样。这种方式适用于企业或组织需要创建多个网站的情况，可以节省成本。

虚拟技术将一个物理主机分割成多个逻辑上的虚拟主机使用，显然能够节省经费，对于访问量较小的网站来说比较经济实惠，但由于这些虚拟主机共享这台服务器的硬件资源和带宽，在访问量较大时就容易出现资源不够用的情况。

使用不同的虚拟主机技术，架设多个Web网站可以通过以下3种方式。

(1) 使用不同的端口号架设多个Web网站。如今IP地址资源越来越紧张，有时需要在Web服务器上架设多个网站，但计算机却只有一个IP地址，这时该怎么办呢？此时，利用这一个IP地址，使用不同的端口号也可以达到架设多个网站的目的。

其实，用户访问所有的网站都需要使用相应的TCP端口。不过，Web服务器默认的TCP端口号为80，在用户访问时不需要输入。但如果网站的TCP端口号不是80，在输入网址时就必须添加上端口号，而且用户在上网时也会经常遇到必须使用端口号才能访问的网站。利用Web服务的这个特点，可以架设多个网站，每个网站均使用不同的端口号。这种方式创建的网站，其域名或IP地址部分完全相同，仅端口号不同。只是用户在使用网址访问时，必须添加相应的端口号。

(2) 使用不同的IP地址架设多个Web网站。如果要在一台Web服务器上创建多个网站，为了使每个网站域名都能对应于独立的IP地址，一般都使用多个IP地址来实现，这种方案称为IP虚拟主机技术，也是比较传统的解决方案。当然，为了使用户在浏览器中可使用不同的域名来访问不同的Web网站，必须将主机名及其对应的IP地址添加到域名解析系统(DNS)。如果使用此方法在Internet上维护多个网站，也需要通过InterNIC注册域名。

要使用多个IP地址架设多个网站，首先需要在一台服务器上绑定多个IP地址。Windows Server 2019系统支持在一台服务器上安装多块网卡，并且一块网卡还可以绑定多个IP地址。再将这些IP地址分配给不同的虚拟网站，就可以达到一台服务器利用多个IP地址来架设多个Web网站的目的。

(3) 使用不同的主机头名架设多个Web网站。主机头名又称为域名或主机名。由于IP地址的紧缺，可将多个域名绑定到同一个IP地址。这是通过使用具有单个IP地址的主机头名建立多个网站来实现的，前提条件是在域名设置中将多个域名映射到同一个

IP地址。一旦来自客户端的Web访问请求到达服务器,服务器将使用在HTTP主机头(host header)中传递的主机头名来确定客户请求的是哪个网站。例如,使用www.nos.com访问第1个Web网站,使用www2.nos.com访问第2个Web网站,其IP地址均为192.168.10.11。

在创建多个Web网站时,要根据企业本身现有的条件,如投资的多少、IP地址的多少、网站性能的要求等,选择不同的虚拟主机技术。

12.4 项目实施

本项目所有任务涉及的网络拓扑图如图12-2所示,WIN2019-1、WIN10-1是两台虚拟机,通过"NAT模式"相连。WIN2019-1是Web服务器,IP地址为192.168.10.11/24;WIN10-1是Web客户端,IP地址为192.168.10.20/24。

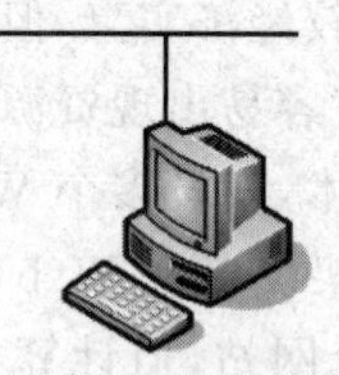

图12-2 网络拓扑图

12.4.1 任务1:IIS的安装与Web的基本设置

1. IIS 10.0的安装

默认情况下,在Windows Server 2019操作系统中,IIS 10.0不会被默认安装,因此使用Windows Server 2019架设Web服务器进行网站发布时,必须首先安装IIS 10.0,然后进行与Web服务器相关的基本设置。

任务1:IIS的安装与Web的基本设置

步骤1:在WIN2019-1计算机中,在"服务器管理器"窗口中单击"添加角色和功能"按钮,持续单击"下一步"按钮,直到出现"选择服务器角色"界面,如图12-3所示,选中"Web服务器(IIS)"复选框。

步骤2:持续单击"下一步"按钮,直到出现"选择角色服务"界面,如图12-4所示。默认只选择安装Web服务器所必需的角色服务,用户可以根据实际需要选择欲安装的选项。

在此将"FTP服务器"复选框选中,在安装Web服务器的同时,也安装FTP服务器。建议对"角色服务"中的各选项全部进行安装,特别是身份验证方式。

步骤3:单击"下一步"按钮,再单击"安装"按钮开始安装Web服务器。安装完成之

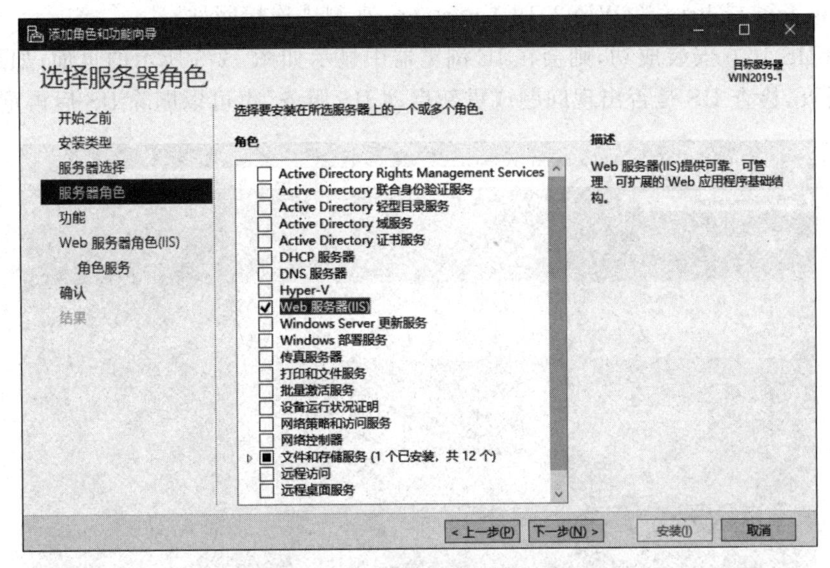

图 12-3 “选择服务器角色”界面

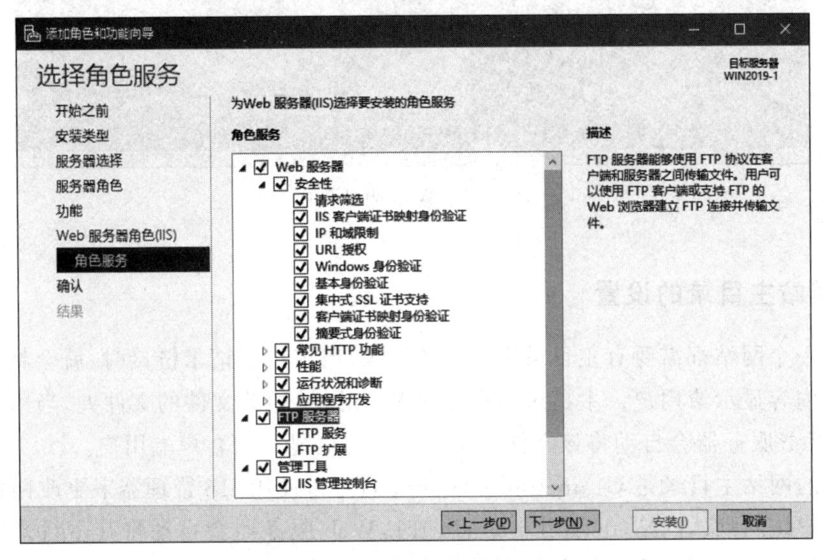

图 12-4 “选择角色服务”界面

后，单击“关闭”按钮。

步骤 4：安装完 IIS 10.0 以后，还应对该 Web 服务器进行测试，以检测网站是否正确安装并运行。

- 利用本地回送地址：在本地浏览器中输入 http://127.0.0.1 或 http://localhost 来测试连接网站。
- 利用本地计算机名称：在本地浏览器中输入 http://WIN2019-1 来测试连接网站。
- 利用 IP 地址：在本地浏览器中输入 http://192.168.10.11 来测试连接网站。
- 利用 DNS 域名：如果已设置了 DNS 服务器，在本地浏览器中输入 http://www.

nos.com 或 http://WIN2019-1.nos.com 来测试连接网站。

如果 IIS 10.0 安装成功，则会在 IE 浏览器中显示如图 12-5 所示的页面；如果没有显示出该网页，检查 IIS 是否出现问题或重新启动 IIS 服务，也可以删除 IIS 后再重新安装。

图 12-5　Web 测试页面

2. 网站主目录的设置

任何一个网站都需要有主目录作为默认目录，当客户端请求链接时，就会将主目录中的网页等内容显示给用户。主目录是指保存 Web 网站相关文件的文件夹，当用户访问该网站时，Web 服务器会自动将该文件夹中的默认网页显示给客户端用户。

默认的网站主目录是 C:\inetpub\wwwroot，可以使用 IIS 管理器来更改网站的主目录。当用户访问默认网站(default web site)时，Web 服务器会自动将其主目录中的默认网页传送给用户的浏览器。但在实际应用中通常不采用该默认主目录，因为将数据文件和操作系统放在同一磁盘分区中，会失去安全保障和系统安装、恢复不太方便等问题，并且当保存大量音视频文件时，可能造成磁盘或分区的空间不足。所以最好将作为数据文件的 Web 主目录保存在其他硬盘或非系统分区中。

步骤 1：在 WIN2019-1 计算机中选择“开始”→“Windows 管理工具”→“Internet Information Services(IIS)管理器”命令，打开“Internet Information Services(IIS)管理器”窗口，该窗口采用了 3 列式界面，双击“连接”窗格中的 IIS 服务器名(WIN2019-1)，可以看到“功能视图”中有 IIS 默认的相关图标以及“操作”窗格中的对应操作，如图 12-6 所示。

步骤 2：在“连接”窗格中展开控制台树中的“网站”节点，有系统自动建立的默认 Web 站点 Default Web Site，可以直接利用它来发布网站，也可以另建一个新网站。

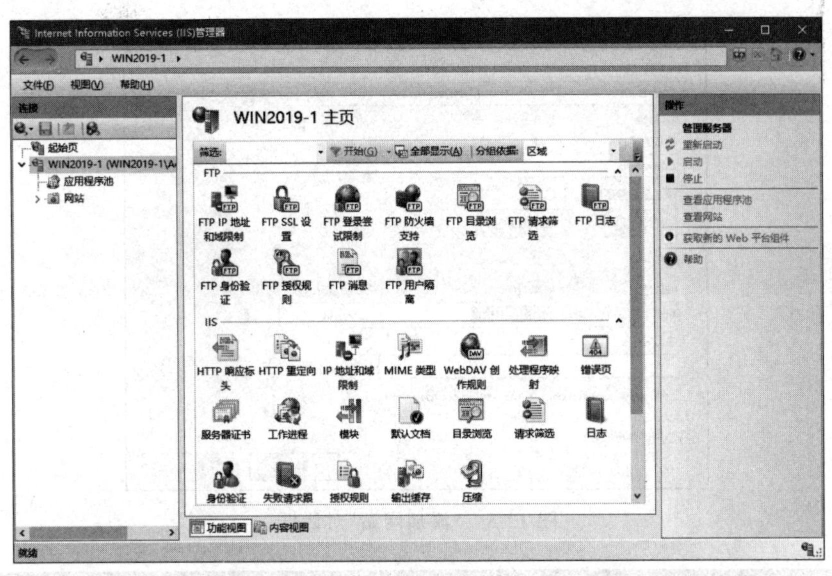

图 12-6 “Internet Information Services(IIS)管理器”窗口

步骤 3：选择 Default Web Site 节点后，在“操作”窗格中单击“浏览”超链接，将打开系统默认的网站主目录 C:\inetpub\wwwroot，如图 12-7 所示。

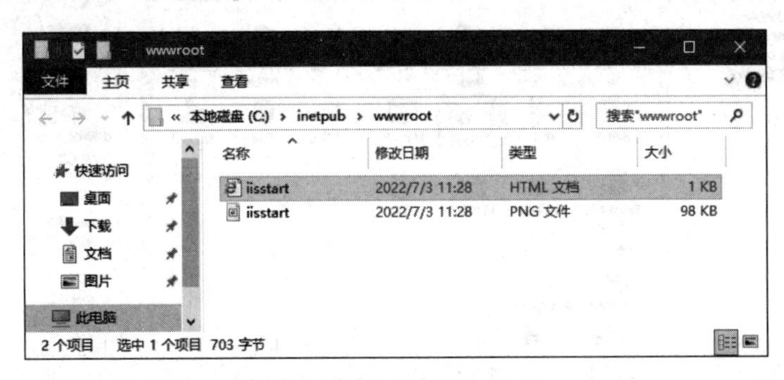

图 12-7 默认网站主目录

当用户访问此默认网站时，浏览器将会显示网站主目录中的默认网页，即 wwwroot 文件夹中的 iisstart.htm 页面。

步骤 4：本步骤是创建一个新的 Web 站点。先停止默认网站(default web site)，然后在“连接”窗格中，右击“网站”节点，在弹出的快捷菜单中选择“添加网站”命令，在打开的“添加网站”对话框中设置 Web 站点的相关参数，如图 12-8 所示。例如，网站名称为“我的 Web”，物理路径也就是 Web 站点的主目录，可以选取网站文件所在的文件夹 C:\myweb，Web 站点的 IP 地址可以直接在“IP 地址”下拉列表中选取系统默认的 IP 地址(192.168.10.11)，端口号默认为 80。完成之后返回到“Internet Information Services(IIS)管理器”窗口，即可查看到刚才新建的“我的 Web”站点，如图 12-9 所示。

【提示】 也可以在“物理路径”文本框中输入远程共享的文件夹，就是将主目录指定到另外一台计算机内的共享文件夹。当然该文件夹内必须有网页存在，同时需单击“连接

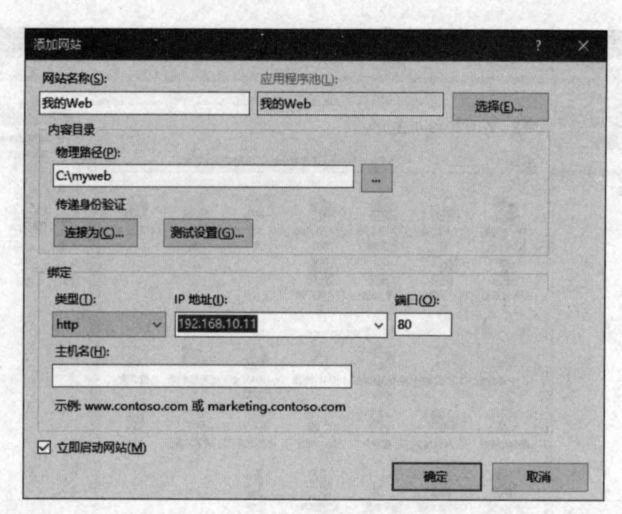

图 12-8 “添加网站”对话框

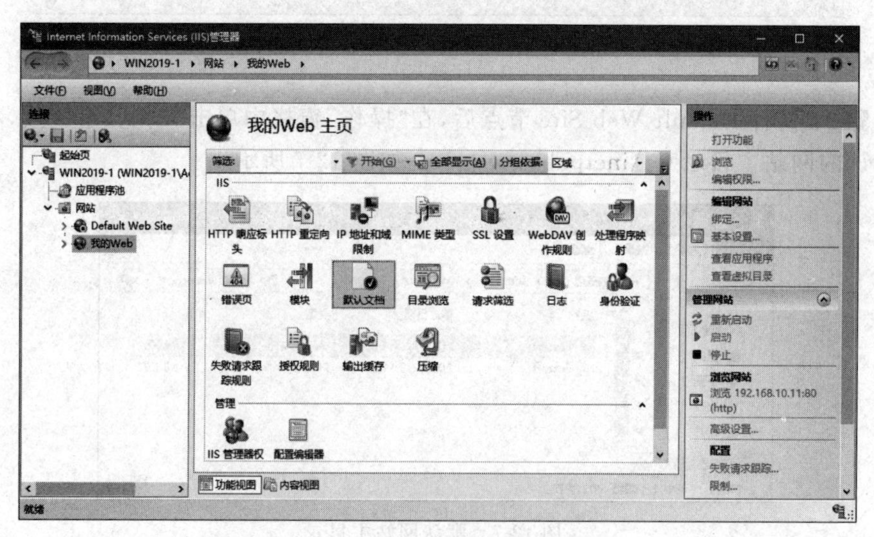

图 12-9 创建完成的 Web 站点

为”按钮,必须指定一个有权访问此文件夹的用户名和密码。

3. 网站默认文档的设置

通常情况下,Web 网站都需要一个默认文档,当在 IE 浏览器中使用 IP 地址或域名访问时,Web 服务器会将默认文档回应给浏览器,并显示内容。当用户浏览网页时没有指定文档名时,例如,输入的是 http://192.168.10.11,而不是 http://192.168.10.11/default.htm,IIS 服务器会把事先设定的默认文档返回给用户,这个文档就称为默认页面。默认文档共有 5 个,分别为 default.htm、default.asp、index.htm、index.html 和 iisstart.htm,这也是一般网站中最常用的主页名,当然也可以由用户自定义默认网页文件。

步骤 1:在图 12-9 中双击“功能视图”中的“默认文档”图标,显示“默认文档”界面。

步骤 2:选中 index.htm 默认文档,然后在“操作”窗格中多次单击“上移”箭头⬆,使

index.htm 默认文档上移到顶端，如图 12-10 所示，IIS 服务器会优先返回 index.htm 默认文档（如果存在该文档）给客户端。

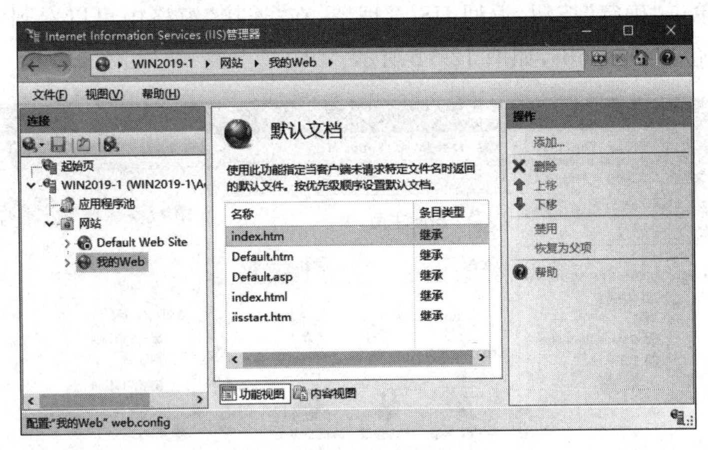

图 12-10　“默认文档”界面

IIS 服务器按照排列的前后顺序依次调用这些默认文档。当第一个默认文档存在时，将直接把它显示在用户的浏览器上，而不再调用后面的默认文档；当第一个文档不存在时，则将第二个默认文档显示给用户，以此类推。

还可以通过“添加”和“删除”按钮增删默认文档。

12.4.2　任务 2：使用虚拟目录

下面创建一个名为 bbs 的虚拟目录，操作步骤如下。

步骤 1：在 WIN2019-1 计算机中，在 C 盘根目录下新建一个文件夹 mybbs，并且在该文件夹内复制网站的所有文件，查看主页文件 index.htm 的内容，并将其作为虚拟目录的默认文档。

步骤 2：在 IIS 管理器中选择“网站”→“我的 Web”站点，右击，在弹出的快捷菜单中选择“添加虚拟目录”命令，打开“添加虚拟目录”对话框，如图 12-11 所示。

任务 2：使用虚拟目录

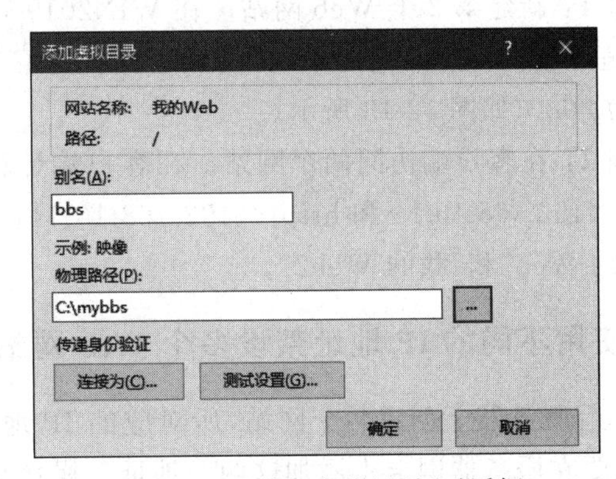

图 12-11　“添加虚拟目录”对话框

步骤 3：在"别名"文本框中输入 bbs，在"物理路径"文本框中输入该虚拟目录对应的文件夹路径，或单击"浏览"按钮进行选择，本例为 C:\mybbs。

步骤 4：单击"确定"按钮，返回 IIS 管理器，在"连接"窗格中可以看到"我的 Web"站点下新建立的虚拟目录 bbs，如图 12-12 所示。

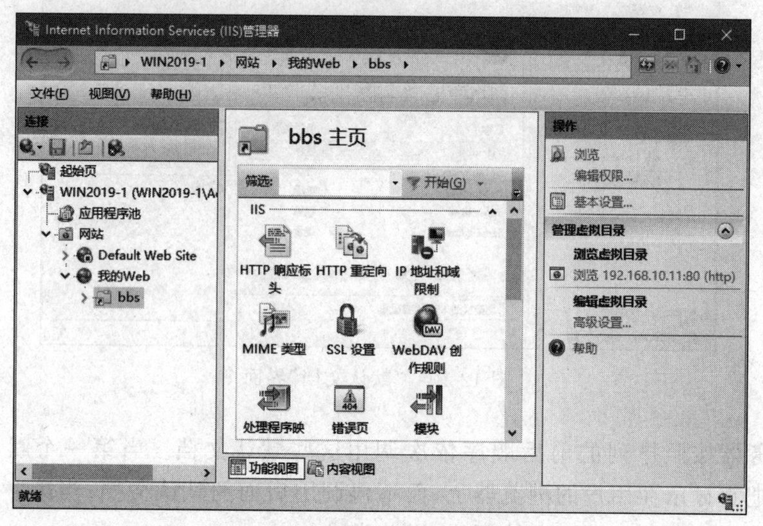

图 12-12　新建立的虚拟目录 bbs

步骤 5：在 WIN10-1 计算机中打开浏览器，输入 http://192.168.10.11/bbs 或 http://www.nos.com/bbs，就可以访问虚拟目录中的默认文档了。

12.4.3　任务 3：架设多个 Web 网站

任务 3：架设多个 Web 网站

1. 使用不同的端口号架设多个 Web 网站

在同一台 Web 服务器上使用同一个 IP 地址(192.168.10.11)、两个不同的端口号(80、8080)架设两个网站，操作步骤如下。

步骤 1：新建第 2 个 Web 网站。在 WIN2019-1 计算机的 IIS 管理器中，新建第 2 个 Web 网站，网站名称为"我的 Web2"，物理路径为 C:\myweb2，IP 地址为 192.168.10.11，端口号为 8080，如图 12-13 所示。

步骤 2：在客户端访问两个网站。在客户端计算机 WIN10-1 中打开浏览器，分别输入 http://192.168.10.11 和 http://192.168.10.11:8080，这时会发现打开了两个不同的网站"我的 Web"和"我的 Web2"。

2. 使用不同的 IP 地址架设多个 Web 网站

在一台服务器上创建两个网站，所对应的 IP 地址分别为 192.168.10.11 和 192.168.10.13，需要在服务器网卡中添加这两个地址。操作步骤如下。

步骤 1：在 WIN2019-1 计算机中选择"网络"→"网络和 Internet 设置"→"更改适配

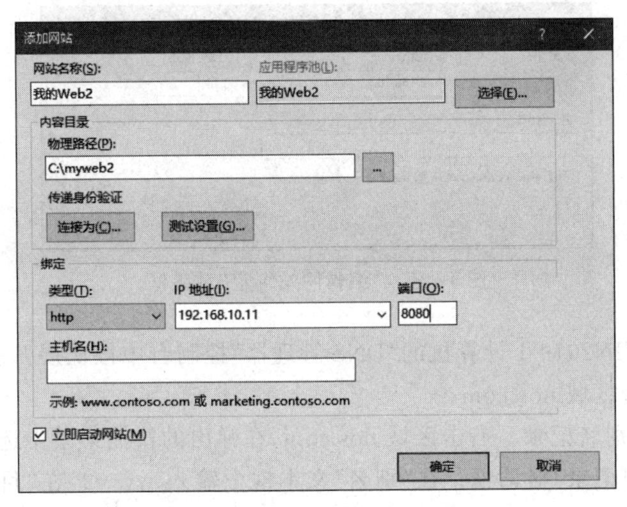

图 12-13 “添加网站”对话框

器选项”,右击 Ethernet0 图标,在弹出的快捷菜单中选择“属性”命令,打开“Ethernet0 属性”对话框。

步骤 2:选择“Internet 协议版本 4(TCP/IPv4)”选项后,单击“属性”按钮,打开“Internet 协议版本 4(TCP/IPv4)属性”对话框,单击“高级”按钮,打开“高级 TCP/IP 设置”对话框,如图 12-14 所示。

步骤 3:单击“添加”按钮,打开“TCP/IP 地址”对话框,在该对话框中输入 IP 地址 192.168.10.13,子网掩码为 255.255.255.0,单击“添加”按钮,单击“确定”按钮,完成 IP 地址的添加。

步骤 4:在 IIS 管理器中右击第 2 个网站“我的 Web2”,在弹出的快捷菜单中选择“编辑绑定”命令,打开“网站绑定”对话框,选择 http 选项后,单击“编辑”按钮,打开“编辑网站绑定”对话框,修改 IP 地址为 192.168.10.13,端口号为 80,如图 12-15 所示。最后单击“确定”按钮。

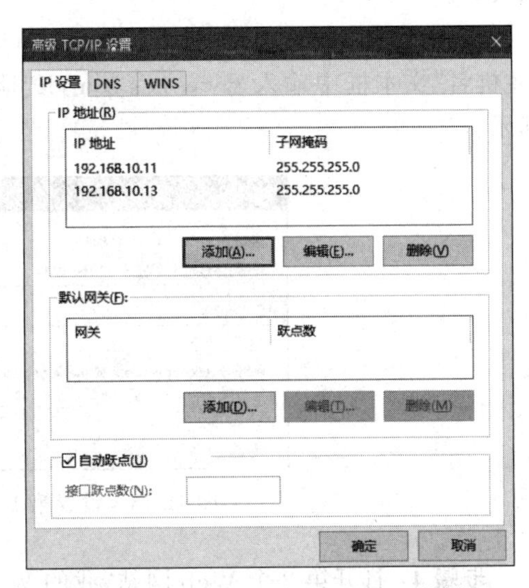

图 12-14 “高级 TCP/IP 设置”对话框

步骤 5:在客户端计算机 WIN10-1 中打开浏览器,分别输入 http://192.168.10.11 和 http://192.168.10.13,这时会发现打开了两个不同的网站“我的 Web”和“我的 Web2”。

3. 使用不同的主机头名架设多个 Web 网站

使用 www.nos.com 访问第 1 个 Web 网站,使用 www2.nos.com 访问第 2 个 Web 网站,其 IP 地址均为 192.168.10.11,操作步骤如下。

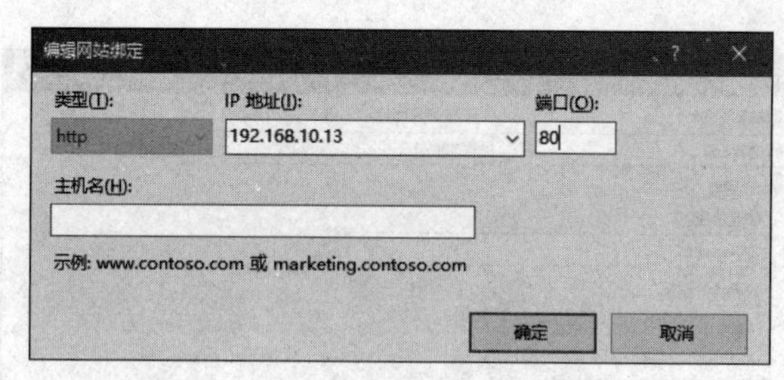

图 12-15 “编辑网站绑定”对话框

步骤 1：在 WIN2019-1 计算机的“DNS 管理器”控制台中依次展开服务器和“正向查找区域”节点，单击区域 nos.com。

步骤 2：创建别名记录。右击区域 nos.com，在弹出的快捷菜单中选择“新建别名”命令，打开“新建资源记录”对话框。在“别名”文本框中输入 www2，在“目标主机的完全合格的域名(FQDN)”文本框中输入 WIN2019-1.nos.com，单击“确定”按钮。

【说明】 本例假设已创建区域 nos.com 和主机记录 WIN2019-1.nos.com(IP 地址为 192.168.10.11)，并为该主机记录新建了别名 www，具体创建方法请参见项目 10 中的相关内容。

步骤 3：在 IIS 管理器中打开第 1 个 Web 网站“我的 Web”的“编辑网站绑定”对话框，在“主机名”文本框中输入 www.nos.com，IP 地址为 192.168.10.11，端口号为 80，如图 12-16 所示。

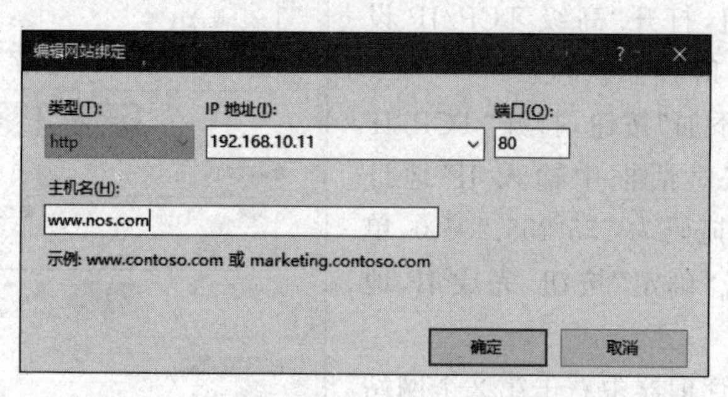

图 12-16 设置第 1 个 Web 网站的主机名

步骤 4：打开第 2 个 Web 网站“我的 Web2”的“编辑网站绑定”对话框，在“主机名”文本框中输入 www2.nos.com，IP 地址为 192.168.10.11，端口号为 80，如图 12-17 所示。

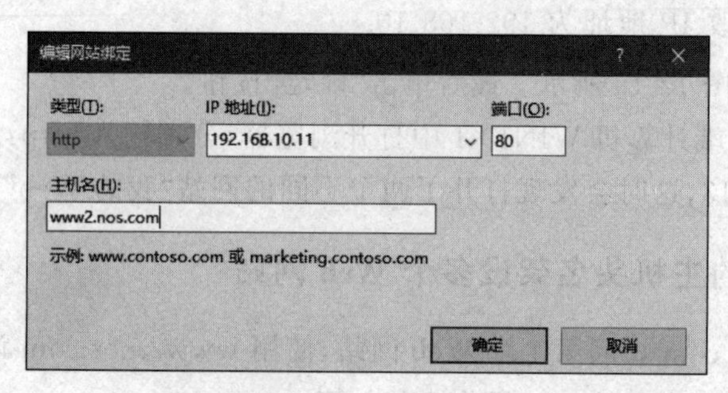

图 12-17 设置第 2 个 Web 网站的主机名

步骤5：在客户端计算机 WIN10-1 中设置首选 DNS 服务器为 192.168.10.11，打开浏览器，分别输入 http://www.nos.com 和 http://www2.nos.com，这时会发现打开了两个不同的网站"我的 Web"和"我的 Web2"。

12.5　习　　题

一、填空题

1. IIS 与 Windows 系统紧密集成在一起，它提供了可用于________、________或________上的集成 Web 服务器能力，这种服务器具有可靠性、可伸缩性、安全性以及可管理性的特点。

2. Web 中的目录分为两种类型：物理目录和________。

3. 比较常见的 Web 服务器有微软公司的________和与 Linux 完美结合的________。

二、选择题

1. HTTP 的作用是(　　)。

A. 将域名转换成 IP 地址

B. 提供一个地址池，可以让同一网段的设备自动获得地址

C. 提供网络传输的文本、图片、声音、视频等资源

D. 传送邮件消息

2. 虚拟主机技术，不能通过(　　)来架设网站。

A. 计算机名　　B. TCP 端口　　C. IP 地址　　D. 主机头名

3. HTTP 服务默认的网站端口号是(　　)。

A. 80　　B. 21　　C. 8080　　D. 53

4. 虚拟目录不具备的特点是(　　)。

A. 便于扩展　　B. 增删灵活　　C. 易于配置　　D. 动态分配空间

5. Web 服务器的默认主目录是(　　)。

A. C:\　　B. C:\inetpub\wwwroot

C. C:\wwwroot　　D. C:\inetpub\ftproot

三、简答题

1. IIS 10.0 的基本服务包括哪些？什么是虚拟主机？什么是虚拟目录？

2. 目前最常用的虚拟主机技术是哪几种？分别适用于什么环境？

3. IIS 10.0 支持哪几种身份验证方式？各适用于什么环境？

项目 13 FTP 服务器配置与管理

【学习目标】

(1) 掌握 FTP 的工作原理。
(2) 掌握 FTP 服务器的安装与配置方法。
(3) 理解 FTP 服务器用户隔离模式的工作原理和特点。

13.1 项 目 导 入

某公司搭建了网络平台后，在使用过程中需要利用网络解决以下问题：在公司内部网上可以轻松地得到一些常用工具软件、常用资料等；员工能够把自己的一些数据、资料很方便地存储在服务器上；员工出差或回家后能方便地下载使用这些软件、资料等。如何满足公司员工的这些需求呢？

13.2 项 目 分 析

Windows Server 2019 中的 IIS 组件提供了 FTP 服务，FTP 服务与文件共享类似，用于提供文件共享访问。因此，可以在公司的服务器上创建 FTP 站点，并在 FTP 站点上部署共享目录就可以实现公司员工要求的存储资料和文件共享了，FTP 服务不再局限于公司局域网，用户还可以通过广域网进行访问。

还可以利用 FTP 用户隔离功能，让用户拥有自己专属的主目录，此时用户登录 FTP 站点后会被定向到其专属的主目录，而且会被限制在其主目录中，无法查看或修改其他用户主目录内的文件，提高了 FTP 站点的安全性。

13.3 相关知识点

13.3.1 FTP 的工作原理

文件传输协议(file transfer protocol，FTP)，其突出的优点是可在不同类型的计算机之间传输和交换文件。Internet 最重要的功能之一就是能让用户共享资源，包括各种软件和文档资料，这方面 FTP 最为擅长。FTP 服务器以站点(site)的形式提供服务，一台 FTP 服务器可支持多个站点。FTP 管理简单，且具备双向传输功能，在服务器端许可的前提下可非常方便地将文件从本地传送到远程系统。

FTP 采用客户机/服务器模式，客户机与服务器之间利用 TCP 建立连接。与其他连接不同，FTP 需要建立双重连接，一种为控制文件传输的命令，称为控制连接；另一种实现真正的文件传输，称为数据连接。

(1) 控制连接。客户端希望与 FTP 服务器建立上传/下载的数据传输时，它首先向 FTP 服务器的 TCP 21 端口发起一个建立连接的请求，FTP 服务器接受来自客户端的请求，完成连接的建立，这样的连接就称为 FTP 控制连接。

(2) 数据连接。FTP 控制连接建立之后，即可开始传输文件，传输文件的连接称为 FTP 数据连接。FTP 数据连接就是 FTP 传输数据的过程。

(3) FTP 数据传输原理。用户在使用 FTP 传输数据时，整个 FTP 建立连接的过程如图 13-1 所示。

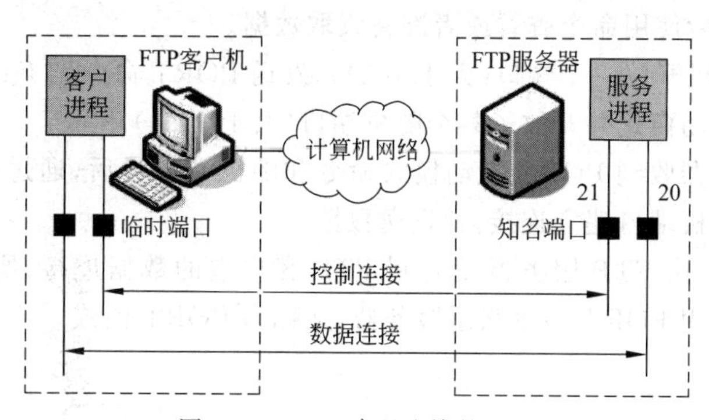

图 13-1　FTP 建立连接的过程

① FTP 服务器会自动对默认端口(21)进行监听，当某个客户端向这个端口请求建立连接时，便激活了 FTP 服务器上的控制进程。通过这个控制进程，FTP 服务器对连接用户名、密码以及连接权限进行身份验证。

② 当 FTP 服务器身份验证完成以后，FTP 服务器和客户端之间还会建立一条传输数据的专有连接。

③ FTP 服务器在传输数据过程中，控制进程将一直工作，并不断发出指令控制整个 FTP 传输数据，传输完毕后，控制进程给客户端发送结束指令。

13.3.2 FTP 的工作模式

FTP 在建立数据传输的连接时有两种工作模式，即主动模式和被动模式。究竟采用何种模式，最终取决于客户端的设置。

1. 主动模式

主动模式又称标准模式，此时 FTP 客户端与 FTP 服务器之间的通信过程如图 13-2 所示。

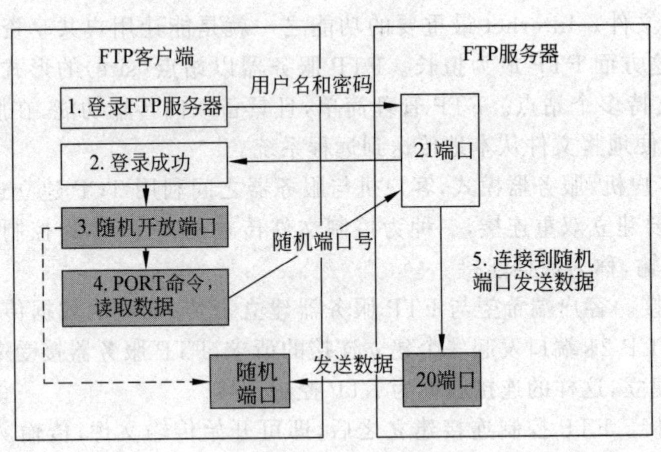

图 13-2　主动模式

(1) FTP 客户端连接到 FTP 服务器的 21 端口，发送用户名和密码登录。

(2) 登录成功后使用命令查看或者准备索取数据。

(3) 客户端随机开放一个端口(大于 1024)，发送 PORT 命令到 FTP 服务器，告诉服务器客户端采用主动模式并开放了某个随机端口(大于 1024)。

(4) FTP 服务器收到 PORT 主动模式命令和随机端口号后，通过服务器的 20 端口与客户端开放的随机端口建立连接，并发送数据。

在这个过程中，由 FTP 服务器发起到 FTP 客户端的数据连接，所以称其为主动模式。由于客户端使用 PORT 指令联系服务器，又称为 PORT 模式。

2. 被动模式

被动模式的通信过程如图 13-3 所示。

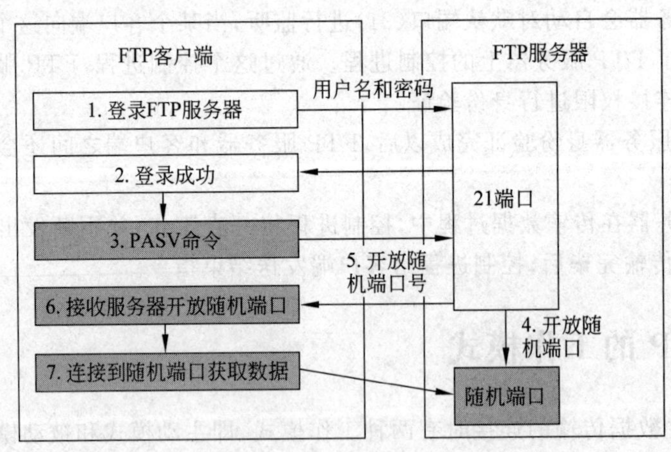

图 13-3　被动模式

(1) FTP 客户端连接到 FTP 服务器的 21 端口，发送用户名和密码登录。

(2) 登录成功后，使用命令查看或者准备索取数据。

(3) FTP 客户端发送 PASV 命令到 FTP 服务器,告诉服务器采用被动模式。

(4) FTP 服务器在本地开放一个随机端口(大于 1024),然后把开放的随机端口(大于 1024)告诉 FTP 客户端。

(5) FTP 客户端收到服务器开放的随机端口后,与服务器开放的随机端口建立连接,并进行数据传输。

在这个过程中,由 FTP 客户端发起到 FTP 服务器的数据连接,所以称其为被动模式。由于客户端使用 PASV 指令联系服务器,又称为 PASV 模式。

被动模式与主动模式不同,数据传输专有连接是在建立控制连接(用户身份验证完成)后由客户端向 FTP 服务器发起连接的。客户端使用哪个端口和连接到 FTP 服务器的哪个端口都是随机产生的。FTP 服务器并不参与数据的主动传输,只是被动接受。

【提示】 采用被动模式,FTP 服务器每次用于数据连接的端口都不同,是动态分配的。采用主动模式,FTP 服务器每次用于数据连接的端口相同,是固定的。如果在 FTP 客户端与服务器之间部署有防火墙,采用不同的 FTP 连接模式,防火墙的配置也不一样。客户端从外网访问内网的 FTP 服务器时,一般采用被动模式。

13.3.3 匿名 FTP 和用户 FTP

用户对 FTP 服务的访问有两种形式:匿名 FTP 和用户 FTP。

匿名 FTP 允许任何用户访问 FTP 服务器。匿名 FTP 登录的用户账户通常是 anonymous,一般不需要密码,有的则是以电子邮件地址作为密码。在许多 FTP 站点上,都可以自动匿名登录,从而查看或下载文件。匿名用户的权限很小,这种 FTP 服务比较安全。Internet 上的一些 FTP 站点,通常只允许匿名访问。

用户 FTP 为已在 FTP 服务器上建立了特定账号的用户使用,必须以用户账号和密码来登录。这种 FTP 应用存在一定的安全风险。当用户与 FTP 服务器连接时,如果所用的密码以明文形式传输,别有用心的人非常容易就可以截获这些口令和数据。通常使用 SSL 等安全连接来解决这个安全问题。客户端要上传或删除文件,应使用用户 FTP。

13.3.4 FTP 的使用方式

目前有许多 FTP 服务器软件可供选择。Serv-U 是一种广泛使用的 FTP 服务器软件。许多综合性的 Web 服务器软件,如 IIS、Apache 等,都集成了 FTP 功能。IIS 的 FTP 服务与 Windows 操作系统紧密集成,能充分利用 Windows 系统的特性,其配置和管理都类似于 Web 网站。

FTP 的使用方式通常有 3 种:传统的 FTP 命令、浏览器和 FTP 下载工具。

(1) 传统的 FTP 命令。传统的 FTP 命令是在 DOS 命令行窗口中使用的命令。例如,FTP 命令表示进入 FTP 会话;quit 或 bye 命令表示退出 FTP 会话;close 命令表示中断与服务器的 FTP 连接;pwd 命令表示显示远程主机的当前工作目录等。

(2) 浏览器。在 WWW 中,采用"FTP://URL 地址"格式访问 FTP 站点。

(3) 下载工具。下载工具通常支持断点续传等功能来提高下载速度。常用的下载工具有 CuteFTP、FlashFXP 等。

13.4 项目实施

本项目所有任务涉及的网络拓扑图如图 13-4 所示,WIN2019-1、WIN10-1 是两台虚拟机,通过"NAT 模式"相连。WIN2019-1 是 FTP 服务器,IP 地址为 192.168.10.11/24;WIN10-1 是 FTP 客户端,IP 地址为 192.168.10.20/24。

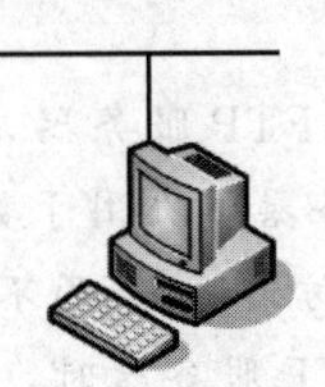

图 13-4　网络拓扑图

13.4.1　任务 1: 架设 FTP 服务器

1. 创建 FTP 站点

创建一个 myftp 站点,对应的主目录为 C:\ftp,允许匿名用户具有"读取"权限,允许管理员 administrator 具有"读取"和"写入"权限,操作步骤如下。

步骤 1: 在 WIN2019-1 计算机的"服务器管理器"窗口中添加"Web 服务器"角色中的"FTP 服务器"角色服务,如已添加,则省略本步骤。

任务 1: 架设 FTP 服务器

步骤 2: 在 C 盘根目录下新建 ftp 文件夹,并在 C:\ftp 文件夹中新建一个测试文件 file1.txt,文件内容任意。

步骤 3: 在 IIS 管理器中右击"网站"选项,在弹出的快捷菜单中选择"添加 FTP 站点"命令,打开"添加 FTP 站点"对话框,如图 13-5 所示。

步骤 4: 在"FTP 站点名称"文本框中输入 myftp,物理路径为 C:\ftp,单击"下一步"按钮,出现"绑定和 SSL 设置"界面,如图 13-6 所示。

步骤 5: 设置 IP 地址为 192.168.10.11,端口号为 21,选中"无 SSL"单选按钮,单击"下一步"按钮,出现"身份验证和授权信息"界面,如图 13-7 所示。

步骤 6: 选中"匿名"和"基本"2 种身份验证复选框,设置允许"匿名用户"具有"读取"权限,单击"完成"按钮。

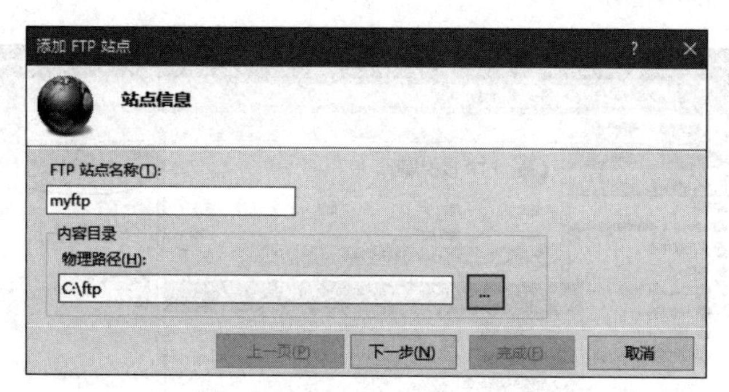

图 13-5　“添加 FTP 站点”对话框

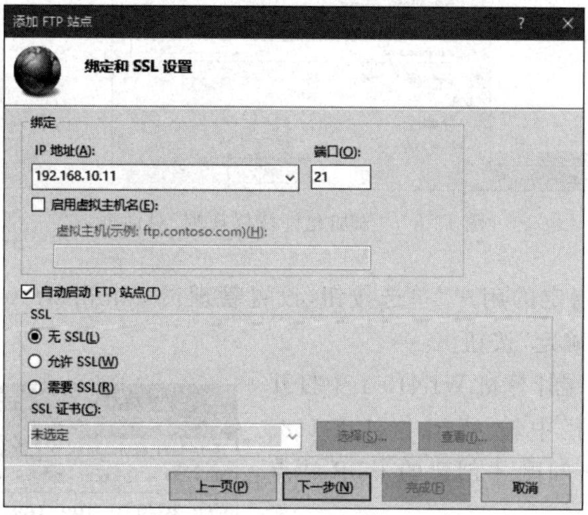

图 13-6　“绑定和 SSL 设置”界面

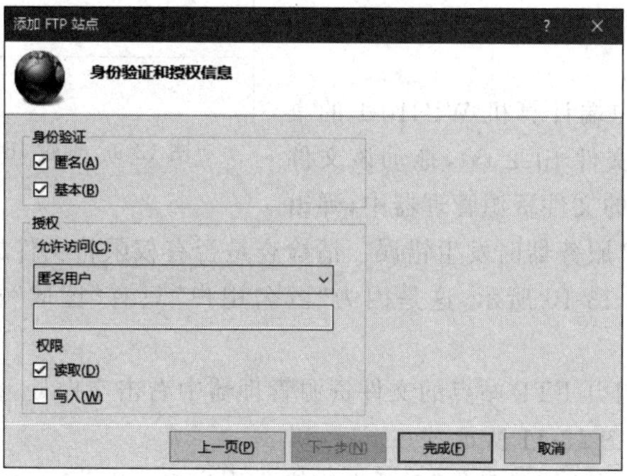

图 13-7　“身份验证和授权信息”界面

步骤 7：在 IIS 管理器中展开“网站”节点，选择 myftp 站点，在“功能视图”中双击“FTP 授权规则”图标，在“操作”窗格中单击“添加允许规则”超链接，打开“添加允许授权规则”对话框，如图 13-8 所示。

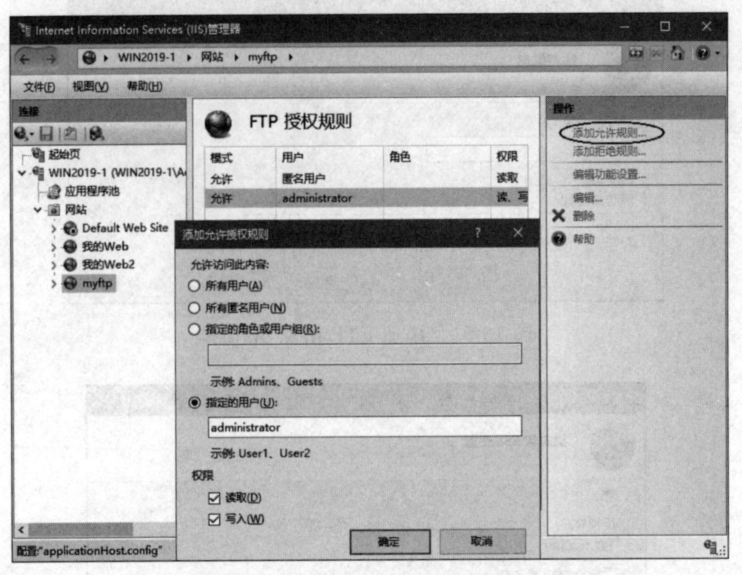

图 13-8 “添加允许授权规则”对话框

步骤 8：选中“指定的用户”单选按钮，设置管理员 administrator 具有“读取”和“写入”权限，最后单击“确定”按钮。

步骤 9：在客户端计算机 WIN10-1 中打开 IE 浏览器，在地址栏中输入 ftp://192.168.10.11，就可以匿名访问刚才创建的 FTP 站点了，如图 13-9 所示。

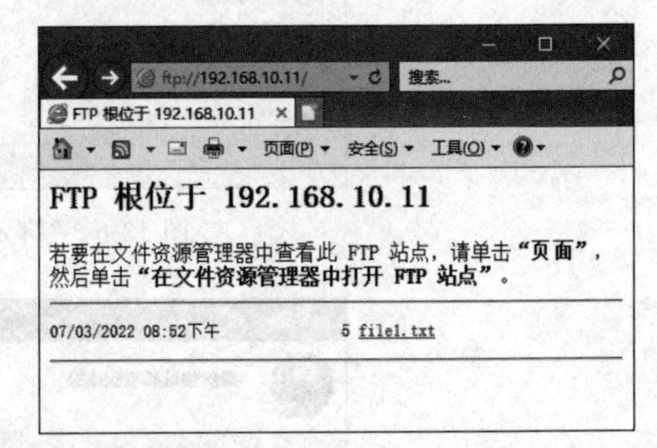

图 13-9 通过 IE 访问 FTP 站点

步骤 10：打开文件资源管理器，在地址栏中输入 ftp://192.168.10.11，也可以匿名访问该 FTP 站点。

步骤 11：在客户端计算机 WIN10-1 的桌面上新建一个测试文件 file2.txt，拖动该文件到已打开 FTP 站点的文件资源管理器中，弹出“将文件复制到 FTP 服务器时发生错误。请检查是否有权限将文件放到该服务器上。”的错误提示信息，如图 13-10 所示，这是因为“匿名用户”只有“读取”权限，而没有“写入”权限。

步骤 12：在已打开 FTP 站点的文件资源管理器中右击空白处，在弹出的快捷菜单中选择“登录”命令，如图 13-11 所示。

步骤 13：在打开的“登录身份”对话框中输入用户名 administrator 及相应的密码，单击“登录”按钮。

步骤 14：再次把计算机 WIN10-1 桌面上的文件 file2.txt 拖动到已打开 FTP 站点的文件资源管理器中，可以看到该文件已经成功复制到 FTP 站点中，这是因为用户 administrator 具有“写入”权限。

图 13-10　匿名用户拖入文件时弹出错误提示信息

图 13-11　登录 FTP 站点

步骤 15：在 WIN2019-1 计算机的 IIS 管理器中选择 myftp 站点，在“功能视图”中双击“FTP 当前会话”图标，可以看到当前登录到 myftp 站点的用户名，如图 13-12 所示。

2. 访问 FTP 站点

FTP 站点创建成功后，可以测试 FTP 站点是否正常运行，访问 FTP 站点的方法通常有以下 3 种方法。

(1) 通过 IE 浏览器或文件资源管理器访问 FTP 站点。通过 IE 浏览器或文件资源管理器访问 FTP 站点的方法，在前面已经使用过，如图 13-9～图 13-11 所示。

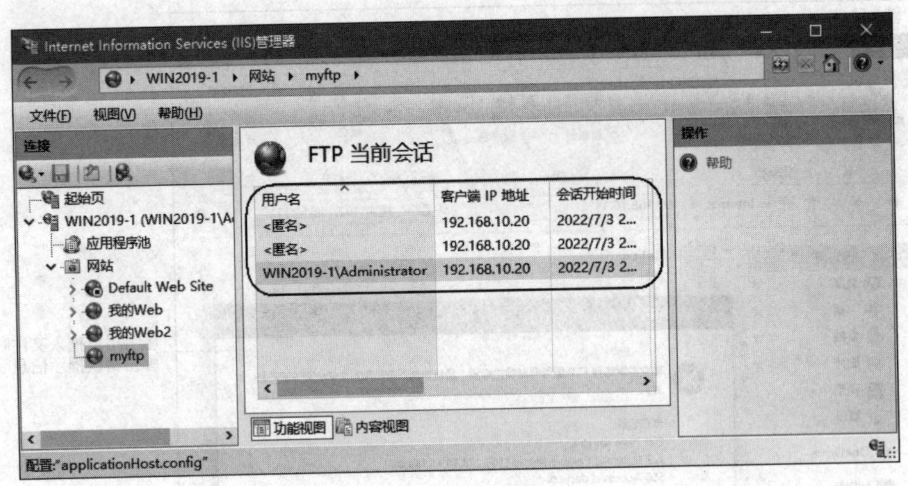

图 13-12　FTP 当前会话

（2）通过 FTP 程序访问 FTP 站点。Windows 自带有 FTP 程序，可以通过 FTP 程序访问 FTP 站点。在计算机 WIN10-1 的命令提示符窗口中输入 ftp 192.168.10.11 命令，然后根据屏幕上的信息提示输入匿名账户 anonymous，密码为电子邮件账户或直接按 Enter 键即可。可以用“?”查看可供使用的命令，用 quit 或 bye 命令退出 FTP，如图 13-13 所示。

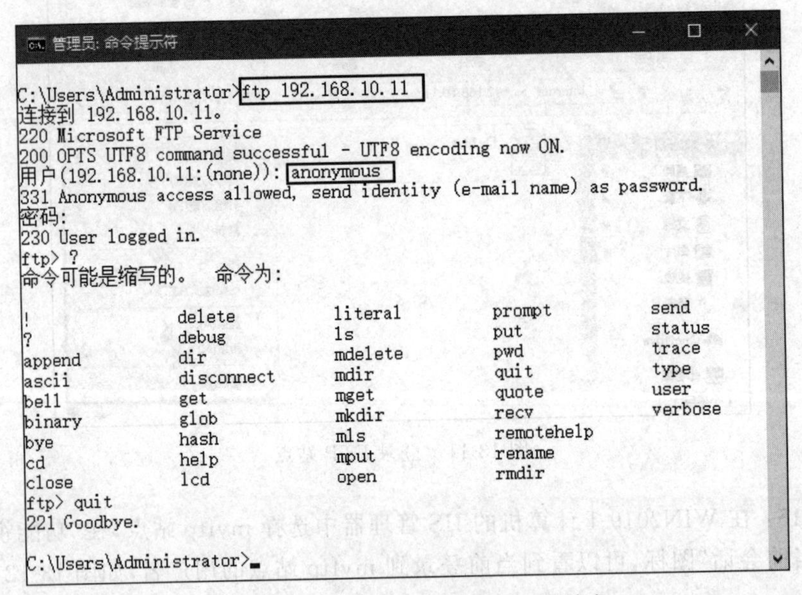

图 13-13　通过 FTP 程序访问 FTP 站点

（3）通过 FTP 客户端软件访问 FTP 站点。FTP 客户端软件允许用户以图形窗口的形式访问 FTP 站点，操作非常方便。目前有很多很好的 FTP 客户端软件，比较著名的软件主要有 CuteFTP、LeapFTP、FlashFXP 等。如图 13-14 所示，就是利用 FlashFXP 软件连接到 myftp 站点，其操作窗口与文件资源管理器很相似。

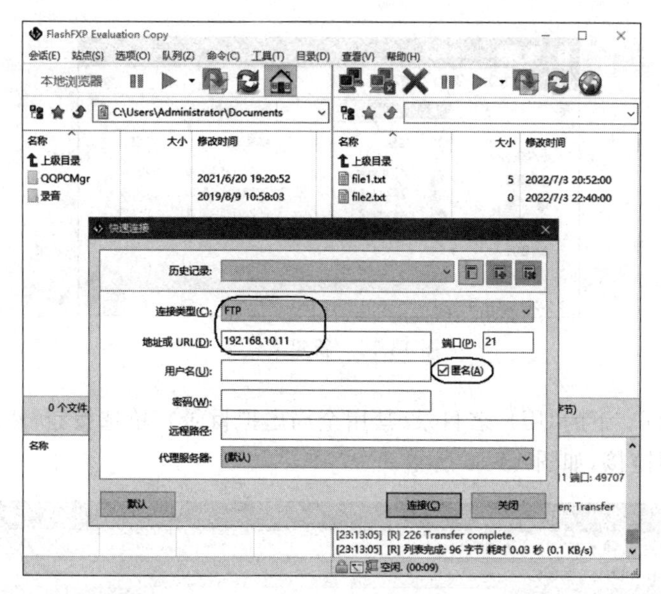

图 13-14 通过 FTP 客户端软件访问 FTP 站点

13.4.2 任务 2：创建隔离用户的 FTP 站点

如果要针对不同用户使用 FTP 站点，用户之间就需要进行隔离，以提高文件服务器的安全性。所谓隔离，就是把用户隔离在自己的文件夹里，也就是用户的专属主目录内，而无权查看和修改其他用户的专属主目录和文件。这样做可以提高文件服务器的安全性。要创建隔离用户的 FTP 站点，操作步骤如下。

任务 2：创建隔离用户的 FTP 站点

步骤 1：在计算机 WIN2019-1 的命令提示符下输入以下两条命令，添加 2 名新用户 user1 和 user2，并设置了相应的密码“a1!”和“a2!”。

```
net user user1 a1! /add
net user user2 a2! /add
```

步骤 2：在计算机 WIN2019-1 的 C:\ftp 文件夹中新建 localuser 文件夹，在 localuser 文件夹下新建与用户名一样的两个文件夹，分别为 user1 和 user2 文件夹，再在 localuser 文件夹下新建匿名用户所使用的文件夹 public，如图 13-15 所示。

步骤 3：在 user1 文件夹下新建测试文件 user1.txt 文件，内容任意；在 user2 文件夹下新建测试文件 user2.txt 文件，内容任意；在 public 文件夹下新建测试文件 public.txt 文件，内容任意。

步骤 4：在图 13-8 中添加 1 条允许规则，允许用户 user1 和 user2 访问 FTP 站点，并具有“读取”和“写入”权限。

步骤 5：在 IIS 管理器中选择 myftp 站点，在“功能视图”中双击“FTP 用户隔离”图

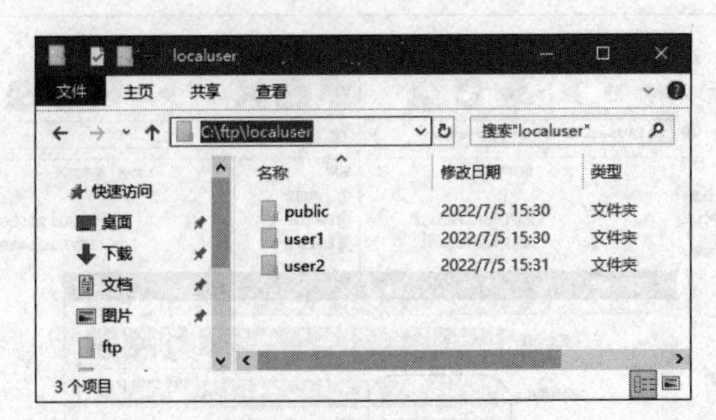

图 13-15　新建文件夹

标,选中"隔离用户"下的"用户名目录(禁用全局虚拟目录)"单选按钮,然后在"操作"窗格中单击"应用"超链接,如图 13-16 所示。

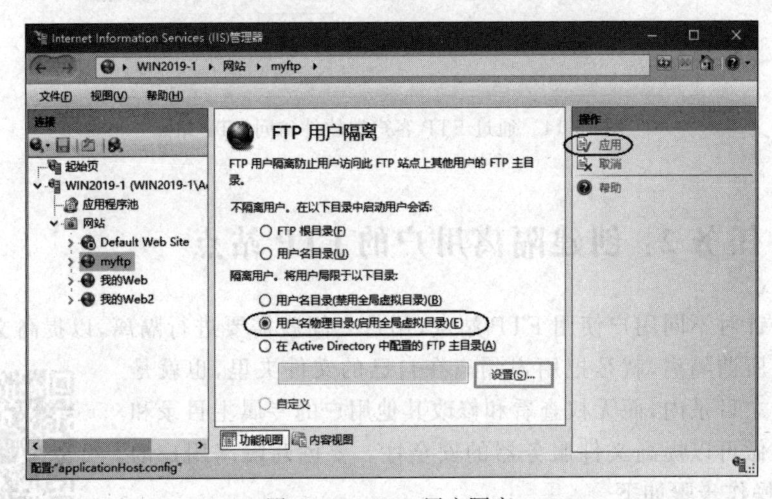

图 13-16　FTP 用户隔离

【说明】 在图 13-16 中,各选项的含义如下。

① 不隔离用户。在以下目录中启动用户会话:它不会隔离用户,不过用户登录后的主目录并不相同。

- FTP 根目录:所有用户都会被导向到 FTP 站点的主目录(默认值)。
- 用户名目录:用户拥有自己的主目录,不过并不隔离用户,也就是只要拥有适当的权限,用户便可以通过 FTP 程序或 FTP 客户端软件,切换到其他用户的主目录,因而可能可以查看、修改其内的文件。它所采用的方法是在 FTP 站点内建立目录名称与用户名相同的物理或虚拟目录(匿名用户的目录名称为 default),用户连接到 FTP 站点后,便会被导向到目录名称与用户名相同的目录。

② 隔离用户。将用户局限于以下目录:它会隔离用户,用户拥有其专属主目录,而且会被限制在其专属主目录内,因而无法查看或修改其他用户的主目录内的文件。

- 用户名目录(禁用全局虚拟目录):它所采用的方法是在 FTP 站点的 localuser 文件夹内建立目录名称与用户名相同的物理或虚拟目录(匿名用户的目录名称为 public),用户连接到 FTP 站点后,便会被导向到目录名称与用户名相同的目录(用户专属主目录)。用户无法访问FTP站点内的全局虚拟目录(创建于FTP主目录下的虚拟目录,而不是创建于用户专属主目录下的虚拟目录)。

- 用户名物理目录(启用全局虚拟目录):它所采用的方法是在FTP站点的localuser文件夹内建立目录名称与用户名相同的物理目录(匿名用户的目录名称为public),用户连接到FTP站点后,便会被导向到目录名称与用户名相同的目录。用户可以访问FTP站点内的全局虚拟目录。
- 在Active Directory中配置的FTP主目录:用户必须利用域用户账户来连接FTP站点,需要在域用户的账户内指定其专属主目录。

步骤6:在客户端计算机WIN10-1中,在文件资源管理器的地址栏中输入ftp://192.168.10.11(必要时刷新),在打开的FTP站点中可看到public.txt文件,如图13-17所示,说明当前是以匿名身份登录的,登录到WIN2019-1计算机的C:\ftp\localuser\public文件夹下,该文件夹中有public.txt文件。

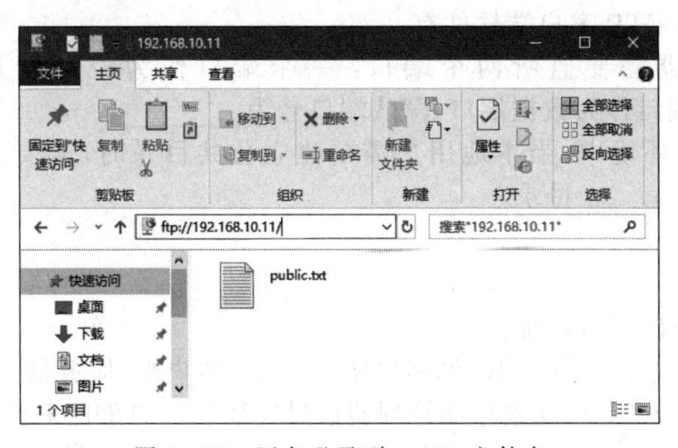

图13-17　匿名登录到public文件夹

步骤7:在地址栏中输入ftp://user1:a1!@192.168.10.11(必要时刷新),结果如图13-18所示,说明当前是以user1身份登录的,登录到WIN2019-1计算机的C:\ftp\localuser\user1文件夹下,该文件夹中有user1.txt文件。

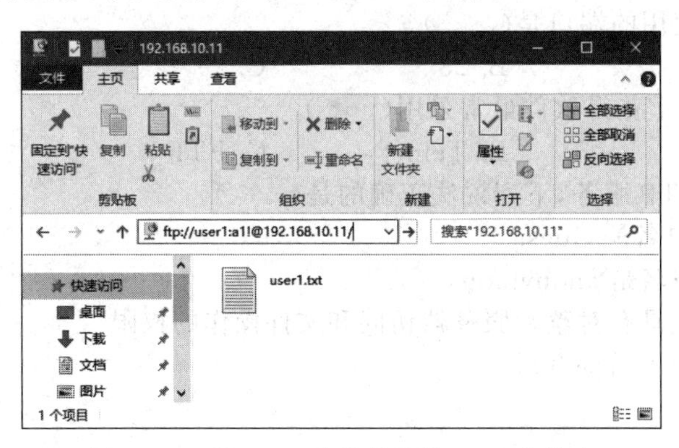

图13-18　以user1身份登录到user1文件夹

使用相同的方法输入ftp://user2:a2! @192.168.10.11,可登录到WIN2019-1计算机的C:\ftp\localuser\user2文件夹下,该文件夹中有user2.txt文件。

【说明】 假设用户 user1 和 user2 的密码分别为"a1!"和"a2!"。

步骤 8:把计算机 WIN10-1 桌面上的文件 file2.txt 拖动到如图 13-18 所示的 user1 的主目录中,可以看到该文件已经成功复制到 user1 的主目录中,这是因为用户 user1 具有"写入"权限。

13.5 习 题

一、填空题

1. 在 DOS 命令提示符窗口输入命令 ftp 192.168.10.11,然后根据屏幕上的信息提示在"用户(192.168.10.11:none):"处输入匿名账户________,在"密码:"处输入________或直接按 Enter 键,即可登录 FTP 站点。

2. 比较著名的 FTP 客户端软件有________、________、________等。

3. FTP 服务器需要监听两个端口:一个端口作为控制端口,默认端口号为________;另一个端口作为数据端口,默认端口号为________。

4. 在隔离用户环境中,当本地用户需要建立公共目录时,需要在本地用户主目录 Localuser 下建立________目录。

二、选择题

1. FTP 是一个(　　)系统。
A. 客户端/浏览器　　B. 单客户端　　C. 客户端/服务器　　D. 单服务器

2. Windows Server 2019 服务器管理器通过安装(　　)角色来提供 FTP 服务。
A. Active Directory 域服务　　B. DNS 服务器
C. Web 服务器(IIS)　　D. DHCP 服务器

3. FTP 服务器的默认主目录是(　　)。
A. C:\　　B. C:\inetpub\wwwroot
C. C:\wwwroot　　D. C:\inetpub\ftproot

4. FTP 服务使用的端口是(　　)。
A. 21　　B. 23　　C. 25　　D. 80

5. 从 Internet 上获得软件最常采用(　　)。
A. www　　B. Telnet　　C. FTP　　D. DNS

6. 关于匿名 FTP 服务,下列说法正确的是(　　)。
A. 登录用户名是 Guest
B. 登录用户名是 anonymous
C. 用户完全具有对整台服务器访问和文件操作的权限
D. 匿名用户不需要登录

三、简答题

1. 简述 FTP 服务器的工作原理。FTP 工作模式有哪两种?简述主动模式的工作过程。
2. FTP 用户隔离模式有哪几种?它们之间有什么区别?
3. FTP 服务器安装成功后,可以采用哪几种方式来连接 FTP 站点?

项目 14　数字证书服务器配置与管理

【学习目标】

(1) 熟悉 PKI 的基本概念和原理。

(2) 理解数字证书和证书颁发机构的作用。

(3) 掌握 SSL 网站的部署方法。

14.1　项目导入

随着信息化水平的提高,为了方便操作及提高效率,某公司把自己的主营业务系统部署到专用的 Web 服务器上,如何保证数据传输的安全性成为公司迫切需要解决的问题。

14.2　项目分析

使用网络处理事务、交流信息和进行交易活动,都不可避免地涉及网络安全问题,尤其是认证和加密问题。特别是在电子商务活动中,必须保证交易双方能够互相确认身份,安全地传输敏感信息,事后不能否认交易行为,同时还要防止第三方截获、篡改信息,或者假冒交易方。

目前通行的解决方案是部署公钥基础结构(public key infrastructure,PKI),提供数字证书签发、身份认证、数据加密和数字签名等安全服务。

14.3　相关知识点

14.3.1　PKI 概述

用户通过网络将数据发送给接收者时,可以利用 PKI 所提供的以下三个功能来确保数据传送的安全性。

(1) 对传输的数据进行加密(encryption)。

(2) 接收者计算机会验证所收到的数据是否由发送者本人所发的(authentication)。

(3) 接收者计算机还会确认数据的完整性(integrity),也就是检查数据在传输过程中是否被篡改。

PKI根据公钥密码体制(public key cryptography)来提供上述功能,而用户需要拥有以下的一组密钥来支持这些功能。

(1) 公钥。用户的公钥(public key)可以公开给其他用户。

(2) 私钥。用户的私钥(private key)是该用户私有的,且存储在用户的计算机内,只有用户本人能够访问。

用户需要通过向证书颁发机构(certification authority,CA)申请证书(certificate)的方法来拥有与使用这一组密钥。

1. 公钥加密法

数据被加密后,需要经过解密才能被读取数据的内容。PKI使用公钥加密法(public key encryption)来对数据进行加密与解密。发件人利用收件人的公钥将数据加密,而收件人利用自己的私钥将数据解密。例如,图14-1所示为用户Bob发送一封经过加密的电子邮件给用户Alice的流程。

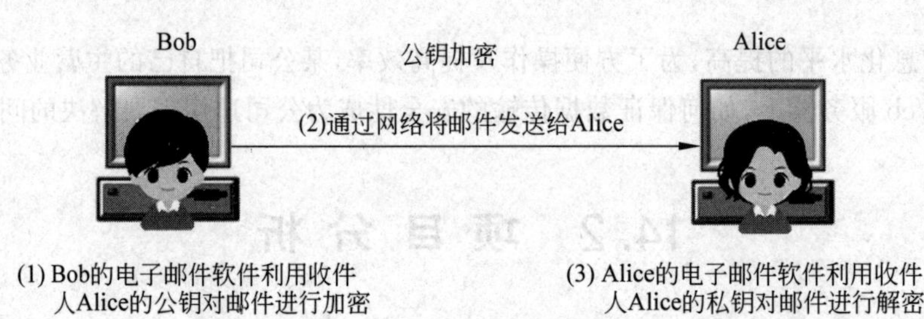

图14-1　发送一封经过加密的电子邮件

在图14-1中,Bob必须先取得Alice的公钥,才可以利用此密钥来将电子邮件加密,而因为Alice的私钥只存储在她的计算机内,故只有她的计算机可以将此邮件解密,因此她可以正常读取此邮件。其他用户即使截获这封邮件,也无法读取邮件内容,因为他们没有Alice的私钥,无法将其解密。

【注意】 公钥加密体系使用公钥来加密,私钥来解密,此方法又称为非对称加密法。另一种加密法是单密钥加密,又称为对称加密法,其加密、解密都使用同一个密钥。

2. 消息摘要

消息摘要是通过哈希算法将消息转换成一个固定长度的值唯一的字符串。值唯一的意思是指不同的消息的摘要是不同的,并且能够确保唯一。该过程不可逆,即不能通过摘要反推明文。利用这一特性,可以验证消息的完整性,消息摘要通常用在数字签名中。

3. 数字签名

发件人可以利用公钥验证(public key authentication)来将待发送的数据进行"数字

签名”(digital signature),而收件人计算机在收到数据后,便能够通过此数字签名来验证数据是否确实是由发件人本人发出的,同时还会检查数据在传输过程中是否被篡改。

发件人是利用自己的私钥对数据进行签名的,而收件人会利用发件人的公钥来验证此份数据。例如,图 14-2 所示为用户 Bob 发送一封经过数字签名的电子邮件给用户 Alice 的流程。

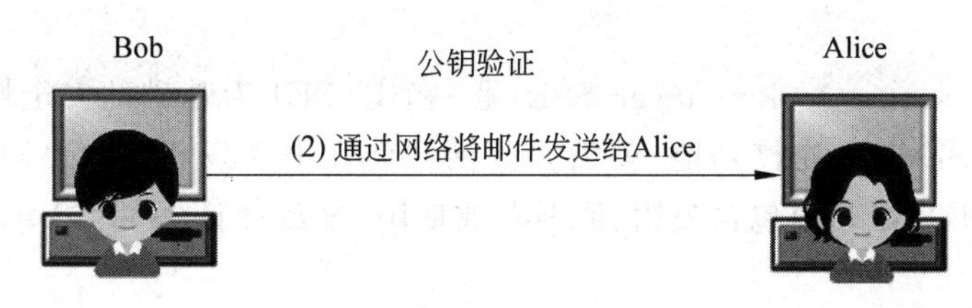

图 14-2 发送一封经过数字签名的电子邮件

由于图 14-2 中的邮件经过 Bob 的私钥签名,而公钥与私钥是成对的,因此收件人 Alice 必须先取得发件人 Bob 的公钥后,才可以利用此公钥来验证这封邮件是否由 Bob 本人发送过来的,并检查这封邮件是否被篡改。

下面以 Bob 和 Alice 的通信为例来说明数字签名的流程,如图 14-3 所示。

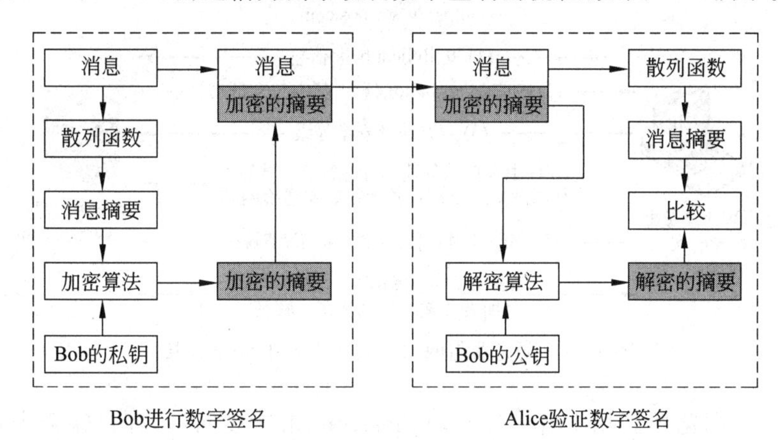

图 14-3 数字签名的流程

(1) Bob 使用单向散列函数对要传送的消息(明文)计算消息摘要。

(2) Bob 使用自己的私钥对消息摘要进行加密,得到加密的消息摘要(数字签名)。

(3) Bob 将消息(明文)和加密的消息摘要(数字签名)一起发送给 Alice。

(4) Alice 收到“消息+加密的摘要”后,使用相同的单向散列函数对消息(明文)计算消息摘要。

(5) Alice 使用 Bob 的公钥对收到的加密的消息摘要(数字签名)进行解密,得到消息摘要。

(6) Alice 将自己计算得到的消息摘要与解密得到的消息摘要进行比较,如果相同,说明签名是有效的,否则说明消息不是 Bob 发送的,或者消息有可能被篡改。

在图 14-3 中，Alice 接收到的消息是未加密的，如果消息本身需要保密，Bob 发送前可用 Alice 的公钥对“消息+加密的摘要”进行加密，Alice 接收后，先用自己的私钥进行解密，然后再验证数字签名。

14.3.2 网站 SSL 安全连接

安全套接层（secure sockets layer，SSL）是一个以 PKI 为基础的安全性通信协议，若要让网站拥有 SSL 安全连接功能，就需要为网站向证书颁发机构（CA）申请 SSL 证书（Web 服务器证书），证书内包含公钥、证书有效期限、发放此证书的 CA、CA 的数字签名等数据。

在网站拥有 SSL 证书之后，浏览器与网站之间就可以通过 SSL 安全连接来通信了，也就是将 URL 路径中的 http 改为 https，例如，若网站为 www.nos.com，则浏览器是利用 https://www.nos.com 来连接网站的。

下面以图 14-4 为例来说明浏览器与网站之间如何建立 SSL 安全连接。建立 SSL 安全连接时，会建立一个双方都同意的会话密钥（session key），利用此密钥来将双方所传送的数据进行加密、解密并确认数据是否被篡改。

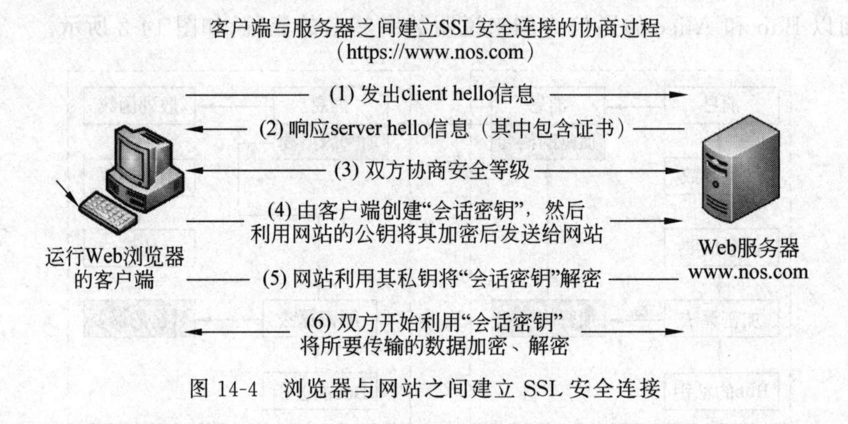

图 14-4　浏览器与网站之间建立 SSL 安全连接

（1）客户端浏览器利用 https://www.nos.com 来连接网站，客户端会先发出 client hello 信息给 Web 服务器。

（2）Web 服务器会响应 server hello 信息给客户端，此信息内包含网站的证书信息（内含公钥）。

（3）客户端浏览器与网站双方开始协商 SSL 连接的安全等级，例如，选择 40 位或 128 位加密密钥。密钥位数越多，破解越难，数据越安全，但网站性能就越差。

（4）客户端浏览器根据双方同意的安全等级来创建会话密钥，利用网站的公钥将会话密钥加密，将加密后的会话密钥发送给网站。

（5）网站利用它自己的私钥来将会话密钥解密。

（6）之后客户端浏览器与网站双方相互之间传递的所有数据，都会利用这个会话密钥进行加密与解密。

14.3.3 数字证书和证书颁发机构

1. 数字证书

数字证书(digital certificate)又称数字标识(digital ID),是用来标志和证明网络通信双方身份的数字信息文件。数字证书一般由权威、公正的第三方机构即证书颁发机构(CA)签发,包括一串含有客户基本信息及CA签名的数字编码。在网上进行电子商务活动时,交易双方需要使用数字证书来表明自己的身份,并使用数字证书来进行有关的交易操作。通俗地讲,数字证书就是个人或单位在因特网上的身份证。

无论是电子邮件保护还是SSL网站安全连接,都需要申请数字证书才可以使用公钥与私钥来执行数据加密与身份验证的操作。在申请证书时,需要输入姓名、地址与电子邮件地址等数据,这些数据会被发送到一个称为加密服务提供者(cryptographic service provider,CSP)的程序,此程序已经被安装在申请者的计算机内或此计算机可以访问的设备内。

CSP会自动创建一对密钥:一个公钥与一个私钥。CSP会将私钥存储在申请者计算机的注册表(registry)中,然后将数字证书申请数据与公钥一并发送给CA。CA检查这些数据无误后,会利用CA自己的私钥对将要发放的数字证书进行签名,然后发放此数字证书。申请者收到数字证书后,将数字证书安装到他的计算机内。

如图14-5所示,一个标准的X.509数字证书包含(但不限于)以下内容。

- 证书的版本信息。
- 证书的序列号。每个证书都有一个唯一的证书序列号。
- 证书所使用的签名算法和签名哈希算法。
- 证书的颁发者(命名规则一般采用X.500格式)及其私钥的签名。
- 证书的有效期。
- 证书使用者的名称及其公钥的信息。

图14-5 数字证书

2. CA的信任

在PKI架构下,当用户利用某CA发放的证书来发送一封经过签名的电子邮件时,收件人的计算机应该要信任(trust)由此CA发放的证书,否则收件人的计算机会将此电子邮件视为有问题的邮件。

又如,客户端利用浏览器连接SSL网站时,客户端计算机也必须信任发放SSL证书给此网站的CA,否则客户端浏览器会显示警告信息。

系统默认已经自动信任一些知名商业CA,而Windows 10操作系统的计算机可通过打开桌面版 Internet Explorer,按 Alt 键并单击“工具”菜单,选择“Internet 选项”,在“内容”选项卡中单击“证书”按钮,在“证书”对话框的“受信任的根证书颁发机构”选项卡中查看其已经信任的 CA,如图 14-6 所示。

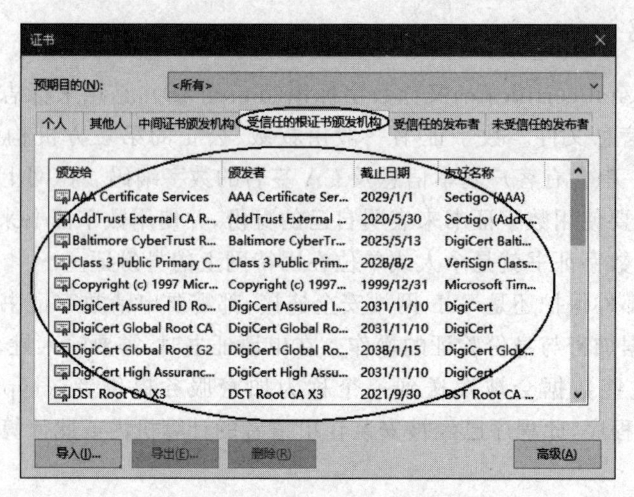

图 14-6 受信任的根证书颁发机构

用户可以向上述商业 CA 申请证书,如 VeriSign,如果公司只是希望在各分公司、事业合作伙伴、供货商与客户之间能够安全地通过 Internet 传送数据,则不需要向上述商业 CA 申请证书,因为可以利用 Windows Server 2019 的 Active Directory 证书服务(active directory certificate services,AD CS)来自行配置 CA,然后利用此 CA 将证书发放给员工、客户与供货商等,并让他们的计算机信任此 CA。

3. AD CS 的 CA 种类

若使用 Windows Server 2019 的 Active Directory 证书服务(AD CS)来提供 CA 服务,则可以选择将此 CA 设置为以下角色之一。

企业根 CA(enterprise root CA)。它需要 Active Directory 域,可以将企业根 CA 安装到域控制器或成员服务器。它发放证书的对象仅限于域用户,当域用户申请证书时,企业根 CA 会从 Active Directory 中得知该用户的账户信息并据以决定该用户是否有权利申请所需证书。企业根 CA 主要用于发放证书给从属 CA,虽然企业根 CA 也可以发放保护电子邮件安全、网站 SSL 连接安全等证书,不过应该将发放这些证书的工作交给从属 CA 来负责。

企业从属 CA(enterprise subordinate CA)。企业从属 CA 也需要 Active Directory 域,企业从属 CA 适合用来发放保护电子邮件安全、网站 SSL 连接安全等证书。企业从属 CA 必须从其父 CA(如企业根 CA)取得证书之后,才会正常工作。企业从属 CA 也可以发放证书给下一层的从属 CA。

独立根 CA(standalone root CA)。独立根 CA 类似于企业根 CA,但不需要 Active Directory 域,扮演独立根 CA 角色的计算机可以是独立服务器、成员服务器或域控制器。无论是否为域用户,都可以向独立根 CA 申请证书。

独立从属CA(standalone subordinate CA)。独立从属CA类似于企业从属CA,但不需要Active Directory域,独立从属CA必须从其父CA(如独立根CA)取得证书之后,才会正常工作。独立从属CA也可以发放证书给下一层的从属CA。

14.4　项目实施

本项目所有任务涉及的网络拓扑图如图14-7所示,WIN2019-1、WIN2019-2、WIN10-1是三台虚拟机,通过"NAT模式"相连。WIN2019-1是证书服务器和DNS服务器,IP地址为192.168.10.11/24;WIN2019-2是Web服务器,IP地址为192.168.10.12/24;WIN10-1是客户端计算机,IP地址为192.168.10.20/24,首选DNS为192.168.10.11。

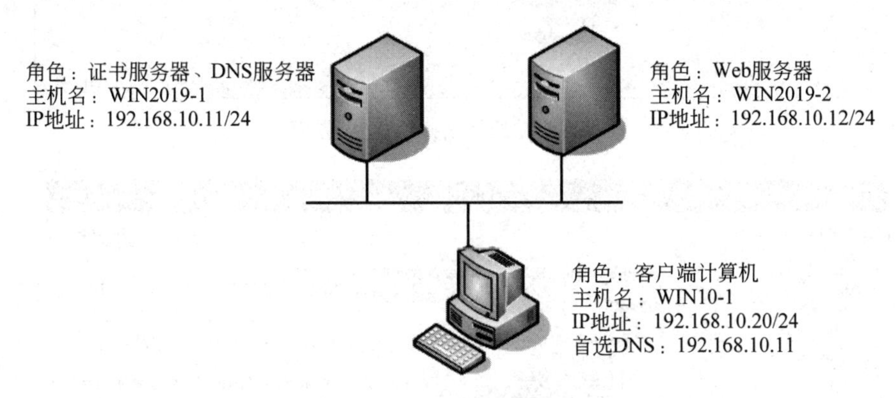

图14-7　网络拓扑图

14.4.1　任务1:安装数字证书服务器

在安装数字证书服务之前,可以不必先安装IIS,安装证书服务时会自动安装IIS的相关服务。

任务1:安装数字证书服务器

步骤1:在证书服务器WIN2019-1中打开"服务器管理器"窗口,单击"添加角色和功能"超链接,打开"添加角色和功能向导"对话框,持续单击"下一步"按钮,直至出现"选择服务器角色"界面,如图14-8所示。

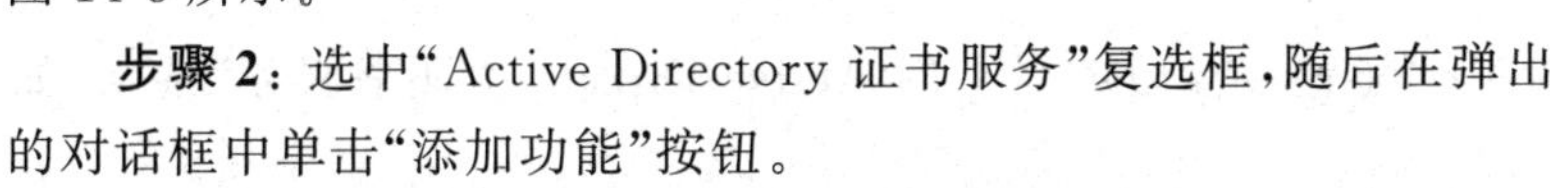

步骤2:选中"Active Directory证书服务"复选框,随后在弹出的对话框中单击"添加功能"按钮。

步骤3:持续单击"下一步"按钮,直到出现"选择角色服务"界面,选中"证书颁发机构"和"证书颁发机构Web注册"复选框,随后在弹出的对话框中单击"添加功能"按钮(如果没安装Web服务器,在此一并安装),如图14-9所示。

步骤4:持续单击"下一步"按钮,直到出现"确认安装所选内容"界面,单击"安装"按钮。安装完成后,单击"关闭"按钮。

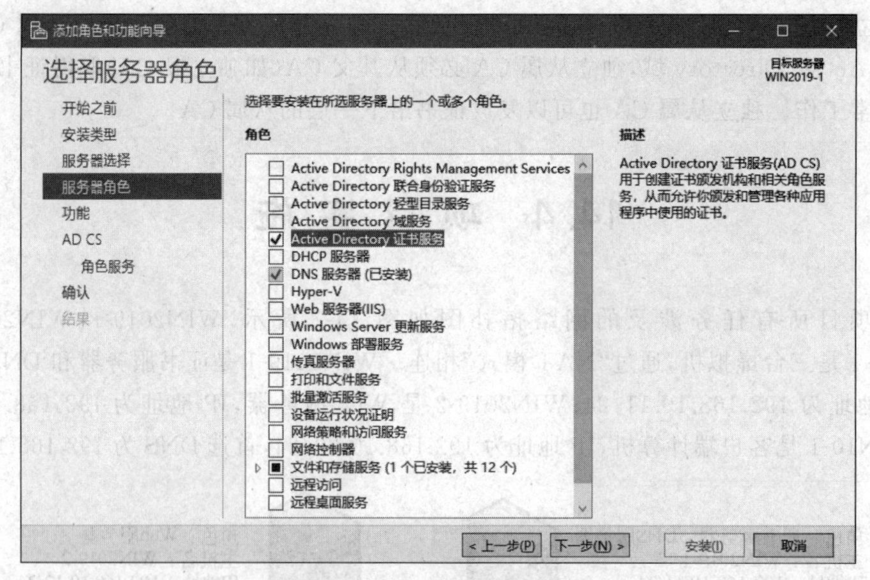

图 14-8 “选择服务器角色”界面

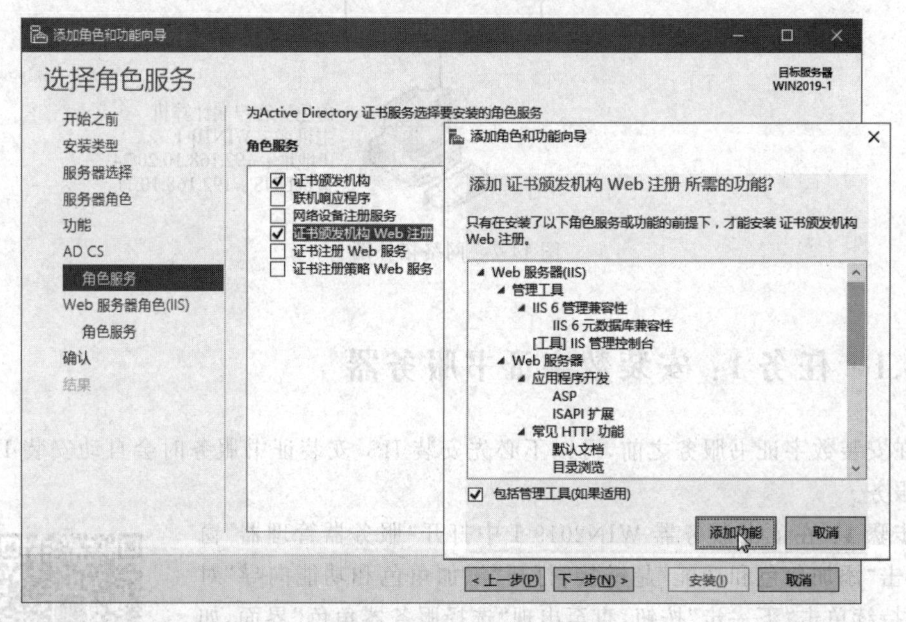

图 14-9 “选择角色服务”界面

步骤 5：选择“通知”→“配置目标服务器上的 Active Directory 证书服务”选项，如图 14-10 所示。

步骤 6：在打开的“AD CS 配置”对话框中单击“下一步”按钮，出现“角色服务”界面，选中“证书颁发机构”和“证书颁发机构 Web 注册”复选框，如图 14-11 所示。

步骤 7：单击“下一步”按钮，出现“设置类型”界面，选中“独立 CA”单选按钮，如图 14-12 所示。

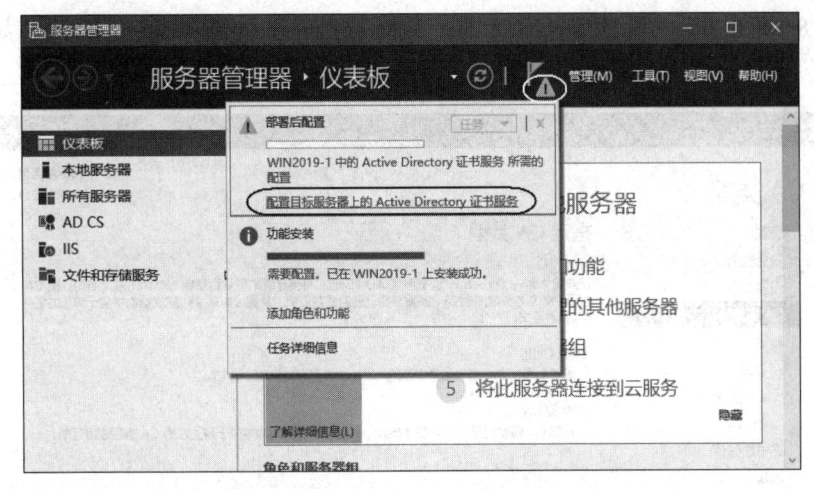

图 14-10　配置目标服务器上的 Active Directory 证书服务

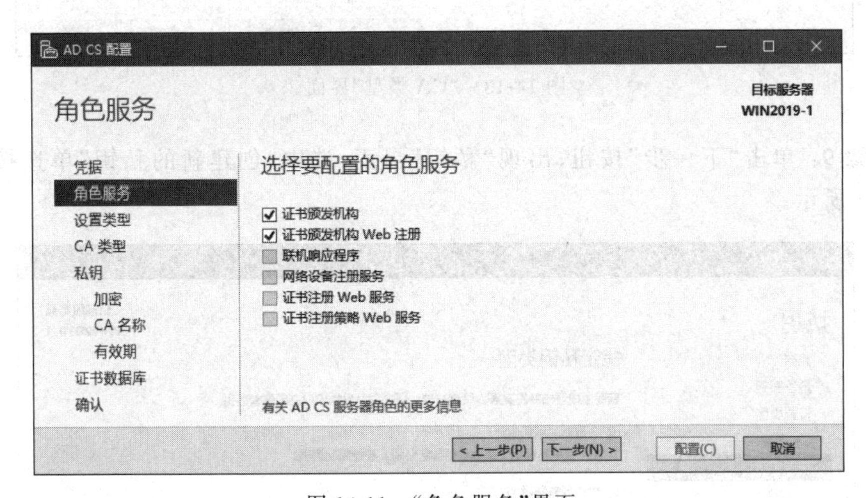

图 14-11　“角色服务”界面

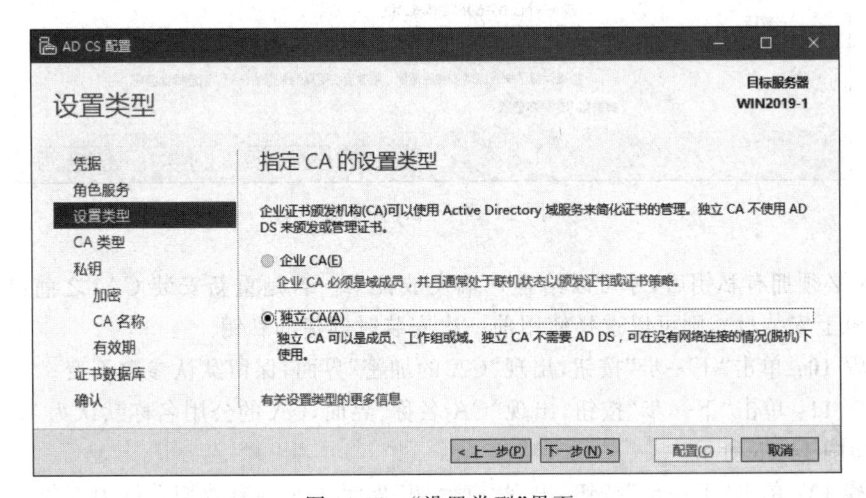

图 14-12　“设置类型”界面

步骤 8：单击“下一步”按钮，出现“CA 类型”界面，选中“根 CA”单选按钮，如图 14-13 所示。

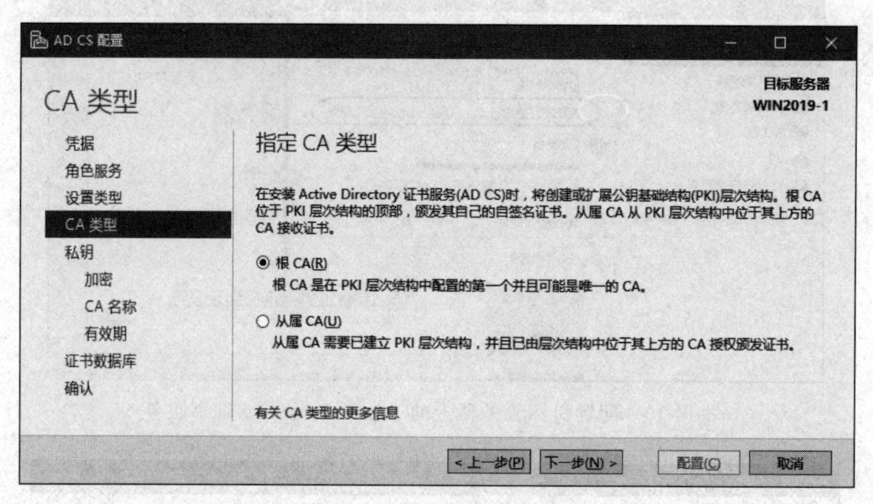

图 14-13 “CA 类型”界面

步骤 9：单击“下一步”按钮，出现“私钥”界面，选中“创建新的私钥”单选按钮，如图 14-14 所示。

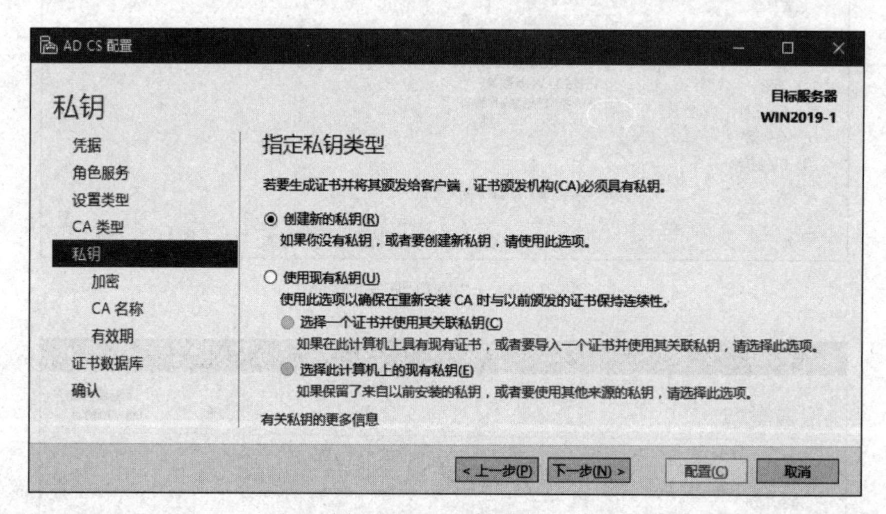

图 14-14 “私钥”界面

CA 必须拥有私钥后，才可以给客户端发放证书。若是重新安装 CA(之前已经在这台计算机上安装过)，则可以选择使用前一次安装时创建的私钥。

步骤 10：单击“下一步”按钮，出现“CA 的加密”界面，保留默认参数不变。

步骤 11：单击“下一步”按钮，出现“CA 名称”界面，CA 的公用名称默认为 WIN2019-1-CA，如图 14-15 所示。

步骤 12：单击“下一步”按钮，出现“有效期”界面，CA 的有效期默认为 5 年。

步骤 13：单击“下一步”按钮，出现“CA 数据库”界面，保留默认值不变。

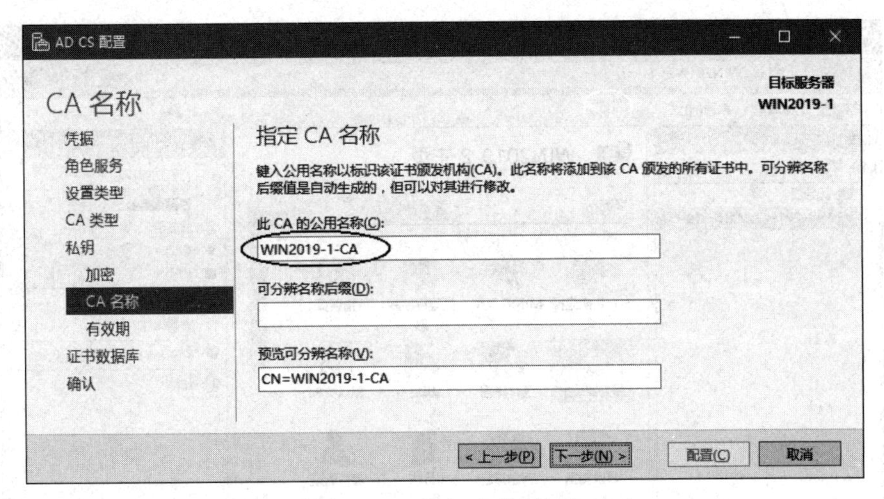

图 14-15　“CA 名称”界面

步骤 14：单击“下一步”按钮，出现“确认”界面。

步骤 15：单击“配置”按钮，配置成功后单击“关闭”按钮。

步骤 16：选择“开始”→“Windows 管理工具”→“证书颁发机构”命令，打开“证书颁发机构”窗口，可以看到证书颁发机构正常运行，如图 14-16 所示。

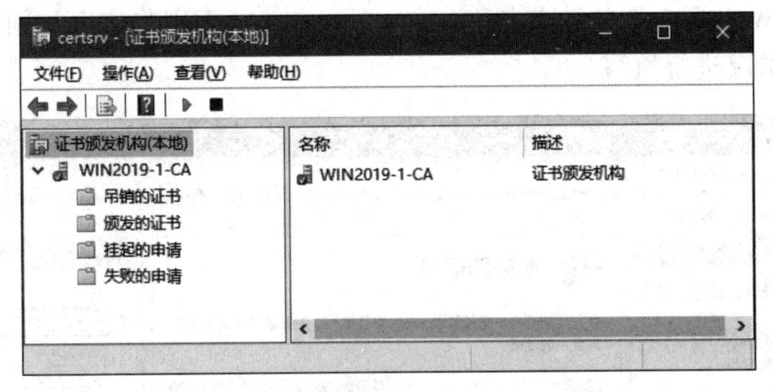

图 14-16　证书颁发机构正常运行

14.4.2　任务 2：部署 SSL 网站

1. 在 Web 服务器上生成证书申请文件

步骤 1：在 Web 服务器 WIN2019-2 中选择“开始”→“Windows 管理工具”→“Internet Information Service(IIS)管理器”命令，打开 IIS 管理器窗口。

步骤 2：在左侧窗格中选中服务器名(WIN2019-2)，如图 14-17 所示，双击中央窗格 IIS 区域中的“服务器证书”图标，出现“服务器证书”界面。

任务 2：部署 SSL 网站

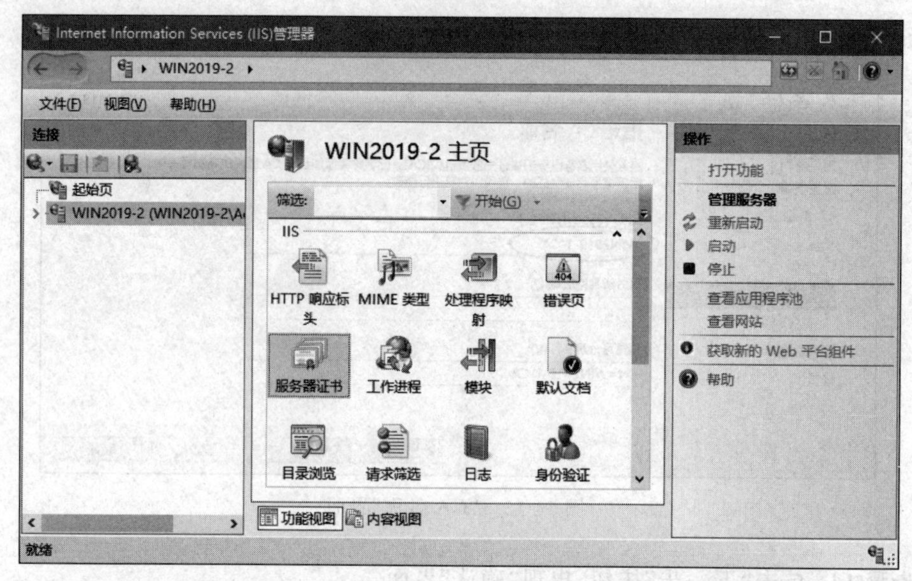

图 14-17 IIS 管理器

步骤 3:单击右侧窗格中的"创建证书申请"链接,如图 14-18 所示,打开"申请证书"向导,填写相关文本框的内容,如图 14-19 所示。填写时需要注意的是:"通用名称"文本框中必须填写 Web 服务器的站点名称(www.nos.com),否则将来会访问出错,其他项则可以根据实际情况进行填写。

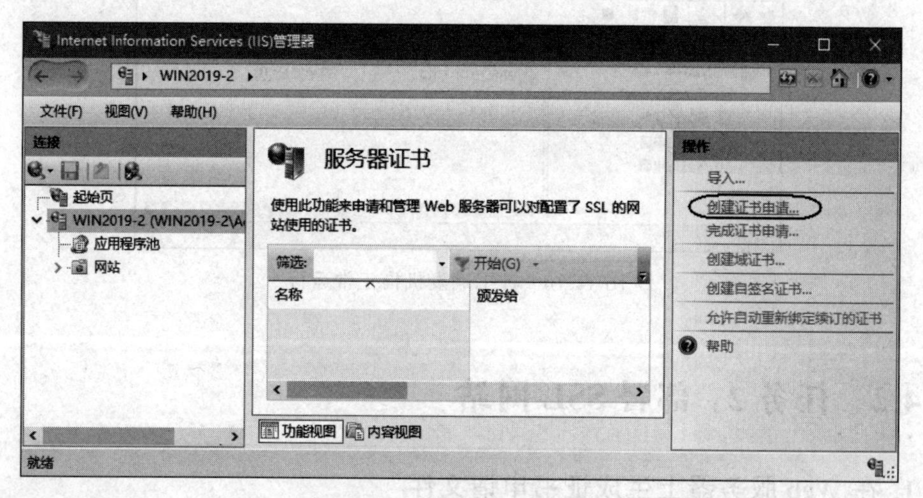

图 14-18 "服务器证书"界面

步骤 4:单击"下一步"按钮,出现"加密服务提供程序属性"界面,保留默认设置不变。

步骤 5:单击"下一步"按钮,出现"文件名"界面,如图 14-20 所示,为证书申请指定一个文件名,如 C:\certreq.txt,此文件后期将会被使用。单击"完成"按钮。

步骤 6:打开证书申请文件 C:\certreq.txt,加密后的证书申请文件内容如图 14-21 所示。

申请证书

可分辨名称属性

指定证书的必需信息。省/市/自治区和城市/地点必须指定为正式名称，并且不得包含缩写。

通用名称(M): www.nos.com
组织(O): computer
组织单位(U): tzvcst
城市/地点(L) taizhou
省/市/自治区(S): zhejiang
国家/地区(R): CN

上一页(P) 下一步(N) 完成(F) 取消

图 14-19 “申请证书”向导

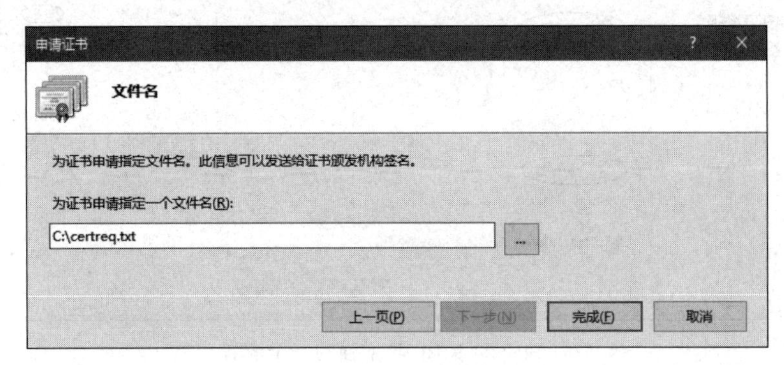

图 14-20 “文件名”界面

certreq - 记事本

文件(F) 编辑(E) 格式(O) 查看(V) 帮助(H)

-----BEGIN NEW CERTIFICATE REQUEST-----
MIIDVzCCAsACAQAwbDELMAkGA1UEBhMCQ04xETAPBgNVBAgMCHpoZWppYW5nMRAw
DgYDVQQHDAd0YWl6aG91MREwDwYDVQQKDAhjb21wdXRlcjEPMA0GA1UECwwGdHp2
Y3N0MRQwEgYDVQQDDAt3d3cubm9zLmNvbTCBnzANBgkqhkiG9w0BAQEFAAOBjQAw
gYkCgYEA8o4AP3v859xDP/IqrqLXmm2HtVKufHP6ATIDBYoR9PJhmn4rDVNYiZIT
8Z9n/pMeKrvGac7jGJboKTsnrbWmzxigzTtKmE2xxR6TH2mf91r+KQizWTB4EQN7
NwU357vvUAacIA/8IIAOm8hjQ5MzVz+SA3k/94fDjiWSq85d71kCAwEAAaCCAakw
HAYKKwYBBAGCNw0CAzEOFgwxMC4wLjE3NzYzLjIwQwYJKwYBBAGCNxUUMTYwNAIB
BQwJV0lOMjAxOS0yDBdXSU4yMDE5LTJcQWRtaW5pc3RyYXRvcgwLSW5ldE1nci5l
eGUwcgYKKwYBBAGCNw0CAjFkMGICAQEeWgBNAGkAYwByAG8AcwBvAGYAdAAgAFIA
UwBBACAAUwBDAGgAYQBuAG4AZQBsACAAQwByAHkAcAB0AG8AZwByAGEAcABoAGkA
YwAgAFAAcgBvAHYAaQBkAGUAcgMBADCBzwYJKoZIhvcNAQkOMYHBMIG+MA4GA1Ud
DwEB/wQEAwIE8DATBgNVHSUEDDAKBggrBgEFBQcDATB4BgkqhkiG9w0BCQ8EazBp
MA4GCCqGSIb3DQMCAgIAgDAOBggqhkiG9w0DBAICAIAwCwYJYIZIAWUDBAEqMAsG
CWCGSAFlAwQBLTALBglghkgBZQMEAQIwCwYJYIZIAWUDBAEFMAcGBSsOAwIHMAoG
CCqGSIb3DQMHMB0GA1UdDgQWBBTFhoDmloXSnuq3UlgUp4fIvv851zANBgkqhkiG
9w0BAQUFAAOBgQCQlAtLRB5sxX/egbCetK4DXqrP4ZVqxpLQSjJUm6X6m77ODzzf
PnnYkMQG4+RAOoDm7B/eo2PEDFqq/xi391rfAIT7CEkEPyaPJ/s/MJTwxBN/zG2o
iWkGytifC7Y4nNm3q2UC9JbrVEv36HyYI3TpKPE4iRQ9Yu1OT4rkC4KJwQ==
-----END NEW CERTIFICATE REQUEST-----

Windows (CRLF) 第1行，第1列 100%

图 14-21 加密后的证书申请文件内容

2. 申请并颁发 Web 服务器数字证书

首先应禁用 Windows Server 2019 中 IE 增强的安全配置，因为 IE 增强的安全配置会阻挡其连接 CA 网站，从而影响申请数字证书。

步骤 1：在“服务器管理器”窗口中选择左侧窗格中的“本地服务器”选项，在右侧窗格中找到并单击“IE 增强的安全配置”右侧的“启用”超链接，在打开的对话框中将管理员和用户的安全配置都设置为“关闭”，如图 14-22 所示，单击“确定”按钮。

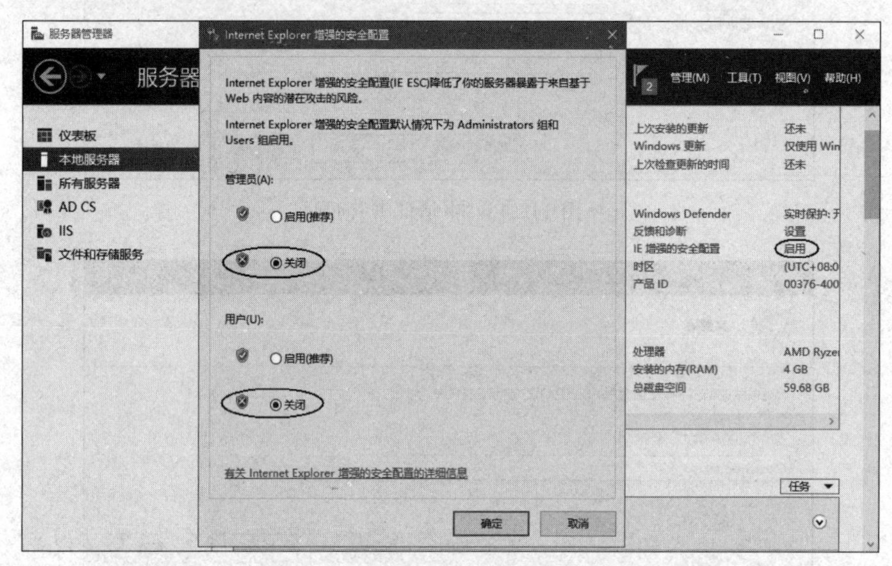

图 14-22　关闭 IE 增强的安全配置

步骤 2：在 IE 浏览器中访问 http://192.168.10.11/certsrv，在打开的窗口中单击“申请证书”→“高级证书申请”超链接，如图 14-23 所示。

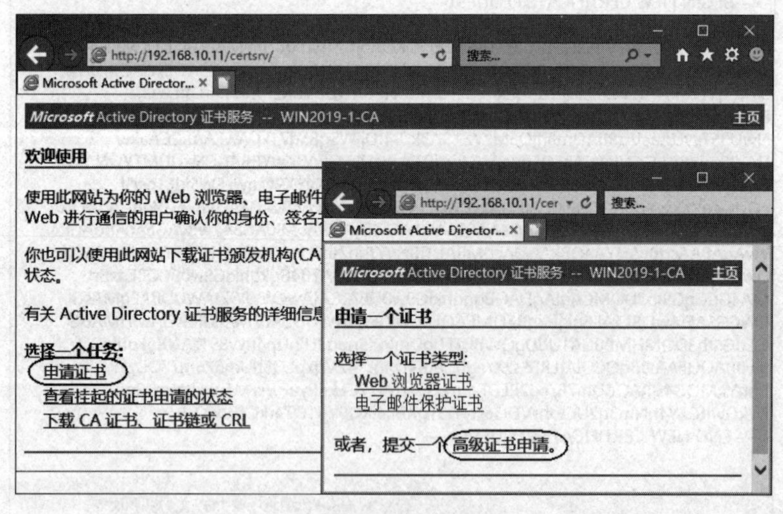

图 14-23　申请证书

步骤3：单击窗口底部的“使用 base64 编码的 CMC 或 PKCS #10 文件提交一个证书申请，或使用 base64 编码的 PKCS #7 文件续订证书申请”超链接，如图 14-24 所示。

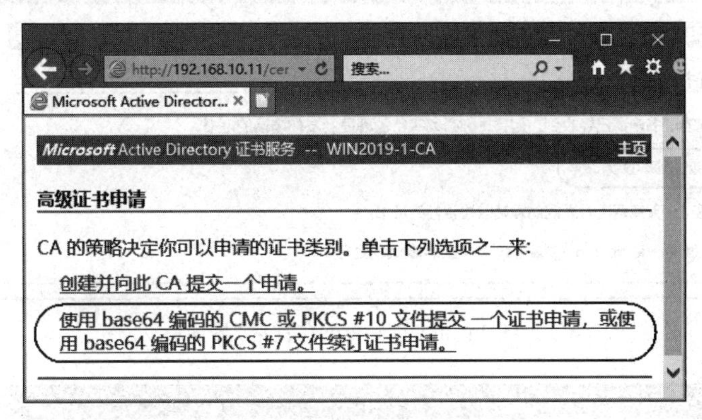

图 14-24　高级证书申请

步骤4：将证书申请文件 C:\certreq.txt 中加密的全部文本内容复制到“保存的申请”文本框中，如图 14-25 所示。

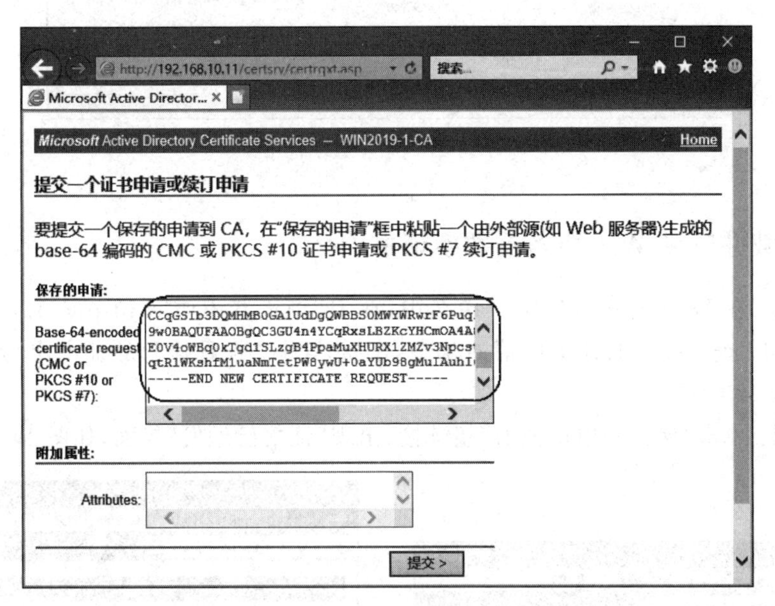

图 14-25　提交一个证书申请或续订申请

步骤5：单击界面底部的“提交”按钮，出现如图 14-26 所示的“证书正在挂起”界面，这表明申请已经提交给证书服务器，该证书申请 ID 为 2。

步骤6：在证书服务器 WIN2019-1 中选择“开始”→“Windows 管理工具”→“证书颁发机构”命令，打开“证书颁发机构”窗口。

步骤7：在左侧窗格中选择 WIN2019-1-CA 节点中的“挂起的申请”选项，右击右侧窗格中的需颁发的证书申请，在弹出的快捷菜单中选择“所有任务”→“颁发”命令，如图 14-27 所示。

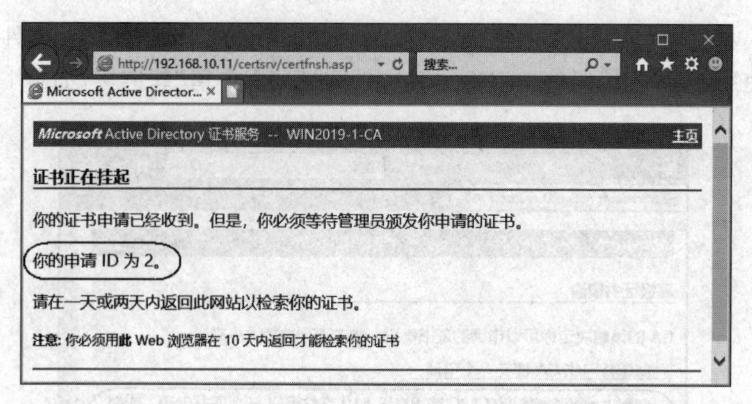

图 14-26 “证书正在挂起”界面

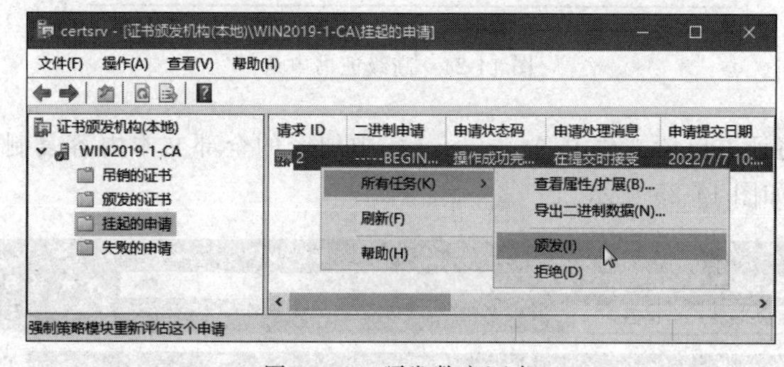

图 14-27 颁发数字证书

3. 下载并安装 Web 服务器数字证书

步骤 1：在 Web 服务器 WIN2019-2 中，在 IE 浏览器中访问 http://192.168.10.11/certsrv，单击“查看挂起的证书申请的状态”链接，出现“查看挂起的证书申请的状态”界面，如图 14-28 所示。

步骤 2：单击“保存的申请证书”超链接，出现“证书已颁发”界面，如图 14-29 所示。

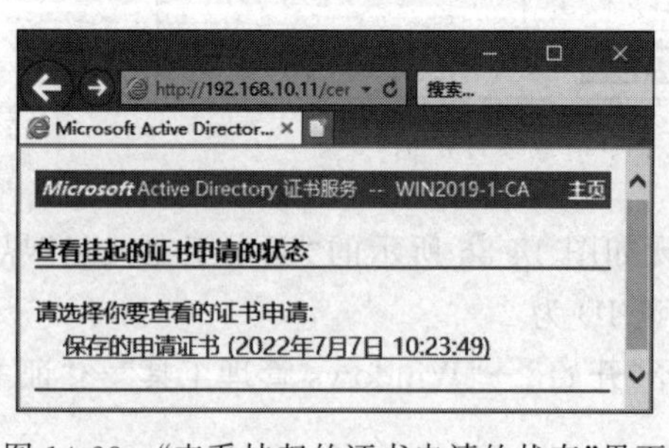

图 14-28 “查看挂起的证书申请的状态”界面

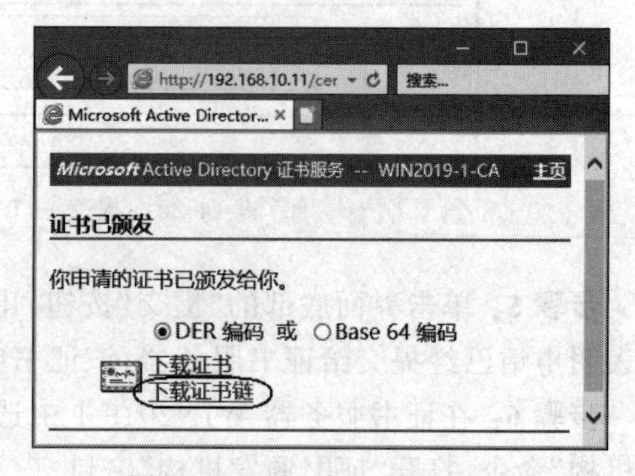

图 14-29 “证书已颁发”界面

步骤 3：单击“下载证书链”超链接，将数字证书链另存为 C:\certnew.p7b。

步骤 4：在 IIS 管理器的“服务器证书”界面中单击右侧窗格中的“完成证书申请”链

接，出现“指定证书颁发机构响应”界面，如图 14-30 所示。在“包含证书颁发机构响应的文件名”文本框中输入刚保存的数字证书链文件名，如 C:\certnew.p7b；在“好记名称”文本框中输入自定义的名称，如“Web 服务器证书”。

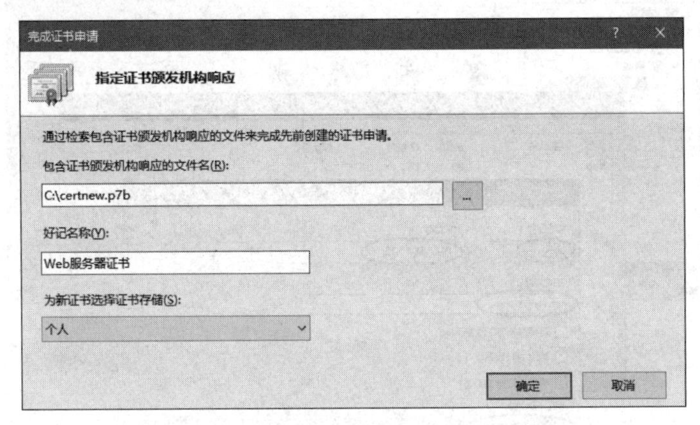

图 14-30　“指定证书颁发机构响应”界面

步骤 5：单击“确定”按钮，可在“服务器证书”界面中看到“Web 服务器证书”，如图 14-31 所示。

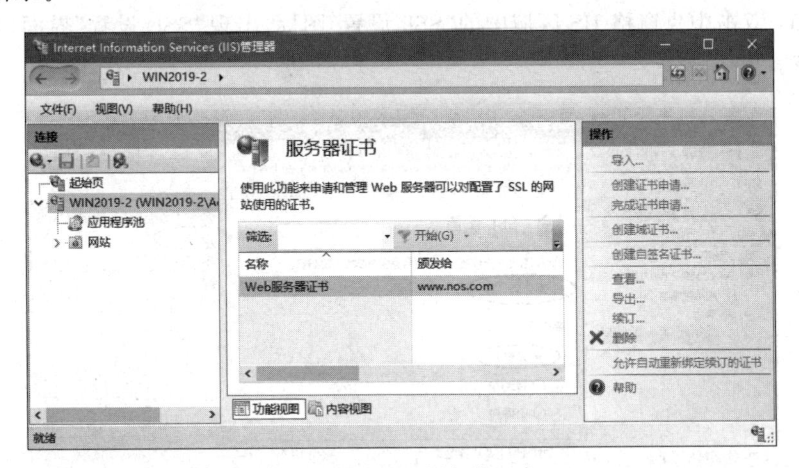

图 14-31　Web 服务器证书

4. 添加 HTTPS 绑定并启用 SSL 功能

步骤 1：在 IIS 管理器中，选中左侧窗格中的 Default Web Site 节点，单击右侧窗格中的“绑定”超链接，打开“网站绑定”对话框，默认会出现一个类型为 http、端口为 80 的网站绑定。

步骤 2：单击“添加”按钮，打开“添加网站绑定”对话框，设置一条类型为 https、IP 地址为 192.168.10.12、端口为 443、主机名为 www.nos.com、SSL 证书为“Web 服务器证书”的网站绑定，如图 14-32 所示，单击“确定”按钮后，会看到“网站绑定”对话框中添加了一条类型为 https 的网站绑定，单击“关闭”按钮。

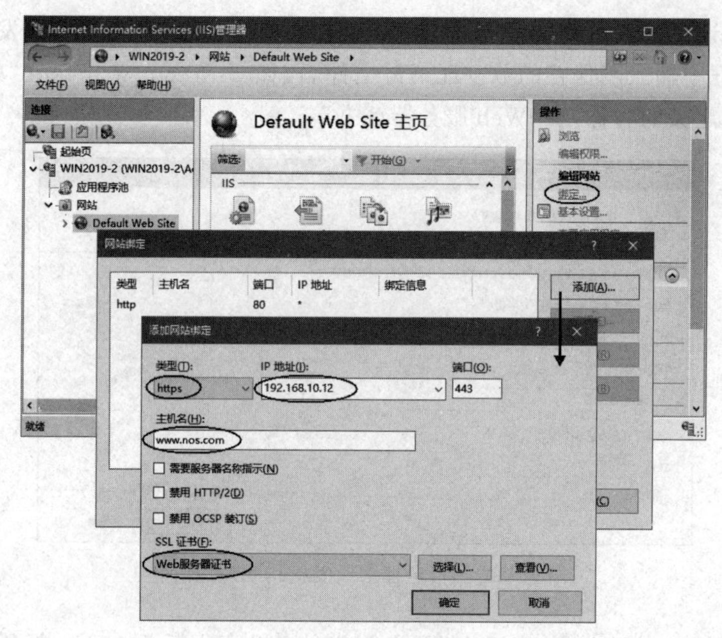

图 14-32 网站绑定

步骤 3：双击中央窗格 IIS 区域中的“SSL 设置”图标，出现“SSL 设置”界面，如图 14-33 所示。

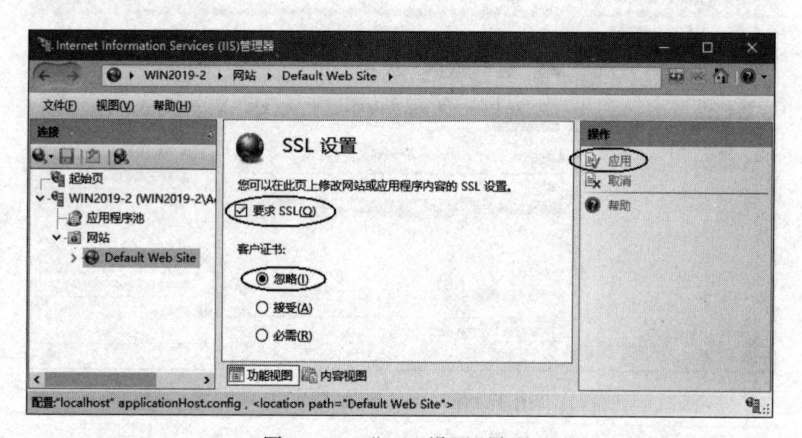

图 14-33 “SSL 设置”界面

步骤 4：选中“要求 SSL”复选框和客户证书“忽略”单选按钮，单击右侧窗格中的“应用”链接。

步骤 5：在客户端计算机 WIN10-1 中，在 IE 浏览器中访问 http://www.nos.com，出现如图 14-34 所示的禁止访问页面。

步骤 6：通过 SSL 连接实现安全访问，URL 网址必须是以 https 开头，在 IE 浏览器中访问 https://www.nos.com，此时会出现有“此站点不安全”字样的页面，如图 14-35 所示，这是因为客户端不信任 Web 服务器证书 CA 造成的，需要在客户端导入 CA 服务器的根证书。

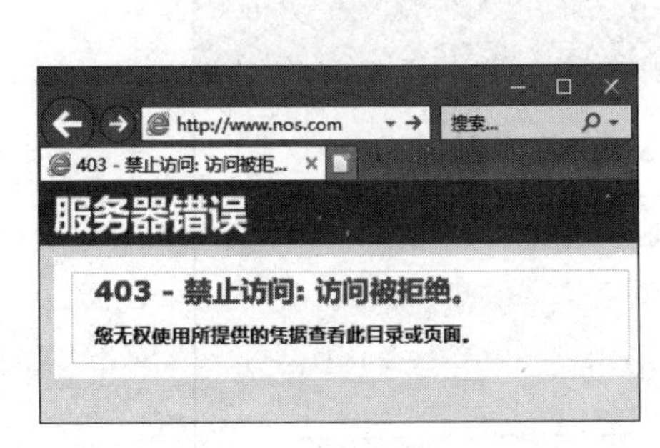

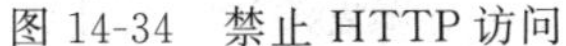
图 14-34　禁止 HTTP 访问

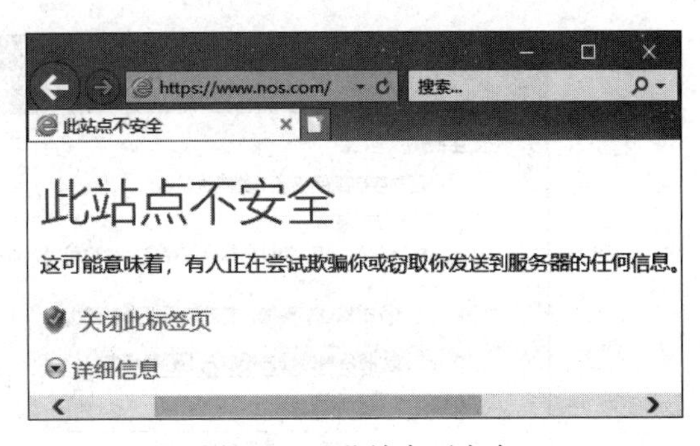

图 14-35　此站点不安全

【说明】 普通 Web 访问采用 http 协议，启用 SSL 后的安全 Web 访问采用 https 协议。

步骤 7：在 IE 浏览器中访问 http://192.168.10.11/certsrv，出现申请证书页面，单击最后一个“下载 CA 证书、证书链或 CRL”超链接，在打开的页面中单击“下载 CA 证书”超链接，如图 14-36 所示。将 CA 证书另存到 C:\certnew.cer。

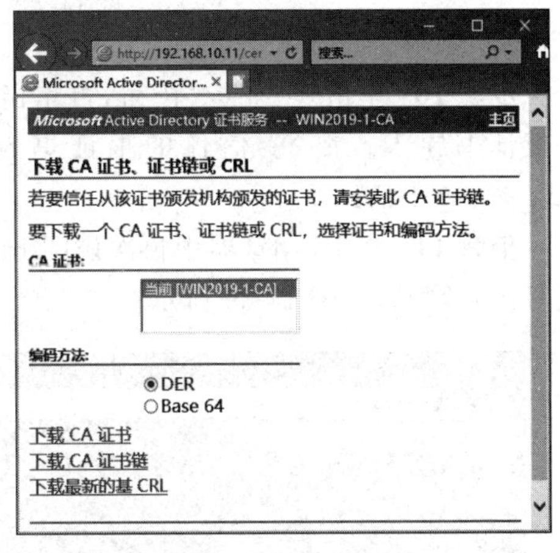

图 14-36　下载 CA 证书

步骤 8：在 IE 浏览器中选择“工具”→“Internet 选项”命令，打开“超 Internet 选项”对话框，在“内容”选项卡中单击“证书”按钮，打开“证书”对话框，如图 14-37 所示。

步骤 9：在“受信任的根证书颁发机构”选项卡中单击“导入”按钮，打开“证书导入向导”对话框，单击“下一步”按钮，指定导入的文件 C:\certnew.cer，再单击“下一步”按钮，在“证书存储”界面中选中“将所有的证书都放入下列存储”单选按钮，将证书存储在“受信任的根证书颁发机构”中，如图 14-38 所示。

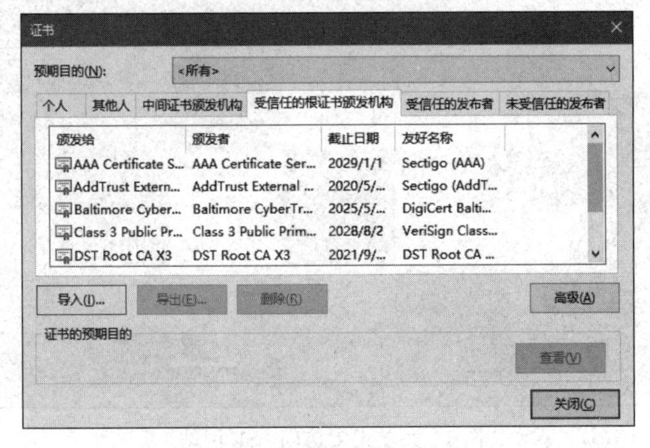

图 14-37　证书列表

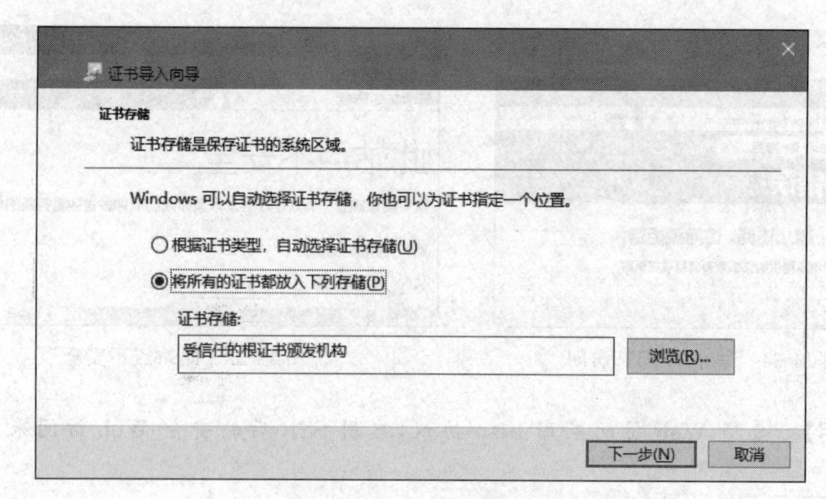

图 14-38 “证书存储”界面

步骤 10：单击“下一步”按钮，再单击“完成”按钮，将出现安全警告，单击“是”按钮，完成证书导入。在“受信任的根证书颁发机构”选项卡中可看到新导入的根证书（WIN2019-1-CA）。

步骤 11：在 IE 浏览器中再次访问 https://www.nos.com，将不再出现错误提示，可正常访问网站，如图 14-39 所示。

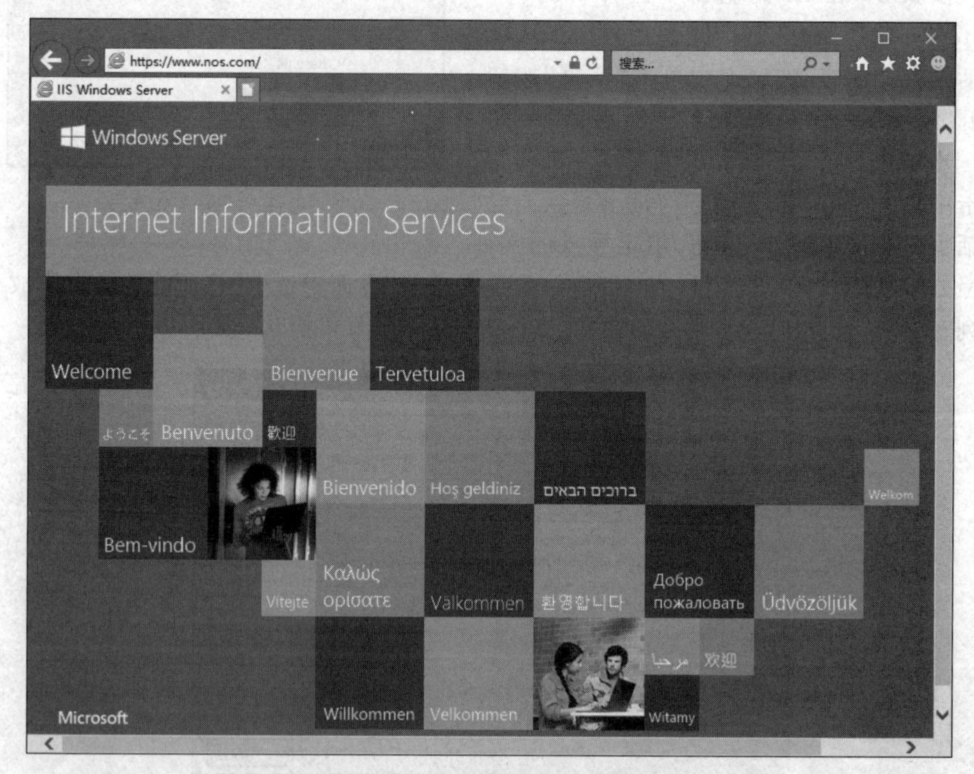

图 14-39 正常访问 SSL 网站

14.5　习　　题

一、填空题

1. 数字签名通常利用公钥加密方法实现,其中发送者签名使用的密钥为发送者的________。

2. 身份验证机构的________可以确保证书信息的真实性,用户的________可以保证数字信息传输的完整性,用户的________可以保证数字信息传输的不可否认性。

3. 认证中心颁发的数字证书均遵循________标准。

4. PKI 的中文名称是________,英文全称是________。

5. ________专门负责数字证书的发放和管理,以保证数字证书的真实可靠。

6. Windows Server 2019 支持两类认证中心:________和________,每类 CA 中都包含根 CA 和从属 CA。

二、选择题

1. 公钥基础结构(PKI)不包括(　　)。

　A. 公钥加密技术　　　　B. 数字技术

　C. 证书颁发机构(CA)　　　　D. 远程访问服务(RAS)

2. 公钥加密技术中数据加密的作用是提供(　　)。

　A. 身份验证　　　　B. 数据完整性

　C. 数据机密性　　　　D. 操作的不可否认性

3. 公钥加密技术在数字签名中的主要作用是提供(　　)。

　A. 身份验证　　　　B. 数据完整性

　C. 数据加密　　　　D. 操作的不可否认性

4. 在 Windows Server 2019 中,CA 的作用不包括(　　)。

　A. 证书的颁发　　B. 证书的吊销　　C. 证书的申请　　D. 证书的查询

5. (　　)是以私钥加密数据,发送给接受者后再以发送者的公钥解密该数据。

　A. 数据加密　　B. 数字签名　　C. 证书颁发机构　　D. 注册机构

三、简答题

1. 对称密钥和非对称密钥的特点各是什么?

2. 什么是数字证书? 数字证书的用途是什么?

3. 数字证书中通常包含哪些信息?

4. 在安装证书服务时,企业 CA 和独立 CA 有什么区别?

5. 在网站上启动 SSL 安全连接有什么作用?

项目 15　NAT 服务器和 VPN 服务器配置与管理

【学习目标】

(1) 熟悉 NAT 基本概念和基本原理。
(2) 理解 NAT 工作过程。
(3) 掌握配置并测试 NAT 服务器的方法。
(4) 熟悉 VPN 基本概念和基本原理。
(5) 理解 VPN 工作过程。
(6) 掌握配置并测试 VPN 服务器的方法。

15.1　项 目 导 入

某公司的信息化进程推进很快，公司开发了网站，也架设了 Web 服务器、FTP 服务器等。公司的大部分管理工作都可以在局域网中实现，这样给公司带来了极大的便利，因业务需要，要求达到以下目标。

(1) 允许公司所有的计算机可以访问外网。

(2) 将部署在内网的公司网站地址(192.168.10.12) 映射到外网地址(202.96.68.1)，方便外网用户访问。

(3) 出差员工要求能安全访问公司内网。

15.2　项 目 分 析

计算机要访问 Internet，首先需要获取一个公网的 IP 地址，目前大部分用户访问公网都是通过拨号方式获得一个公网 IP 地址，然后通过这个公网 IP 地址访问 Internet。当前，常用的公网地址为 IPv4，我国大约分配到 3.4 亿个 IP 地址。因 Internet 用户急剧增加，该地址目前已成为紧缺资源，为满足更多用户接入 Internet 的需求，NAT(网络地址转换)技术应运而生，它允许局域网(私网)共享一个或多个公网 IP 地址接入 Internet，这样可以节约 IP 地址资源。

通过NAT的地址和端口映射功能，将公司网站地址(192.168.10.12)映射到外网地址(202.96.68.1)，外网用户通过202.96.68.1地址，即可访问内网网站。

出差员工要求能访问公司内网，出于经济性和安全性方面的考虑，可采用VPN(虚拟专用网络)技术来实现。VPN是企业网在因特网等公共网络上的延伸，通过一个私有的通道在公共网络上创建一个安全的私有连接，数据传输经过了加密等处理，保证了安全性。

15.3　相关知识点

15.3.1　NAT技术简介

众所周知，每台联网的计算机需要有IP地址才能正常通信。公有IP地址可以直接访问因特网，与公有IP地址对应的是私有IP地址，专门供组织内部网络使用，不能出现在公网中，即私有IP地址不能访问因特网。

下列地址作为私有IP地址。

10.0.0.0～10.255.255.255表示1个A类地址。

172.16.0.0～172.31.255.255表示16个B类地址。

192.168.0.0～192.168.255.255表示256个C类地址。

具有私有IP地址的计算机要想访问因特网，就必须进行地址转换，把私有IP地址转换成公有IP地址。网络地址转换(network address translation，NAT)可将局域网内每台计算机的私有IP地址转换成一个公有IP地址，使得局域网内计算机能访问Internet资源。通过NAT的地址和端口映射功能，也可将内部的Web服务器、FTP服务器等提供给外部使用。它有效地隐藏了内部局域网的主机IP地址，起到了安全保护的作用。

15.3.2　NAT工作过程

NAT的工作过程主要有以下4步。

(1) 客户机将数据包发送给运行NAT的计算机。

(2) NAT将数据包中的端口号和私有IP地址转换成它自己的端口号和公用IP地址，然后将数据包发送给外部网络的目的主机，同时记录一个跟踪信息在映像表中，以便向客户机回送应答信息。

(3) 外部网络发送应答信息给NAT。

(4) NAT将所收到的数据包的端口号和公有IP地址转换为客户机的端口号和内部网络使用的私有IP地址并转发给客户机。

以上步骤对于网络内部的客户机和网络外部的主机都是透明的，对它们来说，就如同直接通信一样，如图15-1所示。

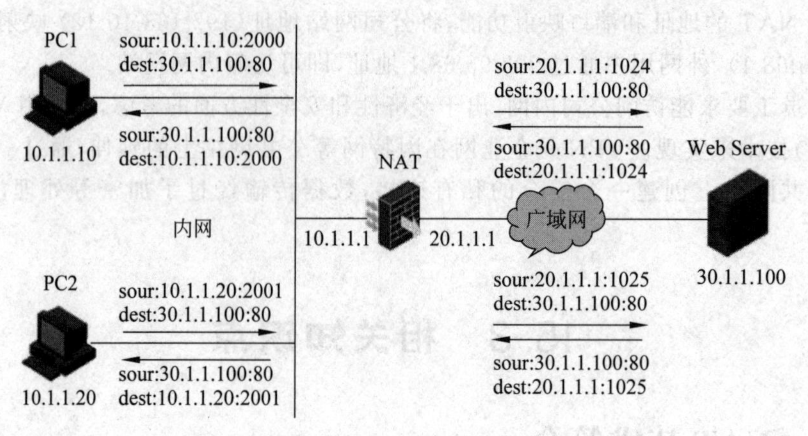

图 15-1 NAT 的工作过程

【案例】

(1) IP 地址为 10.1.1.10 的 PC1 用户使用 Web 浏览器连接到 IP 地址为 30.1.1.100 的 Web 服务器,则 PC1 计算机将创建带有下列信息的 IP 数据包。

- 目的 IP 地址:30.1.1.100。
- 源 IP 地址:10.1.1.10。
- 目的端口号:TCP 端口 80。
- 源端口号:TCP 端口 2000。

(2) IP 数据包转发到运行 NAT 的计算机(或路由器、防火墙)上,它将传出的数据包地址转换成下面的形式,用自己的 IP 地址重新打包后转发。

- 目的 IP 地址:30.1.1.100。
- 源 IP 地址:20.1.1.1。
- 目的端口号:TCP 端口 80。
- 源端口号:TCP 端口 1024。

(3) 同时,NAT 协议在表中保留了{10.1.1.10 TCP 2000}到{20.1.1.1 TCP 1024}的映射,以便回传。

(4) 转发的 IP 数据包是通过广域网(Internet)发送到 Web 服务器。Web 服务器的响应信息发回给 NAT 计算机(或路由器、防火墙)。此时,NAT 计算机(或路由器、防火墙)接收到的数据包包含下面的公有 IP 地址信息。

- 目的 IP 地址:20.1.1.1。
- 源 IP 地址:30.1.1.100。
- 目的端口号:TCP 端口 1024。
- 源端口号:TCP 端口 80。

(5) NAT 协议检查转换表,将公有 IP 地址 20.1.1.1 映射到私有 IP 地址 10.1.1.10,将 TCP 端口号 1024 映射到 TCP 端口号 2000,然后将数据包转发给 IP 地址为 10.1.1.10 的 PC1 计算机。映射转换后的数据包包含以下信息。

- 目的 IP 地址:10.1.1.10。

- 源 IP 地址：30.1.1.100。
- 目的端口号：TCP 端口 2000。
- 源端口号：TCP 端口 80。

请读者自己分析 PC2 计算机访问 Web 服务器的过程中 NAT 的工作过程。

【说明】 对于向外发出的数据包，NAT 将源私有 IP 地址和源 TCP/UDP 端口号转换成一个 ISP 分配的公有源 IP 地址和可能改变的端口号；对于流入内部网络的数据包，NAT 将目的 IP 地址和 TCP/UCP 端口转换成私有 IP 地址和最初的 TCP/UDP 端口号。

15.3.3　地址和端口映射技术

外网到内部的 NAT 实现内网向外网用户提供网络服务，NAT 服务为内网中的服务器建立地址和端口映射，将 NAT 服务器的公网地址和端口号映射到内网的私有地址和端口号，让外网用户可以访问，工作过程如图 15-2 所示。

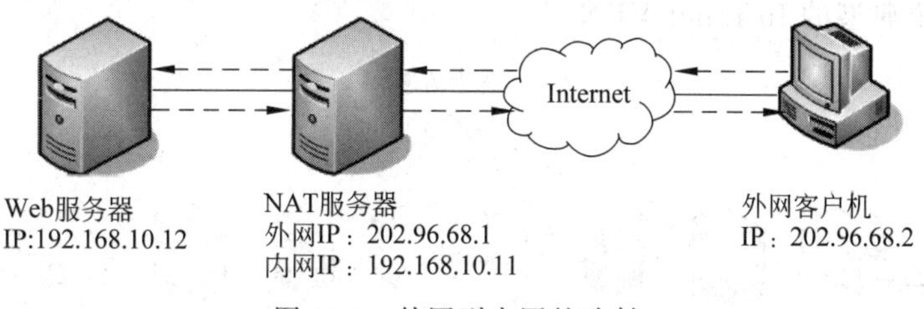

图 15-2　外网到内网的映射

外网客户机(202.96.68.2)通过 Internet 访问 NAT 服务器的外网 IP 地址(202.96.68.1)，NAT 服务器根据预先设置的地址和端口映射关系，将 202.96.68.1 映射为 192.168.10.12，将外网的访问请求转发到内网的 Web 服务器(192.168.10.12)，Web 服务器将响应内容返回给 NAT 服务器，NAT 服务器再转发给外网客户机。

15.3.4　VPN 技术简介

虚拟专用网络(virtual private network，VPN)是将物理上分布在不同地点的计算机通过开放的 Internet 连接而成的逻辑上的虚拟网络。为了保障信息的安全，VPN 技术采用了鉴别、访问控制、加密、数据确认等措施，以防止信息被泄露、篡改和复制。VPN 的主要技术有以下几种。

(1) 密码技术。VPN 利用 Internet 的基础设施传输私有的信息，因此传递的数据必须经过加密，从而确保网络上未经授权的用户无法读取该信息，因此可以说密码技术是实现 VPN 的关键核心技术之一。密码技术大体上可以分为两类：对称密钥加密和非对称密钥加密。

(2) 身份认证技术。VPN 需要解决的首要问题就是网络上用户与设备的身份认证，如果没有一个成熟的身份认证方案，不管其他安全设施有多加密，整个 VPN 的功能都将失效。从技术上说，身份认证基本上可以分为两类：非 PKI 体系和 PKI 体系的身份认证。

(3) 隧道技术。隧道技术通过对数据进行封装,在公共网络上建立一条数据通道(隧道),让数据包通过这条隧道传输。生成隧道的协议有两类:第二层隧道协议和第三层隧道协议。

(4) 密钥管理技术。在 VPN 应用中密钥的分发与管理非常重要。密钥的分发有两种方法:一种是通过手工配置的方式;另一种是采用密钥交换协议动态分发。

15.3.5 VPN 的分类

VPN 按照服务类型可以分为企业内部虚拟网(Intranet VPN)、企业扩展虚拟网(Extranet VPN)和远程访问虚拟网(access VPN)这 3 种类型。

(1) 企业内部虚拟网(Intranet VPN)又称为内联网 VPN,它是企业的总部与分支机构之间通过公用网络构建的虚拟专用网。这是一种网络到网络的以对等方式连接起来所组成的 VPN。Intranet VPN 的安全性取决于两个 VPN 服务器之间的加密和验证手段。图 15-3 是一个典型的 Intranet VPN。

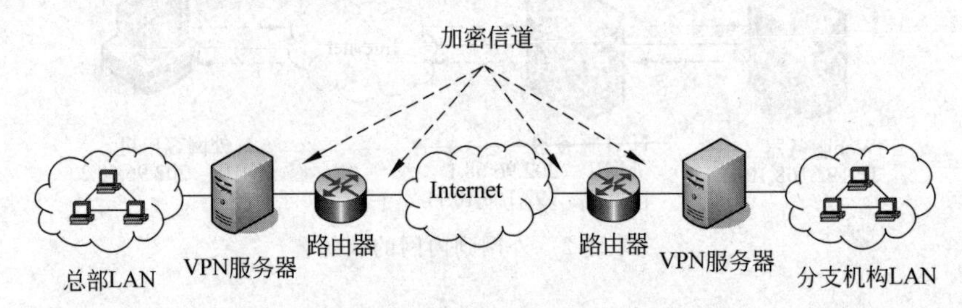

图 15-3 Intranet VPN

(2) 企业扩展虚拟网(Extranet VPN)又称为外联网 VPN,它是企业间发生收购、兼并或企业间建立战略联盟后,使不同企业网通过公用网络来构建的虚拟专用网,如图 15-4 所示。它能保证包括 TCP 和 UDP 服务在内的各种应用服务的安全,如 HTTP、FTP、E-mail、数据库的安全以及一些应用程序,如 Java、ActiveX 的安全等。

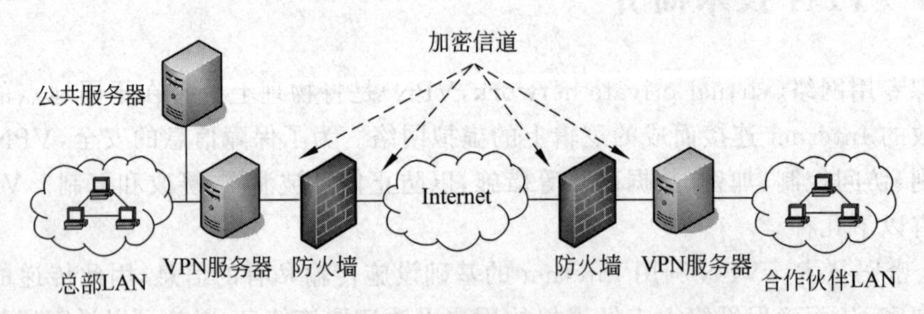

图 15-4 Extranet VPN

通常把 Intranet VPN 和 Extranet VPN 统一称为专线 VPN。

(3) 远程访问虚拟网(access VPN)又称为拨号 VPN,是指企业员工或企业的小分支机构通过公用网络远程拨号的方式构建的虚拟专用网。典型的远程访问 VPN 是用户通过本地的因特网服务提供商(ISP)登录到因特网上,并在现有的办公室和公司内部网之间建立一条加密信道,如图15-5所示。

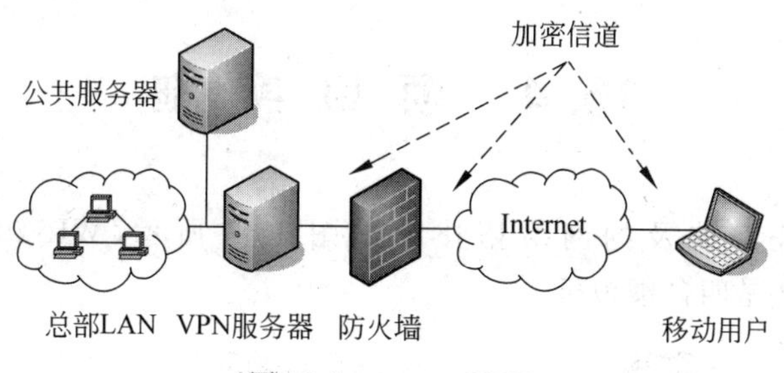

图15-5 access VPN

公司往往制定一种"透明的访问策略",即使在远处的员工也能像他们坐在公司总部的办公室一样自由地访问公司的资源。为方便公司员工的使用,远程访问VPN的客户端应尽量简单,同时考虑加密、身份验证过滤等方法的使用。

15.3.6 VPN工作过程

一条VPN连接一般由客户机、隧道和服务器3部分组成。VPN系统使分布在不同地方的专用网络在不可信任的公共网络上安全地通信。它采用复杂的算法来加密传输的信息,使得敏感的数据不会被窃听。其工作过程大体如下,如图15-6所示。

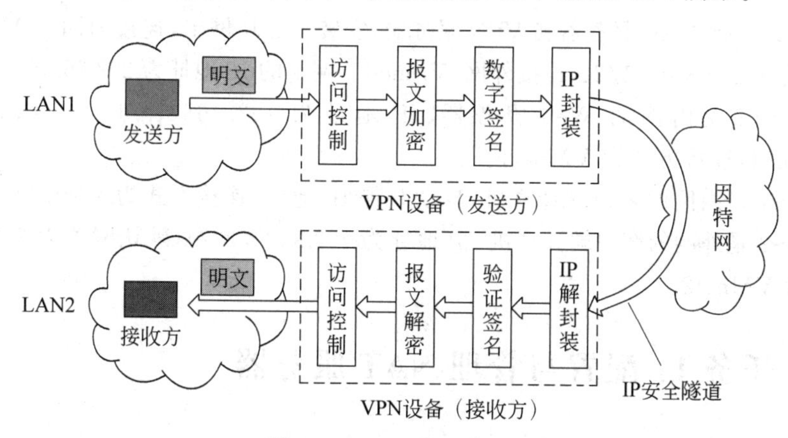

图15-6 VPN的工作过程

(1)要保护的主机发送明文信息到连接公共网络的VPN设备。

(2)VPN设备根据网管设置的规则,确定是否需要对数据进行加密或让数据直接通过。

(3)对需要加密的数据,VPN设备对整个数据包进行加密和附上数字签名。

(4)VPN设备加上新的数据报头,其中包括目的地VPN设备需要的安全信息和一些初始化参数。

(5)VPN设备对加密后的数据、鉴别包以及源IP地址、目标VPN设备IP地址进行重新封装,重新封装后的数据包通过虚拟通道在公网上传输。

(6)当数据包到达目标VPN设备时,数据包被解封装,数字签名被核对无误后,数据包被解密。

15.4 项目实施

本项目所有任务涉及的网络拓扑图如图 15-7 所示，WIN2019-1、WIN2019-2、WIN10-1、WIN10-2 是四台虚拟机。

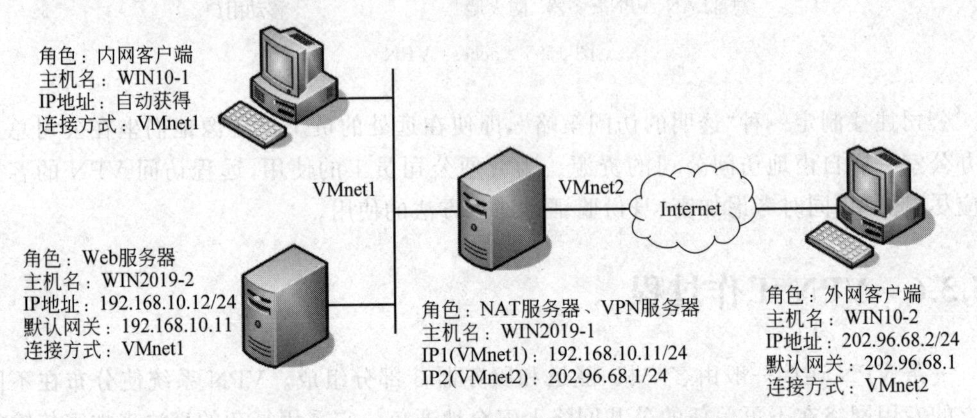

图 15-7 网络拓扑图

WIN2019-1 是 NAT 服务器和 VPN 服务器，安装了 2 块网卡，连接内网（VMnet1）网卡的 IP 地址为 192.168.10.11/24，连接外网（VMnet2）网卡的 IP 地址为 202.96.68.1/24。

WIN2019-2 是内网的 Web 服务器，IP 地址为 192.168.10.12/24，默认网关为 192.168.10.11，连接方式为 VMnet1。

WIN10-1 是内网的客户端计算机，自动获得 IP 地址，连接方式为 VMnet1。

WIN10-2 是外网的客户端计算机，IP 地址为 202.96.68.2/24，默认网关为 202.96.68.1，连接方式为 VMnet2。

15.4.1 任务 1：配置与管理 NAT 服务器

1. 安装"远程访问"服务

步骤 1：在 VMware Workstation 窗口中选择"编辑"→"虚拟网络编辑器"命令，打开"虚拟网络编辑器"窗口，单击"添加网络"按钮，在打开的对话框中添加 VMnet2 网络。然后在 VMnet1 和 VMnet2 网络模式中分别再取消选中"使用本地 DHCP 服务将 IP 地址分配给虚拟机"复选框，如图 15-8 所示。

任务 1：配置与管理 NAT 服务器

步骤 2：在 WIN2019-1 主机中，原有一块网卡，再新添一块网卡，设置两块网卡分别连接到 VMnet1 和 VMnet2 网络，如图 15-9 所示。

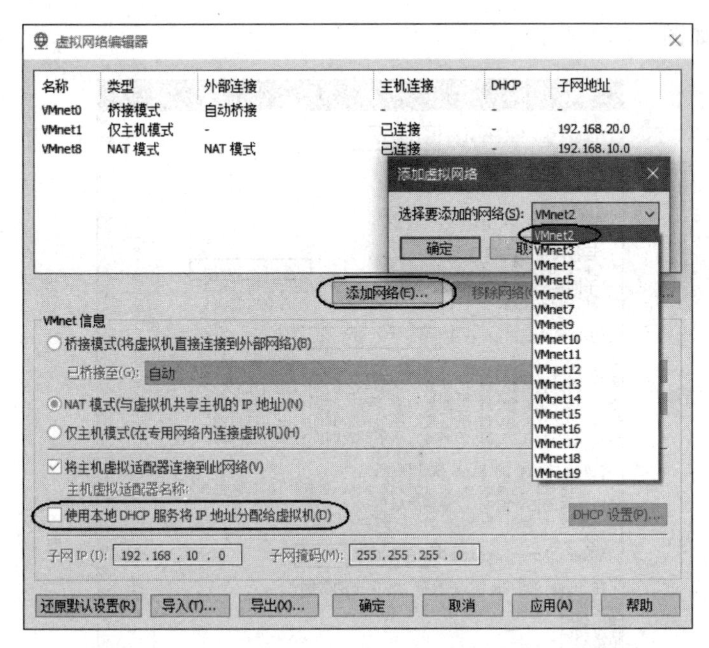

图 15-8 取消选中“使用本地 DHCP 服务将 IP 地址分配给虚拟机”复选框

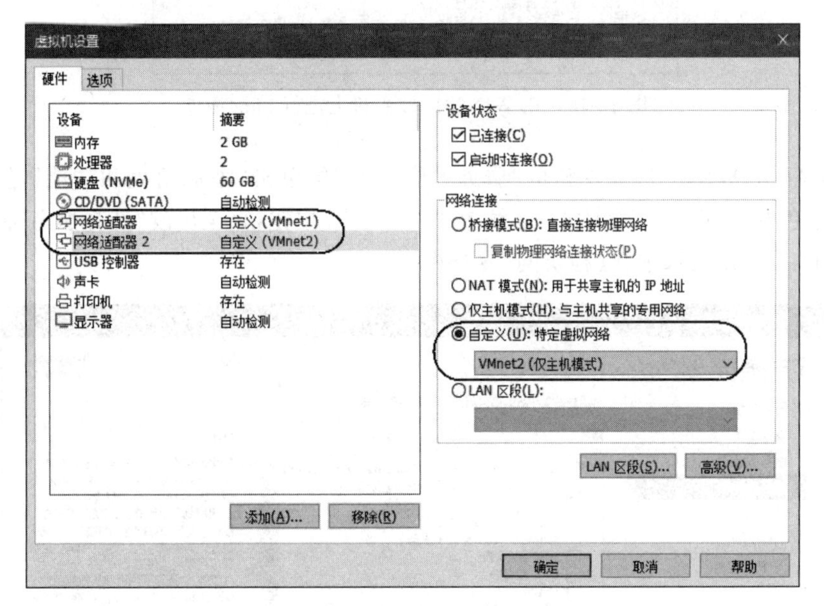

图 15-9 添加网卡并建立连接

设置内网 WIN2019-2 主机的网卡连接到 VMnet1，设置内网 WIN10-1 主机的网卡连接到 VMnet1，设置外网 WIN10-2 主机的网卡连接到 VMnet2。

步骤 3：按照图 15-7 中的数据分别设置 WIN2019-1、WIN2019-2、WIN10-2 主机的 IP 地址、子网掩码、默认网关等。为了方便测试，请关闭所有主机的防火墙。

验证 WIN2019-1 主机的内网卡与 WIN2019-2 主机能相互 ping 通，验证 WIN2019-1 主机的外网网卡与 WIN10-2 主机能相互 ping 通，验证 WIN2019-2 主机与 WIN10-2 主机不能 ping 通,如图 15-10 所示。

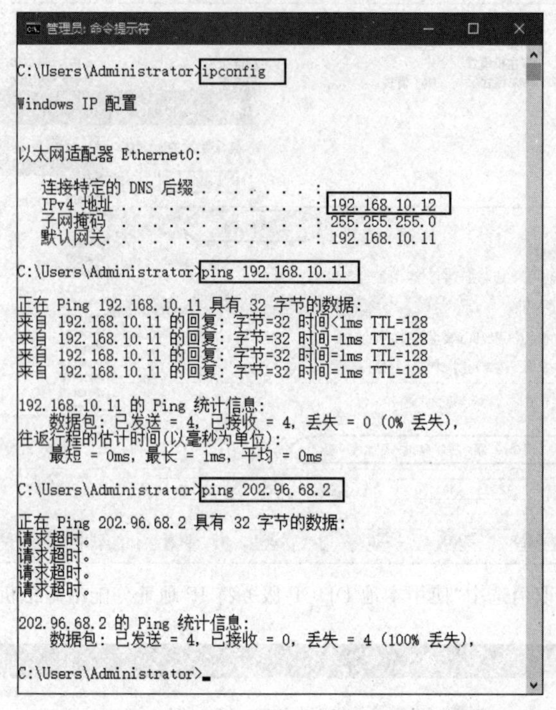

图 15-10 在 WIN2019-2 主机上进行 ping 测试

步骤 4:在 WIN2019-1 主机的"服务器管理器"中单击"添加角色和功能"超链接,打开"添加角色和功能向导"对话框,持续单击"下一步"按钮,直至出现"选择服务器角色"界面,如图 15-11 所示,选中"远程访问"复选框。

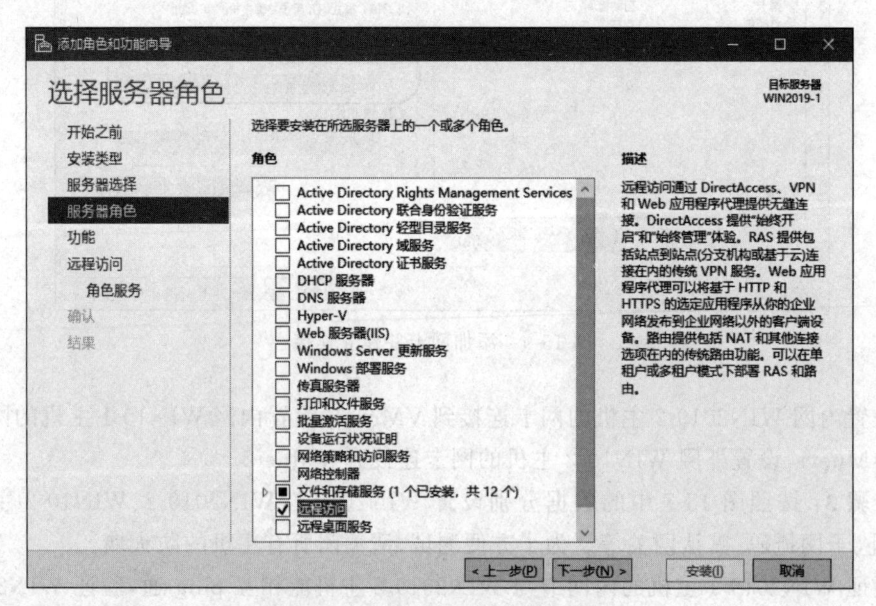

图 15-11 "选择服务器角色"界面

步骤5：持续单击“下一步”按钮，直至出现“选择角色服务”界面，如图15-12所示，选中“DirectAccess和VPN(RAS)”和“路由”复选框。

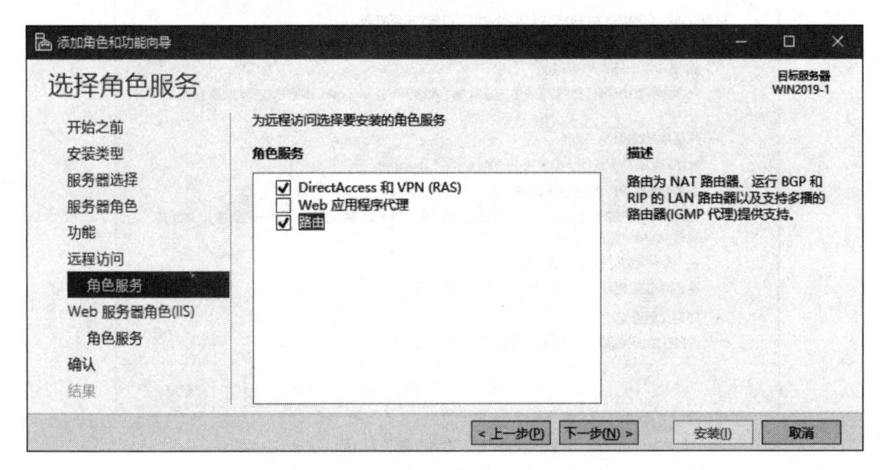

图15-12　“选择角色服务”界面

步骤6：持续单击“下一步”按钮，直到出现“确认安装所选内容”界面，单击“安装”按钮。安装完成后，单击“关闭”按钮。

2. 配置并启用NAT服务

步骤1：选择“开始”→“Windows管理工具”→“路由和远程访问”命令，打开“路由和远程访问”控制台，如图15-13所示。

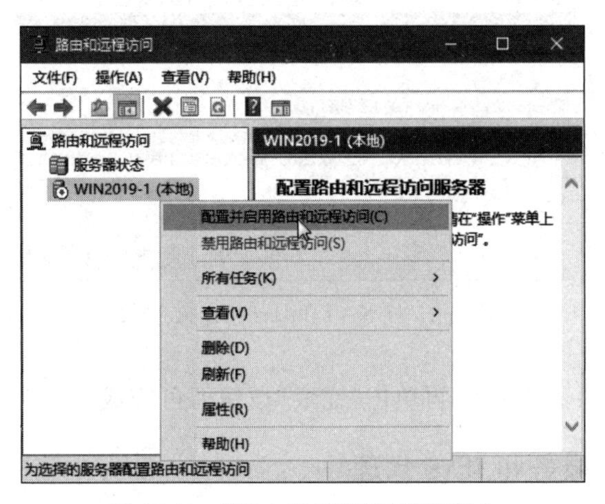

图15-13　“路由和远程访问”控制台

步骤2：右击服务器名(WIN2019-1)，在弹出的快捷菜单中选择“配置并启用路由和远程访问”命令，打开“路由和远程访问服务器安装向导”对话框。

步骤3：单击“下一步”按钮，出现“配置”界面，选中“网络地址转换(NAT)”单选按钮，如图15-14所示。

步骤4：单击“下一步”按钮，出现“NAT Internet连接”界面，选中“使用此公共接口

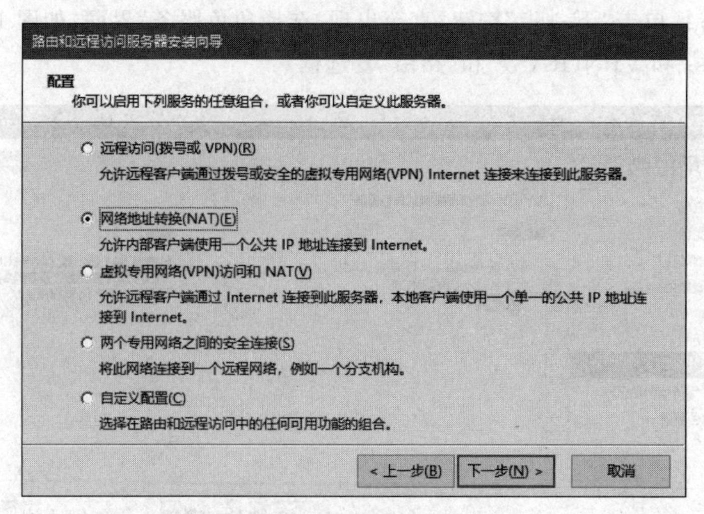

图 15-14 “配置”界面

连接到 Internet”单选按钮，并选择连接到外部网络的接口 Ethernet1，如图 15-15 所示。

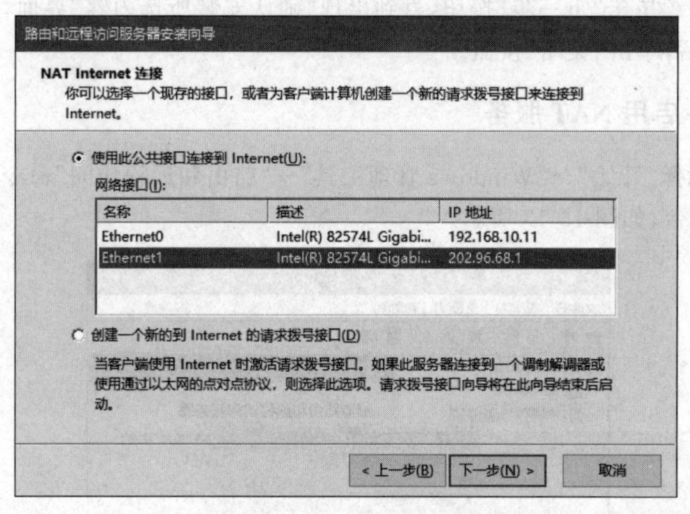

图 15-15 “NAT Internet 连接”界面

步骤 5：单击“下一步”按钮，再单击“完成”按钮即可完成 NAT 服务的配置和启用。

3. 配置 DHCP 服务和 DNS 代理

如果在网络环境中没有 DHCP 服务器和 DNS 服务器，NAT 服务器还可以承担 DHCP 和 DNS 最基本的功能。

步骤 1：在“路由和远程访问”控制台中展开左侧空格目录树中的 IPv4 选项，右击 NAT 选项，在弹出的快捷菜单中选择“属性”命令，打开“NAT 属性”对话框。

步骤 2：在“地址分配”选项卡中选中“使用 DHCP 分配器自动分配 IP 地址”复选框，设置 IP 地址分配网段为 192.168.10.0，掩码为 255.255.255.0，如图 15-16 所示。

步骤3：单击“排除”按钮，打开“排除保留的地址”对话框，单击“添加”按钮，输入排除的IP地址，如192.168.10.11、192.168.10.12等，如图15-17所示，单击“确定”按钮。

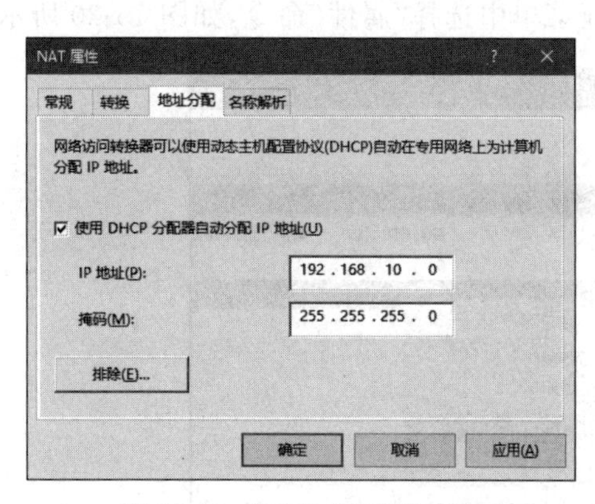

图15-16　“地址分配”选项卡

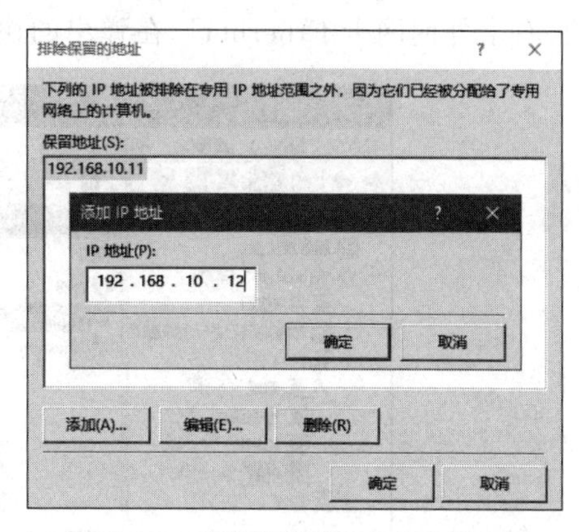

图15-17　“排除保留的地址”对话框

步骤4：在“名称解析”选项卡中选中“使用域名系统(DNS)的客户端”复选框，如图15-18所示，可以启用NAT服务器的DNS代理功能，单击“确定”按钮。

步骤5：在WIN10-1主机中设置自动获得IP地址，查看自动获得的IP地址，并验证能ping通外网的WIN10-2主机(202.96.68.2)，如图15-19所示。

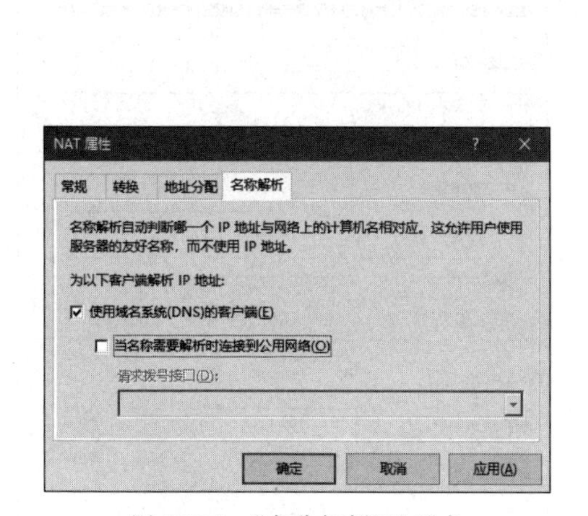

图15-18　“名称解析”选项卡

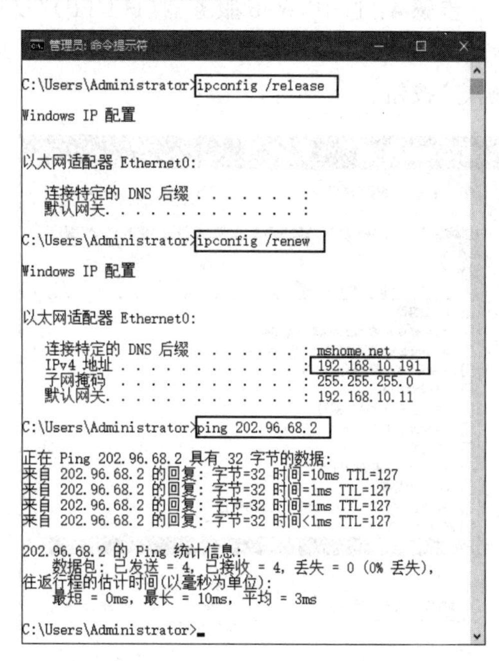

图15-19　NAT客户端能ping通外网主机

4. 外部网络主机访问内部Web服务器

步骤1：在内网WIN2019-2主机上安装Web服务器，并设置好网站主页内容，相关操作请参考项目12中的内容。

步骤2:在WIN2019-1主机上打开“路由和远程访问”控制台,选择IPv4下的NAT选项,右击外网网卡Ethernet1,在弹出的快捷菜单中选择“属性”命令,如图15-20所示。

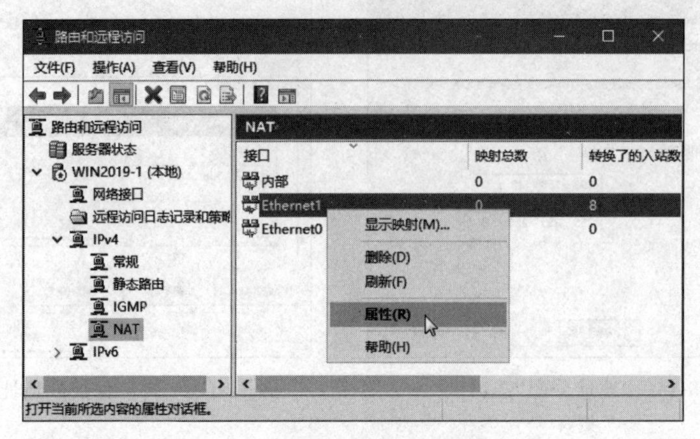

图15-20 “路由和远程访问”控制台

步骤3:在打开的“Ethernet1 属性”对话框中选择“服务和端口”选项卡,如图15-21所示,在此可以设置将外网用户重定向到内部网络上的服务。

步骤4:选中“Web服务器(HTTP)”复选框时,会打开“编辑服务”对话框,在“专用地址”文本框中输入内网Web服务器的IP地址(192.168.10.12),如图15-22所示,单击“确定”按钮。

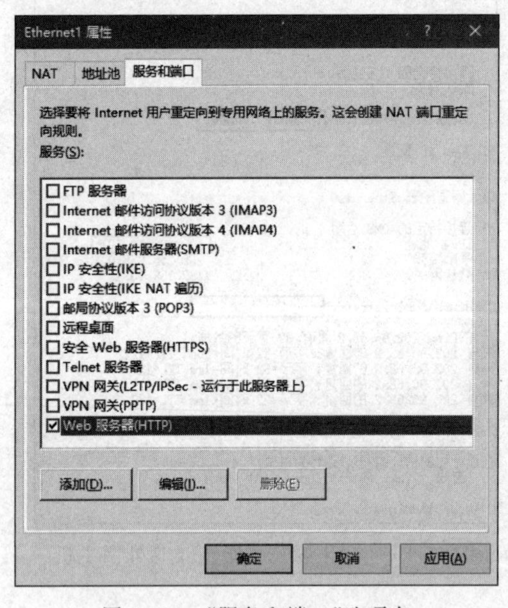

图15-21 “服务和端口”选项卡

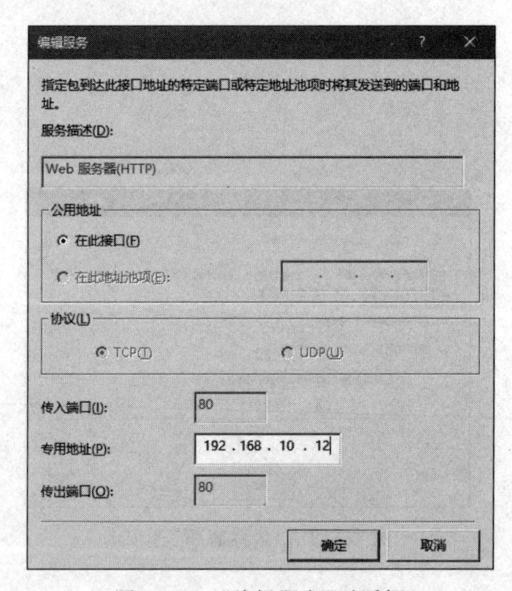

图15-22 “编辑服务”对话框

步骤5:返回“服务和端口”选项卡,可以看到已经选中了“Web服务器(HTTP)”复选框,单击“确定”按钮。

步骤6：在外网WIN10-2主机上打开IE浏览器，在地址栏中输入http://202.96.68.1，会打开内网WIN2019-2主机上的Web主页。

【说明】 202.96.68.1是NAT服务器外部网卡的IP地址。

15.4.2 任务2：配置与管理VPN服务器

任务2：配置与管理VPN服务器

1. 配置并启用路由和远程访问

步骤1：在WIN2019-1服务器中选择"开始"→"Windows管理工具"→"路由和远程访问"命令，打开"路由和远程访问"窗口。

步骤2：右击服务器名（WIN2019-1），在弹出的快捷菜单中选择"禁用路由和远程访问"命令（清除NAT实验的影响）。

步骤3：右击服务器名（WIN2019-1），在弹出的快捷菜单中选择"配置并启用路由和远程访问"命令，打开"路由和远程访问服务器安装向导"对话框。

步骤4：单击"下一步"按钮，出现"配置"界面，如图15-23所示，选中"远程访问（拨号或VPN）"单选按钮。

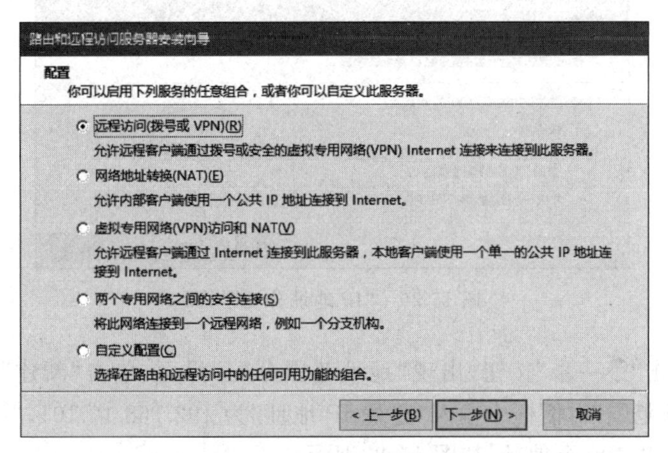

图15-23 "配置"界面

步骤5：单击"下一步"按钮，出现"远程访问"界面，如图15-24所示，选中VPN复选框。

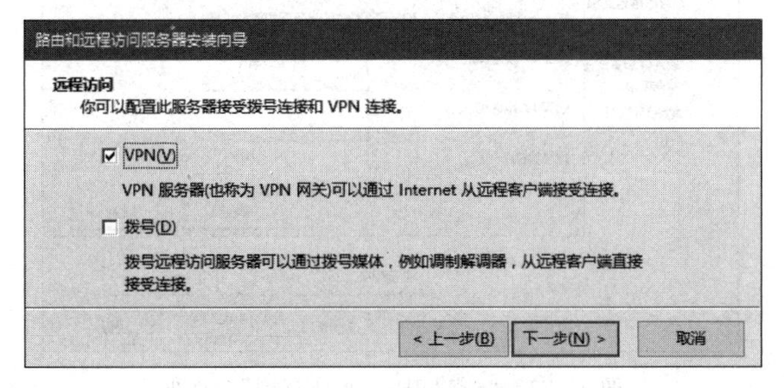

图15-24 "远程访问"界面

步骤6：单击"下一步"按钮，出现"VPN连接"界面，如图15-25所示，选择VPN接入端口(即连接外网的网卡)，在这里选择Ethernet1网络接口。

图15-25 "VPN连接"界面

步骤7：单击"下一步"按钮，出现"IP地址分配"界面，选择对远程客户端分配IP地址的方法，这里选中"来自一个指定的地址范围"单选按钮，如图15-26所示。

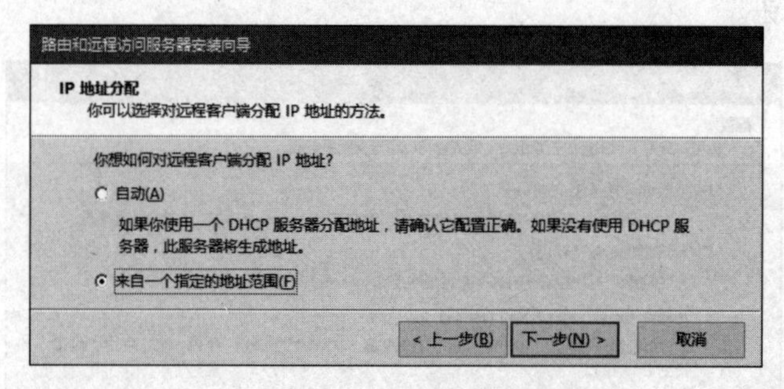

图15-26 "IP地址分配"界面

步骤8：单击"下一步"按钮，出现"地址范围分配"界面，单击"新建"按钮，在打开的"新建IPv4地址范围"对话框中输入"起始IP地址"为192.168.10.101，"结束IP地址"为192.168.10.200，共100个地址，如图15-27所示。

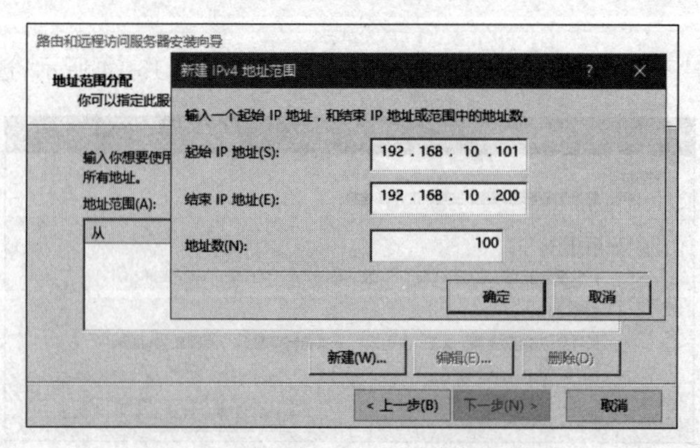

图15-27 "新建IPv4地址范围"对话框

步骤9：单击“确定”按钮，返回“地址范围分配”界面。再单击“下一步”按钮，出现“管理多个远程访问服务器”界面，选中“否，使用路由和远程访问来对连接请求进行身份验证”单选按钮，如图15-28所示。

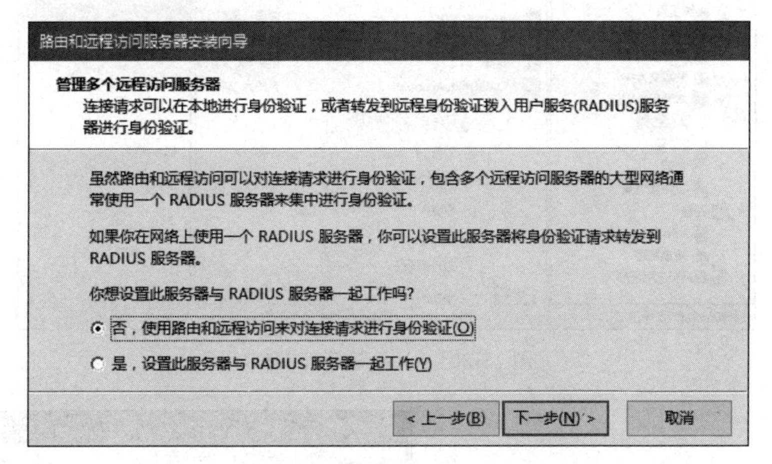

图15-28　“管理多个远程访问服务器”界面

步骤10：单击“下一步”按钮，再单击“完成”按钮，出现如图15-29所示的对话框，表示根据需要可以配置DHCP中继代理程序，最后单击“确定”按钮即可。

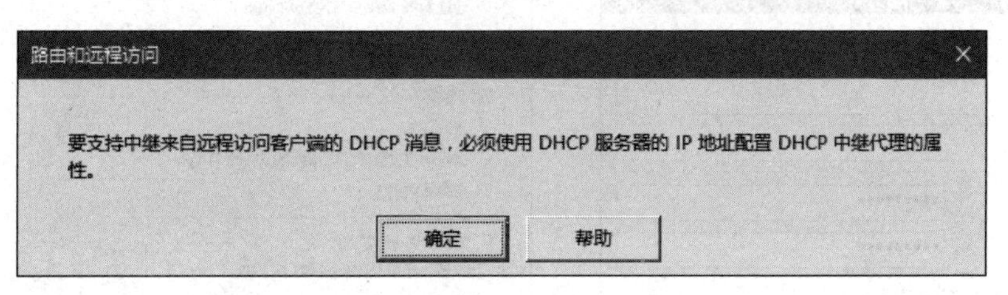

图15-29　DHCP中继代理信息

至此，路由和远程访问建立完成。

2. 创建VPN接入用户

VPN服务配置完成后，还需要在VPN服务器上创建VPN接入用户。

步骤1：选择“开始”→“Windows管理工具”→“计算机管理”命令，打开“计算机管理”窗口，依次展开“系统工具”→“本地用户和组”→“用户”选项，在中央窗格的空白处右击，在弹出的快捷菜单中选择“新用户”命令，如图15-30所示。

步骤2：在打开的“新用户”对话框中输入用户名（VPNtest）和密码（p@ssword1），并选中下方的“用户不能更改密码”和“密码永不过期”复选框，如图15-31所示。

步骤3：单击“创建”按钮，再单击“关闭”按钮，完成新用户VPNtest的创建。

步骤4：在“计算机管理”窗口的中央窗格中右击刚创建的新用户VPNtest，在弹出的快捷菜单中选择“属性”命令，打开“VPNtest属性”对话框，如图15-32所示。

步骤5：在“拨入”选项卡中选中“允许访问”单选按钮后单击“确定”按钮。

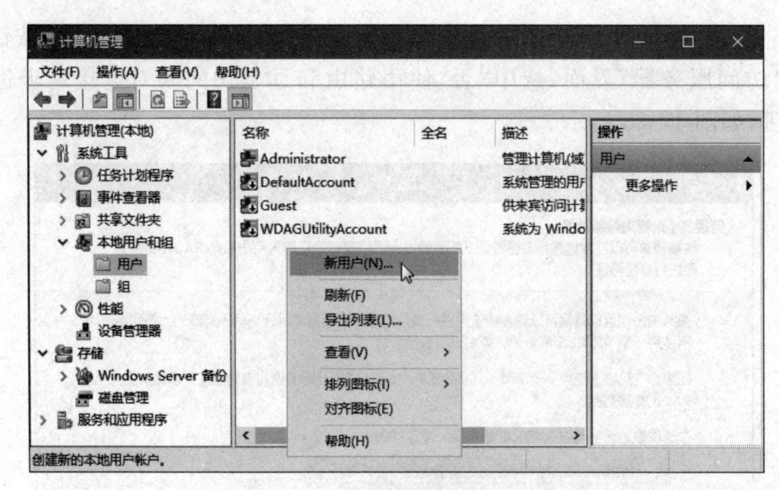

图 15-30 “计算机管理”窗口

图 15-31 “新用户”对话框

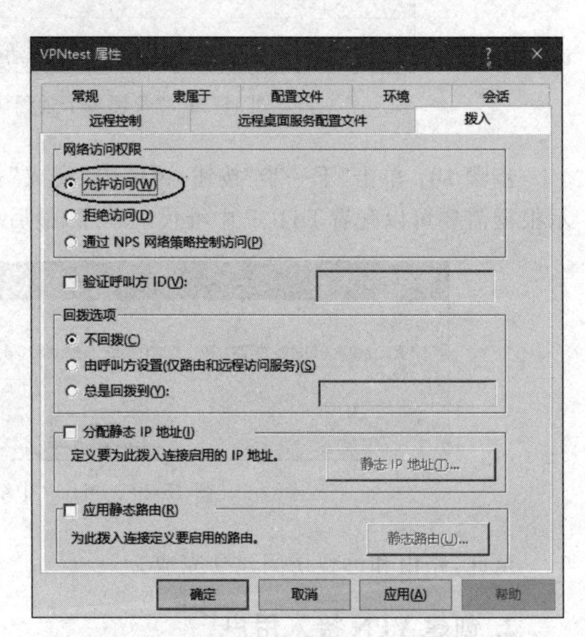

图 15-32 设置远程访问权限为“允许访问”

3. 在 VPN 客户端建立 VPN 连接

步骤 1：在外网客户机 WIN10-2 上选择桌面右下角的“网络”→“网络和 Internet 设置”，打开“设置”窗口，如图 15-33 所示。

步骤 2：在左侧窗格中选择 VPN 选项，在右侧窗格单击“添加 VPN 连接”按钮，出现“添加 VPN 连接”界面，如图 15-34 所示。

步骤 3：选择“VPN 提供商”为“Windows(内置)”，设置“连接名称”为“VPN 连接”，“服务器名称或地址”为“202.96.68.1”，其他保留默认设置，单击“保存”按钮，此时，在“设置”窗口中出现了新建的“VPN 连接”，如图 15-35 所示。

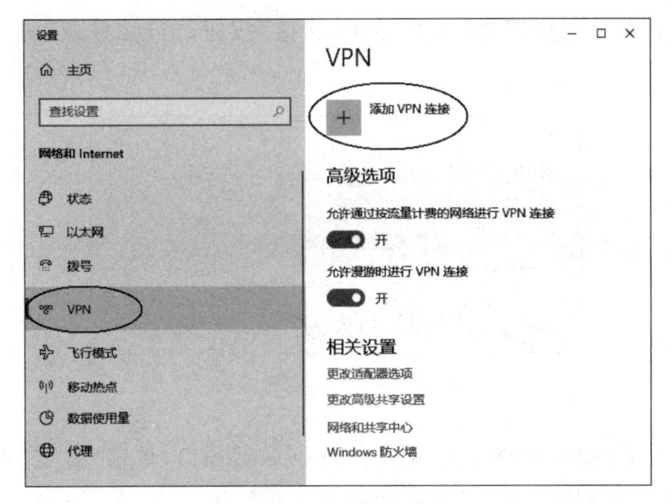

图 15-33 “设置”窗口

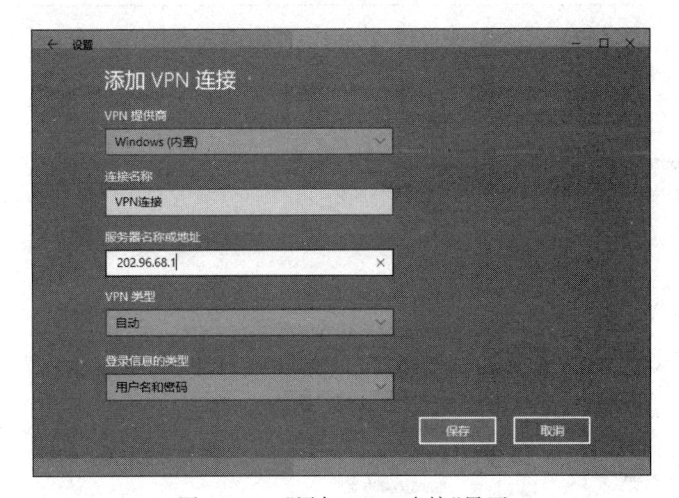

图 15-34 “添加 VPN 连接”界面

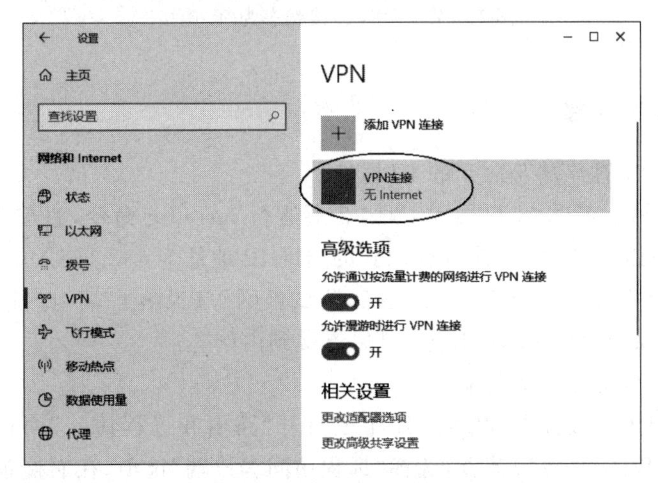

图 15-35 新建的“VPN 连接”

步骤4：单击"VPN连接"按钮，再单击"连接"按钮，出现"登录"对话框，如图15-36所示。

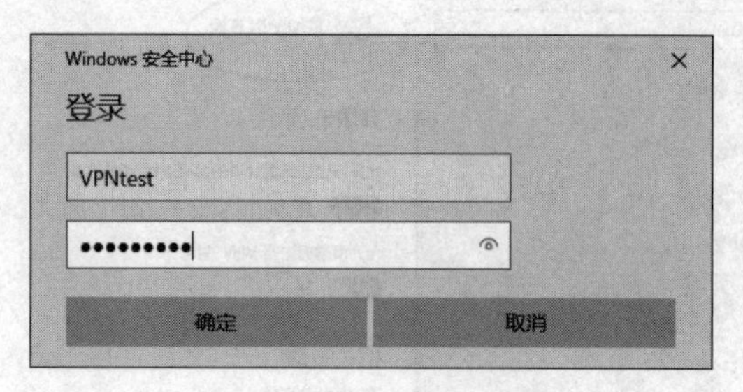

图15-36 "登录"对话框

步骤5：输入用户名(VPNtest)和密码(p@ssword1)，单击"确定"按钮，此时，显示VPN连接状态为"已连接"，如图15-37所示。

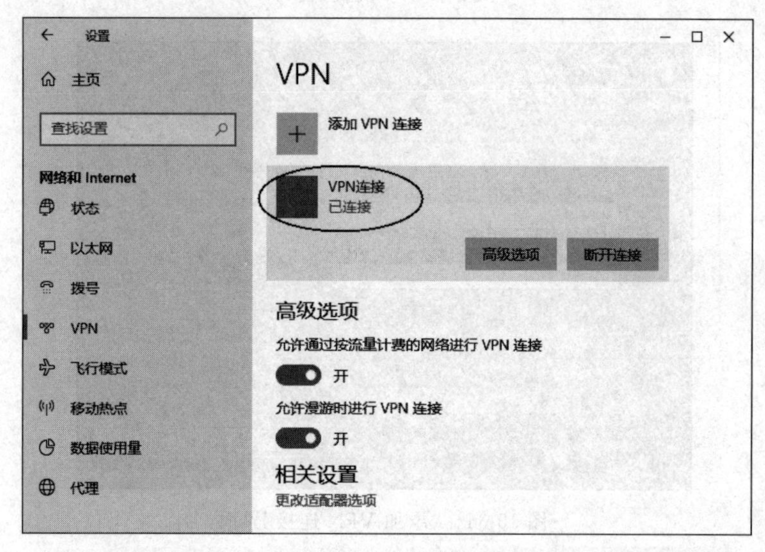

图15-37 VPN连接状态为"已连接"

4. 验证VPN连接

(1) 查看VPN客户端获取到的IP地址。

步骤1：在外网VPN客户端WIN10-2上运行ipconfig命令，查看IP地址信息，如图15-38所示，可以看到VPN连接获取到的内网IP地址为192.168.10.102。

步骤2：运行命令ping 192.168.10.12，测试外网VPN客户端与内网Web服务器的连通性，如图15-39所示，显示能连通，可以连接到内网。

(2) 在VPN服务器上进行验证。

步骤1：在VPN服务器WIN2019-1上打开"路由和远程访问"窗口，如图15-40所示，展开服务器(WIN2019-1)节点，选择"远程访问客户端"选项，在右侧窗格中显示VPN连接时间以及连接的账户，这表明已经有一个客户建立了VPN连接。

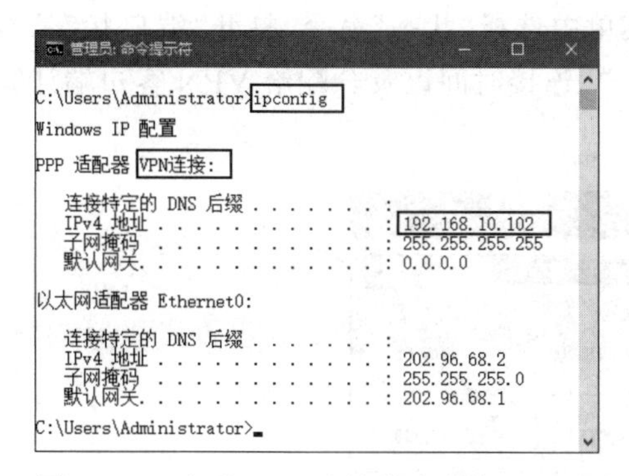

图 15-38　查看 VPN 连接获取到的 IP 地址

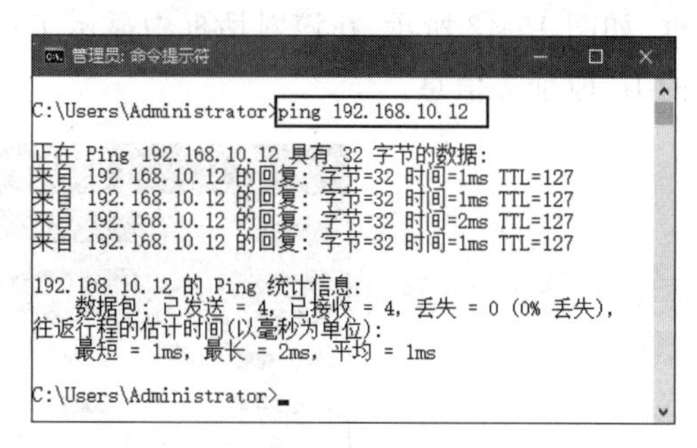

图 15-39　测试 VPN 连接

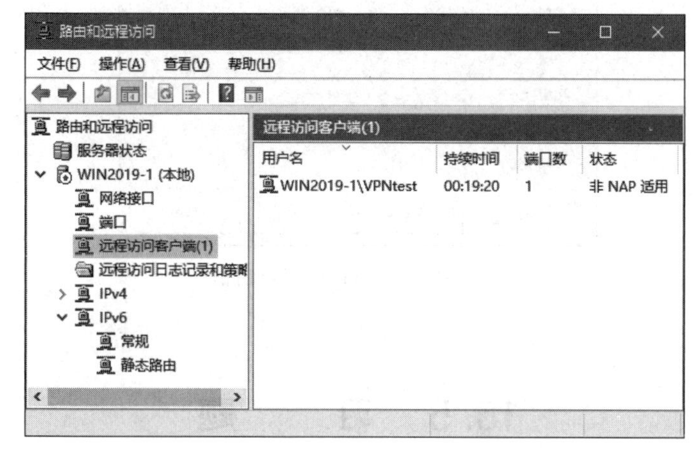

图 15-40　查看“远程访问客户端”

步骤 2：选择“端口”选项，在右侧窗格中可以看到其中一个端口的状态是“活动”，如图 15-41 所示，表明有客户端连接到 VPN 服务器。

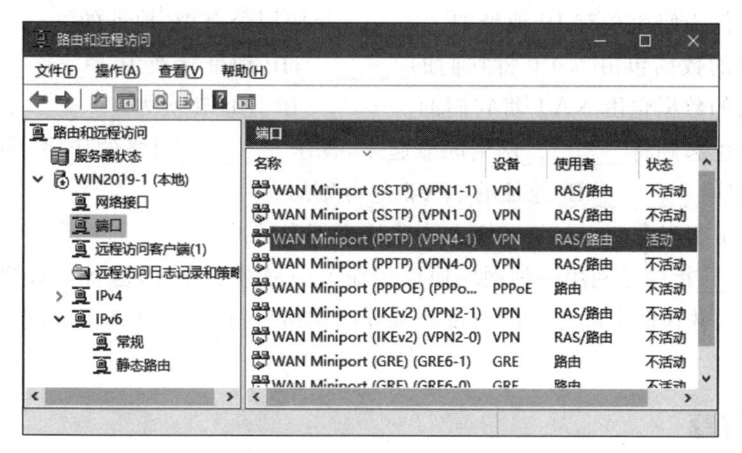

图 15-41　查看“端口”状态

步骤 3：右击该活动端口，在弹出的快捷菜单中选择“状态”命令，打开“端口状态”对话框，如图 15-42 所示，在该对话框中显示了用户、连接时间以及分配给 VPN 客户端计算机的 IP 地址等信息。

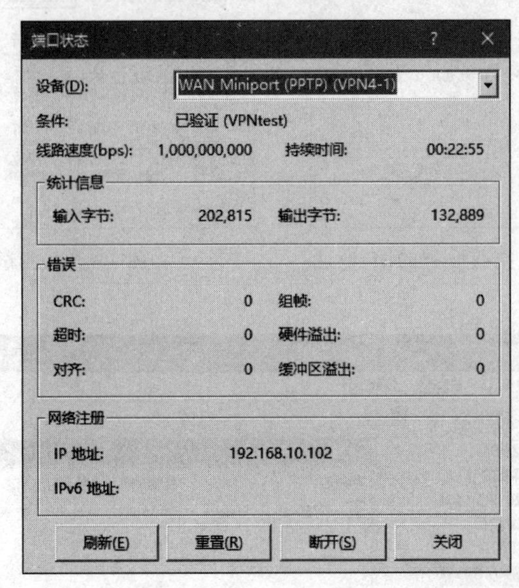

图 15-42 “端口状态”对话框

15.5 习 题

一、填空题

1. NAT 是________的简称，中文含义是________。

2. NAT 位于使用私有 IP 地址的________和使用公有 IP 地址的________之间。从 Intranet 传出的数据包由 NAT 将它们的________IP 地址转换为________IP 地址。从 Internet 传入的数据包由 NAT 将它们的________IP 地址转换为________IP 地址。

3. NAT 也起到将________网络隐藏起来，保护________网络的作用，因为对外部用户来说只有使用________IP 地址的 NAT 是可见的。

4. VPN 是实现在________网络上构建的虚拟专用网。

5. ________指的是利用一种网络协议传输另一种网络协议，也就是对原始网络信息进行再次封装，并在两个端点之间通过公共互联网络进行路由，从而保证网络信息传输的安全性。

二、选择题

1. 以下 IP 地址中，属于私有 IP 地址的是(　　)。

A. 192.169.1.1　　B. 11.10.1.1　　C. 172.31.1.1　　D. 172.32.1.1

2. 以下不能实现NAT的设备是(　　)。

A. 二层交换机　　B. 三层交换机　　C. 路由器　　D. 防火墙

3. 配置NAT服务器的作用不包括(　　)。

A. 节省了公有IP地址　　B. 提高了局域网计算机的安全性

C. 私有地址上网的一种方式　　D. 加快了局域网计算机的上网速度

4. 以下(　　)不是VPN所采用的技术。

A. PPTP　　B. L2TP　　C. IPSec　　D. PKI

5. VPN主要采用4项技术来保证安全,这4项技术分别是(　　)、密码技术、身份认证技术和密钥管理技术。

A. 隧道技术　　B. 代理技术　　C. 防火墙技术　　D. 端口映射技术

三、简答题

1. 什么是NAT? 简述其工作过程。
2. 什么是VPN? 简述其工作过程。
3. VPN可分为哪几种类型?
4. VPN的主要技术包括哪些?

参 考 文 献

[1] 戴有炜. Windows Server 2019 系统与网站配置指南[M]. 北京：清华大学出版社，2021.
[2] 张恒杰. Windows Server 2019 服务器配置与管理[M]. 北京：清华大学出版社，2021.
[3] 黄君羡. Windows Server 2019 网络服务器配置与管理(微课版)[M]. 北京：电子工业出版社，2022.
[4] 蒋建峰. Windows Server 2019 操作系统项目化教程[M]. 北京：电子工业出版社，2021.
[5] 闵军. Windows Server 2019 配置、管理与应用[M]. 北京：清华大学出版社，2022.
[6] 刘本军. 网络操作系统教程——Windows Server 2016 管理与配置[M]. 北京：机械工业出版社，2021.
[7] 杨云. Windows Server 网络操作系统项目教程微课版[M]. 北京：人民邮电出版社，2021.
[8] 汪卫明. Windows Server 2016 网络操作系统项目化教程[M]. 北京：高等教育出版社，2019.
[9] 邓文达. Windows Server 2016 网络管理项目教程(微课版)[M]. 2 版. 北京：人民邮电出版社，2019.
[10] 刘芃. Windows Server 2016 系统配置与管理[M]. 北京：电子工业出版社，2020.
[11] 高良诚. Windows Server 2016 项目化教程[M]. 北京：高等教育出版社，2021.